泵运行与维修实用技术

魏龙　主编

化学工业出版社

·北京·

本书从实用性出发，全面系统地介绍了化学和石油工业生产中常用泵的运行与维修技术，主要内容包括离心泵、往复泵、转子泵和其他形式泵。

本书引用与泵相关的最新标准、规范，内容新颖、文字简练、通俗易懂、实用性强。

本书适合于化工、石油等行业从事泵运行、维修及管理的技术工人和工程技术人员使用，也可供大专院校、职业院校相关专业师生参考。

图书在版编目（CIP）数据

泵运行与维修实用技术/魏龙主编. —北京：化学工业出版社，2014.9（2025.2重印）
ISBN 978-7-122-21286-3

Ⅰ.①泵…　Ⅱ.①魏…　Ⅲ.①泵-运行②泵-维修
Ⅳ.①TH3

中国版本图书馆 CIP 数据核字（2014）第 153660 号

责任编辑：辛　田　　　文字编辑：冯国庆
责任校对：王素芹　　　装帧设计：尹琳琳

出版发行：化学工业出版社（北京市东城区青年湖南街 13 号　邮政编码 100011）
印　　装：北京盛通数码印刷有限公司
787mm×1092mm　1/16　印张 17¾　字数 465 千字　2025 年 2 月北京第 1 版第 16 次印刷

购书咨询：010-64518888　　　售后服务：010-64518899
网　　址：http://www.cip.com.cn
凡购买本书，如有缺损质量问题，本社销售中心负责调换。

定　　价：68.00 元

前言

泵是把原动机的机械能转换为所抽送液体能量的机器，用来输送并提高液体的压力。泵是一种使用量非常大的流体机械，在国民经济的各个部门中得到了广泛的应用。泵作为化工和石油生产中的关键设备，对液体起着输送、加压等功能。泵长期可靠地运行是化工和石油企业连续生产至关重要的先决条件之一。

本书从内容上，全面系统地介绍了化学和石油工业生产中常用泵的运行与维修技术，重点介绍了离心泵、往复泵和转子泵的运行与维修技术，简要介绍了其他形式泵的运行与维修技术，并给出了大量的常用泵结构图，符合工程实际应用的需要和要求。本书以工程实际应用出发，较全面地反映了泵运行与维修技术在实际工程应用中涉及的主要方面和环节，有较强的针对性和实用性。本书引用与泵相关的最新标准、规范，内容新颖、文字简练、通俗易懂、实用性强。本书不但体现了系统性、通俗性，而且逻辑性强，层次分明、条理清楚，便于读者自学。同时还体现了在工程应用中的适用性，较全面地反映了泵运行与维修技术的最新进展，具有较强的先进性。

本书适合于化工、石化等行业从事泵运行、维修及管理的技术工人和工程技术人员使用，也可供大专院校、职业院校相关专业师生参考。

本书由魏龙任主编，张鹏高任副主编。编写分工如下：第1章、第5章张鹏高，第2章魏龙，第3章房桂芳，第4章赵强。全书由陶林撷高级工程师主审。本书在编写过程中得到了李春桥、孟宝峰、张磊、常新中、王迎军、滕文锐、刘其和、张国东、蒋李斌、金良、杜存臣、涂中强、魏文彬、曾焕平、李强等的大力帮助，在此一并表示衷心的感谢。

因编者水平所限，书中不足之处在所难免，敬请同行和读者予以批评指正。

编　者

目录

第1章 概述

第2章 离心泵

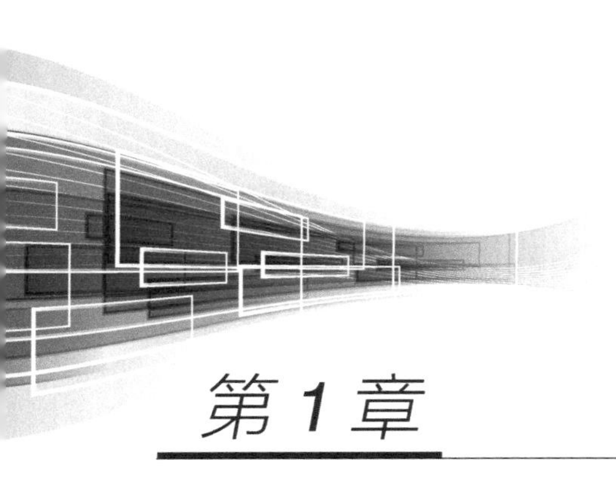

第1章 概述

泵是把原动机的机械能转换为所抽送液体能量的机器，用来输送并提高液体的压力。泵在国民经济的各个部门中得到了广泛的应用，如农业的灌溉和排涝；城市的给水和排水；化学工业中输送液体原料和半成品；机械工业中机器润滑和冷却；热电厂的供水和灰渣的排除；原子能发电站中输送具有放射性的液体等。不论是重工业还是轻工业，不论是尖端科学技术还是日常生活，到处都需要用泵。

1.1 泵的分类和适用范围

1.1.1 泵的分类

泵的类型很多，常见的有以下几种分类方法。

（1）按工作原理和结构特征分类

按其工作原理和结构特征可分为三大类。

① 容积式泵　它是利用泵内工作室的容积作周期性变化而提高液体压力，达到输送液体的目的。容积式泵根据增压元件的运动特点，基本上可分为往复式和转子式（又称回转式）两类，每类容积式泵又可以细分为如表 1-1 所示的几种形式。

表 1-1　容积式泵的主要形式

<table>
<tr><td colspan="18">往复式</td></tr>
<tr><td colspan="10">活塞式、柱塞式</td><td colspan="8">隔膜式</td></tr>
<tr><td colspan="5">蒸汽双作用式</td><td colspan="5">电动式</td><td colspan="4">单缸</td><td colspan="4">双缸</td></tr>
<tr><td colspan="2" rowspan="2">单缸</td><td colspan="3" rowspan="2">双缸</td><td colspan="2">单作用</td><td colspan="3">双作用</td><td colspan="8" rowspan="2">液体作用式、机械作用式</td></tr>
<tr><td colspan="5">单缸、双缸、三缸、多缸</td></tr>
<tr><td colspan="18">转子式</td></tr>
<tr><td colspan="10">单转子式</td><td colspan="8">多转子式</td></tr>
<tr><td colspan="2">滑片式</td><td colspan="2">活塞式</td><td colspan="2">挠性元件式</td><td colspan="2">螺杆式</td><td colspan="2">蠕动式</td><td colspan="2">齿轮式</td><td colspan="2">凸轮式</td><td colspan="2">旋转活塞式</td><td colspan="2">螺杆式</td></tr>
</table>

② 叶片式泵　它是一种依靠泵内作高速旋转的叶轮把能量传给液体，进行液体输送的机械。叶片式泵又可分为如图 1-1 所示的几种类型。

叶片式泵具有效率高、启动方便、工作稳定、性能可靠、容易调节等优点，用途最为广泛。

③ 其他类型的泵　指上述两种类型泵以外的其他泵。如利用螺旋推进原理工作的螺旋

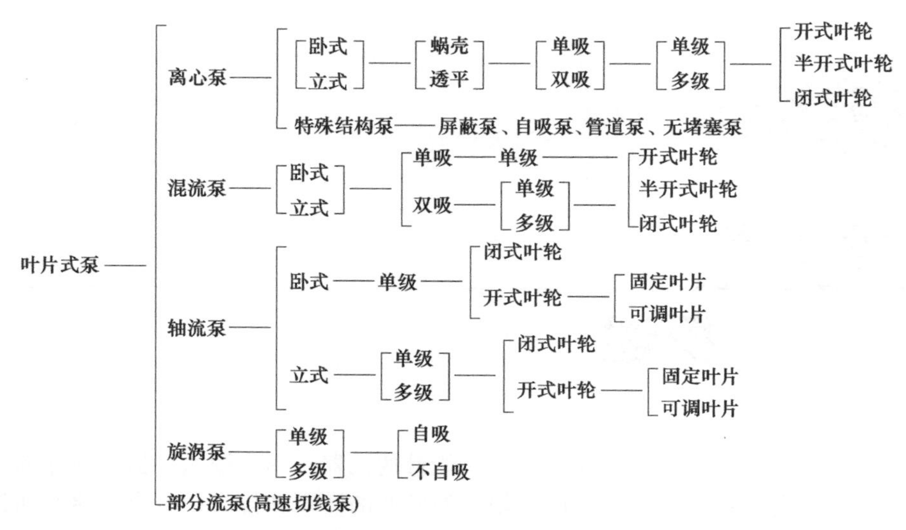

图 1-1 叶片式泵的分类

泵，利用高速流体工作的射流泵和气升泵，利用有压管道水击原理工作的水锤泵等。

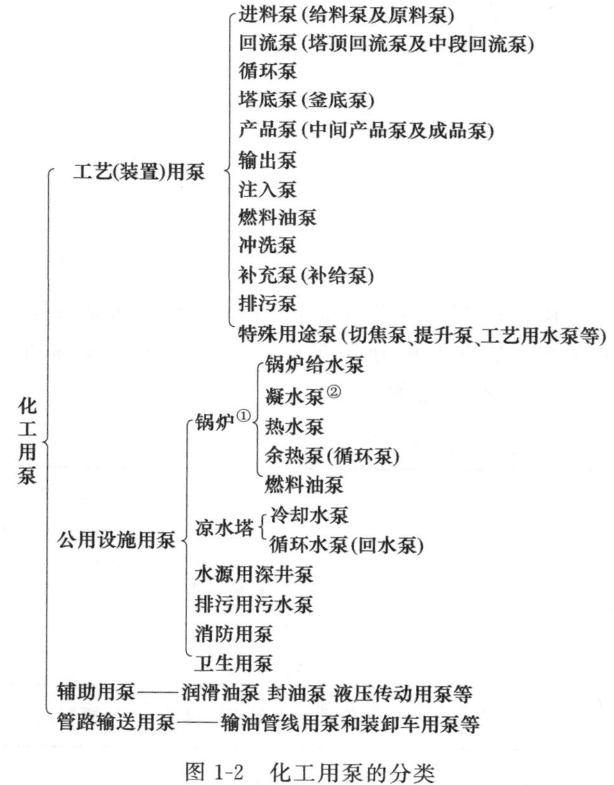

图 1-2 化工用泵的分类

① 废热锅炉用泵属于工艺装置；② 汽轮机辅助用凝水泵未列入

(2) 按化工用途分类

按其用途来分，化工用泵有如图 1-2 所示的几种类型。

(3) 按使用条件分类

① 大流量泵与微流量泵　流量分别为 $300m^3/min$ 与 0.01L/h。

② 高温泵与低温泵　高温达 500℃，低温至－253℃。

③ 高压泵与低压泵　高压达 200MPa，真空度为 2.66～10.66kPa。

④ 高速泵与低速泵　高速达 24000r/min，低速为 5～10r/min。

⑤ 高黏度泵　黏度达数万泊（1P＝0.1Pa・s）。

⑥ 计量泵　流量的计量精度达 ±0.3%。

(4) 按输送介质分类

① 水泵　清水泵、锅炉给水泵、凝水泵、热水泵等。

② 耐腐蚀泵　不锈钢泵、高硅铸铁泵、陶瓷耐酸泵、不透性石墨泵、衬硬氯乙烯泵、屏蔽泵、隔膜泵、钛泵等。

③ 杂质泵　浆液泵、砂泵、污水泵、煤粉泵、灰渣泵等。

④ 油泵　冷油泵、热油泵、油浆泵、液态烃泵等。

1.1.2 泵的适用范围

各类泵的特性比较见表1-2。各种类型泵的适用范围是不同的，常用泵的适用范围如图1-3所示。由图可以看出，离心泵所占的区域最大。流量在5～2000m^3/h，扬程在8～2800m，使用离心泵是比较合适的。因为在此性能范围内，离心泵具有转速高、体积小、重量轻、效率高、流量大、结构简单、性能平稳、容易操作和维修等优点。国内外生产实践表明，离心泵的产值在泵类产品中是最高的。

表1-2 各类泵的特性比较

<table>
<tr><td colspan="2" rowspan="2">指标</td><td colspan="3">叶片泵</td><td colspan="2">容积式泵</td></tr>
<tr><td>离心泵</td><td>轴流泵</td><td>旋涡泵</td><td>往复泵</td><td>转子泵</td></tr>
<tr><td rowspan="3">流量</td><td>均匀性</td><td colspan="3">均 匀</td><td>不均匀</td><td>比较均匀</td></tr>
<tr><td>稳定性</td><td colspan="3">不恒定，随管路情况变化而变化</td><td colspan="2">恒定</td></tr>
<tr><td>范围/(m^3/h)</td><td>1.6～30000</td><td>150～245000</td><td>0.4～10</td><td>0～600</td><td>1～600</td></tr>
<tr><td rowspan="2">扬程</td><td>特点</td><td colspan="3">对应一定流量，只能达到一定的扬程</td><td colspan="2" rowspan="2">对应一定流量可达到不同扬程，由管路系统确定</td></tr>
<tr><td>范围</td><td>10～2600m</td><td>2～20m</td><td>8～150m</td></tr>
<tr><td rowspan="2">效率</td><td>特点</td><td colspan="3">在设计点最高，偏离越远，效率越低</td><td>扬程高时，效率降低较小</td><td>扬程高时，效率降低较大</td></tr>
<tr><td>范围(最高点)</td><td>0.5～0.8</td><td>0.7～0.9</td><td>0.25～0.5</td><td>0.7～0.85</td><td>0.6～0.8</td></tr>
<tr><td colspan="2">结构特点</td><td colspan="3">结构简单，造价低，体积小，重量轻，安装检修方便</td><td>结构复杂，振动大，体积大造价高</td><td>同离心泵</td></tr>
<tr><td rowspan="4">操作与维修</td><td>流量调节方法</td><td>出口节流或改变转速</td><td>出口节流或改变叶片安装角度</td><td>不能用出口阀调节，只能用旁路调节</td><td>同旋涡泵，另外还可调节转速和行程</td><td></td></tr>
<tr><td>自吸作用</td><td>一般没有</td><td>没有</td><td>部分型号有</td><td>有</td><td></td></tr>
<tr><td>启动</td><td>出口阀关闭</td><td colspan="2">出口阀全开</td><td colspan="2">出口阀全开</td></tr>
<tr><td>维修</td><td colspan="3">简便</td><td>麻烦</td><td>简便</td></tr>
<tr><td colspan="2">适用范围</td><td>黏度较低的各种介质</td><td>特别适用于大流量、低扬程、黏度较低的介质</td><td>特别适用于小流量、较高压力的低黏度清洁介质</td><td>适用于高压力、小流量的清洁介质(含悬浮液或要求完全无泄漏可用隔膜泵)</td><td>适用于中低压力、中小流量，尤其适用于黏性高的介质</td></tr>
<tr><td colspan="2">性能曲线形状</td><td>H, H-q_V, P-q_V, P, η-q_V, η, q_V</td><td>H, H-q_V, P, P-q_V, η-q_V, η, q_V</td><td>H, H-q_V, P, P-q_V, η-q_V, η, q_V</td><td colspan="2">q_V, q_V-p, P, P-p, p</td></tr>
</table>

1.2 泵的主要性能参数

1.2.1 流量

泵在单位时间内所输送的流体量，称为流量。可用体积流量q_V表示，常用单位为$m^3/$

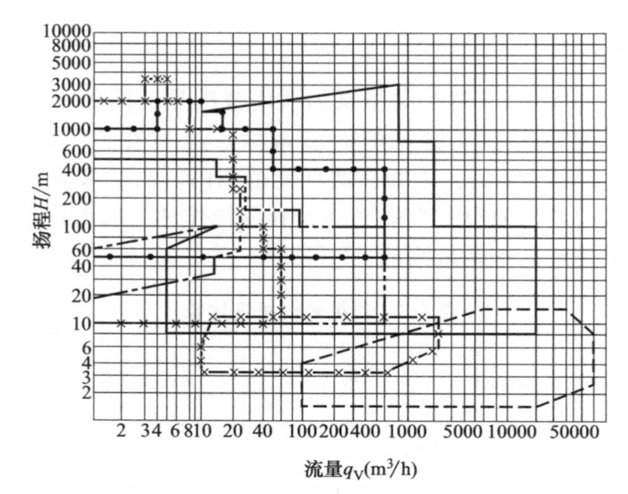

图 1-3 常用泵的适用范围

——离心泵；−−−轴流泵；—×—×—混流泵；

—·—旋涡泵；×××电动往复泵；●●●三螺杆泵；—·−·−气动往复泵

s、m^3/h 或 L/s；也可用质量流量 q_m 表示，常用单位为 kg/s 或 kg/h。

质量流量和体积流量之间的关系为：

$$q_m = \rho q_V \tag{1-1}$$

式中 ρ——输送温度下的液体的密度，kg/m^3。

按照化工生产工艺的需要和对制造厂的要求，化工用泵的流量有以下几种表示方法。

① 正常操作流量　在化工生产正常操作工况下，达到其规模产量时，所需要的流量。

② 最大需要流量和最小需要流量　当化工生产工况发生变化时，所需的泵流量的最大值和最小值。

③ 泵的额定流量　由泵制造厂确定并保证达到的流量。此流量应等于或大于正常操作流量，并充分考虑最大、最小流量而确定。一般情况下，泵的额定流量大于正常操作流量，甚至等于最大需要流量。

④ 最大允许流量　制造厂根据泵的性能，在结构强度和驱动机功率允许范围内而确定的泵流量的最大值。此流量值一般应大于最大需要流量。

⑤ 最小允许流量　制造厂根据泵的性能，在保证泵能连续、稳定地排出液体，且泵的温度、振动和噪声均在允许范围内而确定的泵流量的最小值。此流量值一般应小于最小需要流量。

1.2.2 排出压力

排出压力是指被送液体经过泵后，所具有的总压力能（单位为 MPa）。它是泵能否完成输送液体任务的重要标志，对于化工用泵其排出压力可能影响到化工生产能否正常进行。因此，化工用泵的排出压力是根据化工工艺的需要确定的。

根据化工生产工艺的需要和对制造厂的要求，排出压力主要有以下几种表示方法。

① 正常操作压力　化工生产在正常工况下操作时，所需的泵排出压力。

② 最大需要排出压力　化工生产工况发生变化时，可能出现的工况所需的泵排出压力。

③ 额定排出压力　制造厂规定的并保证达到的排出压力。额定排出压力应等于或大于

正常操作压力。对于叶片式泵应为最大流量时的排出压力。

④ 最大允许排出压力 制造厂根据泵的性能、结构强度、原动机功率等确定的泵的最大允许排出压力值。最大允许排出压力值应大于或等于最大需要排出压力，但应低于泵承压件的最大允许工作压力。

1.2.3 能头

泵的能头（扬程或能量头）是单位质量液体从泵进口处（泵进口法兰）到泵出口处（泵出口法兰）能量的增值，也就是单位质量液体通过泵以后获得的有效能量，以符号 h 表示，单位为J/kg。

过去在工程单位制中，使用扬程来表示单位质量液体通过泵以后获得的有效能量，用符号 H 表示，单位为 kgf·m/kgf 或 m 液柱。

能头 h 和扬程 H 之间的关系为：

$$h=Hg \tag{1-2}$$

式中 g——重力加速度，其值取 9.81m/s^2。

扬程是叶片泵的关键性能参数。因为扬程直接影响叶片泵的排出压力，这一特点对化工用泵非常重要。根据化工工艺需要和对制造厂的要求，对泵的扬程提出以下要求。

① 正常操作扬程 化工生产正常工况下，泵的排出压力和吸入压力所确定的泵扬程。

② 最大需要扬程 化工生产工况发生变化，可能需要的最大排出压力（吸入压力未变）时泵的扬程。

化工用叶片泵的扬程应为化工生产中需要的最大流量下的扬程。

③ 额定扬程 是指额定叶轮直径、额定转速、额定吸入和排出压力下叶片泵的扬程，是由泵制造厂确定并保证达到的扬程，且此扬程值应等于或大于正常操作扬程。一般取其值等于最大需要扬程。

④ 关死扬程 叶片泵流量为零时的扬程。为叶片泵的最大极限扬程，一般以此扬程下的排出压力确定泵体等承压件的最大允许工作压力。

泵的能头（扬程）是泵的关键特性参数，泵制造厂应随泵提供以泵流量为自变量的流量-能头（扬程）曲线。

1.2.4 吸入压力

指进入泵的被送液体的压力，在化工生产中是由化工生产工况决定的。泵吸入压力值必须大于被送液体在泵送温度下的饱和蒸气压，低于饱和蒸气压泵将产生汽蚀。

对于叶片式泵，因其能头（扬程）取决于泵的叶轮直径和转速，当吸入压力变化时，叶片泵的排出压力随之发生变化。因此叶片泵的吸入压力不能超过其最大允许吸入压力值，以避免泵的排出压力超过允许最大排出压力而引起泵超压损坏。

对于容积泵，由于其排出压力取决于泵排出端系统的压力，当泵吸入压力变化时，容积式泵的压力差随之变化，所需功率也随之变化，因此，容积式泵的吸入压力不能太低，以避免因泵压力差过大而超载。

泵的铭牌上都标有泵的额定吸入压力值，以控制泵的吸入压力。

1.2.5 功率与效率

泵的功率通常是指输入功率，即原动机传递到转轴上的轴功率，以符号 P_e 表示，单位

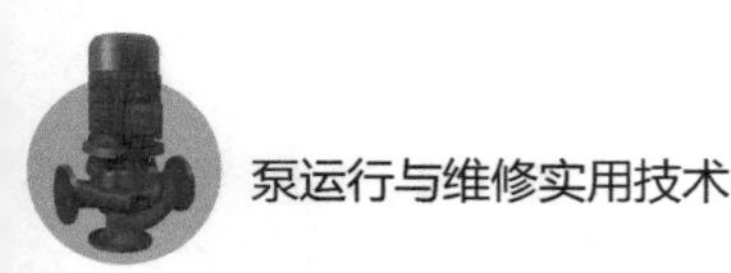

是 W 或 kW。泵的输出功率，即液体单位时间内获得的能量，称为有效功率 P。

$$P=q_m h=\rho g q_V H \tag{1-3}$$

式中 P——有效功率，W；

q_m——质量流量，kg/s；

q_V——体积流量，m^3/s。

由于泵在工作时存在各种损失，所以不可能将驱动机输入的功率全转变为液体的有效功率。轴功率和有效功率之差为泵的损失功率，其大小用泵的效率 η 来衡量，其值等于有效功率和轴功率之比，即：

$$\eta=\frac{P}{P_e} \tag{1-4}$$

泵的效率也就表示了泵输入的轴功率被液体利用的程度。

1.2.6 转速

泵轴每分钟的转数称为转速，用符号 n 表示，单位为 r/min。在国际标准单位制（SI）中转速的单位为 s^{-1}，即 Hz。泵的额定转速是泵在额定的尺寸（如叶片泵叶轮直径、往复泵柱塞直径等）下，达到额定流量和额定扬程的转速。

在应用固定转速的原动机（如电动机）直接驱动叶片泵时，泵的额定转速与原动机额定转速相同。

当以可调转速的原动机驱动时，必须保证泵在额定转速下，达到额定流量和额定扬程，并要能在其额定转速的105%的转速下长期连续运行，此转速称最大连续转速。可调转速原动机应具有超速自动停车机构，自动停车的转速为泵额定转速的120%，因此，要求泵能在其额定转速120%的转速下短期正常运行。

在化工生产中采用可调转速的原动机驱动叶片泵，便于通过改变泵的转速来变更泵的工况，以适应化工生产工况的变化。但泵的运行性能必须满足上述的要求。

容积式泵的转速较低（往复泵的转速，一般小于 200r/min；转子泵的转速，小于 1500r/min），因此，一般应用固定转速的原动机。经过减速器减速后，达到泵的工作转速，也可用调速器（如液力变矩器等）或变频调速等方法改变泵的转速，以适应化工生产工况的需要。

1.2.7 汽蚀余量

为防止泵发生汽蚀，在其吸入液体具有的能量（压力）值的基础上，再增加的附加能量（压力）值，称此附加能量为汽蚀余量。

在化工生产装置中，多采用增加泵吸入端液体的标高，即利用液柱的静压力作为附加能量（压力），单位以米液柱计。在实际应用中有必需汽蚀余量 $NPSH_r$ 和有效汽蚀余量 $NPSH_a$ 之分。

(1) 必需汽蚀余量 $NPSH_r$

实质是被送流体经过泵入口部分后的压力降，其数值是由泵本身决定的。其数值越小表示泵入口部分的阻力损失越小。因此，$NPSH_r$ 是汽蚀余量的最小值。选用化工用泵时，被选泵的 $NPSH_r$ 必须满足被送液体的特性和泵安装条件的要求。订购化工用泵时，$NPSH_r$ 也是重要的采购条件。

(2) 有效汽蚀余量 $NPSH_a$

表示泵安装后，实际得到的汽蚀余量，此值是由泵的安装条件决定的，与泵本身无关。

$NPSH_a$ 值必须大于 $NPSH_r$。一般为 $NPSH_a \geqslant (NPSH_r + 0.5m)$。

1.2.8　介质温度

介质温度是指被输送液体的温度。化工生产中液体物料的温度，低温可达－200℃，高温可达500℃。因此，介质温度对化工用泵的影响较一般泵类更为突出，是化工用泵的重要参数之一。化工用泵的质量流量与体积流量的换算，压差与扬程的换算，泵制造厂以常温清水进行性能试验与输送实际物料时泵的性能换算、汽蚀余量的计算等，必然要涉及介质的密度、黏度、饱和蒸气压等物性参数，这些参数均随温度变化而变化，只有以准确的温度下的数值进行计算，才能得到正确的结果。化工用泵的泵体等承压零部件，应根据压力和温度确定其材料和压力试验的压力值。被送液体的腐蚀性也与温度有关，必须按泵在操作温度下的腐蚀性确定泵的材料。泵的结构和安装方式都因温度而异，对高温和低温下使用的泵，都应从结构、安装方式等方面减少和消除温度应力及温度变化（泵运行和停车）对安装精度的影响。泵轴封的结构、选材、是否需要轴封辅助装置等也需考虑泵的温度而确定。

1.3　化工生产对泵的特殊要求

化工生产对泵的特殊要求大致有以下几点。

（1）能适应化工工艺需要

泵在化工生产流程中，除起着输送物料的作用外，它还向系统提供必要的物料量，使化学反应得到物料平衡，并满足化学反应所需的压力。在生产规模不变的情况下，要求泵的流量及扬程要相对稳定，一旦因某种因素影响，生产波动时，泵的流量及出口压力也能随之变动，且具有较高的效率。

（2）耐腐蚀

化工用泵所输送的介质，包括原料和产品中间产物，多数具有腐蚀性。如果泵的材料选用不当，在泵工作时，零部件就被腐蚀失效，不能继续工作。

对于某些液体介质，如没有合适的耐腐蚀金属材料，则可采用非金属材料，如陶瓷泵、塑料泵、橡胶衬里泵等。塑料具有比金属材料较好的耐化学腐蚀性能。

在选用材料时，既要考虑到它的耐腐蚀性，还必须考虑到它的力学性能、切削性和价格等。

（3）耐高温、低温

化工用泵处理的高温介质，大体上可分为流程液和载热液。流程液是指化工产品加工过程和输送过程的液体。载热液是指运载热量的媒介液体，这些媒介液体，在一个封闭的回路中，靠泵的工作进行循环，通过加热炉加热，使媒介液体温度升高，然后循环到塔器中，给化学反应间接提供热量。

水、柴油、道生油、熔融金属铅、水银等，均可作为载热液。化工用泵处理的高温介质温度可达900℃。

化工用泵抽送的低温介质种类也很多，如液态氧、液态氮、液态氩、液态天然气、液态氢、甲烷、乙烯等。这些介质的温度都很低，如泵送液态氧的温度约为－183℃。

作为输送高温与低温介质的化工用泵，其用材必须在正常室温、现场温度和最后的输送温度下都具有足够的强度和稳定性。同样重要的是，泵的所有零件都能承受热冲击和由此产生的不同的热膨胀和冷脆性危险。

在高温情况下，要求泵装有中心线支架，以保证原动机和泵的轴心线总是同心。在高温

和低温泵上，要求装有中间轴和热屏。

为了减少热能损失，或者为了防止被输送介质大量失热后物理性质起变化（如重油的输送，不保温，会使黏度增加），应在泵壳外面设置保温层。

低温泵所输送的液体介质，一般处于饱和状态，一旦吸收外界热量，就会迅速汽化，使泵不能正常工作。这就需要在低温泵壳体上采取低温隔热措施。低温隔热材料常采用膨胀珍珠岩。

（4）耐磨损

化工用泵的磨损是由于输送高速液流中含有悬浮固体造成的。化工用泵的磨损破坏，往往加剧介质腐蚀，因不少金属及合金的耐腐蚀能力依靠表面的钝化膜，一旦钝化膜被磨损掉，则金属便处于活化状态，腐蚀情况就很快恶化。

提高化工用泵的耐磨损能力有两种方法：一种是采用特别硬的、往往是脆性的金属材料，如硅铸铁；另一种是在泵的内部和叶轮上衬覆软的橡胶衬里。如输送诸如钾肥原料的明矾矿料浆等磨损性很大的化工用泵，泵用材料可采用锰钢、陶瓷衬里等。

从结构上来考虑，输送磨损性液体时可采用开式叶轮。光滑的泵壳和叶轮流道，对化工用泵的抗磨损也有好处。

（5）无泄漏或少泄漏

化工用泵输送的液体介质，多数具有易燃、易爆、有毒的特性；有的介质含有放射性元素。这些介质如果从泵中漏入大气，可能造成火灾或影响环境卫生，伤害人体。有些介质价格昂贵，泄漏会造成很大浪费。因此，化工用泵要求无泄漏或少泄漏，这就要求在泵的轴封上下工夫。选用好的密封材料及合理的机械密封结构，能做到轴封少泄漏；选用屏蔽泵、磁力传动密封泵等，则能做到轴封不向大气泄漏。

（6）运行可靠

化工用泵的运行可靠，包括两方面内容：长周期运行不出故障及运行中各种参数平稳。运行可靠对化工生产至关重要。如果泵经常发生故障，非但造成经常停产，影响经济效益，有时会造成化工系统的安全事故。例如，输送作为热载体的道生油泵运行中突然停止，而这时的加热炉来不及熄火，有可能造成炉管过热，甚至爆裂，引起火灾。

化工用泵转速的波动，会引起流量及泵出口压力的波动，使化工生产不能正常运行，系统中的反应受到影响，物料不能平衡，造成浪费；甚至使产品质量下降或者报废。

对于要求每年一次大检修的工厂，泵的连续运转周期一般不应小于8000h。为适合三年一次大检修的要求，API 610 和 GB/T 3215 规定石油、重化学和天然气工业用离心泵的连续运转周期至少为3年。

（7）能输送临界状态的液体

临界状态的液体，当温度升高或压力降低时，往往会汽化。化工用泵有时输送临界状态的液体，一旦液体在泵内汽化，则易于产生汽蚀破坏，这就要求泵具有较高的抗汽蚀性能。同时，液体的汽化，可能引起泵内动静部分的摩擦咬合，这就要求有关间隙取大一些。为了避免由于液体的汽化使机械密封、填料密封、迷宫密封等因干摩擦而破坏，这类化工用泵必须有将泵内产生的气体充分排除的结构。

输送临界状态液体介质的泵，其轴封填料可采用自润滑性能较好的材料，如聚四氟乙烯、石墨等。对于轴封结构，除填料密封外，还可采用双端面机械密封或迷宫密封等。采用双端面机械密封时，两端面之间的空腔内，充以外来的密封液体；采用迷宫密封时，可从外界引入具有一定压力的密封气体。当密封液体或密封气体漏入泵内时，对泵送介质应该是无妨的，如漏入大气也无害。如输送临界状态的液氨时，双端面机械密封的空腔内可用甲醇做

密封液体；输送易汽化的液态烃时，迷宫密封中可引入氮气。

（8）寿命长

泵的设计寿命一般至少为10年。API 610和GB/T 3215规定石油、重化学和天然气工业用离心泵的设计寿命至少为20年。

（9）泵的设计、制造、检验应符合有关标准、规范的规定

泵的设计、制造、检验常用的标准和规范见表1-3。

表1-3　泵的设计、制造、检验常用标准和规范

泵类型	标准、规范
离心泵	ANSI/API 610《石油、重化学和天然气工业用离心泵》
	ASME B73.1《化工用卧式端吸式离心泵规范》
	ANSI/ASME B73.2《化学工艺用立式管线离心泵规范》
	ISO 2858《端吸离心泵（16bar）标记、性能、尺寸》
	ISO 5199《离心泵的技术规范　2类》
	ISO 13709《石油、石油化工和天然气工业用离心泵》
	GB/T 3215《石油、重化学和天然气工业用离心泵》
	GB/T 3216《回转动力泵　水力性能验收试验　1级和2级》
	GB/T 5656《离心泵技术条件（Ⅱ类）》
	SH/T 3139《石油化工重载荷离心泵工程技术规定》
	SH/T 3140《石油化工中、轻载荷离心泵工程技术规定》
计量泵	API 675《计量泵》
	GB/T 7782《计量泵》
	SH/T 3142《石油化工计量泵工程技术规定》
	API 674《往复泵》
往复泵	GB/T 9234《机动往复泵》
	GB/T 7784《机动往复泵试验方法》
	GB/T 14794《蒸汽往复泵》
	SH/T 3141《石油化工往复泵工程技术规定》
	API 676《转子泵》
	SH/T 3151《石油化工转子泵工程技术规定》
转子泵	JB/T 8644《单螺杆泵》
	GB/T 10886《三螺杆泵》
	JB/T 8091《螺杆泵试验方法》

注：表中部分标准代号的含义：API——美国石油协会标准；ANSI——美国国家标准协会标准；ASME——美国机械工程师协会标准；ISO——国际标准化组织。

1.4　典型化工用泵的特点

化工生产工艺流程中的典型用泵有：进料泵、回流泵、循环泵、塔底泵、产品泵、输出泵、注入泵、燃料油泵、冲洗泵、补充泵、排污泵、润滑油泵和封液泵等。对于这些工艺用泵的特点，分述如下。

（1）进料泵

装置中输送原料或中间加料的泵，前者称为原料（进料）泵，后者称为给料（加料）泵。一般采用高压柱塞泵和多级或单级离心泵。

① 泵的流量要求稳定，以满足产品方案的要求。原料泵的流量一般较大，而中间加料或其他装置进料的泵流量不如原料泵大。

② 原料泵的输送介质黏度较大，采取热进料则输送介质的黏度降低。对于黏度达20×10^{-3}Pa·s的泵，要考虑黏度的影响。

③ 一般进料泵的排出压力较高，具体取决工艺进程（反应过程压力要求最高，而罐、槽输送压力最低）和泵后设备的反压及阻力。

由于工作条件苛刻，泵的扬程要求有裕量（一般为5%）。通常，希望采用关死扬程$H_{SO}=1.1$倍额定扬程H_D的离心泵。

一般采用入口压力不低于常压的进料泵。

④ 进料泵的吸入温度大都是常温，只有某些中间进料（或来自其他装置未经冷却）的

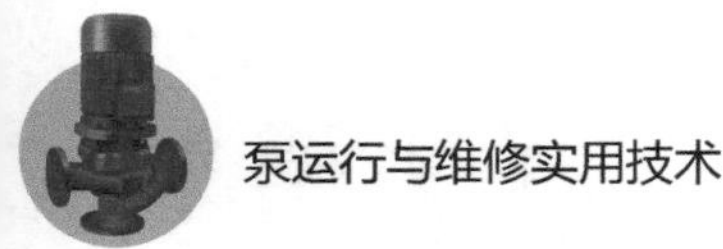

泵或接力泵的吸入温度高于100℃。

⑤ 进料泵的工作非常重要，一般备用率为100%。

⑥ 当泵的压力高或距装置较远时，可采用两台泵串联工作（也即采用接力泵），接力泵的吸入压力和温度较一般进料泵高，应注意泵体、轴封能否承受较高的压力和温度，以及使用中能否正常操作等问题。

（2）回流泵

装置中打塔顶、中段及塔底冷、热回流用的泵。通常用于液体分离过程（如精馏、解吸和抽提等）打回流，以控制产品的纯度。一般采用单级或两级离心泵。

① 泵的流量变化范围大（回流量取决于装置的热平衡和产品要求的纯度），驱动机功率应富裕些。

回流量与产品量的比值往往由几倍到20倍（如铂重整苯精馏塔中回流量为十几倍）。回流量与进料量的比值为1.1～1.4。

② 泵的扬程较低（只是克服冷凝器、容器与塔之间的压力差），但要求压力稳定。不宜选用具有驼峰的不稳定特性的离心泵。为此，宜用$H_{SO}/H_D \geqslant 1.1$的离心泵。

③ 泵所输送介质的温度不高，一般为30～60℃（经冷凝-冷却器后的冷回流，多半是塔顶回流），还有高于100℃的热回流（多半是精馏塔的中段回流）和达－98℃的低温回流（如乙烯装置的脱甲烷塔回流泵）。

回流量通常用温度控制。

④ 泵的工作可靠性要求高，一般备用率为50%～100%。

（3）循环泵

装置中输送反应、吸收、分离、吸收液再生的循环液用泵。一般采用单级离心泵。

① 泵的流量中等，在稳定工作条件下，泵的流量变化较小。宜稳定在泵设计点附近工作，较经济。

② 泵的扬程较低，只是用来克服循环系统的压力降。可采用低扬程泵。

③ 一般工作条件较缓和，但反应和吸收系统的循环量控制要求较苛刻。此外，有些在高温下工作的循环泵的工作条件较苛刻，不仅高温而且还含有催化剂的浆液（如油浆泵、回炼油泵等），冲蚀和磨损问题较特殊。处于高温操作的循环泵应采用高温泵（如热油泵等）。

④ 由于循环泵的输送介质较多，应根据介质的性质使用耐久的材料。

（4）塔底泵（釜底泵）

装置中输送塔底的残油泵或热漏与塔底之间的液体循环泵。一般采用吸入性能好的离心泵（如双吸式离心泵）或蒸汽泵。

① 流量变化较大，一般用液面控制流量。炼油装置中所用的塔底泵的流量较大。

② 泵输送的液体温度一般较高，需要采取冷却措施，采用热油泵和热载体泵（低温泵如脱甲烷塔底泵除外）。

③ 塔底泵多半处于饱和状态（汽液两相平衡状态）下抽吸液体。通常，需要较高的灌注头，特别是减压塔底泵（处于负压下工作），漏入空气容易使泵抽空。对于泵来说，应具有较好的吸入性能。一般使装置有效净正吸入压头（也称为有效汽蚀余量）为泵所需要的净正吸入压头的1.3～1.4倍。

④ 泵的工作条件较苛刻，如塔底液体脏，有污垢，又处于高温下工作。

（5）产品泵

装置中输送塔顶、塔底产品和中间产品用的泵。一般采用单级离心泵。

① 流量较小，往往随原料和产品的方案不同而变化。

② 泵的扬程较低，一般抽送到成品或中间产品罐或送到其他装置，只是用来克服输送管路的阻力损失。

③ 一般产品是常温、常压，工作条件缓和，问题较少。一般泵的压力不高，而低温液化气的压力较高。通常塔顶产品的温度较低，而中间抽出产品或塔底抽出产品的温度较高。

④ 一般产品泵的备用率仅为50%，对于某些纯度要求高的泵的备用率为100%（不能兼用）。

⑤ 液体一般处于泡点状态抽吸，但塔顶产品处于过冷状态。对于纯度要求高的产品泵，应避免空气进入泵内与被输送物料产生反应或污染被输送物料。欲避免与空气接触，可采用屏蔽泵。

⑥ 一般用控制泵的流量的方法来控制塔器和罐的液面时，应避免采用具有驼峰特性的离心泵，以保证工作稳定。

⑦ 塔顶及侧线产品泵与塔顶及侧线回流泵可共用备用泵或相互替用。

(6) 输出泵

装置中往产品罐直接输送用泵，如管路混合调和用的泵。其要求与进料泵相同，但要求不如进料泵高。

(7) 注入泵

装置中注入高压水、溶液和药剂用的泵。在反应系统注入高压水较多，而蒸馏及分离系统注入药剂较多（如抑制剂、缓蚀剂、防泡剂、阻聚剂、抗氧化剂、破乳化剂等）。一般采用柱塞式的计量泵或比例泵。

① 泵的流量小，要求精确计量。因此采用容积式泵较为合适。注水泵中在计量要求不高的情况下可采用离心泵。

② 一般注入泵均在常温下操作。泵的排出压力较高，具体视注入处的压力而定。

③ 由于计量要求严格，泵本身要求精确计量的流量调节装置。

④ 对于注入化学药品的泵，要考虑介质的腐蚀性。

(8) 燃料油泵

装置中加热炉或锅炉输送燃料油用的泵。一般采用齿轮泵或离心泵。

① 流量较小，泵出口压力稳定（一般为1MPa左右）。

② 输送温度不高，一般低于100℃。

③ 燃料油的黏度较高，需要加温输送。

(9) 冲洗泵

装置中输送冲洗或洗涤用液的泵，如催化裂化的冲洗油泵、乙烯装置的冲洗油泵和化肥厂的高低压冲洗泵及尿素装置CO_2洗涤泵等。一般采用离心泵或旋涡泵。

① 泵的流量小、扬程不高（高压冲洗泵除外）。

② 连续输送时要求流量控制，以保证完成冲洗和洗涤。

③ 一般均在常温下工作。

(10) 补充泵（补给泵）

装置中补充溶剂或溶液用泵，如结合新溶剂补充泵、化肥厂的氨回收液补充泵、本菲尔溶液补给泵和乙烯装置的初充碱液泵等。一般采用单级离心泵或旋涡泵。

① 泵的流量不大，扬程不高，排出压力应与补充处相符。

② 一般在常温下工作。

③ 连续抽送时要求流量控制。

（11）排污泵

装置中排送污水和污液的泵。一般采用离心式杂质泵。

① 流量和扬程均不大。

② 污液中有水或油和杂质，要求耐腐蚀、耐磨损。

③ 连续输送时要求流量控制。

④ 结构上要求考虑防堵、防空气漏入等措施。

（12）润滑油泵和封油泵

装置中给重要机泵输送润滑油和封油用的泵。一般采用容积式齿轮泵或螺杆泵，流量较大时在集中输送系统中可采用离心泵。

① 流量小，油必须经过过滤和冷却后循环使用。

② 润滑油压力一般恒定在 100～200kPa，机械密封的封油压力比被密封介质压力高 50～150kPa；油膜密封的封油压力应比被密封介质压力高出 35～50kPa。

③ 润滑油和封油的润滑性较好，宜选用转子泵。

④ 油箱容量与高位槽容量应保证泵维持足够的时间（一般要维持 5～10min）运转，以便在发生事故时采取措施。

此外，还有废热锅炉用锅炉给水泵、凝水泵，焦化装置的切焦水泵，乙烯喷射除焦泵，减压装置的真空泵等特殊用途的辅助用泵。

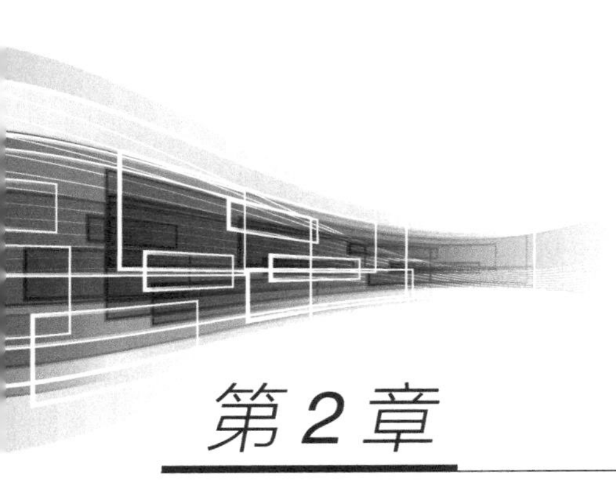

第2章 离心泵

离心泵具有性能范围广泛、流量均匀、结构简单、运转可靠和维修方便等诸多优点，因此离心泵在工业生产中应用最为广泛。据统计，在化工生产（包括石油化工）装置中，离心泵的使用量占泵总量的70%～80%。离心泵的流量和扬程范围较宽，一般离心泵的流量为1.6～30000m^3/h，扬程为10～2600m。

2.1 离心泵的工作原理、分类和型号

2.1.1 离心泵的工作原理与特点

（1）工作原理

离心泵品种很多，结构各有差异，但其基本结构相似，主要由叶轮、泵体（又称泵壳）、泵盖、转轴、密封部件和轴承部件等构成。典型的单级单吸离心泵结构如图2-1所示。泵体泵盖组件内装有叶轮。由电机带动轴上的叶轮旋转对液体做功，从而提高液体的压力能和动能。液体由泵体的吸入室流入，由泵体的排出室流出。叶轮前盖板的密封环和叶轮后盖板后端的填料与填料环防止从叶轮流出的液体泄漏。轴承和轴承悬架（托架）支持转轴。整个泵和电机安装在一个底座之上。一般离心泵的液体过流部件是吸入室、叶轮和排出室。对过流部件的要求主要是达到规定的流量和扬程，液体流动连续、稳定、流动损失小、效率高，以节省能耗。对其他零部件的综合要求主要是结构紧凑、工作可靠、拆装方便、经久耐用。

为了使离心泵正常工作，离心泵必须配备一定的管路和管件，这种配备有一定管路系统的离心泵称为离心泵装置。如图2-2所示是离心泵的一般装置示意图，主要包括吸入管路、底阀、排出管路、排出阀等。离心泵在启动前，泵体和吸入管路内应灌满液体，此过程称为灌泵。启动电动机后，泵的主轴带动叶轮高速旋转，叶轮中的叶片驱使液体一起旋转，在离心力的作用下，叶轮中的液体沿叶片流道被甩向叶轮出口，并提高了压力。液体经压液室流至泵出口，再沿排出管路送到需要的地方。泵体内的液体排出后，叶轮入口处形成局部真空，此时吸液池内的液体在大气压力作用下，经底阀沿吸入管路进入泵内。这样，叶轮在旋转过程中，一面不断地吸入液体，一面又不断地给予吸入的液体一定的能头，将液体排出。由此可见，离心泵能输送液体是依靠高速旋转的叶轮使液体受到离心力作用，故名离心泵。

离心泵吸入管路上的底阀是单向阀，泵在启动前此阀关闭，保证泵体及吸入管路内能灌满液体。启动后此阀开启，液体便可以连续流入泵内。底阀下部装有滤网，防止杂物进入泵

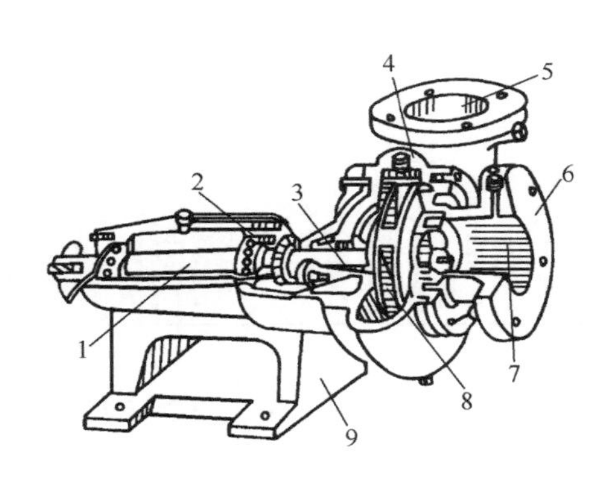

图 2-1 典型的单级单吸离心泵的结构

1—泵轴；2—轴承；3—轴封；4—泵体；
5—排出口；6—泵盖；7—吸入口；
8—叶轮；9—托架

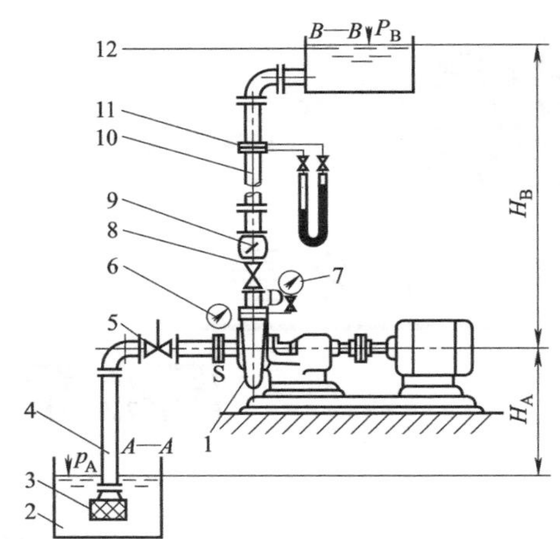

图 2-2 离心泵的一般装置示意图

1—泵；2—吸液池；3—底阀；4—吸入管路；
5—吸入调节阀；6—真空表；7—压力表；
8—排出调节阀；9—单向阀；10—排出管路；
11—流量计；12—排液罐

内堵塞流道。

离心泵在运转过程中，必须注意防止空气漏入泵内造成“气缚”，使泵不能正常工作。因为空气比液体的密度小得多，在叶轮旋转时产生的离心作用很小，不能将空气抛到压液室中去，使吸液室不能形成足够的真空，离心泵便没有抽吸液体的能力。

对于大功率泵，为了减少阻力损失，常不装底阀、不灌泵，而采用真空泵抽吸气体然后启动。

(2) 特点

① 当离心泵的工况点确定后，离心泵的流量和扬程（当吸入压力一定时，即为离心泵的排出压力）是稳定的，无流量和压力脉动。

② 离心泵的流量和扬程之间存在着函数关系。当离心泵的流量（或扬程）一定时，只能有一个相对应的扬程（或流量）值。

③ 离心泵的流量不是恒定的，而是随其排出管路系统的特性不同而不同。

④ 离心泵的效率因其流量和扬程而异。大流量、低扬程时，效率较高，可达 80%；小流量、高扬程时效率较低，甚至只有百分之几。

⑤ 一般离心泵无自吸能力，启动前需灌泵。

⑥ 离心泵可用旁路回流、出口节流或改变转速调节流量。

⑦ 离心泵结构简单、体积小、质量轻、易损件少，安装、维修方便。

2.1.2 离心泵的分类

(1) 按叶轮数目分类

按叶轮数目可分为单级泵和多级泵。泵内只有一个叶轮的称为单级泵，如图 2-3 所示。单级泵所产生的压力不高，一般不超过 1.5MPa。

液体经过一个叶轮所提高的扬程不能满足要求时，就用几个串联的叶轮，使液体依次进入几个叶轮来连续提高其扬程。这种在同一根泵轴上装有串联的两个以上叶轮的离心泵称为多级泵。如图 2-4 所示为四个叶轮串联成的多级泵。

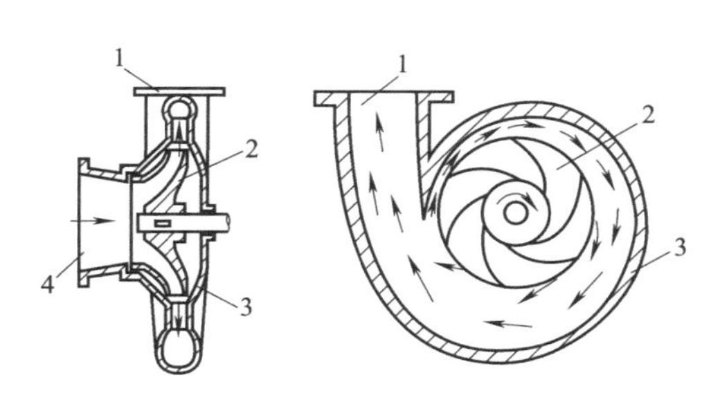

图 2-3　单级单吸离心泵
1—排出口；2—叶轮；3—泵壳；
4—吸入口

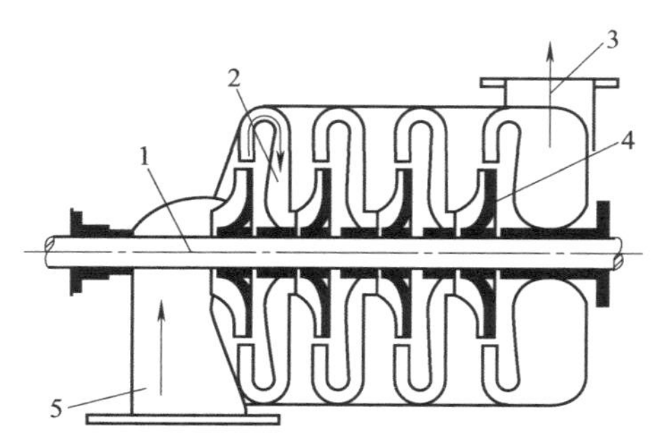

图 2-4　四个叶轮串联成的多级泵
1—泵轴；2—导轮；3—排出口；
4—叶轮；5—吸入口

（2）按叶轮吸入方式分

按叶轮吸入方式可分为单吸泵和双吸泵。在单吸泵中液体从一侧流入叶轮，即泵只有一个吸液口（图 2-3）。这种泵的叶轮制造容易，液体在其间流动情况较好，但缺点为叶轮两侧所受到的液体压力不同，使叶轮承受轴向力的作用。

在双吸泵中液体从两侧同时流入叶轮，即泵具有两个吸液口，如图 2-5 所示。这种叶轮及泵壳的制造比较复杂，两股液体在叶轮的出口汇合时稍有冲击，影响泵的效率，但叶轮的两侧液体压力相等，没有轴向力存在，而且泵的流量几乎比单吸泵增加一倍。

（3）按从叶轮将液体引向泵室的方式分类

按从叶轮将液体引向泵室的方式可分为蜗壳式泵和导叶式泵。蜗壳式离心泵的泵壳呈螺旋线形状，如图 2-3 所示。液体自叶轮甩出后，进入螺旋形的蜗室，其流速降低，压力升高，然后由排液口流出。蜗壳是很普遍的一种转能装置，它将从叶轮甩出的液体的动能转换成静能头。它的构造简单、体积小，多用在低压或中压的泵上。

导叶式（又称透平式）离心泵如图 2-6 所示，液体自叶轮甩出后先经过固定的导叶轮，在其中降速增压后，进入泵室，再经排液口流出。多级泵大多是这种形式。

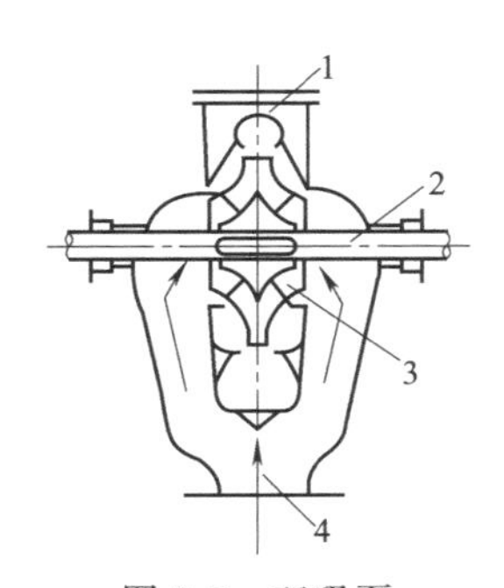

图 2-5　双吸泵
1—排出口；2—泵轴；3—叶轮；4—吸入口

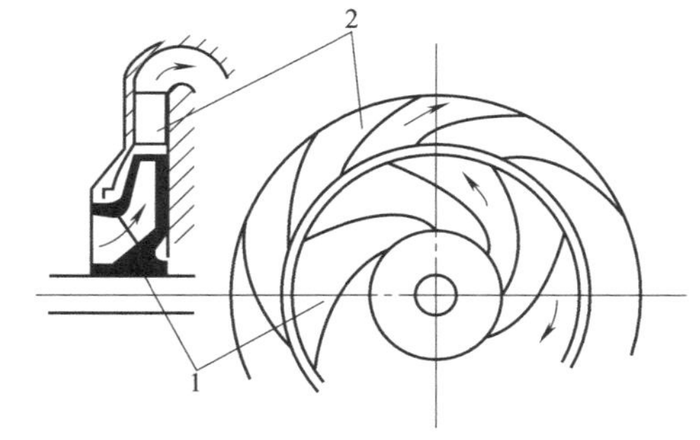

图 2-6　导叶式离心泵
1—叶轮；2—导叶

（4）按泵体剖分方式分类

按泵体剖分方式可分为分段式离心泵和中开式离心泵。分段式离心泵整个泵体由各级壳体分段组成，各分段的接合面与泵轴垂直，各分段之间用螺栓紧固，构成泵体。如图 2-7 所示为分段式多级离心泵。

中开式离心泵的泵体在通过泵轴中心线的平面上分开。如果泵轴是水平的，就称为水平中开式离心泵，如图 2-8 所示；如果泵轴是垂直的，就称为垂直中开式离心泵。

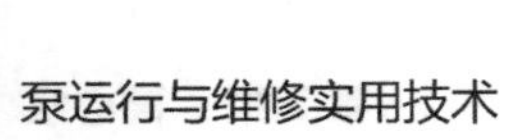

图 2-7　分段式多级离心泵

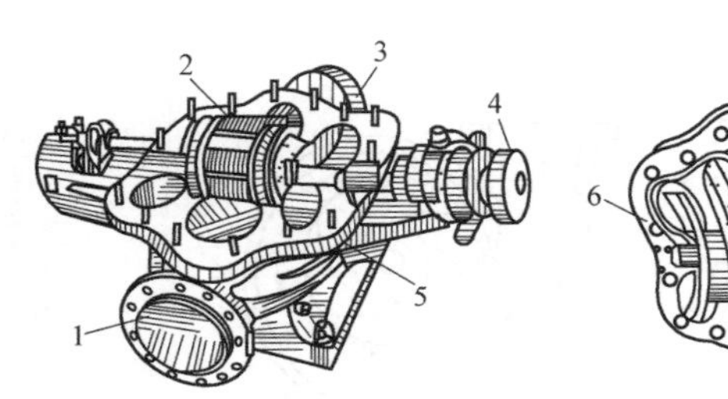

图 2-8　水平中开式离心泵

1—吸入口；2—叶轮；3—排出口；4—联轴器；5—泵体；6—泵盖；7—水封槽

(5)按叶轮的布置方式分类

按叶轮的布置方式，API610 和 GB/T 3215《石油、重化学和天然气工业用离心泵》标准将离心泵分为 3 大类、18 种形式，见表 2-1。

表 2-1　按叶轮的布置方式分类

<table>
<tr><td rowspan="18">离心泵形式</td><td rowspan="6">悬臂式</td><td rowspan="3">挠性联轴器传动</td><td rowspan="2">卧式</td><td>底脚安装式</td></tr>
<tr><td>中心线安装式</td></tr>
<tr><td colspan="2">有轴承架的立式管道泵</td></tr>
<tr><td>刚性联轴器传动</td><td colspan="2">立式管道泵</td></tr>
<tr><td rowspan="2">共轴式传动</td><td colspan="2">立式管道泵</td></tr>
<tr><td colspan="2">与高速齿轮箱成一整体式</td></tr>
<tr><td rowspan="5">两端支撑式</td><td rowspan="2">单级和双极</td><td colspan="2">轴向剖分式</td></tr>
<tr><td colspan="2">径向剖分式</td></tr>
<tr><td rowspan="3">多级</td><td colspan="2">轴向剖分式</td></tr>
<tr><td rowspan="2">径向剖分式</td><td>单壳式</td></tr>
<tr><td>双壳式</td></tr>
<tr><td rowspan="7">立式悬吊式</td><td rowspan="5">单壳式</td><td rowspan="3">通过扬水管排出</td><td>导流壳式</td></tr>
<tr><td>蜗壳式</td></tr>
<tr><td>轴流式</td></tr>
<tr><td rowspan="2">独立排液管</td><td>长轴式</td></tr>
<tr><td>悬臂式</td></tr>
<tr><td rowspan="2">双壳式</td><td colspan="2">导流壳式</td></tr>
<tr><td colspan="2">蜗壳式</td></tr>
</table>

(6)特殊结构的离心泵

特殊结构离心泵的类型和特点见表 2-2。

表 2-2　特殊结构离心泵的类型和特点

分类方式	类　型	特　点
特殊结构	潜水泵	泵和电动机制成一体浸入水中
	液下泵	泵体浸入液体中
	管道泵	泵作为管路一部分，安装时无需改变管路
	屏蔽泵	叶轮与电动机转子连为一体，并在同一个密封壳体内，不需采用密封结构，属于无泄漏泵
	磁力泵	除进、出口外，泵体全封闭，泵与电动机的连接采用磁钢互吸而驱动
	自吸式泵	泵启动时无需灌液
	高速泵	由增速箱使泵轴转速增加，一般转速可达 10000r/min 以上，也称部分流泵或切线增压泵
	立式筒型泵	进出口接管在上部同一高度上，分为内、外两层壳体，内壳体由转子、导叶等组成，外壳体为进口导流通道，液体从下部吸入

此外，离心泵还可按它转轴的位置而分为立式和卧式两种；按其扬程大小分成高压（扬程 $H>100m$）、中压（扬程 $H=20\sim100m$）、低压（扬程 $H<20m$）三种。

2.1.3　离心泵的型号编制

我国泵类产品型号编制通常由三个单元组成。

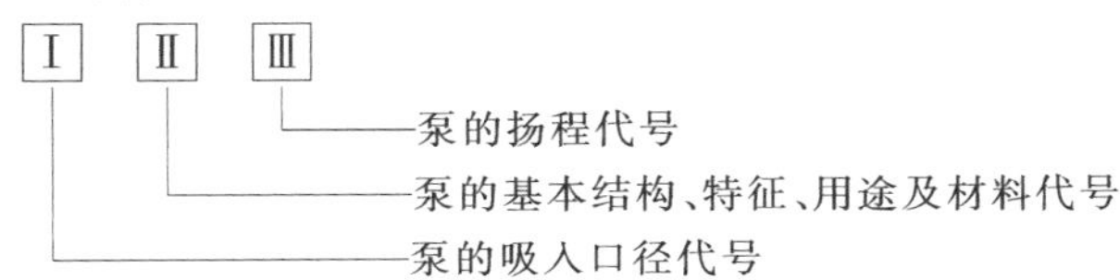

离心泵型号中的第一单元通常是以 mm 表示的吸入口直径。但大部分老产品用“英寸”表示，即以 mm 表示的吸入口直径被 25 除后的整数值。第二单元是以汉语拼音字母的字首表示的泵的基本结构、特征、用途及材料等，见表 2-3。第三单元一般用数字表示泵的参数，这些数字对过去的大多数老产品是表示该泵比转速被 10 除的整数值。而目前表示以 m 水柱为单位的泵的扬程及级数。有时泵的型号尾部后还带有字母 A 或 B，这是泵的变型产品标志，表示在泵中装的是切割过的叶轮。

表 2-3　部分离心泵形式、型号对照表

离心泵形式和汉语拼音字母对照											
B、BA	S、Sh	D、DA	DK	DG	N、NL	R	L	CL	Y	F	P
单级单吸悬臂水泵	单级双吸水泵	多级分段水泵	多级中开式水泵	锅炉给水泵	冷凝水泵	热水循环泵	立式浸没式水泵	船用离心泵	离心式油泵	耐腐蚀泵	杂质泵

现将型号表示方法举例如下。

① 2B31A，这是老产品，表示吸入口直径为 50mm（流量为 12.5m^3/h），扬程为 31m 水柱，同型号叶轮外径经第一次切割的单级单吸悬臂式离心清水泵。

② 200D-43×9，表示吸入口直径为 200mm，单级扬程为 43 m 水柱，总扬程为 43×9=387（m 水柱），9 级分段式多级离心水泵。

近年我国泵行业采用国际标准 ISO 2858—1975（E）的有关标记、额定性能参数和系列尺寸，设计制造了新型号泵，其型号意义如下。

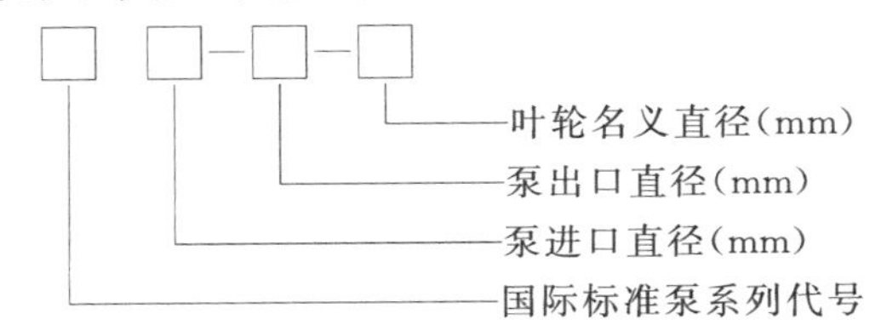

型号表示示例如下。

① IS80-65-160，表示单级单吸悬臂式清水离心泵，泵吸入口直径为 80mm，排出口直径为 65mm，叶轮名义直径为 160mm。

② IH50-32-160，表示单级单吸悬臂式化工离心泵，泵吸入口直径为 50mm，排出口直径为 32mm，叶轮名义直径为 160mm。

2.2　离心泵的结构

2.2.1　离心泵主要零部件的结构

(1) 叶轮

离心泵叶轮从外形上可分为闭式、半开式和开式三种形式，如图 2-9 所示。

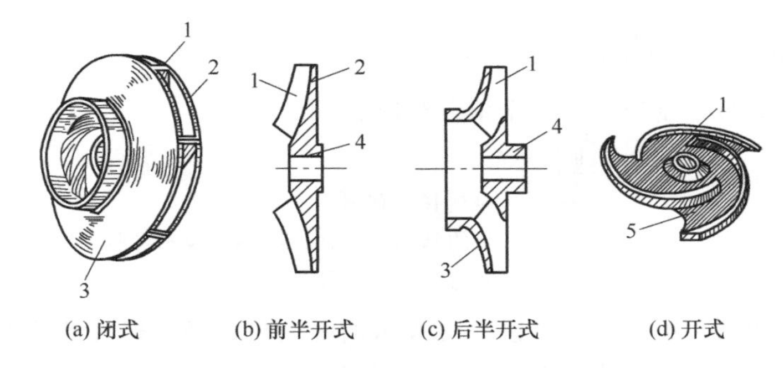

图 2-9　离心泵叶轮

1—叶片；2—后盖板；3—前盖板；4—轮毂；5—加强筋

① 闭式叶轮［图 2-9（a）］ 由叶片与前、后盖板组成。闭式叶轮的效率较高，制造难度较大，在离心泵中应用最多。适于输送清水、溶液等黏度较小的、不含颗粒的清洁液体。

② 半开式叶轮［图 2-9（b）、（c）］ 一般有两种结构：一种为前半开式，由后盖板与叶片组成，此结构叶轮效率较低，为提高效率需配用可调间隙的密封环；另一种为后半开式，由前盖板与叶片组成，由于可应用与闭式叶轮相同的密封环，效率与闭式叶轮基本相同，且叶片除输送液体外，还具有（背叶片或副叶轮的）密封作用。半开式叶轮适于输送含有固体颗粒、纤维等悬浮物的液体。半开式叶轮制造难度较小，成本较低，且适应性强，近年来在化工用离心泵中应用逐渐增多，并用于输送清水和近似清水的液体。

③ 开式叶轮［图 2-9（d）］ 只有叶片及叶片加强筋，无前后盖板的叶轮。开式叶轮叶片数较少（2～5 片），叶轮效率低，应用较少，主要用于输送黏度较高的液体以及浆状液体。

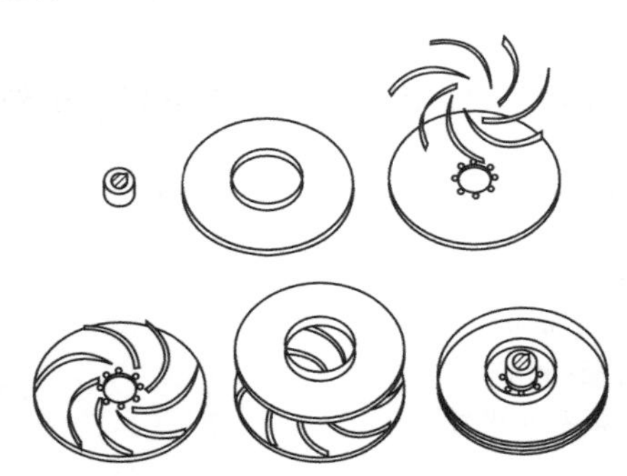

图 2-10　焊接叶轮结构示意

离心泵叶轮的叶片一般为后弯式叶片。叶片有圆柱形和扭曲形两种。圆柱形叶片是指整个叶片沿宽度方向均与叶轮轴线平行，扭曲叶片则是有一部分不与叶轮轴线平行。应用扭曲叶片可减少叶片的负荷，并可改善离心泵的吸入性能，提高抗汽蚀能力，但制造难度较大，造价较高。

化工用离心泵要求叶轮为铸造或全焊缝焊接的整体叶轮。焊接叶轮是近年发展起来的，多用于铸造性能差的金属材料（如钛及其合金）制造的化工用特种离心泵。焊接叶轮的几何精度和表面粗糙度均优于铸造叶轮，有利于提高离心泵的效率。焊接叶轮结构示意如图 2-10 所示。

（2）蜗壳和导轮

① 蜗壳　离心泵的蜗壳分为螺旋形蜗壳和环形蜗壳两种，如图 2-11 所示。一般均采用螺旋形蜗壳，当泵的流量较小时可采用环形蜗壳。环形蜗壳的扩压效率低于螺旋形蜗壳，但环形蜗壳可以用机械加工成形，几何尺寸和表面质量均优于铸造的螺旋形蜗壳。当离心泵的扬程较大时，采用双螺旋形蜗壳，可平衡叶轮的径

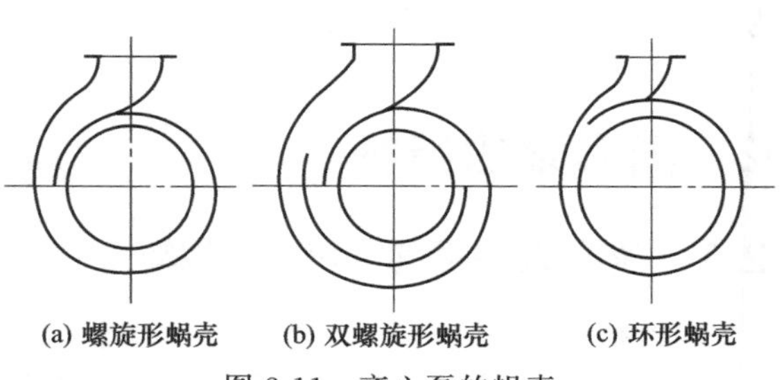

图 2-11　离心泵的蜗壳

向力，减小叶轮的偏摆和泵的振动，有利于提高离心泵的运行周期。

② 导轮　导轮是多级离心泵或轴流泵常用的一种扩压器和回流器的组合件，主要有径向、轴向、扭曲式和流道式等几种形式。

径向导轮多用于多级离心泵，是一个固定不动的圆盘，正面有包在叶轮外缘的正向导叶，这些导叶构成了一条条扩散形流道，背面有将液体引向下一级叶轮入口的反向导叶，其结构如图 2-12 所示。液体从叶轮甩出后，平缓地进入导轮，沿着正向导叶继续向外流动，速度逐渐降低，动能大部分转变为静压能。液体经导轮背面的反向导叶被引入下一级叶轮。

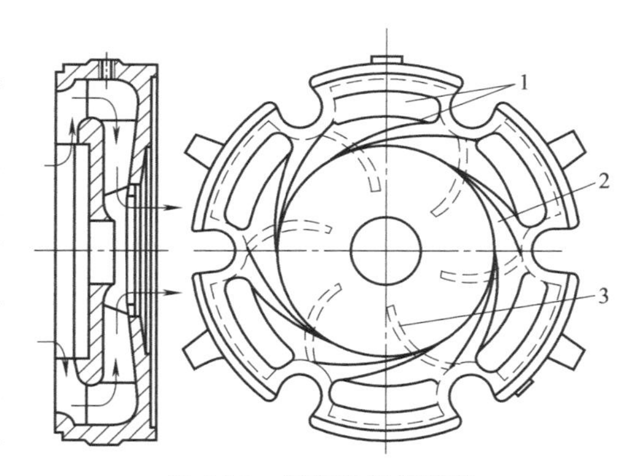

图 2-12　径向导轮的结构

1—流道；2—导叶；3—反向导叶

多级离心泵应用导轮可减小其轴向尺寸（与蜗壳及锥形压出室相比），这不仅可减少泵体积和占地面积，更主要的是减小泵轴的长度，增强泵的运行稳定性。

(3) 泵体

泵体（又称壳体或泵壳）是泵形成包容和输送液体的泵外壳的总称。一般离心泵由吸入液体部分、叶轮运转空间和压出液体三个大部分构成。

吸入液体部分是泵吸入口至叶轮入口部分，由吸入接管和吸入室组成。吸入室有柱形吸入室、直锥形吸入室、环形吸入室和单螺旋形吸入室。

压出液体部分由蜗壳与压出管或导轮构成。

为了将叶轮装入叶轮运转空间，泵体需制成剖分式，常用的有轴向剖分和径向剖分两种。当流量较小、排出压力较高、泵送温度较高和液体易挥发时，应采用径向剖分式泵体。

对于化工流程泵，当泵送温度大于等于 100℃、密度小于 0.7g/cm^3 的易燃或有毒的液体时，必须采用径向剖分的泵体。

卧式离心泵的安装支承面一般在泵体的下部，当泵送温度大于等于 175℃时，为防止泵体受热膨胀而影响泵的对中，应采用支承面通过泵中心线的中心线支承。

(4) 密封环

密封环（又称口环或耐磨环）装于离心泵叶轮入口的外缘及泵体内壁与叶轮入口对应的位置，如图 2-13 所示。两环之间有一定的间隙量，径向运转间隙用来限制泵内的液体由高压区（压出室）向低压区（吸入室）回流，提高泵的容积效率。泵体内部应当装有可更换的密封环。叶轮应当有整体的耐磨表面或可更换的密封环，离心式化工流程泵应采用可更换的密封环，且密封环应用紧配合定位，并用锁紧销或骑缝螺钉或通过点焊来定位（轴向或径向）。在密封环上装的径向销钉或骑缝螺钉的孔径不应大于密封环宽度的 1/3。

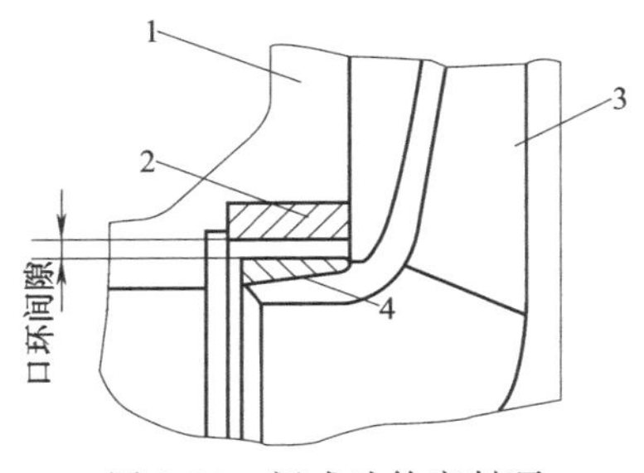

图 2-13　闭式叶轮密封环

1—泵体；2—泵体密封环；3—叶轮；4—叶轮密封环

密封环的材料应采用铸铁青铜、淬硬铬钢、蒙乃尔合金、非金属耐磨材料及表面喷涂司太立合金、硬质合金等。由可硬化材料制造的摩擦副耐磨表面应当具有至少 50 布氏硬度的差，除非静止的和旋转的耐磨表面都具有至少 400 布氏硬度。

在确定密封环和其他转动部件之间的运转间隙时，应考虑抽送介质的温度、吸入条件、输送液体的性质、

材料的热膨胀和咬合特性以及泵的效率。间隙应足够大，以保证在所有规定工况下可靠运转和避免咬合。对于铸铁、青铜、经硬化处理的马氏体不锈钢以及具有类似低咬合趋势的材料，应采用表 2-4 中所列的最小间隙。对于咬合趋势较大的材料或工作温度大于 260℃的各种材料，应当在上述直径间隙上再加 0.125mm。

表 2-4　最小运转间隙　　单位：mm

间隙部位的旋转零件的直径	最小直径间隙值	间隙部位的旋转零件的直径	最小直径间隙值
<50	0.25	300～324.99	0.60
50～64.99	0.28	325～349.99	0.63
65～79.99	0.30	350～374.99	0.65
80～89.99	0.33	375～399.99	0.68
90～99.99	0.35	400～424.99	0.70
100～114.99	0.38	425～449.99	0.73
115～124.99	0.40	450～474.99	0.75
125～149.99	0.43	475～499.99	0.78
150～174.99	0.45	500～524.99	0.80
175～199.99	0.48	525～549.99	0.83
200～224.99	0.50	550～574.99	0.85
225～249.99	0.53	575～599.99	0.88
250～274.99	0.55	600～624.99	0.90
275～299.99	0.58	625～649.99	0.95

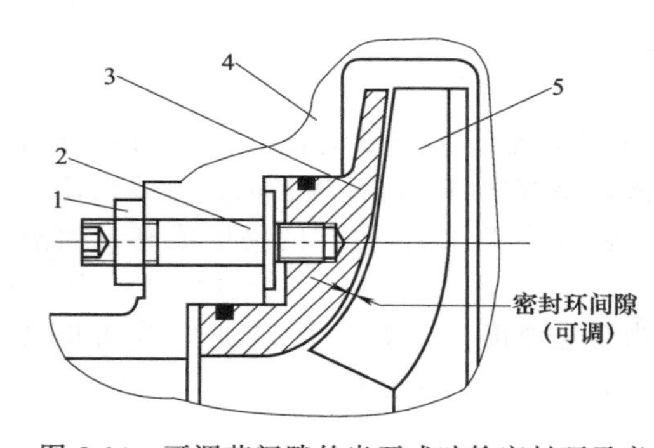

图 2-14　可调节间隙的半开式叶轮密封环示意
1—锁紧螺母；2—调节螺栓；3—密封环；
4—泵体；5—叶轮

为提高半开式叶轮的效率，在半开式叶轮与泵体吸入侧壳壁之间装设可调节间隙密封环，使密封环间隙可以在泵外调节，还可根据不同的物料和工况选用不同的间隙值。可调节间隙的半开式叶轮密封环如图 2-14 所示，一般采用软质材料（较叶轮质软）制造，以免叶片磨损影响泵的性能。当密封环磨损后，可用调节机构调节其间隙，达到良好的运行状态。适用于输送含有固体悬浮物的液体，输送清水等液体也有较高的效率，且价格较低，在化工用离心泵中应用逐渐增多（如美国 ANSI 标准就采用半开式叶轮）。

（5）泵轴

泵轴是传递扭矩、带动叶轮旋转的部件。离心泵的叶轮以键和锁紧螺母固定在轴上，多级离心泵各叶轮之间以轴套定位。泵轴与装于轴上的叶轮、轴套、平衡及密封元件等所构成泵的旋转部件，称作泵转子。单级单吸离心泵等小型离心泵转子采用悬臂支承；大型离心泵多采用简支支承。

离心泵轴一般采用刚性轴，离心式化工流程泵泵轴的第一阶临界转数至少比其工作转数高 20%；当以汽轮机等可调转速原动机驱动时，第一阶临界转速应高出最大连续转速 20%。

离心化工流程泵轴只有在不可能设计成刚性轴并取得用户同意的情况下才能采用挠性轴。当采用挠性轴时，第一阶临界转速应不超过泵最低工作转速的 1/2.7；第二阶临界转速应不小于 1.2 倍最大连续转速。

化工用离心泵泵轴安装轴封的部位应装有可更换的轴套，轴套与轴之间以垫片或 O 形圈进行密封。

(6)转轴密封装置

在离心泵中，旋转的泵轴与静止的泵体之间的密封装置简称轴封装置。轴封装置的作用是防止高压液体泄漏，提高泵的容积效率。同时可防止空气吸入泵内，保证泵的正常运转。特别在输送易燃、易爆和有毒液体时，轴封装置的密封可靠性是保证离心泵安全运行的重要条件。

据统计，在日常的机器设备维修中，对于机泵，几乎 40%～50%的工作量是用于轴封的维修。离心泵的维修费大约有 70%用于处理密封故障。我国每年因泵的轴封问题造成的能源损失约占全国总能耗的 1%。

离心泵中常用的轴封装置有软填料密封装置和机械密封装置。离心泵轴封装置的具体结构见第 2.5 节和 2.6 节。

2.2.2 常用离心泵的总体结构

(1)单级单吸悬臂式离心泵

它适用于输送清水或物理及化学性质类似清水的其他液体之用，温度不高于 80℃。它的性能范围较大，流量范围为 5.5～400m³/h，扬程为 5～150m。这类泵结构简单，工作可靠，易于加工制造和维护保养，是使用最广泛的一种离心泵。单级悬臂式离心泵按泵体和泵盖的相互位置，具有前开门式和后开门式两种结构。如图 2-15 和图 2-16 所示分别为前开门式单级单吸悬臂式离心泵及后开门式单级单吸悬臂式离心泵。

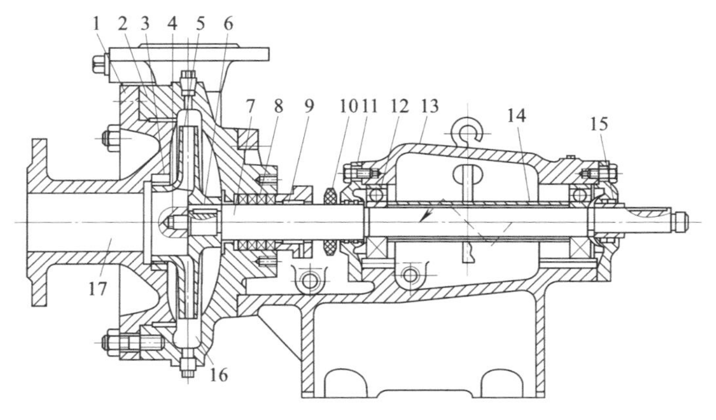

图 2-15 前开门式单级单吸悬臂式离心泵

1—泵盖；2—泵体；3—密封环；4—螺母；5—叶轮；6—键；7—泵轴；8—填料；9—填料压盖；10—挡水圈；11—轴承盖；12—单列向心球轴承；13—托架；14—定位套；15—挡套；16—压液室；17—吸液室

泵主要由泵体、泵盖、叶轮、泵轴和托架等组成。托架内装有支撑泵转子的轴承，轴承通常由托架内润滑油润滑，也可以用润滑脂润滑。轴封装置一般为填料密封或机械密封。在叶轮上一般开有平衡孔，用以平衡轴向力，剩余轴向力由轴承来承受。

前开门式结构，泵轴的一端支撑在托架的轴承上，另一端伸出为悬臂端，叶轮安装在悬臂端，泵的进口在泵盖上，出口在泵体上，泵体是螺旋形蜗壳。泵内的压力水可直接由开在后盖上的孔送到填料的水封环或机械密封腔，以起水封及冷却的作用。

后开门式结构的优点是检修方便，即不用拆卸泵体、管路和电动机，只需拆下加长联轴器的中间连接件，就可退出转子部件进行检修。叶轮、轴和滚动轴承等为泵的转子，托架支承着泵的转子部件。滚动轴承承受泵的径向力和未平衡的轴向力。

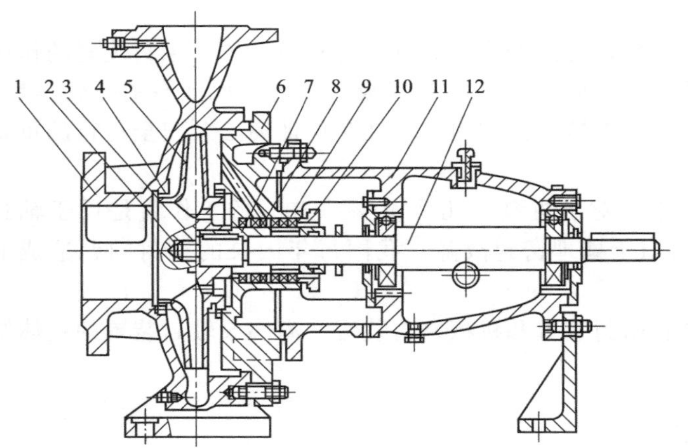

图 2-16　后开门式单级单吸悬臂式离心泵

1—泵体；2—叶轮螺母；3—制动垫圈；4—密封环；5—叶轮；6—泵盖；7—轴套；8—水封环；9—软填料；10—压盖；11—托架；12—泵轴

(2) 单级双吸离心泵

单级双吸离心泵的流量范围为 $90 \sim 28600 m^3/h$，扬程范围为 10～140m，按泵轴的安装位置不同分为卧式和立式两种。

单级双吸离心泵中的水平剖分式离心泵，一般采用双吸式叶轮，每个叶轮相当于两个单吸叶轮背靠背地装在同一根轴上并联工作，所以这种泵的流量比较大。由于叶轮形状对称，两侧轴向力互相抵消，不需平衡装置。即使由于泵体内两边的液流状况并非完全对称，造成对泵转子的轴向力也不会很大，可由轴承来承受。

泵的吸入室一般采用半蜗壳形，泵盖以销定位，用螺栓固定在泵体上，两者共同形成叶轮的工作室。吸入口和排出口均铸在泵体上呈水平方向，与泵体垂直。泵体和叶轮两侧都装有密封环，泵体两侧都有轴封装置，轴封装置为填料密封或机械密封。转子由两端支撑，支撑在装有轴承的轴承座内。

由于泵体水平剖分，所以检修很方便，不用拆卸吸入和排出管线，只要把泵体上盖取下，整个转子即可取出。水平剖分泵有单级和多级之分。如图 2-17 所示为单级双吸水平剖分泵。

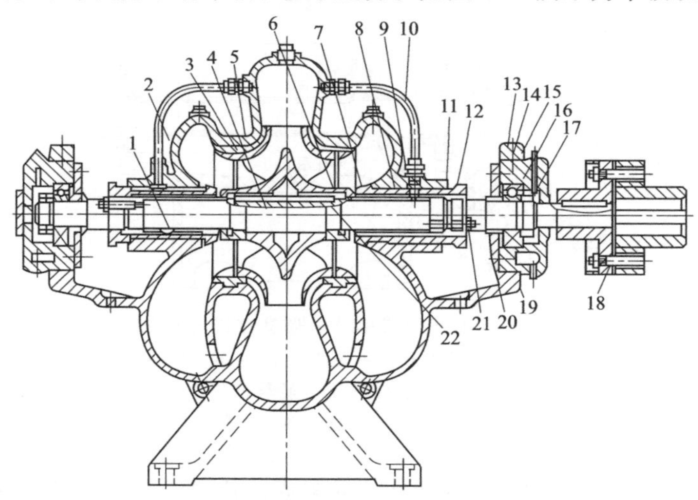

图 2-17　单级双吸水平剖分泵

1—泵体；2—泵盖；3—叶轮；4—泵轴；5—密封环；6—轴套；7—填料挡套；8—填料；9—水封环；10—水封管；11—填料压盖；12—轴套螺母；13—固定螺栓；14—轴承架；15—轴承体；16—轴承；17—圆螺母；18—联轴器；19—轴承挡套；20—轴泵盖；21—双头螺栓；22—键

(3) 多级离心泵

① 水平剖分式多级离心泵　水平剖分式多级离心泵又称为中开式多级离心泵。

如图 2-18 所示为水平剖分式多级离心泵结构。这种泵采用蜗壳形泵体，每个叶轮的外围都有相应的蜗壳，相当于将几个单级蜗壳泵装在同一根轴上串联工作，所以又叫蜗壳式多级

泵。由于泵体是水平剖分式，吸入口和排出口都直接铸在泵体上，检修时很方便，只需把泵盖取下，即可暴露整个转子，在检修转子时，需将整个转子吊出时，不必拆卸连接管路。这种泵的叶轮通常为偶数对称布置，大部分轴向力得到平衡，因而不需要安装轴向力平衡装置。

水平剖分式多级泵流量范围为450～1500m³/h，最高扬程可达1800m。由于叶轮对称布置，泵体内有交叉流道，如图2-19所示，所以它比同性能的分段式多级泵体积大，铸造工艺复杂，泵盖和泵体的定位要求高，在压力较高时，泵盖和泵体的结合面密封难度大。

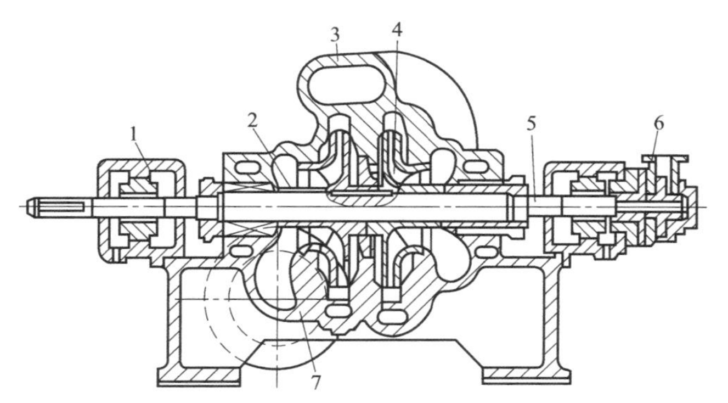

图2-18 水平剖分式多级离心泵的结构
1—轴承体；2—轴套；3—泵盖；4—叶轮；
5—泵轴；6—轴头油泵；7—泵体

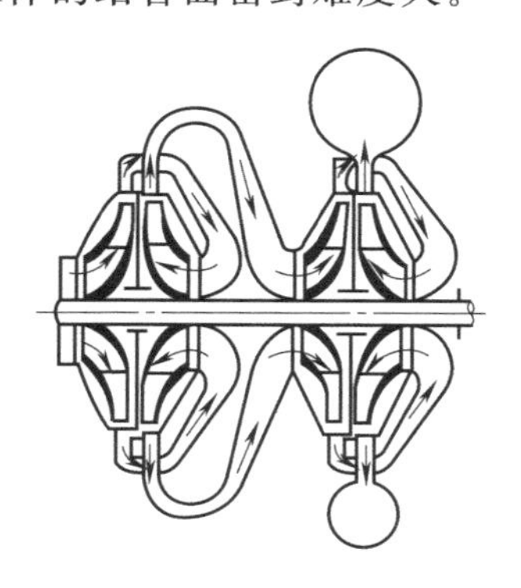

图2-19 叶轮对称排列的多级离心泵

② 分段式多级离心泵　分段式多级离心泵是一种垂直剖分多级泵。这种泵是将若干个叶轮装在一根轴上串联工作的，轴上的叶轮个数就代表泵的级数。轴的两端用轴承支撑，并置于轴承体上，两端均有轴封装置。泵体由一个前段、一个后段和若干个中段组成，并用螺栓连接为一个整体。在中段和后段内部有相应的导叶装置；在前段和中段的内壁与叶轮易碰的地方，都装有密封环。轴封装置在泵的前端和尾段泵轴伸出部分。泵轴中间有数个叶轮，每个叶轮配一个导轮，将被输送液体的动能转为静压能，叶轮之间用轴套定位。叶轮一般为单吸的，吸入口都朝向一边。按单吸叶轮入口方向将叶轮依次串联在轴上。为了平衡轴向力，在末端后面都装有平衡盘，并用平衡管与前段相连通。其转子在工作过程中可以左右窜动，靠平衡盘自动将转子维持在平衡位置上。

根据使用场合不同，分段式多级离心泵可分为一般分段式多级离心泵（图2-20）以及

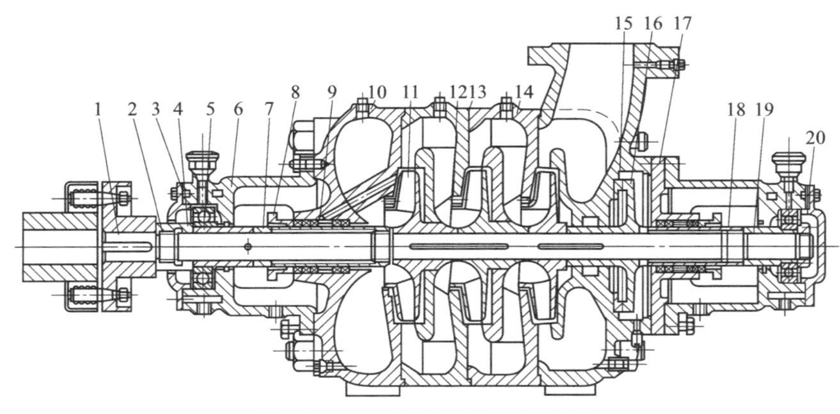

图2-20 一般分段式多级离心泵
1—泵轴；2—轴套螺母；3—轴承盖；4,19—轴承衬套；5—单列向心球轴承；6—轴承体；7,18—轴套；
8—填料压盖；9—填料；10—前段；11—叶轮；12—密封环；13—中段；14—后段；
15—平衡环；16—平衡盘；17—尾盖；20—圆螺母

中、低压锅炉给水泵和高压锅炉给水泵（图 2-21）。

低压锅炉给水泵输送液体的温度一般在 110℃左右，其结构和一般分段式多级离心泵基本相同，大部分可以互相通用。对于中压锅炉给水泵，由于工作压力和工作温度比低压的高，通常轴封装置较完善，轴承除需要润滑外，有的还用循环水冷却。为了隔热，有的在泵体外包上用钢板卷成的圆筒罩。有的泵采用中心支撑。

高压锅炉给水泵，输送液体温度为 160～170℃，出口压力在 15MPa 以上。考虑到温度变化的影响，泵的转动部分大多采用膨胀系数相同的合金材料。叶轮安装在轴上，最后留有 0.5mm 左右的轴向间隙，防止开车初期由于叶轮先受热影响而膨胀，叶轮与叶轮互相顶死，造成泵轴的拉伸损坏。泵采用中心支撑，这样，开车后泵体的热膨胀是以泵轴线为中心向四处辐射进行，机组的找正不会受到破坏，转子在泵体中始终处于居中位置。

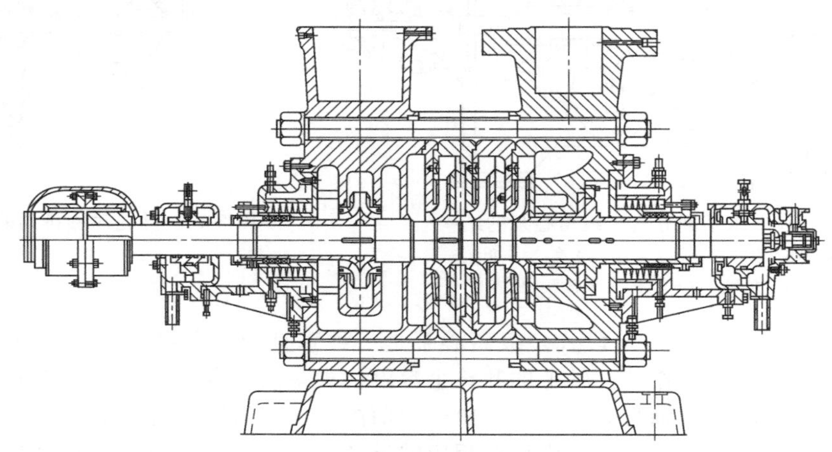

图 2-21　高压锅炉给水泵

为了消除热胀冷缩对机组同心的影响，高压锅炉给水泵泵体下部设有纵向滑销和垂直滑销，它们分别与泵座上的销槽和销孔相配。泵的轴承座分别安装在两端的前段和后段上，每个轴承座上设有三个调节螺钉，用以调节轴承与泵体的同轴度。

③ 双壳式多级离心泵　双壳式多级离心泵用于使液体产生高的压力，主要作为高压蒸汽锅炉供水和高压设备送液。这种泵的扬程范围为 850～3200m，流量范围为 30～360m³/h。

双壳式多级离心泵采用内外壳体，内壳体有分段式和中开式两种，按泵轴的安装位置不同分为卧式和立式两种，分段卧式双壳多级离心泵的外壳体承受出口端液体压力，因而壳体多是采用锻钢筒体；出口端设有可拆卸的法兰封头，以便于拆卸抽出内壳组件，在封头内端面装有弹性垫片，以补偿内外壳体温差和材质不同所引起的不均匀膨胀，同时又起预紧内壳体各段隔板，使其组成一个整体的作用。当泵内压力升高后，各段隔板借助自压而达到密封。内缸结构与分段式相似。转子末级叶轮后面装有平衡活塞，与法兰封头的平衡衬套配合以平衡转子大部分轴向力。采用双面金氏止推轴承承受转子剩余轴向力，防止转子窜动，保证转子在正确的工作位置运转。外壳两端装有轴封室，腔室内装有浮动式填料密封或机械密封，防止液体向外泄漏；轴封室夹套通入冷却剂以冷却密封。轴的两端装有滑动轴承，以支承转子并置于轴承架内。轴承由自带的主油泵供给循环油润滑，油压为 0.06～0.08MPa。轴的一端装有联轴器与驱动机连接。

(4) 高速离心泵

高速离心泵由电动机、增速器和泵三部分组成。泵和增速器一般为封闭结构。可以露天安装使用。立式结构使用较广泛，驱动功率一般为 7.5～132kW。当驱动功率超过 160kW

时，采用卧式结构。泵由叶轮、泵体和泵轴等组成。泵体不是蜗壳形，而是一个同心圆的环形空间。叶轮是全开式的，没有前后盖板，叶片是直线放射状的。有一般叶轮和带诱导轮两种结构形式。叶轮前面，一般带有诱导轮。高速离心泵整体结构、部分结构、带诱导轮的叶轮等分别如图2-22～图2-25所示。高速离心泵的叶轮悬臂装在泵轴上，泵轴与增速器高速轴直接连接。泵体内的压液室为环形，空间很小，在压液室周围布置1～2个锥形扩压管，扩压管进口设有喷嘴，喷嘴的尺寸对泵的性能影响很大。由于叶轮是开式的，在运转中不产生轴向力，故泵内没有轴向力平衡装置。

高速离心泵叶轮和泵体之间没有密封环，泵内部的间隙较大。叶轮叶片与泵体后盖板和扩散锥管之间的间隙一般为2～3mm，如果达到3～4mm还可应用，而不影响效率。泵的轴封装置通常采用机械密封。泵内设有旋风分离器，使泵抽送的液体得以净化，引向机械密封，以延长机械密封的寿命。

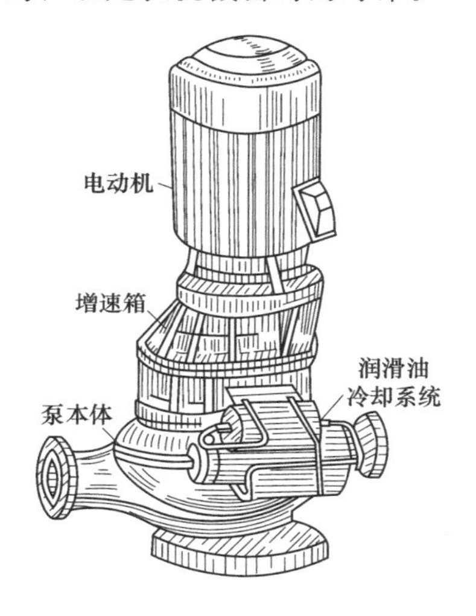

图2-22 高速离心泵的外形

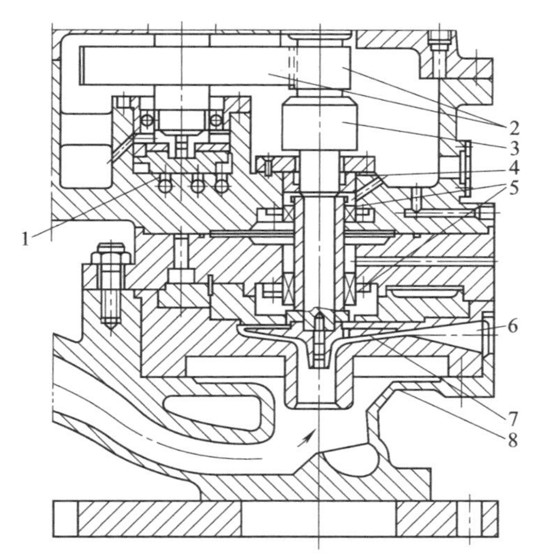

图2-23 高速离心泵的结构

1—油泵；2—齿轮；3—高速轴；4—高速轴承；5—机械密封；6—扩压管；7—叶轮；8—泵体

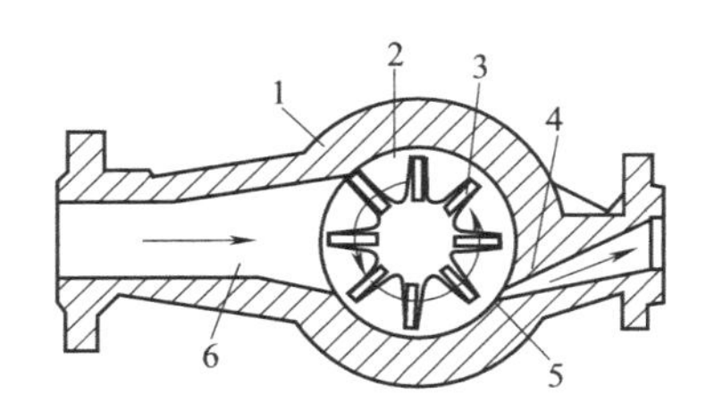

图2-24 泵部分结构示意

1—泵体；2—环形压液室；3—叶轮；4—扩压管；5—喷嘴；6—吸入管

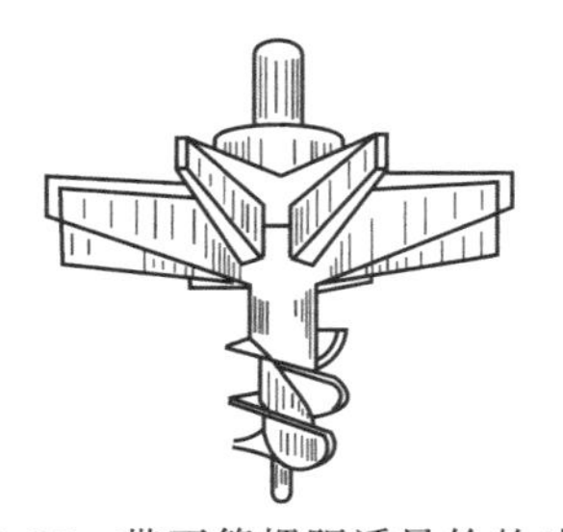

图2-25 带不等螺距诱导轮的叶轮

高速离心泵的高速是通过增速器实现的，所以增速器是高速离心泵的关键部件之一。增速器主要由齿轮构成，有一级增速和两级增速两种基本类型。增速器齿轮一般采用模数较小的渐开线直齿轮，这可避免产生轴向力，而且制造方便。齿轮精度要求很高，节距误差一般为2～3μm。齿轮材料用特殊钢经渗氮或渗碳处理。增速器壳体分成两半，一般靠定位销定位，不用止口对中。增速器外壳用散热性能好的铝合金制造。高速轴上的轴承对小功率泵采用巴氏合金轴承，功率在150kW以上用分块式滑动轴承与端面止推轴承组合。增速器的润滑是由自带油泵把油经滤油器和油冷器送入壳体各个喷嘴，通过喷嘴将油喷成雾状，用油雾来润滑齿轮和轴承。

这种泵适用在高扬程、小流量的场合。由于叶轮与壳体的间隙较大，所以可用来输送含固体微粒及高黏度的液体。带诱导轮的叶轮具有良好的抗汽蚀性能。

高速泵结构紧凑、重量轻、体积小、占地面积小，基础工程较简单，加工精度要求高，制造上比较困难。

(5)立式离心泵

化工厂使用的立式离心泵常见的有深井泵、液下泵和立式低温泵等。

① 深井泵　深井泵井下部分的各段连接，有螺纹连接和法兰连接两种。井上部分的传动，有电动机直接驱动和柴油机通过皮带驱动等。如图2-26所示为离心式深井泵的结构。

泵的工作部分由一个上导流壳、若干个中导流壳、一个下导流壳和若干个叶轮组成。在各导流壳中装有橡胶制作的轴承衬套。上导流壳与扬水管相连，扬水管由若干段组成；最上一段扬水管与吐出弯管相连。下导流壳与吸入管相连，吸入管下部装有滤水网。

传动轴由若干根标准长度的细长轴组成，各级轴间由联轴器相连。传动轴通过扬水管中央，由橡胶轴承衬套支撑。传动轴上端和电动机轴相连，下端和泵轴相连。泵的传动部分重量和轴向力，全部由电动机的止推轴承来承受。

深井泵的泵体和叶轮直径都较小，扬程高。泵的第一级叶轮通常浸入动水位下1m处，所以启动前不用灌泵，深井泵具有结构紧凑、性能稳定、效率较高、使用方便等优点，但结构较复杂，安装维修较麻烦，价格较高。

② 液下泵　如图2-27所示为国产耐腐蚀液下泵的一种形式。液下泵的泵体浸没在液面下，一般是从储槽内抽吸液体的。如果储槽内的液面高度变化大，则泵在液体中的浸入深度就相应要大，因而，中间接管以及泵轴要长。为了防止运转中轴的挠度太大，在较长泵轴的中部要设置中间支承。这类泵的结构特点如下。

a. 中间接管侧面开有若干孔洞，泵体轴封处漏出的液体从孔洞流回储槽，不会污染环境，不致浪费泵送物料。

b. 在中间接管的上部、出液管的上部仍设有填料密封，以防止运行中液面搅动，液体飞溅而漏出。此类轴封泄漏很容易控制，能做到点滴不漏。

c. 泵的安装方式多为立式，转子所受液体的轴向力与转子重力方向一致，因而上部轴承要求有较大的轴向力承受能力。

③ 低温泵　如图2-28所示为低温泵的一种形式。这类泵一般用于输送液化气体，低温温度在－100℃左右，甚至可达到－253℃（如液氧、液氢、液氮等）。被输送的液化气体多数处于临界状态，温度升高或压力降低，都会导致液化气体的汽化，直接影响泵的正常工作。轴封的大量泄漏，会造成泵内压力降低；动静部分的摩擦，会产生热，造成泵内温度升高。故此，低温泵要严格控制轴封的泄漏，同时要适当放大动静部分的配合间隙，宁可降低一点泵的效率，而必须确保泵的运行安全。这类泵的结构特点如下。

a. 为了防止轴承的润滑油和易燃液化气体相接触，油封和液封是分别设置的，它们之间隔一个中间体。中间体内一般充有惰性气体（如氮气），惰性气体压力略高于被输送液体的压力。

b. 对于输送易燃、易爆液化气体的泵，为防止动静部分摩擦生热或起火花，除适当放大动静部分配合间隙外，摩擦副的一方，一般采用不含碳元素的金属材料，如铜、铝等。此外，还可采用高分子材料，如塑料、玻璃纤维强化塑料、氟树脂、聚四氟乙烯等。

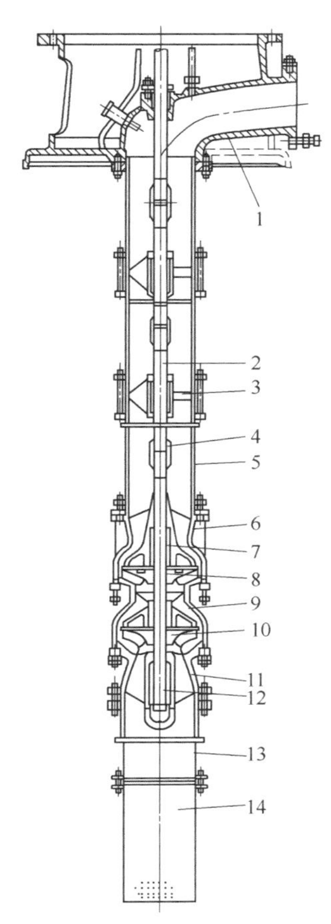

图 2-26 离心式深井泵的结构

1—泵底座；2—传动轴；3—轴承体；4—联轴器；
5—扬水管；6—上导流壳；7—轴承衬套；
8—锥形套；9—中导流壳；10—叶轮；11—下导流壳；
12—泵轴；13—吸入管；14—滤水网

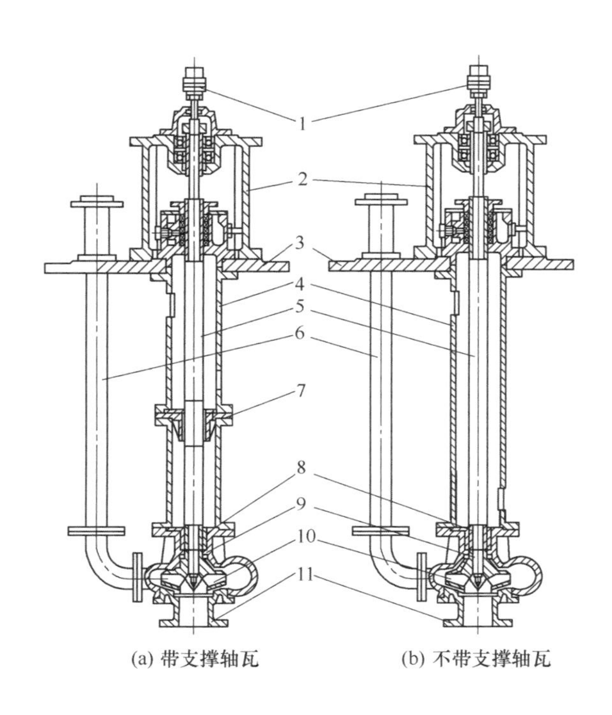

图 2-27 国产耐腐蚀液下泵的一种形式

1—联轴器；2—轴承体；3—泵座；4—中间接管；
5—泵轴；6—出液管部件；7—支撑轴承；
8—轴套；9—泵体；10—叶轮；11—泵盖

c. 为防止环境温度的影响，整台泵要置于较厚的保温体中。

d. 泵的进出口管道上设有膨胀节，以对泵系统进行热补偿。

e. 泵体上以及液相轴封后均设有排气口，以便运行中液体汽化后，气体能及时排出。油封后设排放口，及时向外排放轴承的漏油。

f. 轴封一般采用机械密封，为防止动环部分的橡胶O形圈低温老化，采用了波纹管式弹簧，以代替橡胶O形圈。

g. 采用相适应的耐低温金属材料。

（6）管道泵

管道泵属于立式离心泵的一种，其结构示意如图 2-29 所示。泵的吸入口和排出口法兰中心线与泵轴中心线在同一铅垂面内，且与泵轴中心线垂直，可以不用弯头直接连接在管路上。小型管道泵可直接由管道支承；大型管道泵以底部的支座支承于基础上。

如图 2-29（a）所示为直联式管道泵。如图 2-29（b）所示为联轴器传动的管道泵，以带有中间连接轴的联轴器传动，在不必拆卸管线和拆除电动机的情况下，即可取出转子组（包括：叶轮、泵轴、轴承和轴封等）进行检修，更适合化工生产特别是大型化工装置应用，

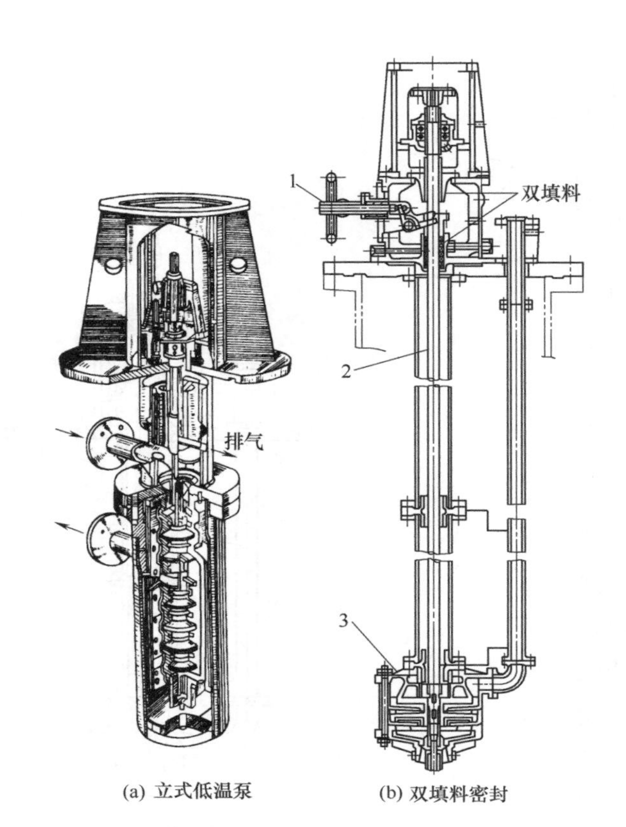

(a) 立式低温泵　　(b) 双填料密封

图 2-28　低温泵的一种形式

1—手轮；2—泵轴；3—泵工作部分

加之管道泵占地面积小的优点，如按离心式化工流程泵的标准和规范设计、制造和检验，可发展成管道式化工流程泵。

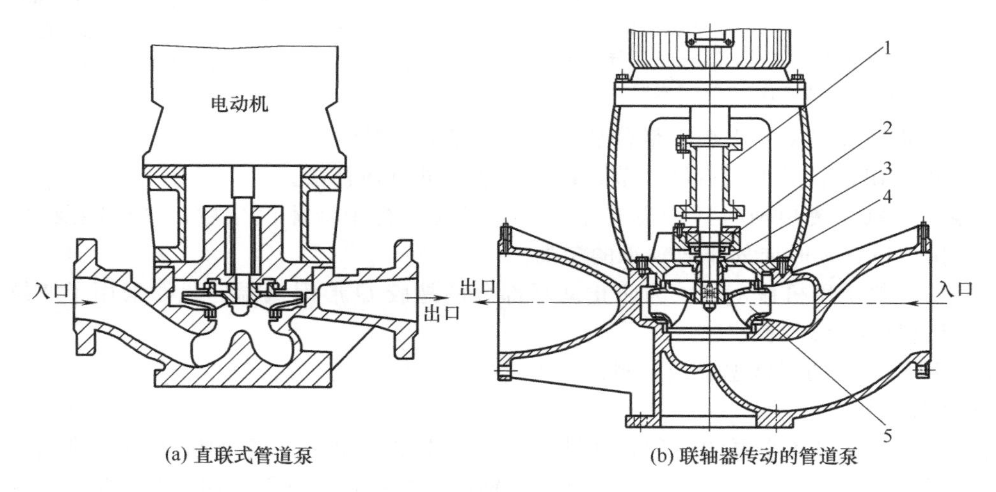

(a) 直联式管道泵　　(b) 联轴器传动的管道泵

图 2-29　离心式管道泵

1—中间连接轴；2—轴承；3—轴封；4—泵盖；5—叶轮

管道泵在化工生产中主要用于直接安装于设备上或管路上的液体物输送泵、接力（增压）泵、循环泵等。

2.3　离心泵的运行

2.3.1　离心泵的运行特性

(1) 离心泵的基本方程

① 液体在叶轮内的流动状态及速度三角形　离心泵工作时，液体一方面随着叶轮一起旋转；另一方面又沿着叶片由内向外流动，因此，液体在叶轮内的运动是复杂运动。为了便于从理论上进行分析，作以下两点假设。

a. 叶轮中的叶片数目为无限多，每个叶片的厚度为无限薄，这样就可以认为液体在叶轮中完全沿着叶片的曲线轨迹运动。

b. 通过叶轮的液体是理想液体，因此在叶轮内流动时无任何能量损失。

根据理论力学，研究液体在叶轮中运动时，可取动坐标系和叶轮为一体，则叶轮的旋转运动便是牵连运动；当观察者与叶轮一起旋转时所看到的液体运动就是相对运动。这样，液体在叶轮中的复杂运动，便可以由液体的旋转运动和相对运动的合成。

液体随着叶轮的旋转运动称为圆周运动，其速度称为圆周速度，用符号 u 表示，方向与叶轮的切线方向一致，如图 2-30（a）所示。液体的相对运动的速度称为相对速度，用符号 w 表示。在无限多叶片的假设下，各点相对速度的方向与叶片的切线方向一致，如图 2-30（b）所示。离心泵叶轮中任意一点 i 的液流绝对速度 c_i 等于圆周速度 u_i 和相对速度 w_i 的矢量和，即：

$$\boldsymbol{c}_i=\boldsymbol{u}_i+\boldsymbol{w}_i \tag{2-1}$$

式中　$\boldsymbol{c}_i$——i 点液流的绝对速度，m/s；

$\boldsymbol{u}_i$——i 点处液流随叶轮旋转的速度，即圆周速度，m/s；

$\boldsymbol{w}_i$——i 点液流相对于旋转叶轮的速度，m/s。

绝对速度方向为圆周速度和相对速度方向的合成速度的方向，如图 2-30（c）所示。

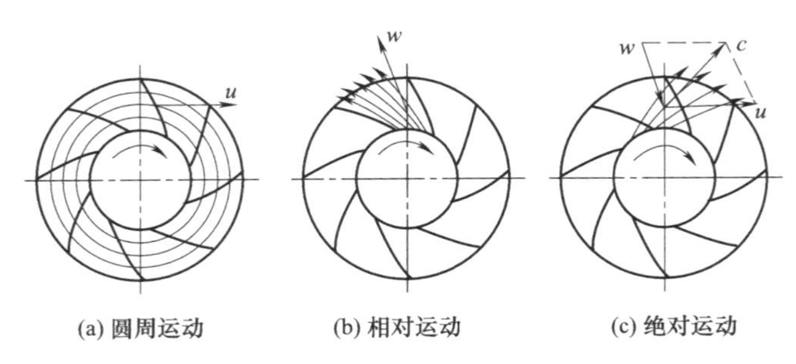

图 2-30　液体在叶轮内的运动

对于叶轮内任一液体质点，都可以由这三个速度矢量组成一个封闭的三角形，称为速度三角形。速度三角形直接反映了液体在叶轮流道中的运动规律，是研究叶片式机器能量传递的工具。尤其是叶轮叶片进口和出口的速度三角形，将是要研究的重点。它的形状和大小，直接与离心泵与液体间能量传递的大小有关，即与泵的能量头及功率有直接关系。如图 2-31 所示为液体质点在叶轮进、出口处及任意半径处的速度三角形。图 2-31 中，下标 1 为进口处参数，2 为出口处参数；α 表示液体质点绝对速度与圆周速度间的夹角，称为绝对速度方向角；β 表示液体质点相对速度与圆周速度反方向间的夹角，称相对液流角；c_u 表示绝对速度在圆周方向的分速度；c_r 表示绝对速度在与圆周速度垂直方向的分速度。

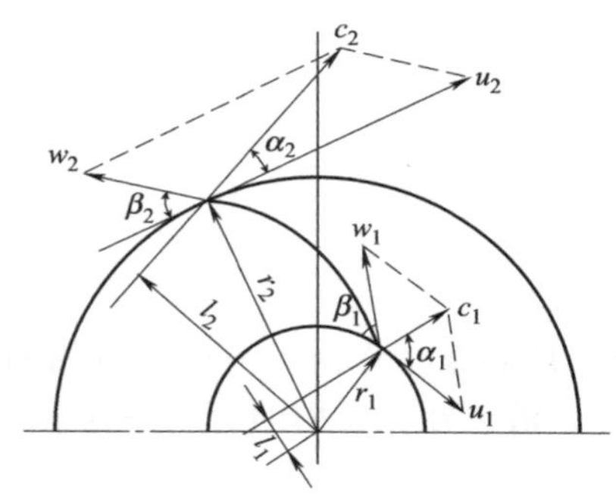

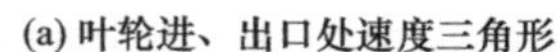
(a) 叶轮进、出口处速度三角形

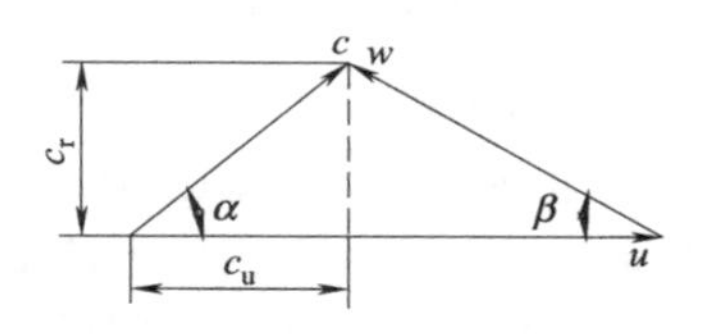

(b) 任意半径处的速度三角形

图 2-31　液体质点在叶轮进、出口处及任意半径处的速度三角形

② 欧拉方程　液体进入叶轮受到叶片推动而增加能量，建立叶轮对液体做功与液体运动状态之间关系的能量方程，即离心泵的基本方程式——欧拉方程式。它可以由动量矩定理导出。

$$H_{th}=\frac{1}{g}(c_{2u}u_2-c_{1u}u_1) \tag{2-2}$$

式中　H_{th}——离心泵的理论扬程，m；

c_{2u}——叶轮出口处液流绝对速度在圆周方向的分速度，m/s；

c_{1u}——叶轮进口处液流绝对速度在圆周方向的分速度，m/s；

u_2——叶轮出口处的圆周速度，m/s；

u_1——叶轮进口处的圆周速度，m/s。

当液流无预旋进入叶轮时，$c_{1u}=0$。欧拉方程也可简写成：

$$H_{th}=\frac{1}{g}c_{2u}u_2 \tag{2-3}$$

从欧拉方程可以看出，离心泵的理论扬程 H_T 取决于泵的叶轮的几何尺寸、工作转速，而与输送介质的特性与密度无关。这便是离心泵可以以常温清水进行性能试验，并考核其扬程的理论依据。

利用余弦定理也可将欧拉方程表示为以下形式；

$$H_{th}=\frac{u_2^2-u_1^2}{2g}+\frac{w_1^2-w_2^2}{2g}+\frac{c_2^2-c_1^2}{2g} \tag{2-4}$$

式中　$\frac{u_2^2-u_1^2}{2g}$——叶轮中离心力对单位质量流体所做的功；

$\frac{w_1^2-w_2^2}{2g}$——单位质量流体流经叶轮时相对速度降低而获得的功；

$\frac{c_2^2-c_1^2}{2g}$——单位质量流体流经叶轮前后动能的增量。

③ 有限叶片数和无限叶片数理论扬程的差别　离心泵叶轮的叶片数一般为 5～8 片，理论研究时引入了无限叶片数的假定。

在无限叶片数的情况下，流体受到叶片的约束，流体相对运动的流线和叶片形状完全一致。在有限叶片数的情况下，液流的惯性存在轴向旋涡运动，如图 2-32（a）所示。图 2-32 中，下标∞为叶轮叶片为无限多时的参数。叶轮叶片间流道越宽，轴向旋涡运动越严重。由于轴向旋涡运动的影响，液体相对运动的流线和叶片形状并不一致，如图 2-32（b）所示，

$c_2 < c_{2\infty}$，$\beta_2 < \beta_{2\infty}$，所以 $H_{th} < H_{th\infty}$。

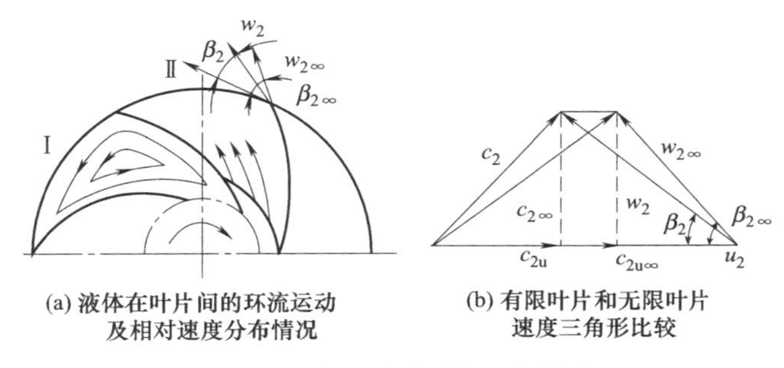

(a) 液体在叶片间的环流运动及相对速度分布情况　(b) 有限叶片和无限叶片速度三角形比较

图 2-32　有限叶片对扬程的影响

有限叶片数和无限叶片数叶轮产生的理论扬程的差别称为叶轮中的流动滑移。滑移并不意味着能量损失，而只说明同一工况下实际叶轮由于叶片数有限，而不能像无限叶片一样控制液体的流动，也就是液流的惯性影响了速度的变化。

（2）离心泵的能量损失及效率

原动机传给泵轴的功率不能全部转换为有效功率，即不能全部用来增加液体的能量。由于其中一部分能量在泵轴旋转过程中消耗掉了，一部分能量在泵内损失掉了，所以泵的有效功率总是小于轴功率。

按离心泵能量损失形式不同，可分为：机械损失、容积损失和水力损失。

① 机械损失及机械效率　机械损失包括两部分：一是泵轴与轴承、轴封装置之间的摩擦损失；二是轮阻损失，又称圆盘摩擦损失，即叶轮在充满液体的泵壳内旋转时，叶轮外表面与液体之间的摩擦损失。

在机械损失中，轮阻损失占的比例较大，而轴承的轴封装置摩擦损失较小。用机械效率 η_m 表示机械损失的大小，机械效率就是轴功率 P_e 经机械损失后的剩余功率与轴功率之比，即：

$$\eta_m = \frac{P_e - P_m}{P_e} \tag{2-5}$$

式中　P_m——由于机械损失而消耗的功率。

理论与实践表明，合理减小叶轮外径，提高叶轮转速，降低轮盖板表面粗糙度，可以提高泵的机械效率。泵轴采用机械密封则轴封摩擦损失较小，若用填料密封应注意填料压盖不要压得过紧。离心泵的机械效率一般为 90%～97%。

② 容积损失及容积效率　离心泵在运转时，泵体内各处的液体压力是不同的，有高压区也有低压区。由于结构上的需要在泵体内部有很多间隙，当间隙前后压力不同时，有部分液体就要由高压区流到低压区，如图 2-33 所示。这部分液体虽然获得了能量但是没有被有效利用，在泵内循环，而消耗于克服间隙阻力上。还有一部分液体获得能量后从轴封处泄漏掉了，所以泵的实际流量 q_V 比理论流量 q_{Vth} 小。

用容积效率 η_V 表示容积损失的大小，它是经容积损失后的功率与未经容积损失的功率之比，即：

$$\eta_V = \frac{\rho g q_V H_{th}}{\rho g q_{Vth} H_{th}} = \frac{q_V}{q_{Vth}} \tag{2-6}$$

离心泵的容积效率 η_V 一般为 90%～95%。

对于给定的离心泵，要提高容积效率 η_V，必须降低泄漏量，可采用减少密封间隙的环形面积或增加密封环间隙阻力等措施。运转中的离心泵应定期检查密封环磨损情况，及时更

换，否则将使容积效率降低。

③ 水力损失及水力效率　液体流经叶轮等过流部件时有摩擦损失，而且在液体流动速度的大小和方向变化时有冲击损失。这些损失都消耗一部分能量，通常把这部分能量损失称为水力损失。

a. 过流部件沿程摩擦损失　液体经过吸液室、叶轮、导轮等过流部件时产生的摩擦阻力损失。由于沿程摩擦损失与流速的平方成正比，而流速又与流量成正比，故沿程摩擦损失与流量平方正比。图 2-34 中曲线Ⅰ表示沿程摩擦损失与理论流量 q_{Vth} 的关系曲线。

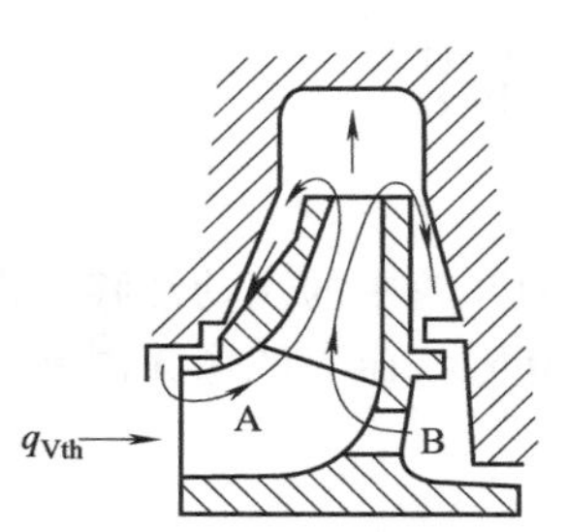

图 2-33　离心泵内液体泄漏示意图

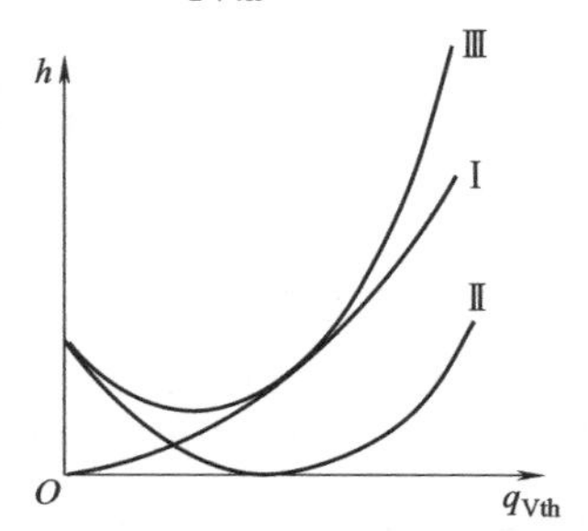

图 2-34　离心泵的水力损失与流量的关系

b. 冲击损失　液体流动速度的大小和方向变化时会产生阻力损失。在设计工况时，由于液流方向与叶片方向一致，所以冲击损失较小，接近于零。在流量大于或小于设计工况时，由于液流方向的改变便使冲击损失逐渐增大。图 2-34 中曲线Ⅱ表示冲击损失随 q_{Vth} 变化的关系曲线。

离心泵的总水力损失为上述两项之和，如图 2-34 中曲线Ⅲ所示。

水力效率就是经水力损失后的功率与未经水力损失的功率之比，用符号 η_h 表示。η_h 的大小与离心泵的构造有关，一般为 70%～90%。

为提高水力效率，应合理地确定叶轮流道的形状和叶片形式，尽可能使液体流速变化平缓，以防旋涡与死角并减小过流部件的表面粗糙度。

④ 离心泵的总效率　离心泵的总效率 η 等于有效功率 P 和轴功率 P_e 之比，即：

$$\eta=\frac{P}{P_e} \tag{2-7}$$

离心泵的效率和离心泵的比转速有关，还和泵的流量、结构形式有关。单级单吸离心泵输送常温清水、比转速 $n_s=120\sim210$ 时，其效率值可根据流量由图 2-35 查得。当 $n_s<120$

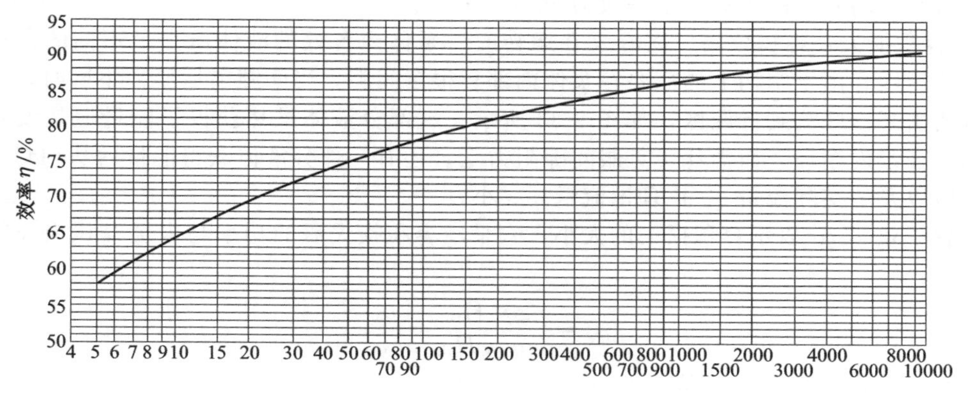

图 2-35　单级单吸离心泵效率（$n_s=120\sim210$）

或 $n_s>210$ 时，单级单吸离心泵的效率值为由图 2-35 查得的效率值与因比转速 n_s 不同而引起的效率修正值之和。当 $n_s=20\sim120$ 时，效率修正值由图 2-36（a）查得；当 $n_s=210\sim300$ 时，效率修正值由图 2-36（b）查得。

离心泵的效率是一项重要的技术经济指标，它标志着泵的性能好坏及原动机利用的程度。提高离心泵的效率涉及泵的设计、加工制造、安装、运行等问题，必须全面考虑才能达到提高效率的目的。

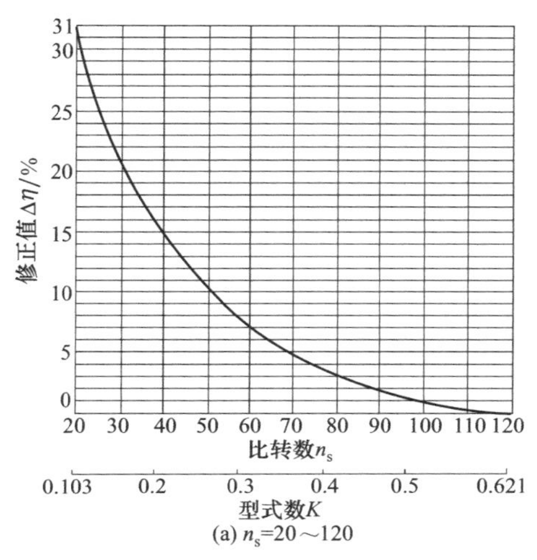

(a) n_s=20～120

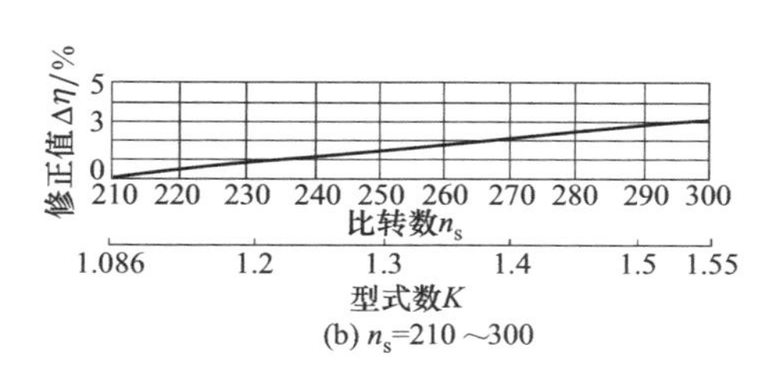

(b) n_s=210～300

图 2-36 单级单吸离心泵的效率修正值

（3）离心泵的性能曲线

一台离心泵，当工作转速 n 为定值时，其扬程 H、轴功率 P_e、效率 η 及必需汽蚀余量 $NPSH_r$ 与泵的流量 q_V 之间有一定的对应关系。这种表示 H-q_V、η-q_V、P_e-q_V 和 $NPSH_r$-q_V 的关系曲线称为泵性能曲线或性能曲线。如果用理论分析法求离心泵的性能曲线，必须计算

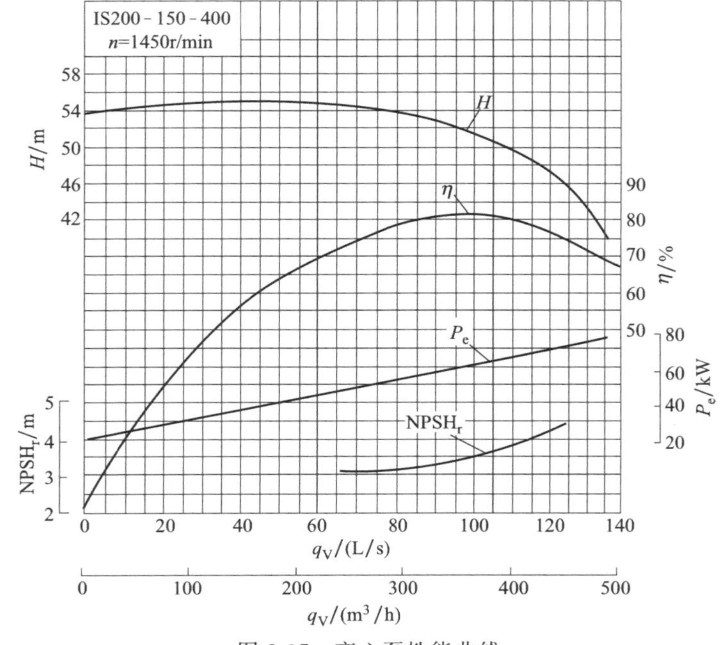

图 2-37 离心泵性能曲线

泵内的各种损失。然而，这些损失与泵内的流动有着十分复杂的关系，目前还很难作精确的定量计算。人们仅能定性地知道这些曲线的大体形状。各种类型泵准确的性能曲线只能通过实验测得。图 2-37 列举了一种离心泵的性能曲线。应当注意，由于实验条件的限制等原因，泵制造厂在产品样本上所提供的性能曲线，往往都是用清水在 20℃（$\rho=1000\text{kg/m}^3$）条件下实验测定得出的。当泵输送液体的密度、黏度等参数与 20℃清水不同时，还需要进行性能换算。

离心泵的实际性能曲线表明，泵在恒定转速下工作时，对应于泵的每一个流量值 q_V，必相应的有一个确定的扬程 H、轴功率 P_e、效率 η 等。从实际应用出发，每条性能曲线都有它各自的用途。

① H-q_V 曲线是选择和操作使用泵的主要依据。离心泵的 H-q_V 曲线一般分为平坦形、陡降形和驼峰形三种，如图 2-38 所示。对于一般的化工生产，需要在比较稳定的压力下进行反应，而生产的产量可变化时，应选用具有平坦形 H-q_V 曲线的离心泵，因为它在流量发生变化时，扬程（当吸入压力一定时，即为排出压力）的变化较小；当输送的液体中含有固体颗粒等物质时，因容易堵塞管路、引起泵排出压力增高，为达到化工产品的产量，要求泵的流量变化很小，应选用具有陡降形性能曲线的离心泵，因为当流量变化很小时，扬程（排出压力）升高得较多，可依靠此压力打通堵塞的管路。驼峰形性能曲线为不稳定性能曲线，在相同的扬程下可能出现两种不同的流量值，使泵运行不稳定，选用此类离心泵时，其工作点应避开不稳定区，在化工生产中最好不要选用此类离心泵。

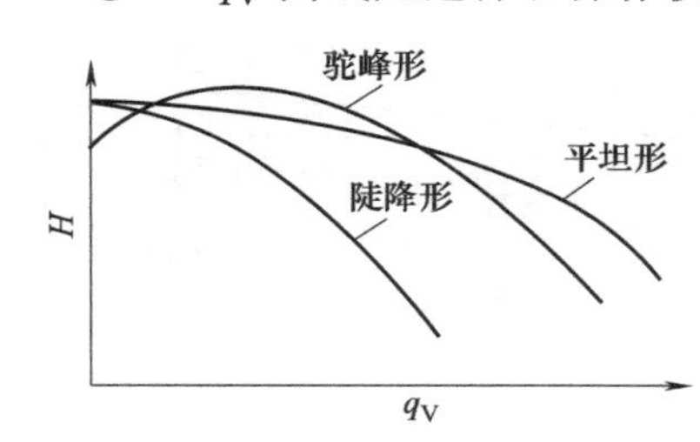

图 2-38　离心泵 H-q_V 曲线形状

② P_e-q_V 曲线是合理选择原动机功率和操作启动泵的依据。通常应按所需流量变化范围中的最大功率再加上一定的安全裕量来确定原动机的输出功率。泵启动时，应选在耗功最小的工况下进行，以减小启动电流，保护电动机。一般离心泵在 $q_V=0$ 工况下功率最小，故启动时应关闭排出管上的调节阀门，待启动之后再将阀门打开。

③ η-q_V 曲线是检查泵工作经济性的依据。泵应尽可能在高效区工作。工程上将泵的最高效率点定为额定点，它一般也就是泵的设计工况点。与该点相对应的参数称为额定流量、额定扬程和额定功率。通常规定对应于最高效率以下 7%的工况范围为高效工作区。有的泵在样本上只给出高效区段的性能曲线。

④ $NPSH_r$-q_V 曲线是检查泵是否发生汽蚀的依据。泵的安装位置与使用，应留有足够的有效汽蚀余量，以尽量防止泵发生汽蚀。

（4）离心泵在管路上的工作点和流量调节

① 管路特性曲线　泵的性能曲线，只能说明泵本身的性能。但泵在管路中工作时，不仅取决于其本身的性能，还取决于管路系统的性能，即管路特性曲线。由这两条曲线的交点来决定泵在管路系统中的运行工况。

所谓管路特性曲线，是指在管路情况一定，即管路进、出口液体压力、输液高度、管路长度和管径、管件数目和尺寸，以及阀门开启度等都已确定的情况下，单位质量液体流过该管路时所必需的外加扬程 H_c 与单位时间流经该管路的液体量 q_V 之间的关系曲线。它可根据具体的管路装置情况按流体力学方法算出。

如图 2-39 所示的离心泵装置，泵从吸入容器水面 A—A 处抽水，经泵输送至压力容器 B—B。若管路中的流量为 q_V，由吸液池送往高处，现列 A 和 B 两截面的伯努利方程式：

$$H_c = H_{AB} + \frac{p_B - p_A}{\rho g} + \frac{c_B^2 - c_A^2}{2g} + \sum h_{AB} \tag{2-8}$$

式中　H_{AB}——液体垂直升扬高度，m；

p_A，p_B——A、B两截面上的压力，Pa；

ρ——被输送液体的密度，kg/m³；

c_A，c_B——液体在A、B两截面处的流速，m/s；

$\sum h_{AB}$——管路系统的流体阻力损失，m。

式（2-8）说明，外加扬程为各项能头增量和阻力损失能头之和，其中动能头一项可略去不计，除管路阻力损失能头$\sum h_{AB}$外，其余各项皆与管路中的流量无关。管路阻力与流量的关系可由阻力计算公式求得：

$$\sum h_{AB} = \sum \zeta \frac{c^2}{2g} = K q_V^2 \tag{2-9}$$

式中　$\sum \zeta$——总阻力系数；

K——管路特性系数，$K = \sum \zeta \frac{1}{2gA^2}$；

c——管路中液体速度，$c = \frac{q_V}{A}$，m/s；

A——管路的截面积，m²。

式（2-9）表明管路系统的流动阻力与流量的平方成正比。代入H_c的计算式（2-8）中，并略去动能头增量，则有：

$$H_c = H_{AB} + \frac{p_B - p_A}{\rho g} + K q_V^2 \tag{2-10}$$

式（2-10）即为管路特性方程式。按此式可以在扬程和流量坐标图上绘出管路特性曲线H_c-q_V，如图2-40中曲线Ⅰ所示。式（2-10）中的$H_{AB} + \frac{p_B - p_A}{\rho g}$称为管路静能头，它与输液高度及进、出管路的压力有关；管路特性系数K与管路尺寸及阻力等有关的。对一定的管路，如其中液体流动是湍流，则K几乎是一个常数。

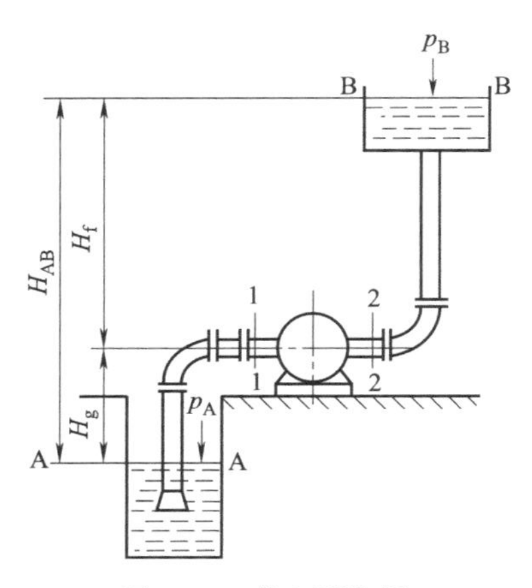

图2-39　离心泵装置

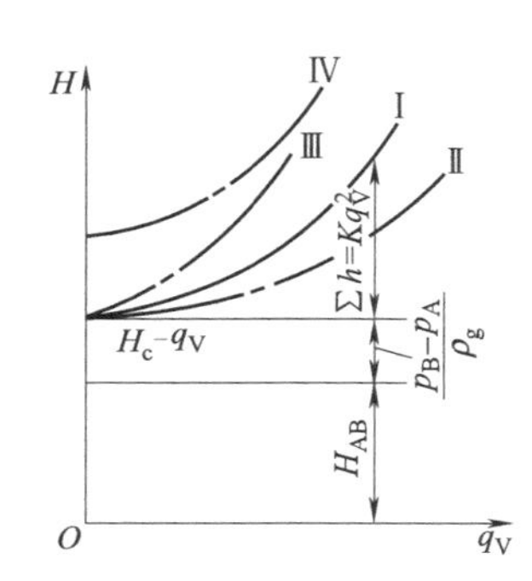

图2-40　管路特性曲线

调节管路系统中的阀门，由于阻力系数的改变，将使式（2-10）中的K发生变化，故H_c-q_V曲线的斜率会起变化。图2-40中曲线Ⅱ及Ⅲ分别为阀门开大和关小时的管路特性曲线。如果管路系统中A、B面之间距离及压力改变，即管路静能头发生变化，H_c-q_V曲线将

平行地上下移动。图 2-40 中曲线Ⅳ表示当管路静能头增加后的管路特性曲线。

② 离心泵的工作点　将离心泵性能曲线 H-q_V 和管路特性曲线 H_c-q_V 按同一比例绘在同一张图上，则这两条曲线相交于 M 点，M 点即为离心泵在管路中的工作点，如图 2-41 所示。在该点单位质量液体通过泵增加的能量（泵扬程 H）正好等于把单位质量液体从吸水池送到排水池需要的能量（即管路所需的外加扬程 H_c），故 M 点是泵稳定的运行点。如果泵偏离 M 点在 A 点工作，此时泵产生的扬程是 H_A，由图 2-41 可知，在 q_{VA} 流量下管路所需要的扬程为 H_{CA}，而 $H_A < H_{CA}$，说明泵产生的能量不足，致使液体减速，流量则由 q_{VA} 减少至 q_{VM}，工作点必然移到 M 点方能达到平衡。同样，如果泵在 B 点工作，则泵产生的扬程是 H_B，在 q_{VB} 流量下管路所需要的扬程为 H_{CB}，而 $H_B > H_{CB}$，液体的能量有富裕，此富裕能量将促使流体加速，流量则由 q_{VB} 增加到 q_{VM}，只能在 M 点重新达到平衡。由此可以看出，只有 M 点才是稳定工作点。

有些低比转数离心泵的性能曲线常常是一条有极大值的曲线，即所谓驼峰形的性能曲线，如图 2-42 所示。这样泵性能曲线有可能和管路性能曲线相交于 N 和 M 两点。M 点如前所述，为稳定工况点。而 N 点则为不稳定工况点。当泵的工况因为振动、转速不稳定等原因而离开 N 点，如向大流量方向偏离，则泵扬程大于管路扬程，管路中流速加大，流量增加，工况点沿泵性能曲线继续向大流量方向移动，直至流量等于零为止，若管路上无底阀或单向阀，液体将倒流。由此可见，工况点在 N 点是暂时平衡，一旦离开 N 点后便不再回 N 点，故称 N 点为不稳定平衡点。

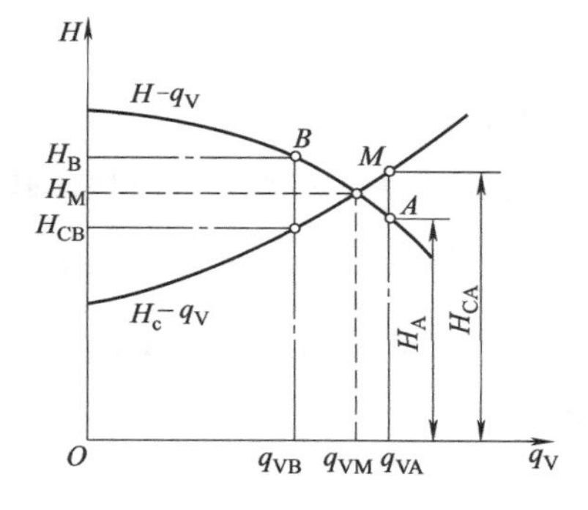

图 2-41　离心泵在管路中的工作点

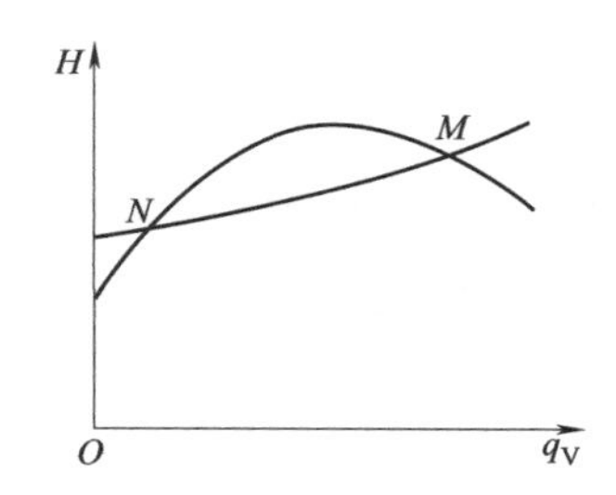

图 2-42　离心泵的不稳定工况

③ 流量调节　如前所述，离心泵运行时其工作参数是由泵的性能曲线与管路的特性曲线所决定的。但是在石油、化工生产过程中，常需要根据操作条件的变化来调节泵的流量。而要改变泵的流量，必须改变其工作点。改变工作点来调节流量的方法有两种，即改变管路特性曲线 H_c-q_V 和改变离心泵的性能曲线 H-q_V。

a. 改变管路特性曲线的流量调节　改变管路特性最常用的方法是节流法。它是利用改变排出管路上的调节阀的开度来改变管路特性系数 K，而使 H_c-q_V 曲线的位置改变。在图 2-43 上，在原来的管路特性曲线上，泵是在 A 点工作，流量为 q_{VA}，如果关小出口阀，即增大了 $\sum\zeta$，于是管路中的 H_c-q_V 线变陡，是虚线位置，新的交点为 A'，流量改变为 $q_{VA'}$，达到了减小流量的目的。

这种流量调节方法简单准确，使用方便，对 H-q_V 曲线较平坦的泵，调节比较灵敏。但这种方法由于阀门阻碍力加大，就多消耗了一部分能量来克服这个附加阻力。由调节阀关小时局部阻力增加而引起的损失，一般称为“节流调节损失”。因此在效率方面，在能量利用方面都不够经济。此种方法一般只用在小型离心泵的调节上。

b. 改变离心泵性能曲线的流量调节　通过改变泵的转速或叶轮外径尺寸等可改变泵的性能曲线，这种调节方法没有节流损失，经济性较好。

(a) 改变泵的转速　此法是通过改变泵的转速，使泵的性能曲线改变来改变泵的工作点。在图2-44上，若原泵的转速为n_2，有一条H-q_V线，工作点是2；若转速增高至n_3或n_4，则H-q_V线将提高，泵的工作点变为3或4，流量也增为q_{V3}或q_{V4}；若减少转速为n_1，流量也将减至q_{V1}。

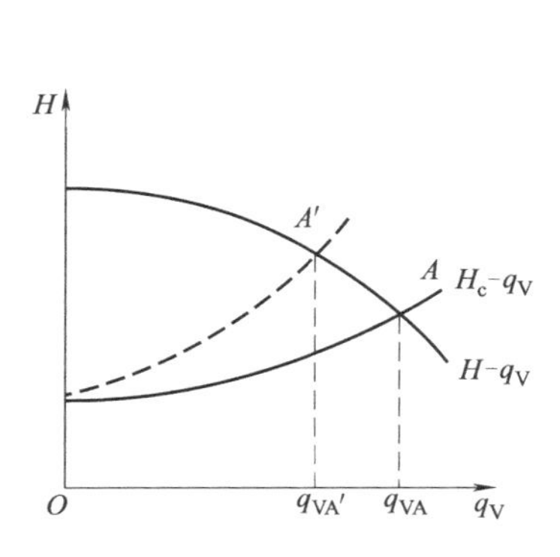

图2-43　节流法调节流量

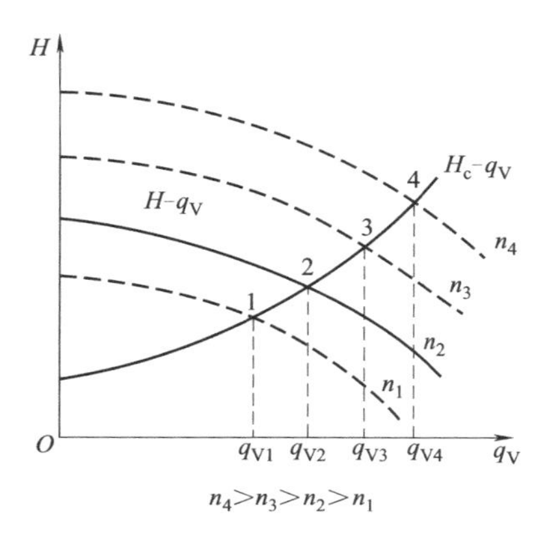

图2-44　改变泵转速调节流量

变转速调节法没有节流损失，但它要求原动机能改变转速，如直流电动机、汽轮机等。对于广泛使用的交流电动机，可采用变频调速器，可任意调节转速，并且节能、可靠。另外，大容量的双速和多速的交流电动机已投入使用。因此，随着工业技术的不断发展，变速交流电动机将日益增多，它为离心泵的变速调节法开辟了广阔的前景。

(b) 改变叶轮数目　对于分段式多级泵来说，由于泵轴上串联有多个叶轮，泵的扬程为每个叶轮扬程的总和，所以多级泵的H-q_V线也是各个叶轮的H-q_V线的叠加。若取下几个叶轮，就必改变多级泵的H-q_V线，因而可以改变流量。

(c) 改变叶轮几何参数　在改变叶轮的几何参数来调节流量的方法中，最常用的是车削叶轮的外径法。当叶轮外径经车削略变小后，泵的H-q_V曲线将向下移动，而此时管路特性曲线不变，故泵的工作点变动，流量变小，如图2-45所示。用这种方法调节只能减少流量，而不能增大。由于叶轮车小后不能恢复，故这种方法只能用于要求流量长期改变的场合。此外，由于叶轮的车削量有限，所以当要求流量调节很小时，就不能采用此法。

在改变叶轮几何参数来调节流量的其他方法中，有锉削叶轮出口处叶片以改变其安装角β_{2A}的方法；堵死几个对称叶片间流道的方法等。采用这些方法也能使泵的H-q_V曲线及流量有所改变。这种方法适用于需要长期减少流量的情况。

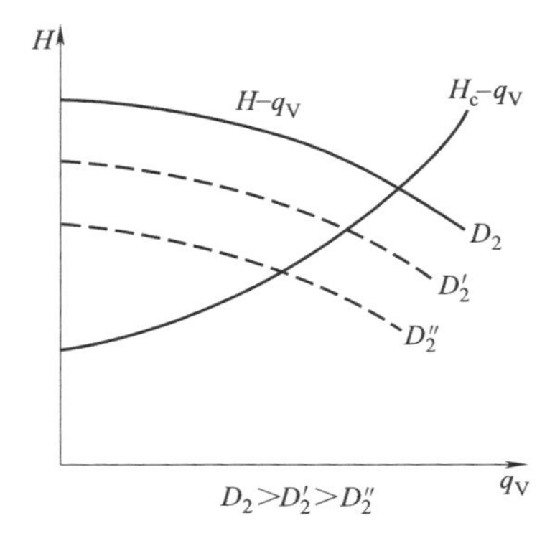

图2-45　车削叶轮外径调节流量

(d) 旁路调节　又称回流调节。这种方法是在泵的排出管路上接一大旁通管路，管路上设调节阀，控制调节阀的开度，将排出液体的一部分引回吸液池，以此来调节泵的排液量。这种调节方法也较简单，但回流液体仍需消耗泵功，经济性较差。对于某些因流量减少造成泵效率降低较多或泵的扬程特性曲线较陡的情况，采用这种方法也是较为经济的。

（5）离心泵的串、并联工作

离心泵在使用时，若所要求的流量或扬程较大，采用一台泵不能满足要求时，往往要用两台或两台以上泵的联合工作。泵的联合工作可分为串联和并联两种。

① 串联工作　离心泵串联使用的目的是为了增加扬程。

两台性能相同的离心泵串联后的性能曲线，是在一定流量下将两台泵的扬程相加后绘制出来的。如图 2-46 所示，曲线Ⅰ、Ⅱ为两台离心泵的性能曲线，曲线Ⅲ为管路特性曲线，离心泵串联工作时得到的性能曲线为Ⅰ＋Ⅱ。离心泵串联后的性能曲线Ⅰ＋Ⅱ与管路特性曲线Ⅲ相交于 M 点，该点即为串联工作时的工作点，此时流量为 q_{VM}，扬程为 H_M。

串联后每台离心泵的运行工况：根据 M 点作纵坐标的平行线交于 B 点，即为每台泵串联工作后的工作点，在 B 点的流量为 $q_{V\text{I}}=q_{V\text{II}}$，扬程为 H_I、H_II。显然串联工作的特点是经过各泵的流量是相等的，即 $q_{V\text{I}}=q_{V\text{II}}=q_{VM}$，而总扬程为每台泵扬程之和，即 $H_M=H_\text{I}+H_\text{II}$。

串联前每台泵的参数与串联时每台泵的参数比较：串联前每台泵的单独工作点为 C（q_{VC}、H_C），串联时泵的工作点为 B（q_{VB}、H_B），由图 2-46 可以看出：

$$q_{VM}=q_{V\text{I}}=q_{V\text{II}}>q_{VC}$$

$$H_C<H_M<2H_C$$

这表明，两台离心泵串联工作时所产生的总扬程 H_M 小于泵单独工作时扬程的两倍，大于串联前单独运行的扬程 H_C，而串联后流量比一台泵单独工作时大，这是因为泵串联后，虽然它的扬程成倍增加，但管路的阻力损失并没有成倍增加，故富裕的扬程使流量有所增加。

② 并联工作　在一台泵不能满足流量要求时，可以采用几台并联工作。如图 2-47 所示为两台离心泵并联工作时的性能曲线。图中Ⅰ、Ⅱ为两台相同性能离心泵的性能曲线，Ⅲ为管路特性曲线，离心泵并联工作时的性能曲线为Ⅰ＋Ⅱ。

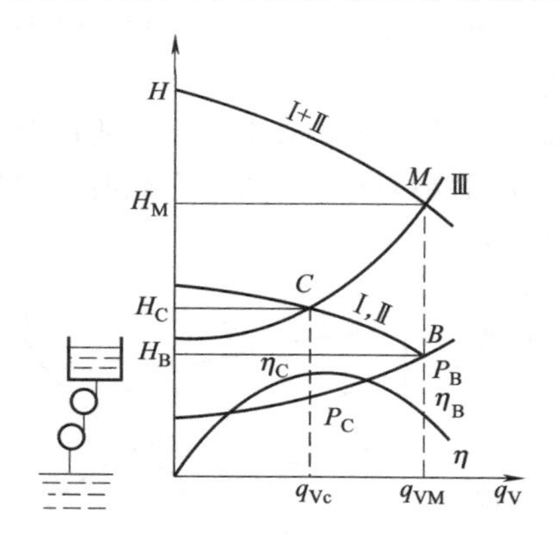

图 2-46　相同性能离心泵的串联工作曲线

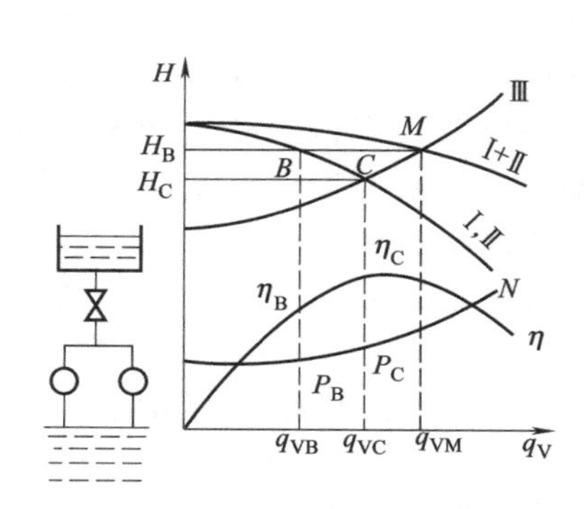

图 2-47　两台离心泵并联工作时的性能曲线

将单独离心泵的性能曲线在扬程相等的条件下把流量叠加起来，则得Ⅰ＋Ⅱ曲线，然后画出它们的共同管路特性曲线Ⅲ，与泵的并联性能曲线相交于 M 点，即并联时的工作点，此点流量为 q_{VM}，扬程为 H_M。

为了确定并联时单个泵的工况，由 M 点作横坐标的平行线交于 B 点。即为每台泵并联工作时的单独工作点，此时 B 点也决定了并联时每台泵的工作参数，即流量为 $q_{V\text{I}}$、$q_{V\text{II}}$；扬程为 H_I、H_II。并联工作点的特点是：扬程彼此相等，即 $H_M=H_\text{I}=H_\text{II}$。总流量为每台泵输送流量之和，即 $q_{VM}=q_{V\text{I}}+q_{V\text{II}}$。

并联前每台泵的参数与并联后每台泵的参数比较：未并联时泵的单独工作点为 C（q_{VC}、H_C），并联时泵的工作点为 B（q_{VB}、H_B），由图 2-47 可以看出：

$$q_{VB} < q_{VC} < q_{VM} < 2q_{VC}$$
$$H_B = H_M > H_C$$

这表明，两台泵并联时的流量等于并联时各台泵流量之和，如果和一台泵单独工作时的流量相比，则两台泵并联后的总流量 q_{VM} 小于一台泵单独工作时流量 q_{VC} 的两倍，而大于一台泵单独工作时的流量 q_{VC}。因为并联后泵的流量 q_{VB} 较 q_{VC} 为小。并联时的扬程比每台泵单独工作时要高一些。并联后每台泵的流量 q_{VB} 小于不并联时每台泵单独工作时的流量 q_{VC}，而扬程 H_B 又大于扬程 H_C，这是因为管道摩擦损失随着流量的增加而增大了。这就需要每台泵都提高它的扬程来克服这个增加的管路阻力损失，故 H_B 大于 H_C，因而流量就相应减少了。

从上面串、并联工作的讨论中，可以归纳下列几点：

a. 离心泵串联工作能提高扬程，但要注意多台泵串联时后面泵的泵体强度；

b. 离心泵并联操作能增加流量，在同一管路系统中，流量增加的比例随着并联泵台数的增加而减少；

c. 最好选用相同性能的离心泵进行串联与并联；

d. 无论是串联或并联工作，单台离心泵的工作点均应力求落在高效区之内。

（6）离心泵的汽蚀

① 汽蚀现象　离心泵通过旋转的叶轮对液体做功，使液体能量增加。在相互作用的过程中，液体的流速和压力是变化的。根据研究，液体流过叶轮时，在叶片进口附近的非工作面上存在着某些局部低压区 k，如果此低压区的液体压力 p_k 等于或低于在该处温度下液体的饱和蒸气压力 p_t 时，就会有汽化过程发生，蒸汽及溶解在液体中的气体从液体中大量逸出，而形成许多小气泡，如图 2-48 所示。当气泡随液体流到叶道内压力较高处时，气泡受压破裂，重新凝结为液体。在气泡凝结的瞬间，气泡周围的液体迅速冲入气泡凝结形成的空穴，液体质点相互撞击形成剧烈的局部水击。这种液体汽化又凝结，并因而产生水击的过程称为汽蚀现象。

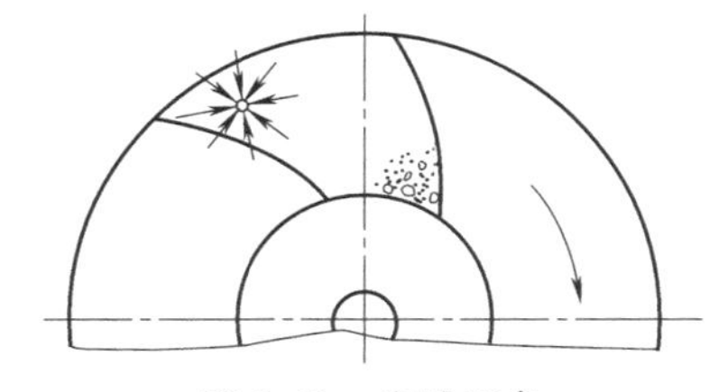

图 2-48　汽蚀现象

水击是汽蚀现象的特征，据国外学者试验曾测得汽蚀时水击频率可达每秒 25000 次，局部压力高达 30MPa（测压面积为 1.5mm²），局部瞬时温度可达 200～300℃。由此可见，发生汽蚀时，水击的压力、频率很高，必然对泵产生较大的危害，其危害性主要表现在以下几个方面。

a. 汽蚀使过流部件的材料破坏　有些气泡在金属表面附近凝结，则由于水击作连续反复的敲击，致使金属表面逐渐受疲劳而破坏，这种破坏称为机械剥蚀。如果液体汽化时，产生的气泡中夹带有活性气体（如氧气等），则借助水击时产生的热量，会对金属起化学腐蚀作用，更加快了金属的破坏速度。通常受汽蚀破坏的部位多在叶轮出口附近和排液室的进口附近。起初是金属表面出现麻点，继而产生凹坑与剥落，严重时会使表面呈现蜂窝状或海绵状，甚至使叶片和盖板被穿透。

b. 汽蚀使泵的性能下降　泵发生汽蚀时，叶轮与液体之间的能量传递受到干扰，流道不但受到气泡的堵塞，而且流动损失增大，当汽蚀发展到一定程度时 H-q_V、P_e-q_V、η-q_V 等性能曲线都突然下降，严重时，泵中液流中断，泵不能工作。

c. 汽蚀使泵产生振动和噪声　汽蚀是一种反复冲击、凝结的过程，同时产生激烈的振动和噪声。当某一振动频率与机组固有频率相一致时，机组就会产生强烈的振动，直接影响泵的正常运转。

② 汽蚀原因　离心泵产生汽蚀的原因是其吸入压力低于泵送温度下液体的汽化压力。引起离心泵吸入压力过低的因素主要有：a. 吸上泵的安装高度过高，灌注泵的灌注头过低；b. 泵的安装地点的大气压较低，例如安装在高海拔地区；c. 泵吸入管局部阻力过大；d. 泵送液体的温度高于规定温度；e. 泵的运行工况点偏离额定点过多；f. 闭式系统中的系统压力下降。

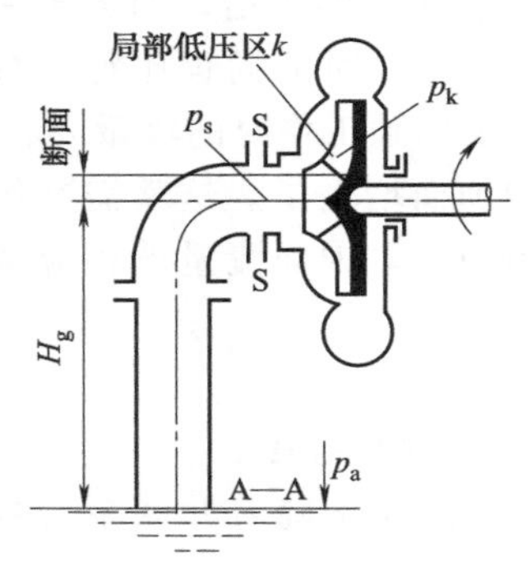

图 2-49　泵和吸入装置

③ 离心泵的汽蚀余量和安装高度　一台泵在运行中发生汽蚀，但在相同条件下，换上另一台泵就不发生汽蚀；同一台泵在某一吸入装置下发生汽蚀，但改变吸入装置及位置，则泵不发生汽蚀。由此可见，泵是否发生汽蚀是由泵本身和吸入装置两方面决定的。研究泵的汽蚀条件，防止泵发生汽蚀，应从这两方面同时加以考虑。

如图 2-49 所示，泵和吸入装置以泵吸入口法兰截面 S—S 为分界。泵内最低压力点通常位于叶轮叶片进口稍后的 k 点附近，当 $p_k \leqslant p_t$ 时，则泵发生汽蚀，故 $p_k = p_t$ 是泵发生汽蚀的界限。

a. 有效汽蚀余量　有效汽蚀余量是指泵吸入口处单位质量液体所具有高出饱和蒸气压力的富余能量，我国以前常用 Δh_a 表示，国际上大多以 $NPSH_a$（又称为有效净正吸入压头，net positive suction head）表示。若以液柱高度 m 为单位，则：

$$NPSH_a = \frac{p_s}{\rho g} + \frac{c_s^2}{2g} - \frac{p_t}{\rho g} \tag{2-11}$$

式中　p_s——泵入口处的液体压力，Pa；

c_s——泵入口处液体的流速，m/s；

ρ——液体密度，kg/m³。

显然，这个富余能量 $NPSH_a$ 越大，泵越不会发生汽蚀。

如图 2-49 所示，以吸液池液面为基准，从吸入液面到泵入口两截面间列伯努利方程式，可得：

$$\frac{p_A}{\rho g} + \frac{c_A^2}{2g} = \frac{p_s}{\rho g} + \frac{c_s^2}{2g} + H_g + \sum h_s \tag{2-12}$$

式中　p_A——吸入液面上的压力，Pa；

c_A——吸入液面上的液体流速，m/s，当吸入液面的面积足够大时，$c_A \approx 0$；

H_g——泵的几何安装高度，m；

$\sum h_s$——吸入管路的阻力损失能头，m。

将式（2-12）代入式（2-11）中，得：

$$NPSH_a = \frac{p_A}{\rho g} - \frac{p_t}{\rho g} - H_g - \sum h_s \tag{2-13}$$

由式（2-13）可知，有效汽蚀余量数值的大小与吸入装置的条件，如吸液池表面的压力、吸入管路的几何安装高度、阻力损失、液体的性质和温度有关，而与泵本身的结构尺寸等无关，故又称为泵吸入装置的有效汽蚀余量。

b. 泵的必需汽蚀余量和安装高度　由图 2-49 可知，泵吸入口 S 处的压力并不是泵内压力最低处，因为液体自泵吸入口流到叶轮的过程中还有能量损失。将液流从泵入口到叶轮内最低压力点 k 处的全部能量损失称为泵的必需汽蚀余量，我国以前常用 Δh_r 表示，国际上大

多以 $NPSH_r$ 表示。显然，必需汽蚀余量越小，p_k 降低越少，泵越不易发生汽蚀，则要求泵入口处的富余能量 $NPSH_a$ 也可小些。因为泵入口处的富余能量 $NPSH_a$ 若能克服这个能量损失（$NPSH_r$）还有剩余，即 $NPSH_a > NPSH_r$，则表示液体流到叶轮最低压力点 k 处时，其压力还可高于液体的饱和蒸气压力而不致汽化，所以就不会发生汽蚀。反之，当 $NPSH_a < NPSH_r$，则表示泵吸入口的液体多余能量还不足以克服这个能量损失，所以液体流到叶轮最低压力点 k 处时，其压力已经降到比液体的饱和蒸气压力还低，则液体就汽化，泵就已经发生汽蚀了。影响 $NPSH_r$ 大小的因素是泵的结构，如吸入室与叶轮进口的几何形状，以及泵的转速和流量等，而与管路系统无关。所以 $NPSH_r$ 的大小在一定程度上表示一台泵本身抗汽蚀性能的标志，也是离心泵的一个重要性能参数，$NPSH_r$ 越小表示该泵的耐汽蚀性能越好。$NPSH_r$ 由离心泵试验测得，随流量的增加，$NPSH_r$ 也增加。在实际应用中为安全起见，通常采用的是许用汽蚀余量［NPSH］，一般取许用汽蚀余量的值为：

$$[NPSH] = NPSH_r + K \tag{2-14}$$

式中　K——安全裕量，一般情况下取 K=0.3～0.5m。

因此，防止离心泵发生汽蚀的条件就是：有效汽蚀余量应大于或等于泵的许用汽蚀余量，即：

$$NPSH_a \geqslant [NPSH] \tag{2-15}$$

要达到上式的要求，必须合理设计吸入管路，主要是正确选取泵的安装高度。由式（2-13）可求得泵的允许几何安装高度［H_g］为：

$$[H_g] = \frac{p_A}{\rho g} - \frac{p_t}{\rho g} - \sum h_s - [NPSH] \tag{2-16}$$

从式（2-16）可以看出，当泵的许用汽蚀余量越大，或者吸入管路阻力损失越大时，吸液管的允许安装高度（也就是吸上高度）越小。为了安全起见，一般情况下，计算出允许几何安装高度［H_g］后，再减去 0.5～1m 的安全量作为泵的实际安装高度。

泵在泵装置中，其安装高度是固定的，但泵从泵装置得到的有效汽蚀余量 $NPSH_a$ 值将随泵的流量增大而降低；而由泵本身确定必需的汽蚀余量 $NPSH_r$ 值，也是随泵的流量增大而增大。因此，必须根据泵运行时可能需要的最大流量，确定 $NPSH_a$ 的数值，以保证泵在其流量变化范围内运行不会发生汽蚀。泵运行时不会发生汽蚀的流量范围如图 2-50 所示。同时，离心泵运行时，应注意泵的流量不能超出规定的流量范围，以免因泵发生汽蚀而引起泵损坏。

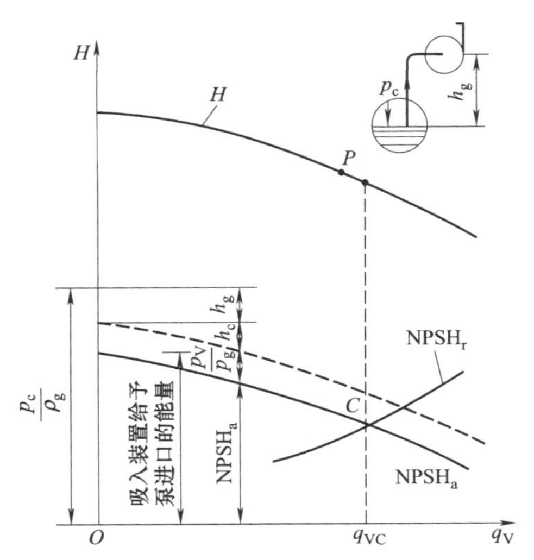

图 2-50　离心泵运转性能和汽蚀

④ 吸上真空高度　我国过去大多采用吸上真空高度这一参数作为离心泵的汽蚀特性参数，现在也还在采用。如果吸液池液面上的压力为大气压力 p_a，令：

$$H_s = \frac{p_a}{\rho g} - \frac{p_s}{\rho g} \tag{2-17}$$

H_s 就称为吸上真空高度，单位为 m，它是泵入口处以液柱高度表示的真空度。它可用装在泵入口法兰处的真空表测量监控。由式（2-17）和式（2-11）可得：

$$NPSH_a = \frac{p_a}{\rho g} - \frac{p_t}{\rho g} + \frac{c_s^2}{2g} - H_s \tag{2-18}$$

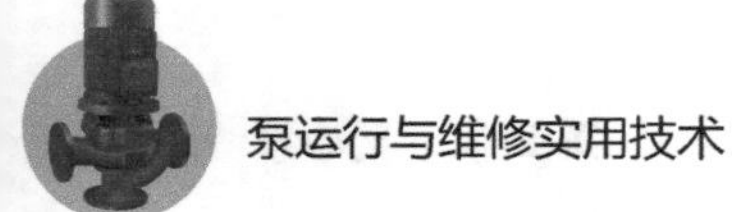

由式（2-18）可知，当吸上空真高度 H_s 值越大时，泵入口处压力 p_s 就越小，$NPSH_a$ 也越小，说明泵越容易发生汽蚀。

将式（2-18）代入式（2-13）可得：

$$H_g=\frac{p_A}{\rho g}-\frac{p_a}{\rho g}+H_s-\sum h_s-\frac{c_s^2}{2g} \tag{2-19}$$

当吸液池液面压力是大气压，即 $p_A=p_a$ 时，吸上真空高度即为：

$$H_s=H_g+\sum h_s+\frac{c_s^2}{2g} \tag{2-20}$$

由式（2-20）可以看出，流量一定时，吸上真空高度 H_s 随着泵的几何安装高度 H_g 的增大而逐渐增大。当 H_g 增大至某一数值时，泵就发生汽蚀，测得此时的吸上真空高度，便是泵可能达到的最大值，称为最大吸上真空高度，以 H_{smax} 表示。泵的耐汽蚀性越好，H_{smax} 便越高。各种泵的 H_{smax} 值都是由试验得到的，且与必需汽蚀余量 $NPSH_r$ 随着流量的增大而增大相对应，最大吸上真空高度 H_{smax} 则随着流量的增大而减小。为了确保泵在运行时不发生汽蚀，且又能获得最合理的吸上真空高度，我国原机械工业部的标准规定留有 0.5m 的安全裕量，即从试验得出的 H_{smax} 减去 0.5m，作为允许吸上真空高度 $[H_s]$，即：

$$[H_s]=H_{smax}-0.5 \tag{2-21}$$

当吸液池液面压为当地大气压时，由式（2-20）可求得泵的允许最大几何安装高度为：

$$[H_g]=[H_s]-\frac{c_s^2}{2g}-\sum h_s \tag{2-22}$$

通常在泵样本或随泵附带的说明书上所规定的 $[H_s]$ 值是在一个标准大气压（$p_a=$ 101.3kPa）下，抽送 20℃清水时所测得的。如果泵的运行条件与上述条件不同，则不能直接采用样本或说明书提供的 $[H_s]$ 值，而应对其进行修正：

$$[H_s]'=[H_s]+\frac{p_a-p_t}{\rho g}-10.33+0.24 \tag{2-23}$$

式中 $[H_s]'$——修正后的允许吸上真空高度，m；

p_a——泵使用地点的大气压，Pa；

p_t——泵使用地点温度下液体的饱和蒸气压，Pa；

10.33——一个标准大气压值，mH_2O；

0.24——20℃清水的饱和蒸气压，mH_2O。

⑤ 汽蚀比转速　离心泵的汽蚀比转速 S 与泵的尺寸、流量及转速有关，汽蚀比转速可作为离心泵汽蚀相似的准则；也可作为离心泵抗汽蚀性能的一种判别方法。在相同的流量下，S 值越大，泵的抗汽蚀性能越好。

汽蚀比转速在数学上用下述方程式表示。

$$S=\frac{n\sqrt{q_V}}{NPSH_r^{\frac{3}{4}}} \tag{2-24}$$

式中 q_V，n，$NPSH_r$——泵最佳效率点的参数值。

⑥ 提高离心泵抗汽蚀性能的措施　从上述分析可知，要提高离心泵的抗汽蚀性能可以从改进泵的结构参数或结构形式来降低泵的必需汽蚀余量 $NPSH_r$、改进泵吸入装置系统来提高泵的有效汽蚀余量 $NPSH_a$ 以及选用耐汽蚀材料等方法来实现。

a. 降低必需汽蚀余量 $NPSH_r$ 的措施

(a) 改进泵的吸入口至叶片入口附近的结构设计　常用的方法有：适当加大叶轮吸入口处的直径和叶片入口边的宽度以降低叶轮入口处的流速；适当加大叶轮前盖板进口段的曲率

半径，把叶片进口边部分做得薄一些，将叶片进口边向吸入口外延，采用长短叶片及选择适当的叶片数和冲角等，以此改善叶片入口处的液流状况，从而可以减少液流急剧加速及阻力损失。

(b) 采用诱导轮 在离心泵首级叶轮前装一个螺旋形诱导轮，如图 2-51 所示。当液体流过诱导轮时，诱导轮对液体做功而增加能量，相当于对进入后面叶轮的液体起了增压作用，从而提高了泵的抗汽蚀性能。

(c) 采用双吸叶轮 以减小经过叶轮的液体流速，从而减小泵的必需汽蚀余量。

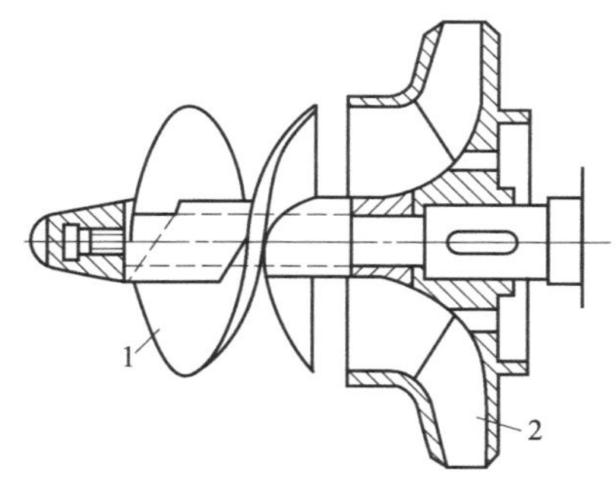

图 2-51 带前置诱导轮的离心泵

1—螺旋诱导轮；2—叶轮

b. 提高装置的有效汽蚀余量 $NPSH_a$ 的措施

(a) 若泵是从密闭吸液罐中吸液，则可增加吸液罐中液面上的压力 p_A 来提高 $NPSH_a$。

(b) 减小泵的几何安装高度或增大倒灌高度，可显著提高 $NPSH_a$。

(c) 尽量减小吸入管路阻力损失，降低液体的饱和蒸汽压力，即在设计吸入管路时，尽可能采用管径大些、管长短些、弯头和阀门少些、输送液体的温度尽可能低些等措施，均可以提高 $NPSH_a$。若工作条件允许，适当地减少泵的流量或转速，也可以减小泵发生汽蚀的可能性。

c. 采用抗汽蚀性能较好的材料 如使用条件所限，不可能完全避免汽蚀时，应采用抗汽蚀性能较好的材料制造叶轮，以延长使用寿命。常用的材料有含铬不锈钢、铝青铜、青铜、磷青铜、稀土合金铸铁和高镍铬合金等。实践表明，材料强度、硬度、韧性越高，化学稳定性越好，叶轮流道表面越光，则抗汽蚀性能越好。

以上这些措施应根据泵的选型、选材和泵的使用现场等条件进行综合分析，适当加以选用。

(7) 离心泵的性能换算

泵样本或说明书给出的离心泵性能曲线都是用输送温度为 20℃ 的清水进行试验得到的。石油化工生产中离心泵输送的液体，其性质（如黏度）往往与水相差很大，生产还可能根据工艺条件的变化需要将泵的某些工作参数加以改变，泵的制造厂为了扩大泵的使用范围，有时给离心泵备用不同直径的叶轮，这些情况均会引起泵的实际性能曲线变化。因此，必须找出不同使用情况下泵的性能曲线换算关系。

① 相似概念 如果两台泵的形状完全相似，并且液体在它内部流动状态也完全相似，那么它们的性能参数可依相似定律确定，要研究的这些问题就称为泵的相似问题。泵的相似问题研究成果已给离心泵的设计、研究以及使用等问题找到了一条宽广的发展道路。例如，根据相似原理，可以做出与大型泵相似的模型泵进试验，在大型泵尚未进行制造以前就可以确定它的性能。

离心泵相似的第一个条件是几何相似，即构造相似。它主要是指叶轮的各部分尺寸有一定的比例关系，所有对应角均相等，同时叶片数也必须相等。

离心泵相似的第二个条件是运动相似，即泵内液体的流动形态相似。它是指两相似几何构体内相应点的液体流速成比例，其方向一致。从液体流动形态相似可以知道，相应点的速度三角形应相似。

离心泵相似的第三个条件是动力相似，即在两台相似泵体内要有相似的流动形态，必须要求作用在液体相应点上的力成比例。

② 比转速 现在离心泵的类型和规格很多，结构多种多样，尺寸型号也极不相同，这就无法在它们中间进行比较。为了便于比较选择，根据相似原理把它们归类，引出了一个用

于判别离心泵工况的相似准数——比转速 n_s 的概念，比转速是一个与泵的几何尺寸和工作性能相联系的相似判别数（或称特征数），它可以表示泵的结构特点及工作性能，以便于泵的设计和选择。比转速的计算公式为：

$$n_s = 3.65\frac{n\sqrt{q_V}}{H^{\frac{3}{4}}} \tag{2-25}$$

式中 q_V——泵的额定流量（双吸泵用 $q_V/2$ 代入），m^3/s；

H——泵的额定扬程（多级泵取单级扬程，即 H/i 代入，i 为级数），m；

n——转速，r/min。

采用的参数单位不同，比转速值也不相同，其换算关系见表 2-5。

比转速 n_s 的大小反映了叶轮形状与泵性能曲线之间的关系，见表 2-6。

表 2-5 比转速 n_s 的换算关系

n_s 计算公式		$3.65\frac{n\sqrt{q_V}}{H^{\frac{3}{4}}}$	$\frac{n\sqrt{q_V}}{H^{\frac{3}{4}}}$				
单位	q_V	m^3/s	m^3/min	L/s	ft^3/min	USgal/min	UKgal/min
	H	m	m	m	ft	ft	ft
	n	r/min	r/min	r/min	r/min	r/min	r/min
换算关系		1	2.12	8.67	5.168	14.16	12.89
		0.4709	1	4.083	2.438	6.68	6.079
		0.1152	0.245	1	0.597	1.634	1.487
		0.1935	0.41	1.675	1	2.74	2.49
		0.0706	0.15	0.611	0.365	1	0.91
		0.0776	0.165	0.672	0.401	1.1	1

注：当不特意指出时，本文中的 n_s 用此计算公式及单位。

表 2-6 比转速与泵的叶轮形状及性能曲线的关系

泵的类型	离心泵			混流泵	轴流泵
	低比转速	中比转速	高比转速		
比转速 n_s	$30<n_s<80$	$80<n_s<150$	$150<n_s<300$	$300<n_s<500$	$500<n_s<1000$
叶轮形状					
尺寸比 D_2/D_s	约 3	约 2.3	1.8～1.4	1.2～1.1	约 1
叶片形状	圆柱形	入口处扭曲，出口处圆柱形	扭曲形	扭曲形	扭曲形
性能曲线形状					
流量-扬程曲线特点	关死扬程为设计工况的 1.1～1.3 倍，扬程随流量减小而增加，变化比较缓慢			关死扬程为设计工况的 1.5～1.8 倍，扬程随流量减小而增加，变化较急	关死扬程为设计工况的 2 倍左右，在小流量处出现马鞍形

续表

泵的类型	离心泵			混流泵	轴流泵
	低比转速	中比转速	高比转速		
流量-功率曲线特点	关死点功率较小，轴功率随流量增加而上升			流量变化时轴功率变化较小	关死点功率最大，设计点工况附近变化比较小，以后轴功率随流量增大而下降
流量-效率曲线特点	比较平坦			比轴流泵平坦	急速上升后又急速下降

③ 形式数 K　比转速 n_s 为有量纲数，国际标准组织推荐应用无量纲比转速，称为形式数，以 K 表示，即：

$$K=\frac{2\pi n\sqrt{q_V}}{60(gH)^{\frac{3}{4}}} \tag{2-26}$$

式中各参数的单位与式（2-25）相同。形式数 K 与我国的比转速 n_s 的换算关系为如下。

$$K=0.0051759n_s \tag{2-27}$$

$$n_s=193.2K \tag{2-28}$$

④ 比例定律及通用性能性曲线　离心泵样本上的性能曲线，是在一定转速下经实验测定而绘制的，当泵的转速改变后，其流量、扬程及泵所需的功率也将随之改变。设在转速 n 时流量、扬程及泵所需功率各为 q_V、H 及 P；则在转速改变至 n' 时相对应的值为 q'_V、H' 及 P'。两者有下列换算关系式：

$$\frac{q'_V}{q_V}=\frac{n'}{n} \tag{2-29}$$

$$\frac{H'}{H}=\left(\frac{n'}{n}\right)^2 \tag{2-30}$$

$$\frac{P'}{P}=\left(\frac{n'}{n}\right)^3 \tag{2-31}$$

上述的关系式称作离心泵比例定律。应当注意，上述比例定律对于水类和油类都能大体成立，但当转速和黏度相差太大时是不准确的，因此它的应用也有一定的局限性。应用式（2-29）～式（2-31）时泵的转速变化不得超过原转速的20%。

应用比例定律时假定效率 η 是不变的，但是实际上，当转速改变较大时，效率 η 不能保持不变。这就需要用实验测出不同转速下的泵的性能，绘出不同转速下的性能曲线。若将一台泵在各种转速下的性能曲线绘在同一张图上，并将 H-q_V 曲线上效率相同各点连接成曲线，便得到泵的通用性能曲线，如图2-52所示。由图2-52可直观、方便地查得一台离心泵在不同转速下的各性能参数（流量、扬程、功率、效率）的关系，以及泵转速的允许变化范围。

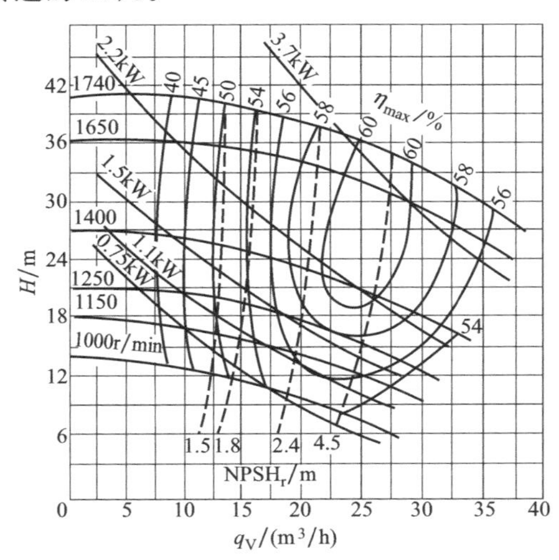

图2-52　离心泵的通用性能曲线

⑤ 切割定律　当离心泵叶轮的出口直径 D_2 被车削变小时，离心泵的流量和扬程均相应地下降，其性能曲线移向原始直径叶轮的性能曲线的下方，切削量越大（D_2 越小），性能曲

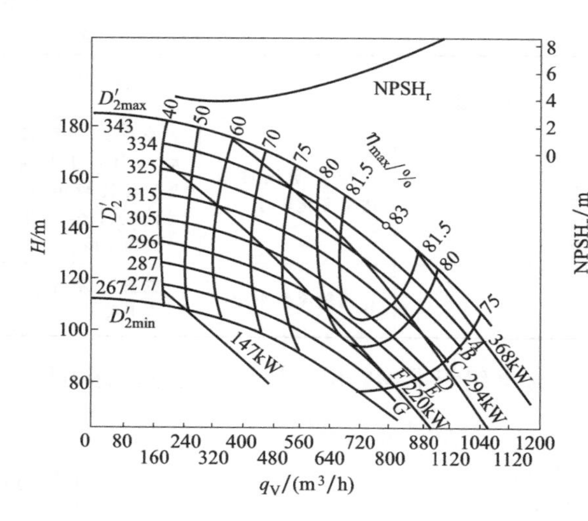

图 2-53　离心泵经叶轮切割的通用性能曲线

线下移越远，如图 2-53 所示。应用这一规律可以保证泵达到所需的流量和扬程，并可扩大一台离心泵的流量和扬程范围，用于多种工况的运行要求，对于制造厂可减少泵的生产品种，降低成本，并可应用此规律满足离心式化工流程泵在更换新叶轮后扬程增加 5%（转速不变）的要求。

叶轮出口直径的切割量与泵性能的关系称为离心泵的切割定律，近似表示为：

$$\frac{q'_V}{q_V}=\frac{D'_2}{D_2} \tag{2-32}$$

$$\frac{H'}{H}=\left(\frac{D'_2}{D_2}\right)^2 \tag{2-33}$$

$$\frac{P'}{P}=\left(\frac{D'_2}{D_2}\right)^3 \tag{2-34}$$

式中　D'_2，q'_V，H'，P'——经切割后的叶轮出口直径、流量、扬程和功率；

D_2，q_V，H，P——切割前叶轮的出口直径、流量、扬程和功率。

应用叶轮切割定律对离心泵叶轮切割的切割量是有限制的，以免泵的效率降低过多。叶轮出口直径允许切割量对泵效率的影响见表 2-7。

表 2-7　叶轮出口直径允许切割量对泵效率的影响

比转速 n_s	≤60	60～120	120～200	200～300	300～350	300 以上
允许切割量 $\frac{D_1-D_2}{D_1}$	20%	15%	11%	9%	7%	0
效率 η	每车小 10%，η 下降 1%		每车小 4%，η 下降 1%		—	

注：1. 旋涡泵和轴流泵叶轮不允许切割。
2. 叶轮外圆的切割一般不允许超过本表规定的数值，以免泵的效率下降过多。

当离心泵的比转速较低（$n_s=30\sim80$）时，按式(2-35)～式(2-37)计算可提高计算的准确性。

$$\frac{q'_V}{q_V}=\left(\frac{D'_2}{D_2}\right)^2 \tag{2-35}$$

$$\frac{H'}{H}=\left(\frac{D'_2}{D_2}\right)^2 \tag{2-36}$$

$$\frac{P'}{P}=\left(\frac{D'_2}{D_2}\right)^4 \tag{2-37}$$

⑥ 液体黏度对离心泵性能的影响　当被送液体的黏度增大时，水力摩擦损失也随之增大，H-q_V 曲线下移，即泵的流量和扬程均下降，但泵的关死扬程几乎不变，同时泵的圆盘摩擦损失增加，泵的输入功率增大，泵效率急剧下降，如图 2-54 所示。

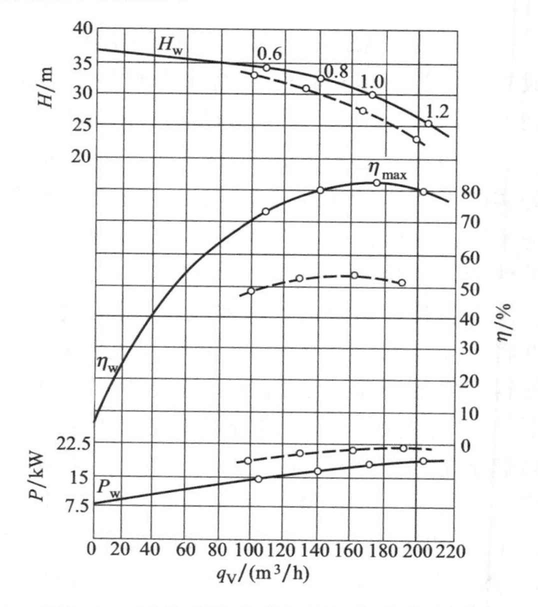

图 2-54　液体黏性对离心泵性能曲线的影响
图中虚线表示被送液体黏度增大后的性能曲线

泵制造厂一般只提供泵输送清水时的性能曲线，当被输送液体的运动黏度值大于 2×

$10^{-5}m^2/s$时，即需对泵进行性能修正，换算为输送清水时的性能进行泵的设计和试验。

⑦ 最佳工作范围　离心泵性能曲线（H-q_V 曲线）上的每一个点都表示泵的一个运行工况，但其运行效率最高工况点只有一个点，称作最佳工况点。离心泵的额定工况点以及化工生产的正常操作工况点均应选在泵的最佳工况点附近，化工用离心泵要求泵的正常操作工况点在泵的额定工况点和最佳工况点之间。

当泵的运行工况点远离最佳工况点时，泵的效率将下降，运行耗功增大，经济性差。一般以泵效率降低量达到5%～8%时，泵的对应流量即为该泵最佳工况范围的边界流量。边界流量的最大值 q_{Vmax} 和最小值 q_{Vmin} 与最高效率工况点流量 q_{VN} 的关系为：

$$q_{Vmin}=0.6q_{VN} \tag{2-38}$$

$$q_{Vmax}=1.2q_{VN} \tag{2-39}$$

一台离心泵的叶轮经切割可得到该泵的叶轮簇，其直径最大者为出口直径未经切削的原始叶轮，直径最小者为切割量达到允许值的叶轮，与之对应的 H-q_V 曲线和各叶轮相似工况点抛物线之间所包围的面积，即图2-55中 $ABCD$ 四点间的区域，为离心泵的最佳工作范围。如泵的工作点超出最佳工作范围，当流量过小时，离心泵的排出量将不连续，同时伴有温度升高、噪声增大、振动加剧等现象，其极限最小流量一般为（0.2～0.4）q_{VN}（功率大于100kW、比转速 n_s 大于150时取大值）；当流量过大时，离心泵可能发生汽蚀和超载，极限最大流量一般为（1.25～1.35）q_{VN}。

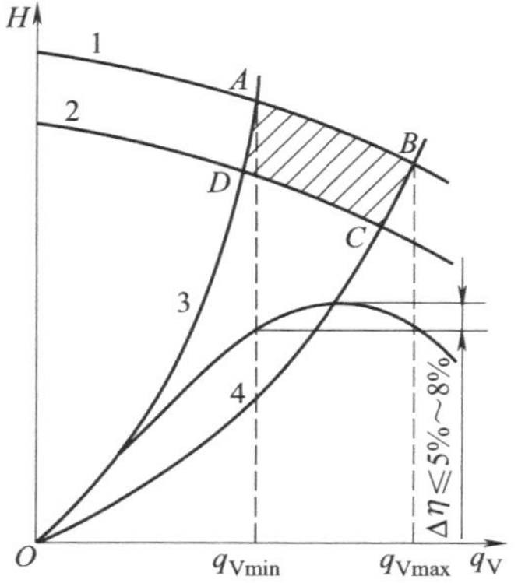

图2-55　离心泵的最佳工作范围

1,2—最大和最小叶轮直径的 H-q_V 线；3,4—相似工况点的管路特性曲线

2.3.2　离心泵的日常运行与维护

(1) 启动与停车

① 启动前的准备

a. 检查泵的各连接螺栓与地脚螺栓有无松动现象。

b. 检查配管的连接是否合适，泵和驱动机中心是否对中。处理高温、低温液体的泵，配管的膨胀、收缩有可能引起轴心失常、咬合等，因此，需采用挠性管接头等。

c. 直接耦合和定心。小型、常温液体泵在停止运行时，进行泵和电动机的定心没有问题；而大型、高温液体泵运行和停止中，轴心差异很大，为了正确定心，一般加热到运转温度或运行后停下泵，迅速进行再定心以保证转动件双方轴心一致，避免振动和泵的咬合。

d. 清洗配管。运行前必须首先清洗配管，将配管中的异物、焊渣等除去，切勿使异物、焊渣等掉入泵体内部。在吸入管的滤网前后装上压力表，以便监视运行中滤网的堵塞情况。

e. 盘车。启动前卸掉联轴器，用手转动转子，观察是否有异常现象，并使电动机单独试车，检查其旋转方向是否与泵一致。用手旋转联轴器，可发现泵内叶轮与外壳之间有无异物，盘车应轻重均匀，泵内无杂音。

f. 启动油泵，检查轴承润滑是否良好。

② 启动

a. 灌泵。启动前先使泵腔内灌满液体，将空气、液化气、蒸汽从吸入管和泵体内排出。必须避免空运转，同时打开吸入阀，关闭排液阀和各个排液孔。

b. 打开轴承冷却水给水阀门。

c. 填料函若带有水夹套，则打开填料函冷却水给水阀门。

d. 若泵上装有液封装置，应打开液封系统的阀门。

e. 如输送高温液体时泵没有达到工作温度，应打开预热阀，待泵预热后再关闭此阀。

f. 若带有过热装置，应打开自循环系统的旁通阀。

g. 启动电动机。

h. 逐渐打开排液阀。

i. 泵流量提高后，如已不可能出现过热时即可关闭自循环系统的阀门。

j. 如果泵要求必须在单向阀关闭而排出口闸阀打开的情况下启动，则启动步骤与上述方法基本相同，只是在电动机启动前，排出口闸阀要打开一段时间。

③ 停车

a. 打开自循环系统上的阀门。

b. 关闭排液阀。

c. 停止电动机。

d. 若需保持泵的工作温度，则打开预热阀门。

e. 关闭轴承和填料函的冷却水给水阀。

f. 停机时若不需要液封则关闭液封阀。

g. 如果是特殊泵装置的需要或打开泵进行检查时，则关闭吸入阀，打开放气孔和各种排液阀。

通常，汽轮机驱动的泵所规定的启动和停车步骤与电动机驱动泵基本相同。汽轮机因有各种排水孔和密封装置，必须在运行前后打开或关闭。此外，汽轮机一般要求在启动前预热。还有一些汽轮机在系统中要求随时启动，则要求进行盘车运转，因此，运行者应根据汽轮机制造厂所提供的有关汽轮机启动和停车步骤的规定进行操作。

④ 停车时的维护　化工现场的备用泵，当在用泵发生故障时，应能及时切换过来并投入正常运行，保证化工生产不停车。这就要求对备用泵进行必要的维护，使其在备用停运期间处于良好状况。特别是带联锁、自动切换的备用泵，其进出口阀门是打开的，泵内充满了被输送介质，只要驱动机一转，马上就能进行工作。

对于停用期间的备用泵，要经常察看润滑剂的质与量。泵身及泵内介质该加热保温的要进行加热保温。为了不使转子因自重弯曲；为了不使轴与轴承粘连，造成启动困难，对备用泵要进行定期盘车。

对于长期停用的泵，要打开泵体上的堵头，放净泵内液体，以免天寒冻坏泵体。必要时，打开泵体，将内部零件擦洗干净，涂上防锈油。对于长期停用的泵，无论其在现场或在仓库，均要定期盘车。

(2) 运行中的维护

① 润滑　离心泵在运行中，由于被输送介质、水以及其他物质可能窜入油箱内，影响泵的正常运行，因此，要经常检查润滑剂的质量和油位。检查润滑剂的质量，可用肉眼观察和定期取样分析。润滑油的油量，可从油位标记上看出。

新泵运行一周后应换油一次，大修时换了轴承的泵也应换油。因为新的轴承和轴运行跑合时有异物进入油内，必须换油。以后每季换油一次。化工用泵所用的润滑脂和润滑油要符合质量要求。表 2-8 和表 2-9 为离心泵常用的润滑脂和润滑油。

② 振动　泵在运行中，由于零配件质量和检修质量不好，操作不当或管道振动影响等原因，往往会产生振动。如果振动超过允许值，应停车检修，免使机器受到损坏。表 2-10 为离心泵振动值允许范围。

表 2-8 离心泵常用的润滑脂

法国脂号	壳牌脂号	国产脂号	主要特性	润滑部位
G_4(B)	ALVANIA EP_2	2# 极压锂基脂	平均滴点180℃，在25℃时工作后的锥入度265～295(单位为1/10mm)	轴承，联轴器
G_4(C)	ALVANIA R_3	锁道脂	平均滴点180℃，在25℃时工作后的锥入度220～250(单位为1/10mm)	轴承

表 2-9 离心泵常用的润滑油

法国油号	壳牌油号	国产油号	主要特性	润滑部位
OL_1(A)	壳牌透平油 T25(A)	22# 抗氨透平油或22# 透平油	50℃时20～22cSt，开杯闪点210～220℃，倾点－6℃	轴承
OL_1(B)	壳牌透平油 T29(B)	30# 船用透平油或30# 透平油	50℃时27～30cSt，开杯闪点213～225℃，倾点－6℃	轴承
OL_1(D)	壳牌透平油 T33(D)	40# 防锈透平油或40# 透平油	50℃时36～40cSt，开杯闪点224～230℃，倾点－6℃	油槽
OL_6	壳牌 SPIRAX 90EP	18# 双曲线齿轮油或120# 极压齿轮油	50℃时115～125cSt，开杯闪点190～195℃，倾点－18℃	齿轮箱
OL_7(B)	壳牌 MACOMA R75(B)	120# 极压工业齿轮油或120# 工业齿轮油	50℃时111.5～114.5cSt，开杯闪点175～179℃，倾点－21℃	齿轮箱(冬季用) 联轴器
OL_7(C)	壳牌 MACOMA R75(C)	150# 极压工业齿轮油或150# 工业齿轮油	50℃时158.5～165cSt，开杯闪点175～179℃，倾点－18℃	齿轮箱(夏季用) 密封油装置
OL_8(B)	壳牌 TELLUS 油33(B)	40# 液压油	50℃时38～42 cSt，开杯闪点250～255℃，倾点－29℃	轴承 密封油装置
OL_9(A)	壳牌 TALPA 油30(A)	13# 压缩机油或15# 汽轮机油	50℃时70～75cSt，开杯闪点225～230℃，倾点－26℃	轴承
OL_9(B)	壳牌 TALPA 油50(B)	90# 工业齿轮油	50℃时90～105cSt，开杯闪点275～280℃，倾点－9℃	齿轮箱

注：$1cSt=10^{-6}m^2/s$。

表 2-10 离心泵振动值允许范围

转速/(r/min)	双峰值振幅		转速/(r/min)	双峰值振幅	
	滚动轴承	滑动轴承		滚动轴承	滑动轴承
1800以下	<0.0762	<0.0762	6000以上		<0.0381
1801～4500	<0.0508	<0.0635	测量部位	轴承座	轴
4501～6000		<0.0508			

③ 轴承温升　泵在运行过程中，如果轴承温升很快，温升稳定后轴承温度过高，说明轴承在制造或安装质量方面有问题；或者轴承润滑油（脂）质量、数量或润滑方式不符合要求。若不及时处理，轴承有烧坏的危险。离心泵轴承温度允许值为：滑动轴承<65℃；滚动轴承<70℃。该允许值是指运行一段时间后轴承温度的允许范围。新换上的轴承，运行初期，轴承温度会升得较高，运行一段时间后，温度会下降一些，并稳定在某一数值上。

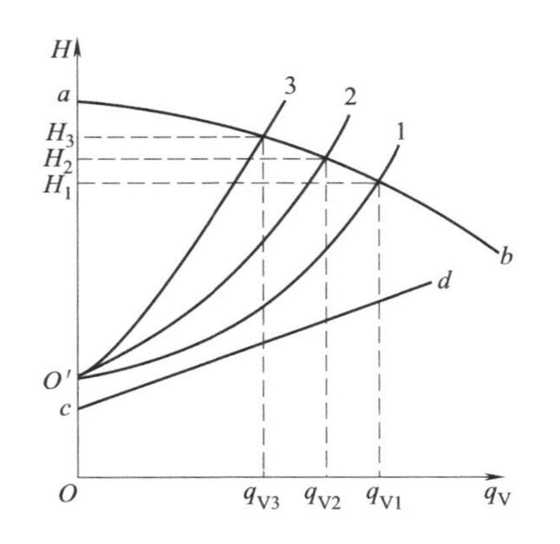

图 2-56 离心泵的性能曲线
a-b—扬程-流量曲线；c-d—功率曲线；O'-1，O'-2，O'-3—系统中不同的管路阻力曲线

④ 离心泵运行性能　泵在运行过程中，如果液体来源无变化，进出口管线上阀门的开度未变，而流量或进出口压力变化了，说明泵内或管道内有故障，要迅速查明原因，及时排除，否则将造成不良后果。如

图 2-56 所示为离心泵的性能曲线。图 2-56 中曲线是指泵在额定转速下运行的状况，其性能分析如下。

流量 q_V 与扬程 H 之间存在着一定的依赖关系，它们沿着曲线 a-b 变化。

对应某一系统阻力，便有一组确定的流量与扬程。例如对应系统阻力 O'-1，便有流量 q_{V1} 扬程 H_1。

系统阻力越大，则泵的扬程越大，而流量越小。例如 O'-2 阻力大于 O'-1 阻力，则 $H_2 > H_1$，$q_{V2} < q_{V1}$。由于系统内的摩擦阻力随液体的流速减小而减小，因此，流量的减小又使系统阻力中的摩擦阻力部分减小。

系统阻力的大小，可以通过调节泵进、出口阀门的开度来实现。对于确定的泵系统来说，当出口阀门全开时，系统的阻力最小，而对应的流量最大，扬程最小，功率最大。

当出口阀门关死时，系统阻力达极大值。此时流量为零，扬程最大（为有限值），功率最小。

由此可归纳出如下几点。

a. 离心泵在启动时，为了避免原动机超载，应先将出口阀门关闭，在泵启动后再慢慢地打开。这样，可以避免原动机启动时，大的启动载荷与出口阀门全开时泵所需要的大功率相叠加，而引起原动机超载。

b. 只要泵腔中充满液体（避免密封环、轴封等干摩擦），离心泵在出口阀门关闭时，允许短时间的运行。除了泵腔内的有限液体在旋转叶轮的作用下温升很快而给泵带来一些不良影响外，对原动机没有什么不良作用。这时，原动机的负荷最轻。

c. 运行过程中，可以通过调节出口阀门开度而得到离心泵性能范围内的任一组流量与扬程。不过，泵在设计工况点运行时，其效率最高；离开设计工况点越远，效率越低。

⑤ 机组声响　泵在运行过程中发出的声响，有的是属于正常的，有的则属于非正常的。对于非正常的声响，要查明原因，及时消除。引起泵非正常的声响，大致有下列原因。

a. 流体方面的原因　如离心泵进口流量不足，造成汽蚀，发出噪声；泵出口管线中窝气，引起水击、发出的冲击响声等。

b. 机械方面的原因　轴承质量不符合要求或损坏；泵的动静部分间隙不合适，引起摩擦；轴弯曲引起内部摩擦；零件损坏脱落；泵内落入异物等。

（3）常见故障及处理方法

① 单级离心泵常见故障及处理方法　经过一定时期的运转，离心泵的零件总是会产生磨损，原有的间隙可能会增大，紧固件可能会松动，密封件可能被介质腐蚀而泄漏，旋转件可能会出现偏摩擦而破坏了原有的平衡，以及一些不可预见的人为因素均会直接影响离心泵的正常运转。对于离心泵在转动中出现的故障，应立即查找原因，必要时应立刻停车，采取措施予以消除。单级离心泵在运转中的常见故障、故障原因以及处理方法见表 2-11。

表 2-11　单级离心泵运转中的常见故障、故障原因及处理方法

常见故障	故障原因	处理方法
无液体排出	①叶轮或进口阀被异物堵塞 ②吸液高度过大 ③吸入管路漏入空气 ④泵没有灌满液体 ⑤被输送液体温度过高 ⑥出口阀或进口阀因损坏而打不开	①清除异物 ②降低吸液高度 ③拧紧松动的螺栓或更换密封垫 ④停泵灌液 ⑤降低液体温度或降低安装高度 ⑥更换或修理阀门

续表

常见故障	故障原因	处理方法
流量不足	①叶轮反转 ②叶轮或进口阀被堵塞 ③叶轮腐蚀,磨损严重 ④入口密封环磨损过大 ⑤储液槽液位下降过大,造成吸液高度过大 ⑥泵体或吸入管路漏入空气	①改变转向 ②清除堵塞物 ③更换或修理叶轮 ④更换入口密封环 ⑤提高储液槽液位 ⑥紧固,改善密封
运转声音异常	①异物进入泵体 ②叶轮背帽脱落 ③叶轮与泵体摩擦 ④滚动轴承损坏 ⑤填料压盖与泵轴或轴套摩擦	①清除异物 ②重新拧紧或更换叶轮背帽 ③调整泵盖密封垫厚度或调整轴承压盖垫片厚度 ④更换滚动轴承 ⑤对称均匀地拧紧填料压盖
泵体振动	①联轴器找正不良 ②吸液部分有空气漏入 ③轴承间隙过大 ④泵轴弯曲 ⑤叶轮腐蚀、磨损后转子不平衡 ⑥液体温度过高 ⑦叶轮歪斜 ⑧地脚螺栓松动 ⑨电动机的振动传递到泵体上	①找正联轴器 ②紧固螺栓或更换密封垫 ③更换或调整轴承 ④校直泵轴 ⑤更换叶轮 ⑥降低液体温度 ⑦重新安装、调整 ⑧紧固螺栓 ⑨消除电动机振动
轴承过热	①中心线偏移 ②缺油或油中杂质过多 ③轴承损坏 ④泵体轴承孔磨损,轴承外环产生转动,有摩擦热产生 ⑤轴承压盖压得过紧,轴承内没有间隙	①校正轴心线 ②清洗轴承,加油或换油 ③更换轴承 ④更换泵体或修复轴承孔 ⑤增加压盖垫片厚度
泵体过热	①出口阀未打开 ②泵设计流量大,实用量太小 ③叶轮被异物堵塞	①打开出口阀 ②更换流量小的泵或增大用量 ③清除堵塞物
填料密封泄漏过大	①填料没装够应有的圈数 ②填料的装填方法不正确 ③使用填料的品种或规格不当 ④填料压盖没有压紧 ⑤泵体内孔与泵轴的径向间隙过大,造成密封填料损坏	①加装填料 ②重新装填料 ③更换填料,重新安装 ④适当拧紧压盖螺母 ⑤减小径向间隙
机械密封泄漏量过大	①冷却水不足或堵塞 ②弹簧压力不足 ③密封面被划伤 ④密封元件材质选用不当	①清洗冷却水管,加大冷却水量 ②调整或更换 ③研磨密封面 ④更换耐蚀性能较好的材质
密封垫泄漏	①紧固螺栓没有拧紧 ②密封垫断裂 ③密封面有径向划痕	①适当拧紧紧固螺栓 ②更换密封垫 ③修复密封面或予以更换
消耗功率过大	①填料压盖太紧,填料函发热 ②泵轴窜量过大,叶轮与入口密封环发生摩擦 ③中心线偏移 ④零件卡住	①调节填料压盖的松紧度 ②调整轴向窜量 ③找正轴心线 ④检查、处理

遇有下列情况之一者，应紧急停车处理。

a. 泵内发出异常的声响。

b. 泵突然发生剧烈振动。

c. 电流超过额定值只升不降。

d. 泵突然不排液。

② 多级离心泵常见故障及处理方法　与单级泵相比，多级离心泵结构较为复杂，零部件多，出口压力高，并且在磨损和介质腐蚀的联合作用下，出现故障的可能性更大。这就要求，一方面多级离心泵的零件质量要更为可靠；另一方面在组装多级泵的过程中要有较高的精度和较准确的间隙值。这样，才能提高多级离心泵安全运转的可靠性。在运转过程中，要及时对泵进行巡回检查，加强日常维护。为避免泵的损坏而影响生产造成更大的经济损失，一旦发现多级离心泵运转异常，要立即采取措施。多级离心泵的常见故障、故障原因及处理方法见表 2-12。

表 2-12　多级离心泵的常见故障、故障原因及处理方法

常见故障	故障原因	处理方法
流量不足	①泵内或来液管内有空气 ②发生汽蚀 ③泵体或吸入管路有漏气 ④出入口管路有堵塞现象 ⑤液体黏度超出设计指标 ⑥叶轮中有异物 ⑦入口密封环磨损或泵体内各部间隙过大	①排除气体 ②调整吸入高度 ③消除漏气 ④清除 ⑤调整液体黏度 ⑥检查、清除 ⑦更换密封环或调整各部间隙
电动机超负荷	①转动方向错误 ②叶轮中有异物 ③液体密度或黏度超出设计指标 ④联轴器同轴度误差超过允许值 ⑤叶轮与泵体摩擦	①纠正转动方向 ②检查、清除 ③调整液体密度或黏度，或者换泵 ④重新找正 ⑤调整
产生振动	①泵体或来液管内有空气 ②吸入高度太大 ③泵设计流量大，而实际用量小 ④叶轮中有异物或叶轮磨损 ⑤联轴器同轴度误差超过允许值 ⑥机座螺栓松动 ⑦轴弯曲或转子不平衡 ⑧转子与泵体产生摩擦	①排除空气 ②降低吸入高度 ③调整用量或换泵 ④清除异物或更换叶轮 ⑤重新找正 ⑥紧固 ⑦轴校直，转子进行动、静平衡 ⑧调整转子与泵体间隙
机械密封泄漏	①泵转子轴向窜动，动环来不及补偿位移 ②操作不稳，密封腔内压力经常变动 ③转子周期性振动 ④动静环密封面磨损 ⑤密封端面比压过小 ⑥密封内夹入杂物 ⑦使用单圈弹簧方向不对，弹簧力偏斜，弹簧力受到阻碍 ⑧轴套表面在密封圈处有轴向沟槽、凹坑或腐蚀 ⑨静环或动环的密封面与轴的垂直度误差太大	①调整轴向窜量 ②调整操作 ③排除振动 ④研磨或更换动静环 ⑤调整端面比压 ⑥清除杂物 ⑦调整或更换弹簧 ⑧修复或更换轴套 ⑨减小垂直度误差

③ 高速泵常见故障及处理方法　高速泵的常见故障、故障原因及处理方法见表 2-13。

表2-13 高速泵的常见故障、故障原因及处理方法

常见故障现象	故障原因	处理方法
启动后无流量、无压力	①泵内没有完全充满液体 ②吸入管路阻力大	①排放泵内空气。如泵送介质为低温液体，则延长冷却时间；如进口压力低于大气压，则应检查吸入管路是否漏气 ②改进吸入管路，减少阻力
泵振动不正常	①流量过小或过大、发生汽蚀 ②地脚螺栓或联轴器螺栓松动 ③介质中有空气 ④安装不正确 ⑤转子不平衡 ⑥机械原因、轴弯曲	①调节出入口阀门，使其达到规定值或选用新泵 ②上紧螺栓，检查对中性并处理 ③放气，检查入口是否进气并上紧螺栓 ④机座不平，适当在近泵处设置支撑 ⑤重新校平衡或更换 ⑥拆泵，更换引起振动的零件
流量不足或扬程偏低	①装置总扬程超过规定值 ②旁通阀未关死等 ③转速不足或反转 ④泵喷嘴阻塞	①降低管路阻力 ②旁通管路故障 ③查明不足原因，纠正转向 ④拆开检查并消除
高速齿轮箱润滑油变色	泵输送介质或冷却水进入齿轮箱	检查冷却器是否泄漏，检查机械密封泄漏量，检查轴套内“O”形圈，并消除原因
齿轮箱油位明显下降	①低速轴油封泄漏 ②齿轮箱机械密封泄漏 ③油管路泄漏	①更换油封或低速轴 ②检修或更换机械密封 ③排除管路泄漏
泵侧机械密封泄漏严重	①严重汽化现象。吸入管路设计不合理，引起密封面振动及跳动 ②密封件被冰冻 ③密封面磨损或损伤	①消除汽化，改进吸入管路或改装端面机械密封 ②将甲醇、丙醇之类液体注射入密封腔内，防止冰冻 ③调换机械密封
噪声	①汽蚀 ②部件松动 ③电动机噪声	①泵刚运行，检查入口温度是否过高，增加净压头，检查入口管路是否堵塞 ②拧紧或更换部件 ③用听诊器诊断电动机
推力轴承温度高	①润滑冷却不当 ②油量不足；油污染 ③油温高	①重新充注规定牌号的润滑油，并保证冷水量 ②加油，或排干油后再充注干净油 ③更换过滤器，保证冷却水量
电动机超载	①介质密度大 ②转数太低 ③接线故障	①检查额定条件 ②按电动机说明书检查 ③检查线路上过热点

2.4 离心泵的检修

2.4.1 单级悬臂式离心泵的检修

检修离心泵时，首先要熟悉泵的结构，同时要抓住四大重要环节：正确的拆卸；零件的清洗、检查、修理或更换；精心的组装；组装后各零件之间的相对位置及各部件间隙的调整。

(1)单级悬臂式离心泵的拆卸

① 拆卸前的准备工作

a. 切断电源，确保拆卸时的安全。

b. 关闭出、入口阀门，隔绝介质来源。

c. 打开放液阀，消除泵体内的残余压力，放净泵体内的残余介质。

d. 拆除两半联轴器的连接装置。

e. 拆下电动机机座螺栓，将电动机与泵体分离。

② 拆卸顺序

a. 泵体的拆卸　拆下泵体的机座螺栓及泵后盖紧固螺栓，即可拆下泵体。泵体机座螺栓位于离心泵最下方靠近联轴器一侧，它与机座上的螺孔连接，最易受酸、碱等介质的腐蚀和氧化锈蚀。长时期使用，会使得机座螺栓难以拆卸，因而，在拆卸时，应该用煤油或松动剂涂抹螺栓，使其浸润一段时间，或用手锤对螺母进行敲击振动，使锈蚀层脱离，以便于地脚螺栓的拆卸。

泵盖紧固螺栓位于泵体与泵盖连接处。将泵盖螺栓拆除后，即可将泵盖从泵体上拆下。由于泵盖与泵体之间配合很紧，长时间的使用会发生锈蚀现象，使得泵盖的拆卸十分困难。这时，可对称均匀地拧紧泵盖上的两个顶丝，使泵盖退出。若泵盖上没有顶丝，可用手锤敲击通芯螺丝刀，使螺丝刀的刀口部分进入密封垫，将泵盖与泵体分离开来，但这种方法会在泵盖和泵体结合面处造成损伤，一般不宜采用。

泵体及转子等部分拆下以后，应将其移放到平整、宽敞的地方或工作台上，以便于进行解体。

b. 叶轮及泵盖的拆卸　拆卸叶轮时，用专用扳手卡住叶轮前端的轴头螺母（又称叶轮背帽），沿离心泵叶轮的旋转方向旋下螺母，并用双手将叶轮从泵轴上拉出。

然后，将填料压盖的压紧螺母松开，拆出填料，以免拆下泵盖时增加滑动阻力。

最后，旋下连接泵盖与泵体的双头螺柱的螺母，沿泵轴方向将泵盖拉出。如出现锈蚀，可将泵体竖起，泵盖置于下端并且悬空，用木锤沿四周敲击泵盖，将其取下。

c. 泵轴的拆卸　要把泵轴拆卸下来，必须先将轴组（包括泵轴、滚动轴承以及防松装置）从泵体上拆卸下来。为此，需按以下程序进行。

(a) 拆下泵轴后端的大螺母，用拉力器将离心泵的半联轴器拉下来，并且用通芯螺丝刀或錾子将平键冲下来。

(b) 拆轴承压盖螺栓，并把轴承压盖拆除，同时将润滑油倒出。

(c) 用手将叶轮端的轴头螺母拧紧在轴上，并用手锤敲击螺母，使轴组沿轴向后端退出泵体。

(d) 拆除防松垫片的锁紧装置，用锁紧扳手拆卸滚动轴承的圆形螺母，并取下防松垫片。

(e) 用拉力器（图 2-57）或压力机（图 2-58）将滚动轴承从泵轴上拆卸下来。

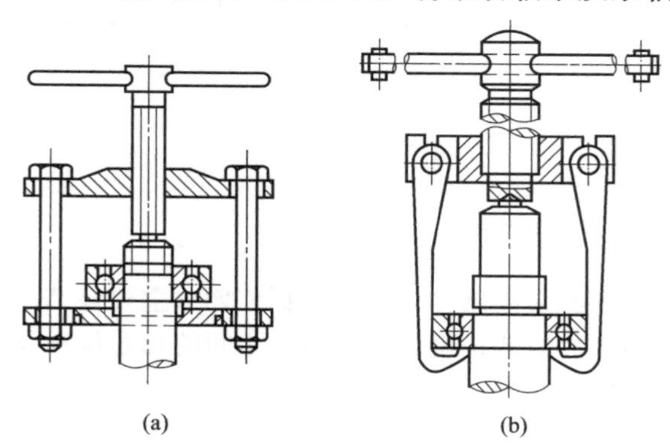

图 2-57　拉力器的结构

有时滚动轴承的内环与泵轴配合时，由于过盈量太大，出现难以拆卸的情况。这时，可以采用热卸法来进行拆卸，如图2-59所示。拆卸时，先将滚动轴承附近的轴颈用隔热的石棉板包好，装上拉力器，再将热机油浇在轴承内环的跑道上，使内环受热膨胀，借助于拉力器，即可把轴承从轴颈上拆卸下来。

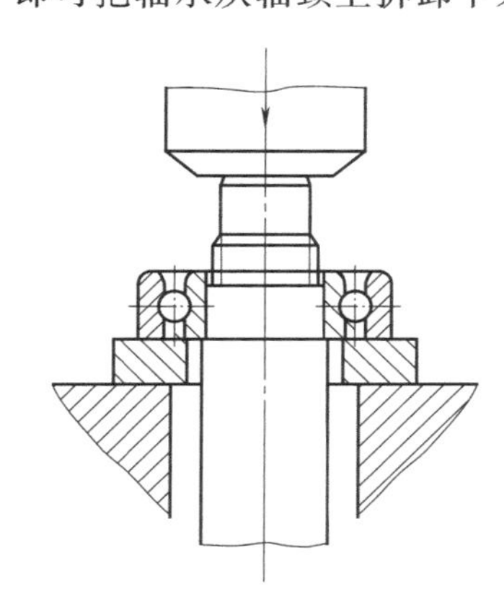

图2-58　压力机的结构

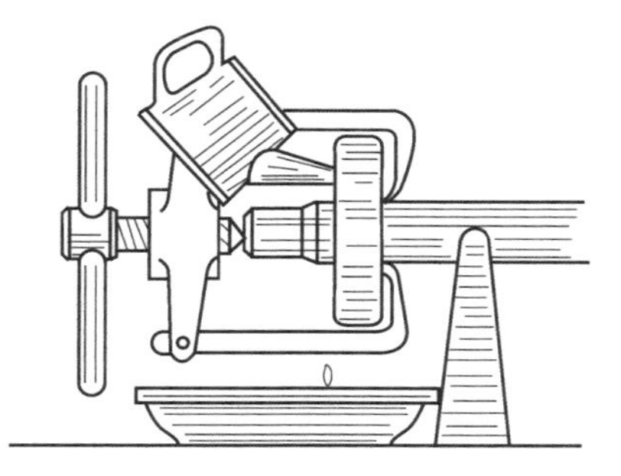

图2-59　滚动轴承的热卸法

③ 拆卸中应注意的问题

a. 机座螺栓处的垫片是用来调整电动机轴与泵轴的同轴度的，因此同一个机座螺栓处的垫片，应放在一起，回装时仍装在原处。这样，可大大减少回装过程中的工作量。

b. 拆卸中，若泵体内仍有残留介质（特别是酸、碱、盐溶液），可用清水冲洗干净，以免对皮肤造成化学烧伤。

（2）单级悬臂式离心泵零部件的清洗

对零部件进行清洗是拆卸工作后必须进行的一步工序，经过清洗的零部件，才能仔细地进行检查与测量。清洗工作的质量，将直接影响检查与测量的精度。因此，认真地做好清洗工作，是十分重要的。

① 清洗用具

a. 清洗剂　清洗剂应有去污力强、易挥发、不腐蚀、不溶解被清洗件等性质。常用的清洗剂有汽油、煤油、柴油和水溶性清洗剂等。汽油的去污力强，挥发性也强，被清洗的零件不需要擦干，即会很快地自行干燥，是一种很理想的清洗剂。但由于汽油易燃性强，安全性较差，使用时应加以注意，以防发生火灾。煤油和柴油的去污力也很强，但挥发性不如汽油好，被清洗的零件往往需要用棉纱或抹布擦至半干。煤油和柴油的成本较低，安全性好，是检修工作中广泛应用的清洗剂。目前，水溶性清洗剂的出现，由于其成本较低，并且具有较好的去污性能，也可以节约大量的能源材料，在修理工作中也得到了广泛的应用。但水溶性清洗剂在使用时有泡沫，且不易挥发，清洗后需要晾干。

b. 油盒　油盒是盛放清洗剂的容器。它是用0.5～1mm厚的镀锌铁皮制成的，一般做成长方形或圆形。油盒的大小可以根据被清洗零件的大小来选择。

c. 毛刷与棉纱　用毛刷与棉纱蘸取清洗剂，对零部件进行清洗或擦拭。毛刷的常用规格（按宽度计）有19mm、25mm、38mm、50mm、63mm、75mm、80mm和100mm等多种。

② 清洗时应注意的事项

a. 对零部件的清洗，应尽量干净，特别应注意对尖角或窄槽内部的清洗工作。

b. 清洗滚动轴承时，应先挖去轴承内的润滑脂，并且一定要使用新的清洗剂，对滚动体以及内环和外环上跑道的清洗，应特别细心和认真。

c. 清洗剂多是易燃物品，清洗零部件的过程中应注意防火，以免引起火灾。

(3)单级悬臂式离心泵主要零部件的检查与测量

对于清洗后的零部件，应该认真地进行检查和测量。因为经过长时间运转的离心泵，各个零部件的尺寸和形状都发生了变化，因此，对零部件除了要仔细检查其外表外，还应对它们做好有关的测量工作。

① 转子的检查与测量　离心泵的转子包括叶轮、轴套、泵轴及平键等零部件。

a. 叶轮腐蚀与磨损情况的检查　对于叶轮的检查，主要是检查叶轮被介质腐蚀的情况，以及转动过程中被磨损的情况。长期运转的叶轮，由于受介质的冲刷或腐蚀，而呈现出壁厚的减薄，降低了叶轮的强度。同时，叶轮也可能与泵体、泵盖或密封环相互产生摩擦，而出现局部的磨损，表面呈现出圆弧形磨痕；另外，铸铁材质的叶轮，可能存在气孔或夹渣等缺陷。上述的缺陷和局部磨损是不均匀的，极易破坏转子的平衡，使离心泵产生振动，导致离心泵的使用寿命缩短。因而，应该对叶轮进行认真检查。

b. 叶轮径向跳动量的测量　如果离心泵叶轮外圆的旋转轨迹不在同一半径的圆周上，而是出现忽大忽小的旋转半径，其最大的旋转半径与最小的旋转半径之差即为该叶轮的径向跳动量。叶轮径向跳动量的大小标志着叶轮的旋转精度。如果叶轮的径向跳动量超过了规定范围，在旋转时就会产生振动，严重的还会影响离心泵的使用寿命。叶轮径向跳动量的测量方法如下，首先，把叶轮、滚动轴承与泵轴组装在一起，并穿入其原来的泵体内，使叶轮与泵轴能自由转动。然后，放置两块千分表，使千分表的触头分别接触叶轮进口端的外圆周与出口端的外圆周，如图2-60所示。把叶轮的圆周分成六等份，分别做上标记，即1、2、3、4、5、6六个等份点。用手缓慢转动叶轮，每转到一个等份点，记录一次千分表的读数。转过一周后，将六个等份点上千分表的读数记录在表格中。离心泵叶轮的径向跳动量测量记录实例见表2-14。同一测点上的最大值减去最小值，即为叶轮上该点的径向跳动量。一般情况下，叶轮进口端和出口端外圆处的径向跳动量要求不超过0.05mm。

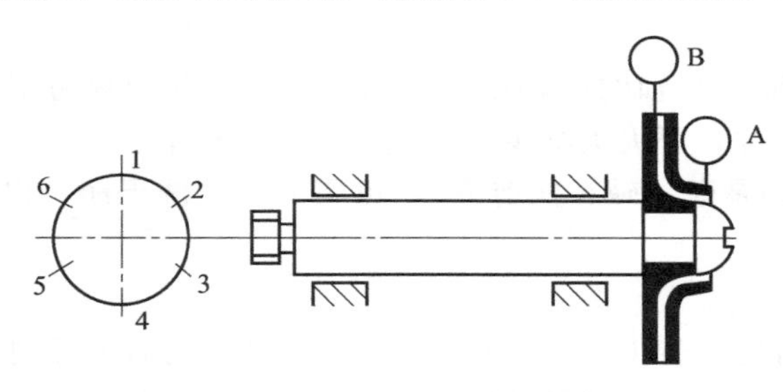

图2-60　叶轮径向跳动量的测量

表2-14　离心泵叶轮的径向跳动量测量记录实例　单位：mm

测点	转动角度						径向跳动量
	1(0°)	2(60°)	3(120°)	4(180°)	5(240°)	6(300°)	
A	0.30	0.28	0.29	0.33	0.35	0.32	0.07
B	0.21	0.23	0.24	0.24	0.20	0.19	0.05

c. 轴套磨损情况的检查　轴套的内圆与轴颈形成间隙配合，并且使用销子定位。轴套的外圆与填料函中的填料直接接触，两者之间产生摩擦。离心泵的长期运转使得轴套外圆上出现深浅不同的若干条圆环形磨痕。这些磨痕的产生将会影响装配后轴向密封的严密性，导致离心泵在运转时外泄漏的增加和出口压力的降低。因而，应对轴套外圆周的磨损情况进行必要的检查。

对轴套磨损情况进行检查时，可用外径千分尺或游标卡尺测量其外径尺寸，将测得的尺寸与标准外径相比较。一般情况下，轴套外圆周上圆环形磨痕的深度，要求不超过0.5mm。

d. 泵轴的检查与测量　离心泵在运转中，如果出现振动、撞击或扭矩突然加大，将会使泵轴造成弯曲或断裂现象。这些现象的出现会影响离心泵的使用性能，同时，还会大大缩

短泵轴的使用寿命，因此，应对泵轴进行仔细检查。对泵轴上的某些尺寸（如与叶轮、滚动轴承、联轴器配合处的轴颈尺寸），应该用外径千分尺进行测量。

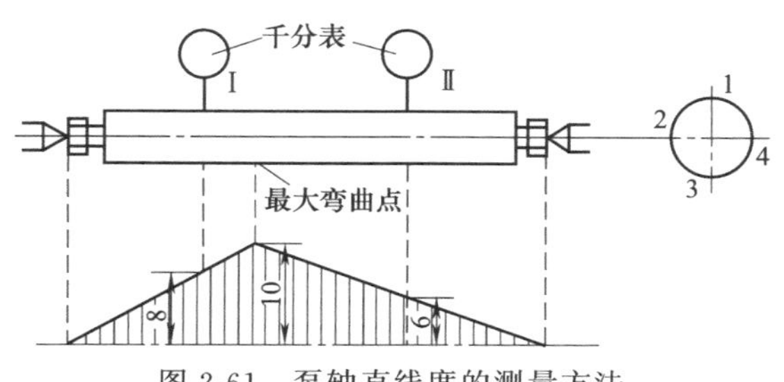

图 2-61 泵轴直线度的测量方法

对离心泵的泵轴还要进行直线度偏差的测量。泵轴直线度的测量方法如图 2-61 所示。首先，将泵轴放置在车床的两顶尖之间，在轴上的适当位置设置两块千分表，将轴颈的外圆周分成四等份，并分别做上标记，即 1、2、3、4 四个等份点。用手缓慢转泵轴，将千分表在四个等份点处的读数分别记录在表格中，然后计算出泵轴的直线度偏差。离心泵泵轴直线度偏差测量记录实例见表 2-15。

表 2-15 离心泵泵轴直线度偏差测量记录实例 单位：mm

测点	转动位置				弯曲量和弯曲方向
	1(0°)	2(90°)	3(180°)	4(270°)	
Ⅰ	0.36	0.27	0.20	0.37	0.08(0°) 0.054(270°)
Ⅱ	0.30	0.23	0.18	0.25	0.06(0°) 0.014(270°)

直线度偏差值的计算方法：取直径方向上两个相对测点千分表读数数值差的一半；如Ⅰ测点的 0°和 180°方向上的直线度偏差为$\frac{0.36-0.20}{2}=0.08(\text{mm})$，90°和 270°方向上的直线度偏差为$\frac{0.37-0.27}{2}=0.05(\text{mm})$，用这些数值在图上选取一定的比例，可用图解法近似地看出泵轴上最大弯曲点的弯曲量和弯曲方向。

e. 键连接的检查　泵轴的两端分别与叶轮及联轴器相配合，它们之间的连接是用平键来实现的，并且借助平键来传递扭矩。平键的两个侧面应该与泵轴上键槽的侧面实现少量的过盈配合，而与叶轮孔键槽以及联轴器孔键槽两侧为过渡配合。检查时，可使用游标卡尺或千分尺进行测量，如果平键的宽度与轴上键槽的宽度之间存在间隙，无论其间隙值大小，都可认定平键已经失去了使用价值。故应根据键槽的实际宽度，按照配合公差重新锉配平键。

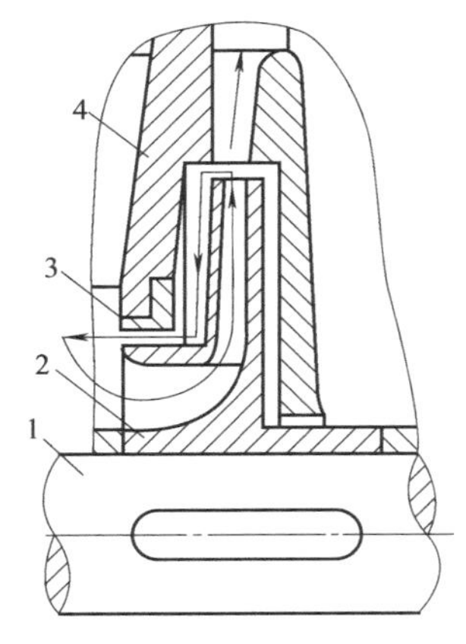

图 2-62 离心泵内泄漏液流循环路线
1—泵轴；2—叶轮；3—密封环；4—泵体

键槽的两个侧面应该与键槽的底面相垂直。如果有倾斜或不平的现象，应及时进行修理。

② 密封环的检查与测量

a. 密封环磨损情况的检查　离心泵在运转过程中，由于某些原因，密封环与叶轮会发生摩擦，并引起密封环内圆或端面的磨损，从而破坏了密封环与叶轮的进口端之间的配合间隙，特别是对径向间隙的破坏。间隙数值的增大将会引起大量高压液体由叶轮的出口回流到叶轮的进口，在泵体内循环，形成内泄漏，大大减少了泵出口的排液量，降低了离心泵的出口压力，在泵体内形成液流短路的循环情况，如图 2-62 所示。

密封环的磨损通常有圆周方向的均匀磨损和局部的偏磨损两种，如图 2-63 所示。均匀磨损使得密封环的厚度普遍减薄，

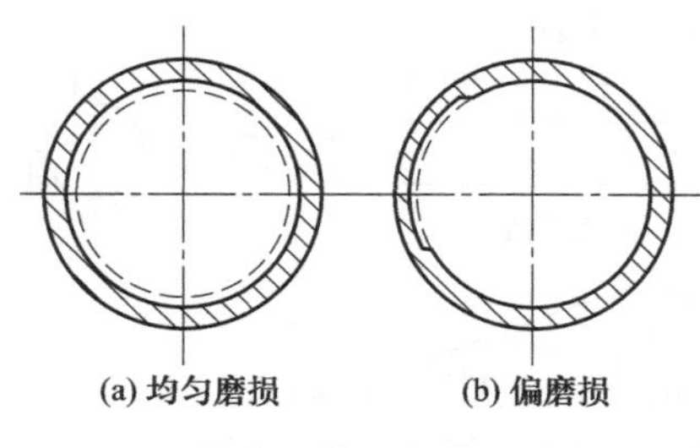

图 2-63　密封环的磨损

与叶轮进口的径向间隙增大。偏磨损使密封环内圆的圆柱度偏差增大，与叶轮进口端的径向间隙也随之增大。应该指出的是：任何一种破坏径向间隙的磨损都会造成密封环的报废。

b. 密封环与叶轮进口端外圆之间径向间隙的测量

密封环与叶轮进口之间径向间隙的测量是利用游标卡尺来进行的。首先测得密封环内径的尺寸，再测得叶轮进口端外径的尺寸，然后用下式计算出它们之间的径向间隙。

$$a=\frac{D_1-D_2}{2} \tag{2-40}$$

式中　a——密封环与叶轮进口端之间的径向间隙，mm；

D_1——密封环内径，mm；

D_2——叶轮进口端外径，mm。

计算出径向间隙 a 的数值后，应与泵的技术要求相对照，即与表 2-16～表 2-18 中径向间隙数值对照，看其间隙数值是否符合要求。如达到或超出表中所列的极限间隙数值时，则应更换新的密封环。其中，表 2-16 适用于材料为铸铁或青铜的泵；表 2-17 适用于材料为碳钢或 Cr13 钢的泵；表 2-18 适用于材料为 1Cr18Ni9 或类似的耐腐蚀钢的泵。

表 2-16　铸铁或青铜的泵的密封环与叶轮进口端的径向间隙　　单位：mm

密封环内径	径向间隙		磨损后的极限间隙	密封环内径	径向间隙		磨损后的极限间隙
	最小	最大			最小	最大	
≤75	0.13	0.18	0.60	220～280	0.25	0.34	1.10
75～110	0.15	0.22	0.75	280～340	0.28	0.37	1.25
110～140	0.18	0.25	0.75	340～400	0.30	0.40	1.25
140～180	0.20	0.28	0.90	400～460	0.33	0.44	1.40
180～220	0.23	0.31	1.00	460～520	0.35	0.47	1.50

表 2-17　碳钢或 Cr13 钢的泵的密封环与叶轮进口端的径向间隙　　单位：mm

密封环内径	径向间隙		磨损后的极限间隙	密封环内径	径向间隙		磨损后的极限间隙
	最小	最大			最小	最大	
≤90	0.18	0.25	0.75	150～180	0.25	0.33	1.00
90～120	0.20	0.27	0.90	180～220	0.28	0.36	1.10
120～150	0.23	0.30	1.00	220～280	0.30	0.40	1.25

表 2-18　1Cr18Ni9 或耐腐蚀钢的泵的密封环与叶轮进口端的径向间隙　　单位：mm

密封环内径	径向间隙		磨损后的极限间隙	密封环内径	径向间隙		磨损后的极限间隙
	最小	最大			最小	最大	
≤80	0.20	0.26	0.90	160～190	0.30	0.39	1.25
80～110	0.23	0.29	1.00	190～220	0.33	0.41	1.25
110～140	0.25	0.33	1.00	220～250	0.35	0.44	1.40
140～160	0.28	0.35	1.10	250～280	0.38	0.47	1.50

密封环与叶轮进口端外圆之间，四周间隙应保持均匀。

对于密封环与叶轮之间的轴向间隙，一般要求不高，以两者之间有间隙，而又不发生摩擦为宜。

③ 滚动轴承的检查　滚动轴承是支承泵轴的零件。离心泵借助于滚动轴承来减小泵轴的旋转阻力。滚动轴承质量的好坏，将直接影响离心泵的旋转精度，因而应对滚动轴承进行

认真的检查。对滚动轴承进行检查时，应从以下几个方面着手。

a. 滚动轴承构件的检查　滚动轴承清洗后，应对各构件进行仔细的检查。比如，轴承内、外环有无裂纹，内、外环滚道上有无缺损，滚动体上有无斑点，保持架上有无缺损和碰撞变形之处，内、外环跑道上有无因过热而出现变色退火之处，内、外环的转动是否轻快自如等。如果发现有缺陷，应更换成新的滚动轴承。

b. 轴向间隙的检查　滚动轴承的轴向间隙是在制造的过程中形成的，这是滚动轴承的原始间隙，但经过一段时间的使用之后，这一间隙有所增大，会破坏轴承的旋转精度，所以对滚动轴承的轴向间隙应该进行检查。

对滚动轴承轴向间隙进行检查有两种方法。

(a) 手感法　用一只手握持滚动轴承的内环，用另一只手握持滚动轴承的外环，两手以相反的方向推拉，利用手的感觉来判断滚动轴承内、外环之间轴向间隙的大小，如果双手感觉到轴承内外环的相对位置有较大的变化，则说明该滚动轴承的轴向间隙过大；或用手握持滚动轴承的外环，并沿轴向做猛烈的摇动，如果听到较大的响声，同样可以说明该滚动轴承的轴向间隙过大。

(b) 压铅丝法　此法可以比较精确地检查出滚动轴承的间隙。检查时，用直径为0.5mm左右的软铅丝（即电器上使用的保险丝）插入滚动轴承内环或外环的滚道上，然后盘转轴承，使滚动体对铅丝产生滚压，最后，用千分尺测量被压扁铅丝的厚度，就是滚动轴承的间隙。对于轴向间隙大的轴承，通常要进行更换。

c. 径向间隙的检查　滚动轴承径向间隙的检查与轴向间隙的检查方法相似。同时，滚动轴承径向间隙的大小，基本上可以从它的轴向间隙大小来判断。一般来说，轴向间隙大的滚动轴承，它的径向间隙也大。

④ 泵体的检查与测量　泵体是整台离心泵的支承部分。离心泵的自重和其他附加载荷都由它来承受。泵体的底部用螺栓和机座连接起来，泵体大多由铸铁铸造。对泵体进行检查和测量时，应从以下两方面着手。

a. 轴承孔的检查与测量　泵体的轴承孔与滚动轴承的外环形成过渡配合。它们之间的配合公差为0～0.02mm。经过长期运转后，应检查轴承孔有无磨损，尺寸有无增大。为此，可采用游标卡尺或内径千分尺对轴承孔的内径进行测量，然后与原始尺寸相比较，以便确定磨损量的大小。除此之外，还要检查轴承孔内表面有无出现裂纹等缺陷，如果有缺陷，泵体轴承孔就需要进行修复，才能使用。

b. 泵体损伤的检查　离心泵的泵体是用铸造方法制造。由于振动、碰撞以及铸造缺陷等原因，可能会在泵体上出现裂纹、气孔或夹渣现象，对此需要进行认真检查。

对泵的裂纹进行检查，可采用手锤敲击的方法。即用手锤轻轻敲击泵体的各个部位，如果发出的响声比较清脆，则说明泵体上没有裂纹产生；如果发出的响声比较浑浊，则说明泵体上可能存在裂纹。对泵体上的穿透裂纹，还可以使用煤油浸润法来检查，即将泵体灌入煤油，然后观察泵体的外表面有无煤油浸出，如果有煤油浸出的斑痕，则说明泵体上有穿透的裂纹。

(4) 单级悬臂式离心泵主要零部件的修理

① 叶轮的修理

a. 磨损的修理　叶轮经过一段时间的使用后，会产生正常的磨损或腐蚀，也可能会因意外的情况而出现裂纹或破损。因此，应视不同情况予以修复或更换。

叶轮与其他零部件相摩擦所产生的偏磨损，可用“堆焊法”来修理。对于不同材质叶轮，其堆焊方法不同。对于铸钢叶轮可用普通结构钢焊条；对于不锈钢，应选用不锈钢焊条，采用电弧焊的方法堆焊。对于铸铁叶轮，可用铸铁焊条，采用氧-乙炔气焊进行堆焊。铸铁叶轮堆焊时，应先进行预热，其预热温度为650～750℃。堆焊后，应在车床上将堆焊层车光到原来的尺寸。对于玻璃钢或塑料叶轮的磨损，一般不进行修复，而用备件更换。

叶轮受酸、碱、盐的腐蚀或介质的冲刷，所形成的厚度减薄、铸铁叶轮的气孔或夹渣以及由于振动或碰撞所产生的裂纹或变形，一般情况下是不进行修理的，可以用新的备件来更换。但是，如果必须进行修理，可用“补焊法”来进行修复。补焊时，根据叶轮的材质不同，采用不同的补焊方法。如果非金属叶轮出现裂纹或破损，可用环氧树脂粘接，粘接后应恢复原状，且24h之后才能使用。

大型化工用泵，叶轮流道较宽，当它被腐蚀时，除了可以补焊修复外，还可用环氧树脂胶黏剂修补。

使用环氧树脂胶黏剂修补叶轮的操作顺序如下。

(a) 准备玻璃布2～3层（无碱、无捻粗纱玻璃布，厚度为0.5mm）。

(b) 将叶轮需要修补的地方及其周围表面进行除锈及除油垢处理，用细砂纸打磨，并清洗干净，然后将其干燥。

(c) 调制环氧树脂胶黏剂，其组成（质量比）见表2-19。

表2-19　调制环氧树脂胶黏剂

组　成	用　量	组　成	用　量
环氧树脂	100	120目辉绿岩粉(填料)	30～50
乙二胺(固化剂)	8	苯乙烯(增韧剂)	5
二丁酯(增塑剂)	10	丙酮(稀释剂)	适量

将环氧树脂隔水加热到30～40℃，使其易于调拌，再放入增塑剂和填料，并混合均匀，待修补时放入固化剂；如觉太稠，不便施工，可加入适量的稀释剂。

(d) 将配制好的胶黏剂迅速、均匀地涂抹在需修补处的表面。

(e) 将第一层玻璃布平整地贴在所涂的胶黏剂上，再在玻璃布上薄薄地涂一层胶黏剂（一般不超过0.2mm厚），平整地贴上第二层玻璃布……玻璃布的层数取决于腐蚀凹坑深度，一般为2～3层。最后在末层玻璃布表面涂一层胶黏剂。

(f) 在室温下固化24h即可使用。

b. 径向跳动的修理　叶轮进口端和出口端的外圆，其径向跳动量一般不应超过0.05mm。如果超过得不多（在0.1mm之内），可以在车床上车去0.06～0.1mm，使其符合要求。如果超过很多，应该检查泵轴的直线度偏差是否太大，并且可以用矫直泵轴的方法进行修理，来消除叶轮的径向跳动。

② 泵轴的修理

a. 弯曲泵轴的修理　泵轴的弯曲方向和弯曲量被测量出来后，如果弯曲量超过允许范围，则可利用矫直的方法对泵轴进行修理。泵轴的矫直方法有两种，即冷矫法和热矫法，可根据泵轴的弯曲量大小来选择矫直方法。矫直中，不能急于求成，并与泵轴直线度的复查工作穿插进行，以便得到比较精确的矫直效果。

b. 泵轴磨损的修理　对局部磨损的泵轴，如果磨损深度不太大时，可将磨损的部位用堆焊法进行修理。堆焊后应在车床上车削到原来的尺寸。如果磨损深度较大时，可用补充零件法进行修理，修理的方法：先在车床上车去泵轴的磨损层，另外车削一件套筒，使套筒与泵轴镶配在一起，并使套筒的内径与泵轴上车光层的外径形成过盈配合，其过盈值可根据泵轴直径的大小而定，通常情况下，过盈量为0～0.03mm。套筒往泵轴上装配时，可以用大锤打入（但必须在套筒上衬软金属衬垫），也可以用压力机压入，过盈量较大时，还可以用

“热装法”进行装配，即将套筒加热，使其受热膨胀，然后将套筒套在泵轴上，令其自然冷却。最后，将泵轴的镶套部位车削到原来的尺寸。

对于磨损很严重或出现裂纹的泵轴，一般不进行修理，而用备品配件进行更换。

c. 键槽的修理　泵轴上键槽的侧面，如果损坏较轻微，可使用锉刀进行修光。如果出现较严重的歪斜现象，应该用堆焊的方法来进行修理。修理时，先用电弧焊堆焊出键槽的雏形，然后用铣削、刨削或手工锉削的方法，恢复键槽原来的尺寸和形状。

除此之外，还可以用改换键槽位置的方法进行修理。即先将原来键槽的位置进行满堆焊，然后用曲面锉削的方法，使其表面的曲率半径与轴颈相同，并形成圆滑连接。最后，将轴件转过180°，在原键槽背面相对应位置上，按照原来键槽的尺寸和形状，加工出新的键槽。

③ 泵体修理

a. 泵体轴承孔的修理　滚动轴承的外环在泵体轴承孔中产生相对转动时，便会将轴承孔的内圆尺寸磨大或出现台阶、沟纹等缺陷。对于这类缺陷，可用补充零件法进行修理。修理时，应首先将泵体固定在镗床上，把轴承孔尺寸镗大，然后按镗后轴承孔的尺寸镶套，并设置定位螺钉，防止内套产生相对转动，最后把内套的内径镗到原来的尺寸，如图2-64所示。

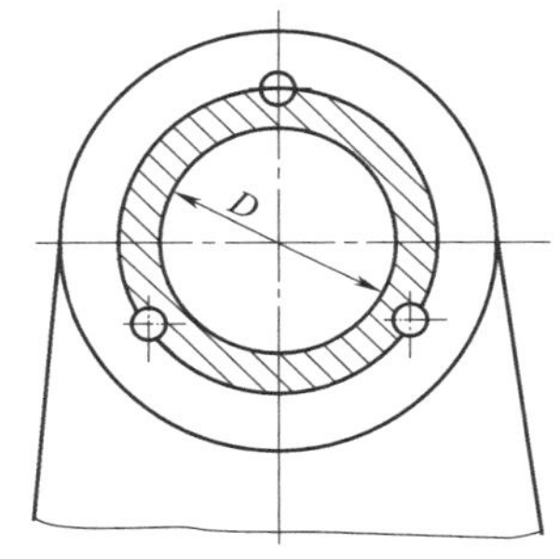

图2-64　泵体轴承孔镶套

b. 泵体损伤的修理　对于铸铁泵体，出现夹渣或气孔等缺陷时，可先将缺陷处清理干净，然后进行补焊。

泵体因受到振动、碰撞或敲击而出现裂缝时，可使用氧-乙炔气焊或电弧焊的方法进行补焊。

(5)单级悬臂式离心泵的装配

离心泵的各个零部件在完成修理、更换，经检查无误，确认其符合技术要求之后，应进行整机装配。离心泵的装配是一项很重要的工作，是恢复离心泵工作性能的重要步骤。装配质量的好坏，直接关系到离心泵的性能和离心泵的使用寿命。一台离心泵，即使它的零部件质量完全合格，如果装配质量达不到技术要求，同样不能正常工作，甚至会出现事故。

装配工作完成之后，应将整机安装在机座上，并进行找正；若安装新泵，应先将机座安装在地基上，并找平、灌浆，然后安装泵、电动机，再找正，并把泵与管路连接。

为顺利进行装配工作，首先应明确装配要求。

① 装配技术要求

a. 装配合格的离心泵，应盘转轻快，无机械摩擦现象。

b. 泵轴不应产生轴向窜动。

c. 离心泵的半联轴器与电动机半联轴器，装配的同轴度偏差符合技术要求。

d. 添加的润滑油、润滑脂应适量，并且牌号符合使用说明书的要求。

e. 设备清洁，外表无尘灰、油垢。

f. 基础及底座清洁，表面及周围无积水、废液，环境整齐、清洁。

② 装配前的准备工作

a. 仔细阅读泵的有关技术资料，如总图、零件图、使用说明书等。

b. 熟悉泵的组装质量标准。

c. 检查泵的零件是否齐全，质量是否合格。

d. 备齐所使用的工具、量具等。

e. 准备好泵所需的消耗性物品，如润滑油、石棉盘根等。

③ 装配顺序　各种型号的离心泵，由于其结构不同，装配顺序自然不会一致。以后开门式的IS型为例，装配应按下列顺序进行。

a. 装配轴组，即把轴承装配在泵轴上。

b. 将轴组装入泵体。

c. 将泵体安装在机座上。

d. 将泵盖套装在泵轴上，并安装叶轮。

e. 将泵盖安装在泵体上，把泵体安装在机座上。

f. 装填料。

g. 联轴器找正。

④ 轴组的装配　离心泵轴组的装配包括泵轴与滚动轴承内环的装配，泵体轴承孔与滚动轴承外环的装配等。

a. 轴承的装配　滚动轴承装配在泵轴上时，它的内环与轴颈之间以少量的过盈相配合。通常过盈值为0.01～0.05mm，轴颈的直径较小者，过盈量取较小值；轴径较大者，过盈量取较大值。将滚动轴承装配到泵轴上时，应该加力于内环，使内环沿轴颈推进到轴肩或轴套处为止。滚动轴承与轴颈的装配方法有以下几种。

(a) 使用手锤和铜棒来安装滚动轴承　滚动轴承内环与轴颈之间过盈量较小时，可利用铜棒做衬垫，使铜棒的一端置于滚动轴承的内环上，用手锤敲打铜棒的另一端，使滚动轴承的内环对称均匀地受力，促使轴承平稳地沿轴颈推进，如图2-65 (a) 所示。

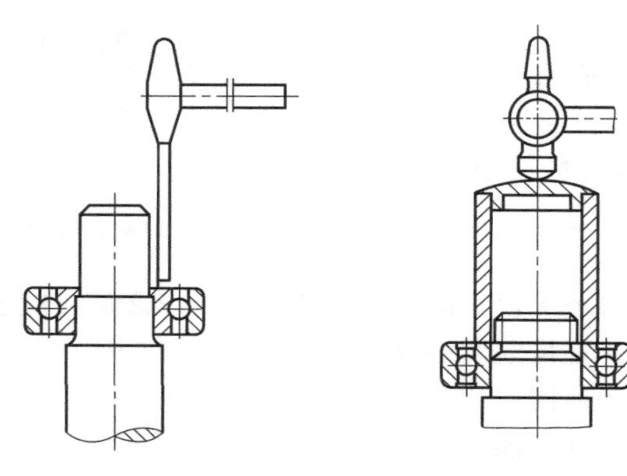

(a) 利用手锤和铜棒装配　(b) 利用套筒装配

图2-65　滚动轴承的装配

(b) 使用专门的套筒安装滚动轴承　使用套筒装配滚动轴承时，先将泵轴竖直放在木板上或软金属衬垫上，把滚动轴承套在轴上，并摆放平正，然后放上套筒，使套筒的开口端顶在滚动轴承的内环上，用手锤敲打套筒带盖板的一端，推动滚动轴承内环沿轴颈向下移动，直至轴肩处为止，如图2-65 (b) 所示。

套筒可用薄壁钢管制成。钢管的内径应比滚动轴承的内径大2～4mm，它的长度应比轴头到轴肩的长度稍长一些。钢管的两端面应在车床上车平，并在其一端焊上一块盖板，其结构形状如图2-66所示。

(c) 借助于套筒，用螺旋压力机装配滚动轴承　滚动轴承内环与轴颈之间的过盈值稍大时，可以用压力机将滚动轴承装配在轴颈上。

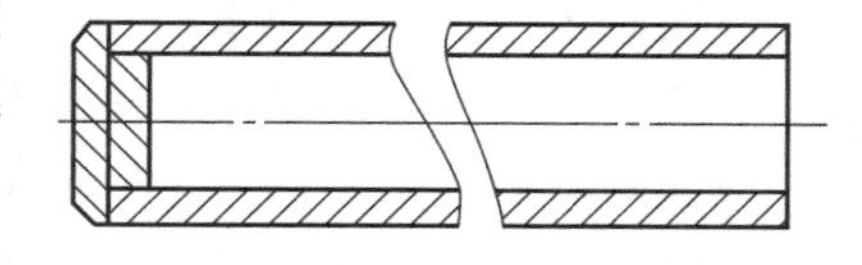

图2-66　套筒

(d) 用热装法或冷装法装配滚动轴承　滚动轴承内环与轴颈之间的过盈值较大时，可以采用热装法或冷装法来装配。所谓热装法就是将滚动轴承放入机油中，并对机油进行加热，使滚动轴承内环遇热膨胀，就可以顺利地将滚动轴承套在轴颈上，然后令其自然冷却至常温，如图2-67所示。对机油进行加热时，温度应控制在100～200℃，温度过高时，易使滚动轴承退火，温度过低时，轴承内环的膨胀量太小，不便于安装。为了防止机油的温度过高，可将机油盒放在水槽中，用火焰对水进行加热。滚动轴承在机油中放置时，应将轴承用筛网托起，以便使其受热比较均匀，避免滚动轴承局部产生过热现象。

所谓冷装法就是将轴颈放在冷冻装置中，冷冻至−60～−80℃，然后将轴立即取出来，插入滚动轴承的内环中，待轴颈的温度上升至常温时即可。冷冻装置中常用的冷冻剂有干冰或液态氮等，由于它们的成本较高，所以很少使用。

使用热装法或冷装法装配滚动轴承时，不采取任何机械强制措施，所以，对原有的过盈值不会破坏，进行装配时既省时又省力，并且易于达到装配质量要求。

滚动轴承装配好以后，应加上防松垫片，然后用锁紧扳手将圆形螺母拧紧，并把防松垫片的外翅扳入圆形螺母的槽内，防止圆形螺母回松。

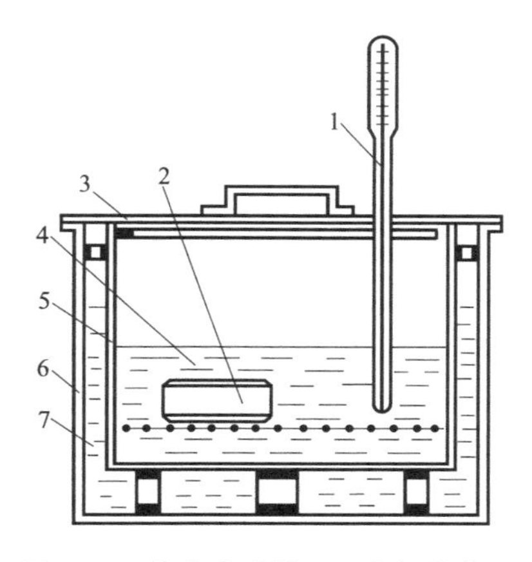

图 2-67 热装滚动轴承用的加热装置

1—温度计；2—轴承；3—盖；4—机油；5—机油槽；6—加热水槽；7—水

最后，将装配好的轴组装入泵体内。为此，应先将叶轮背帽用手拧紧在轴头螺钉上，把联轴器端的轴头穿过泵体的前轴承孔，使滚动轴承的外环与轴承孔对正，并用手锤敲击叶轮背帽，迫使泵轴与滚动轴承一起进入泵体。然后，用垫片调整法调整轴承压盖凸台的高度，使其与滚动轴承外端面到泵体轴承孔端面的深度相同，采用这种方法，比较易于将轴安装到其正常工作位置。最后，将轴承压盖盖在泵体的轴承孔上，并将压盖螺栓拧紧。

配好的轴组在泵体中应盘转灵活轻便，不产生轴向窜动和径向跳动。

b. 叶轮的装配 叶轮的内孔与轴颈之间为间隙配合，其配合间隙值为 0.1～0.15mm。试装叶轮时，应使叶轮在轴颈上只有滑动而不产生摆动。间隙太小时，可以采用锉削的方法使轴径的尺寸减小一些，也可以在车床上将叶轮的内孔车大一些，以便保证应有的间隙。间隙太大时，则应更换新的叶轮，以免因为间隙太大，影响叶轮的旋转精度。

叶轮装配到轴肩处时，其出口处应正对着泵体的出口管，不应产生轴向位移。叶轮背面与泵体之间不应产生摩擦，但是它们之间的轴向间隙又不能太大。如果此处的轴向间隙过大，则会增加轴向密封的泄漏量。为了适当减小此处的轴向间隙，可重新调整前后两轴承压盖上垫片的厚度，即将泵的液体入口侧的前轴承压盖的垫片厚度减薄，将靠近联轴器处的后轴承压盖的厚度加厚。在调整轴承压盖垫片厚度的过程中，应使前后轴承压盖的总厚度与原来装配的总厚度相等，即前轴承压盖垫片减去的厚度与后轴承压盖垫片增加的厚度相等。在调整垫片的同时，将泵轴稍向后敲打，使其窜动一个很小的距离，然后压紧轴承压盖，这样，就减小了叶轮背面与泵体之间的轴向间隙。如果叶轮背面与泵体之间因间隙太小而发生摩擦，则调整垫片的方法同上，只是将后轴承压盖的垫片减薄，前轴承压盖的垫片加厚，并且使泵轴向前窜动一个很小距离即可。

⑤ 泵体及泵盖的装配

a. 后开门式泵体及泵盖的装配 这项工作可以分两步进行：第一步是把泵体安装在机座上；第二步是把转子、泵盖、泵体等组成的组合件装入泵体，然后将整机安装在机座上。

这项装配的关键是要保证叶轮处于正常的工作位置。依靠泵盖与泵体的配合面来保证叶轮入口与泵体上的密封环的同轴度，泵体与泵盖之间的垫片有密封和调整叶轮轴向位置的双重作用。安装时，应先装上垫片，然后沿轴向将叶轮连同泵盖推入泵体，拧紧泵盖螺栓，边拧边盘动泵轴，注意叶轮与密封环有无擦碰，若有，应及时调整。

密封垫可使用橡胶板或橡胶石棉板等材料制作。

各部间隙调整好以后，即可用螺栓将泵盖与泵体紧固在一起。

b. 前开门式泵体及泵盖的装配　为了将泵盖装配在泵体上，应该先将轴向密封的各个零件从前端套在泵轴上，然后将泵体中心孔穿过叶轮背帽，使泵体的后面与泵体的支承面相接触，并旋转泵体，使泵的出口朝向适当的方向。最后，穿入泵盖与泵体的连接螺栓，并拧紧这些螺栓，完成泵体的装配。

泵盖位于泵体与叶轮的前面，在它的中心孔处镶配有密封环，密封环位于叶轮进口端的外侧。因为密封环与叶轮进口端之间的径向间隙很小，所以，在装配泵盖时，应仔细调整密封环与叶轮进口端之间的径向间隙，确保它们之间不产生丝毫的摩擦。同时，在安装泵盖时，泵盖与泵体的接触面之间应该加密封垫，这样，既可避免泵体内液体由这里向外泄漏，又可借助于密封垫厚度的调整，来改变叶轮与密封环之间的轴向间隙。

最后，将整体就位于机座上，上紧机座螺栓，将整台泵与机座紧固在一起。

⑥ 联轴器的装配　联轴器又称靠背轮，它是用来连接电动机和离心泵的一种特殊零件。单级离心泵常用的联轴器多为凸缘盘式的，被联轴器连接的两根轴的旋转中心线应该位于同一条直线上，所以在进行电动机和离心泵的装配时，必须对两半联轴器进行找正对中。

联轴器的找正是修理和装配工作中的一项很重要的工作。找正的质量对离心泵的正常运转有很大的影响。找正质量差，两半联轴器对中误差大时，将会在轴与联轴器之间产生很大的附加应力，发生不正常的噪声及振动，使联轴器发热，并会影响离心泵的正常工作，甚至出现设备事故。

⑦ 机座及整机的安装　因生产所需，更换泵的型号时，原有的机座已不能使用，需同时更换机座。因为离心泵和电动机都是直接安装在机座上的，如果机座安装质量不好，会直接影响到泵的正常运转。

机座、泵体及电动机的安装是检修过程的最后一道工序，它主要包括以下工作：基础的质量检查和验收；铲麻面和放垫板；安装机座。安装机座时，先将机座吊放到垫板上，然后进行找平和找正。

a. 机座的找正　机座找正时，可在其基础上标出纵横中心线或在基础上用钢丝线架拉好纵横两条中心线，然后以此线为准来找好机座的中心线，使机座的中心线与基础的中心线相重合。

b. 机座的找平　机座找平时，一般采用下面两种方法。

第一种方法是先将所有垫板放在预定位置（每一个地脚螺栓两旁各放一组），使其高度一致，然后将机座吊放到垫板的上面，并在机座表面上用水平仪测量水平度，如果不平，则需调整垫板的高度，使其达到水平。这种方法，由于垫板组数多，难以找平，对于垫板高低的调整不易确定，调整垫板时也没有明确的标准和程序，所以安装工作进行得很慢。

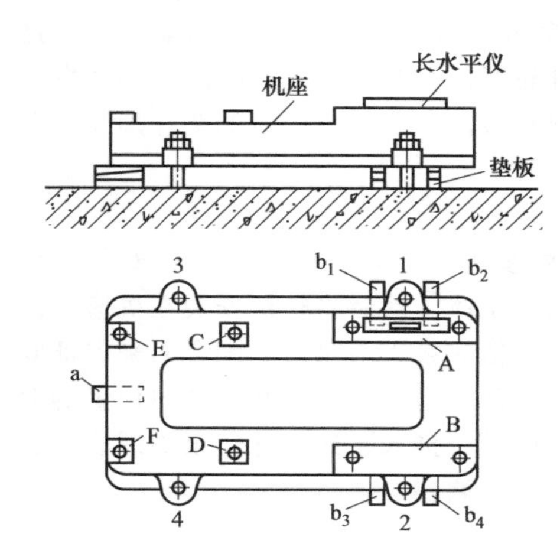

图 2-68　用三点找平法安装机座

第二种方法，如图 2-68 所示。首先在机座的一端垫好需要高度的垫板（图中的 a），同样在机座的另一端地脚螺栓 1 和 2 的两旁放置需要高度的垫板，见图中的 b_1、b_2、b_3 和 b_4。然后用水平仪在机座的上表面上找平，当机座在纵横两个方向均成水平后，拧紧地脚螺栓 1 和 2。最后在地脚螺栓 3 和 4 的两旁加入垫板，用同样方法找平，找平后再拧紧地脚螺栓 3 和 4，这样机座就算安装完毕。这种方法在施工现场称为三点找平安装法。

用三点找平法安装机座时，找平较为方便，仅调整四个位置的垫板，而且所有垫板组的高度都被最先安装的垫板组 a 的高度决定了，因此能提高工作效率。

在机座表面上测水平时，水平仪应放在机座的已加工表面上进行，即图 2-68 中的 A、B、C、D、E 和 F 等处，在互相垂直的两个方向上用水平仪进行测量，需将水平仪正反地测量两次，取两次的平均读数作为真正的水平度的读数。

机座安装好后，一般是先安装泵体，然后以泵体为基准安装电动机。因为一般的泵体比电动机重，而且它要与其他设备用管路相互连接，当其他设备安装好后，泵体的位置也就确定了，而电动机的位置则可根据泵体的位置来做适当的调整。

离心泵泵体的安装步骤如下。

a. 离心泵泵体的吊装　对于小型泵，可用 2～4 人抬起放到机座上。对于中型泵，可利用拖运架和滚杠在斜面上滚动的方法来运输和安装。对于大、中型泵，可用人字三脚架配用手动吊装葫芦吊装，有条件时，最好用天车吊装，将泵直接吊装到底座上。吊装时，应将绳捆绑在泵体的下部或套挂在吊耳上，不得捆绑在轴或轴承上。

b. 离心泵泵体的测量和调整　离心泵泵体的测量与调整包括找正、找平及找标高三个方面。

(a) 找正　就是找正泵体的纵、横中心线。泵体的纵向中心线是以泵轴中心线为准；横向中心线以出口管的中心线为准。在找正时，要按照已装好的设备中心线（或基础和墙柱的中心线）来进行测量和调整，使泵体的纵、横中心线符合图纸的要求，并与其他设备很好地连接。泵体的纵、横中心线按图纸尺寸允许偏差在±5mm 范围之内。

(b) 找平　泵体的中心线位置找好后，便开始调整泵体的水平，首先用精度为 0.05mm/m 的方水平仪，在泵体前后两端的轴颈上进行测量。调整水平时，可在泵体支脚与机座之间加薄铁皮来达到。泵体的水平允许偏差一般为 0.3～0.5mm/m。

(c) 找标高　泵的标高是以泵轴的中心线为准。找标高时一般用水准仪来进行测量，其测量方法如图 2-69 所示。测量时，把标杆放在厂房内设置的基准点上，测出水准仪的镜心高度，然后将标杆移到轴颈上，测出轴面到镜心的距离，然后按下式计算出泵轴中心的标高。

$$泵轴中心的标高=镜心的高度-轴面到镜心的距离-\frac{1}{2}泵轴的直径$$

调整标高时，也是用增减泵体的支脚与机座之间的垫片来达到。泵轴中心标高的允许偏差为±10mm。

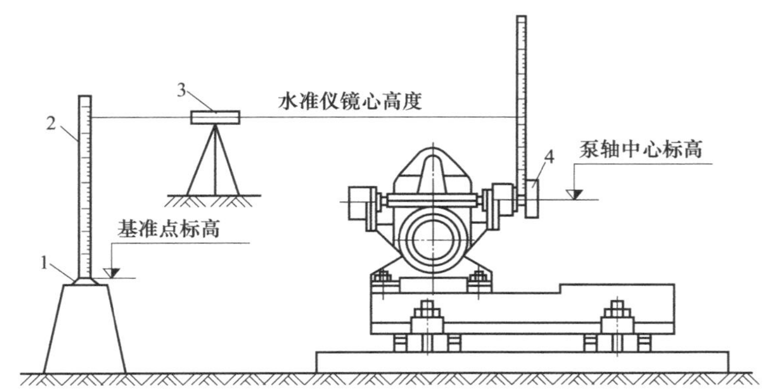

图 2-69　用水准仪测量泵轴中心的标高

1—基准点；2—标杆；3—水准仪；4—泵轴

泵体的中心线位置、水平度和标高找好后，便可把泵体与机座的连接螺栓拧紧，然后再用水平仪检查其水平是否有变动，如果没有变动，便可安装电动机，进行联轴器的找正。

二次灌浆的目的是将地脚螺栓和混凝土基础牢固地结合在一起。灌浆时最好使用微胀混凝土或无收缩水泥砂浆，一般以细碎石混凝土为宜，其标号应比基础混凝土的标号高一级。在灌浆前，基础表面需用水冲净并浸湿。在捣实地脚螺栓预留孔中的混凝土时，不得使地脚螺栓歪斜或使机器产生位移。二次灌浆工作必须连续进行，不得分次浇灌。灌浆后，若气温低于 0℃，应采取防冻措施。待砂浆凝固，完成保养后，必须再校正一次联轴器并做记录。

（6）单级悬臂式离心泵的试车及常见故障排除

单级离心泵试车时，应首先对其进行检查，然后空负荷试车，最后负荷试车，经试车运转正常，才能交付使用。

① 试车前的检查　单级离心泵试车前，必须检查下列各项。

a. 泵的各连接螺栓及地脚螺栓有无松动现象。

b. 轴承的润滑油是否充足，如不充足，加注润滑油的标号应与泵说明书上要求的标号相符。

c. 润滑、冷却系统做到畅通无阻、不滴不漏。

d. 均匀盘车，无摩擦或时紧时松现象，泵内应无杂音。

e. 电源接线是否正确。

待以上各项检查完毕，符合要求，可进行空负荷试车。

② 空负荷试车　泵内无工作介质，启动后空车运行的试车叫空负荷试车。空负荷试车可以暴露安装中存在的部分问题。空负荷试车时，应注意下列问题。

a. 观察电动机转向是否与泵所要求的转向相同。观察时，可在电动机启动或停机的时候观察。若观察不清，难以确定电动机转向时，可在电动机运转时，用纸条插入电动机风扇的防护罩，看纸条被风叶打动的方向，即可知道电动机转向。若转向相反，任意对调两根电源火线，即可改变转向。

b. 滚动轴承的最高温度不应超过 70℃。若无合适的温度测量仪器，可用手触摸轴承座外壁，以不烫手为宜。触摸时间不宜过短，否则，手感觉不到真实的温度。

c. 运转平稳无杂音，冷却润滑系统正常。若振动较大，应停车检查，查看联轴器找正是否符合要求。当联轴器找正不符合要求时，除造成振动外，还会使联轴器升温。

③ 负荷试车　负荷试车的步骤如下。

a. 盘车。应注意轻重均匀。泵内应无杂音、擦碰。

b. 灌泵。灌泵时应缓慢盘车，以排出叶轮及蜗壳内的气体。灌泵结束，关闭进口阀和出口阀。

c. 将进口阀开至最大流量，启动电动机，运转平衡后再缓慢打开出口阀，直至出口阀开至流量最大位置。

值得注意的是，切忌泵在启动时出口阀和入口阀处于开启位置，那样将造成电动机负荷过大，可能会烧毁电动机。也不可关闭入口阀，开启出口阀启动，那样将造成吸入管路真空度过大而导致泵的汽蚀。

d. 用出口阀调节泵的流量，测量泵的性能。观察其流量、压力是否符合要求。

e. 停车时应先关闭出口阀，以防止液体倒流，然后再断开电源。

负荷试车应达到的要求如下。

a. 密封漏损应符合要求，填料密封的滴漏速度应小于 10～20 滴/min，机械密封滴漏速度应小于 5 滴/min。

b. 温升正常，运转平稳，用便携式测振仪测量，轴承振动应小于表 2-20 规定数值。

表 2-20　单级离心泵轴承振幅最高允许值　　单位：mm

转速/(r/min)	＜750	1500	3000
振幅	0.24	0.12	0.06

c. 流量、压力能够达到要求，并且较为平稳。

d. 电流不超过额定值。

e. 连续运转 4h。

④ 验收

a. 检修质量符合规定要求，检修记录齐全、准确。

b. 泵在试车及性能试验合格后，按规定办理验收，交付生产使用。

⑤ 单级离心泵试车中常见故障及处理　离心泵在试车中，由于零件质量、装配技术等方面的问题，可能会出现多种形式的故障。发现故障后，应立即查找原因，采取措施，予以排除。单级离心泵试车中常见故障、故障原因以及解决办法见表 2-21。

表 2-21　单级离心泵试车中的常见故障、故障原因及解决办法

常见故障	故障原因	解决办法
出口压力小	①电动机反转 ②进口阀门难以开启	①任意对调两根火线 ②修理或更换进口阀门
无液体排出	①没有灌泵 ②发生“气缚” ③进口阀关闭 ④安装高度过大	①重新灌泵 ②将吸入管路灌满液体 ③开启进口阀 ④降低安装高度
泵体振动	①地脚螺栓没有拧紧 ②叶轮内卡有异物，破坏了原有的平衡 ③管路的振动传导到泵体上 ④滚动轴承间隙太大 ⑤电动机的振动传导到泵体上 ⑥联轴器找正不良 ⑦叶轮静平衡不良	①拧紧地脚螺栓 ②清除异物 ③增设管路支架 ④更换滚动轴承 ⑤消除电动机的振动 ⑥重新找正 ⑦重新做静平衡
泵体内有异常响声	①叶轮背帽没有拧紧，叶轮有窜动 ②异物进入泵体内 ③叶轮与密封环出现偏摩擦 ④叶轮与泵盖摩擦	①拧紧叶轮背帽 ②清除异物 ③调整密封环与叶轮之间的间隙 ④增加泵盖密封垫的厚度
密封垫泄漏	①紧固螺栓没拧紧或拧偏 ②密封垫断裂 ③管路法兰密封面有径向沟纹	①拧紧紧固螺栓或重新调整 ②更换密封垫 ③更换或修复法兰
填料函泄漏严重	①泵体内孔与轴套的径向间隙太大，形成“吃填料”的现象 ②填料的装填方法不正确 ③使用填料的品种不当	①更换泵体，减小泵体与轴套之间的径向间隙 ②重新装填料 ③更换填料品种
滚动轴承温升过高	①润滑油太少，或无润滑油，形成干摩擦 ②润滑油太多，散热太慢 ③轴承外环与轴承座内孔之间存在间隙，产生相对转动 ④预紧力太大，轴承内没有间隙 ⑤轴承内有杂质 ⑥轴承内外环滚道上出现裂纹 ⑦电动机半联轴器偏高	①添加润滑油 ②适当减少润滑油 ③在间隙中加入垫片，阻止转动或更换泵体 ④增加压盖垫片的厚度，减小预紧力 ⑤清洗轴承，更换润滑油 ⑥更换滚动轴承 ⑦适当减少垫片，降低电动机高度
填料压盖发热	①压盖螺栓压偏，填料压盖与轴套发生摩擦 ②填料压得太紧，与轴套产生严重摩擦	①对称均匀地拧紧压盖螺栓 ②适当松开压盖，添加润滑油或更换新填料
填料函外壳温升过高	①填料压盖压得太紧 ②调料压偏，与轴套产生严重摩擦	①松开压盖，添加润滑油或更换新填料 ②重新安装调料
泵体发热	出口阀门没有打开，液体在泵体内循环	打开出口阀门

2.4.2 分段式多级离心泵的检修

(1)分段式多级离心泵的拆卸

拆卸分段式多级离心泵的目的是查找故障原因，检查、修理或更换已经损坏或达到使用期限的零件。多级离心泵的拆卸是检修的必要手段，其检修周期为：小修，3 个月；中修，12～24 个月；大修，36 个月。

① 拆卸前的准备

a. 查阅有关技术资料及上一次的大修、中修记录，向操作工询问泵的运转情况。

b. 切断电源，确保检修时的安全。

c. 切断输送介质。

d. 准备好工具、量具及相应的起重设备。

② 拆卸顺序和拆卸技术　分段式多级离心泵的拆卸，在做好准备工作的基础上，应按以下步骤及要求进行。

a. 卸下介质管路上泵的出口阀以前、进口阀以后法兰的连接螺栓，将泵从介质管路中分离。卸下冷却水管。断开泵与电动机之间的联轴器，并将其从泵轴上取下。

b. 拧开泵的机座螺栓，同时，将各机座螺栓处的垫片按顺序编号，回装时仍放在原处，以减少找正工作量。

c. 拆卸轴承。先拧下前后侧轴承座与泵体的连接螺栓，拆掉轴承座，然后将轴承沿轴向抽出。

d. 拆卸轴封。拧下压盖与泵体的连接螺母，并沿轴向抽出压盖，取出填料或抽出机械密封。

e. 拆卸平衡盘。拧下尾盖与尾段之间的连接螺母，取下尾盖，然后将平衡盘沿轴向取出。松开平衡环与泵体的连接螺钉，即可卸下平衡环。

f. 长杆螺栓的拆卸。分段式多级泵的前段、中段、尾段由若干个长螺栓穿起来固定在一起，形成一个完整的泵体，这些螺栓又叫长杆螺栓。拧紧长杆螺栓时，使各段之间轴向密封面紧密贴合，阻止了泵腔内的压力介质向外泄漏。长杆螺栓的拧紧力过大，会造成零件损坏；拧紧力过小，则密封面泄漏。有的制造厂家，在说明书上给出长杆螺栓预紧力值，修后组装时，按规定值上紧螺栓即可；多数制造厂家没有给出长杆螺栓的预紧力值，这就要求现场检修时，根据拆装前后拧紧长度的对比，保证拧紧力适中。简便的做法是，拆卸之前将各个长杆螺栓及其相配螺母按顺序编号，例如，按顺时针方向编号 1、2、3…另一端则按逆时针方向对应编号，并将螺栓相对应的螺栓孔也进行相应的编号，以保证螺栓及螺母仍回装到原来的地方。用砂布打磨干净螺栓端面和螺母端面，对同一根螺栓，测量其两端露出螺母的长度 x_i 和 y_i，并计算出 $z_i=x_i+y_i$，如图 2-70 所示。

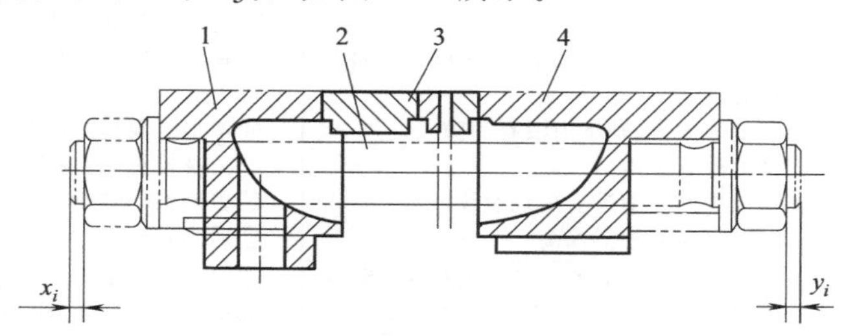

图 2-70　分段式多级离心泵长杆螺栓

1—前段；2—长杆螺栓；3—中段；4—后段

组装时，用同样方法测量出 x_i' 和 y_i' 并计算出 z_i' 值，使 z_i' 值等于拆卸前 z_i 的值即可，表2-22为分段式多级离心泵长杆螺栓伸出量记录实例。

表 2-22 分段式多级离心泵长杆螺栓伸出量记录实例 单位：mm

项 目	编 号			
	1	2	3	…
x_i	3.08	3.13	2.58	…
y_i	3.25	4.01	3.40	…
$z_i=x_i+y_i$	6.33	7.14	5.98	…

测量、记录完毕，开始拆长杆螺栓。抽去长杆螺栓时，务必要在相隔180°的位置上保留两根，以免前段、中段、尾段突然散架，碰坏转子或其他零件。

为避免中段下坠压弯泵轴，在抽去长杆螺栓时，应在中段下侧加上临时支撑。

g. 拆卸尾段蜗壳。用手锤轻轻敲击尾段的凸缘，使其松动，即可拆下。

h. 拆卸尾段叶轮。叶轮与泵轴的配合为间隙配合，但由于介质作用，可能锈蚀在一起。拆卸时，用木锤沿叶轮四周轻轻敲击，使其松动后，沿轴向抽出。

i. 拆卸中段。用撬棒沿中段四周撬动，即可拆下中段。再拆下叶轮之间泵轴上的挡套。然后可由中段导轮上拆下入口密封环和导轮。

j. 用同样的方法，拆去余下的叶轮、中段，直至吸入盖。

拆卸完毕，应把轴承、轴、机械密封等用煤油清洗，检查有无损伤、磨损过量或变形，决定是否修理或更换。去掉各段之间的垫片，除去锈迹。

③ 拆卸中应注意的问题

a. 在开始拆卸以前，应将泵内介质排放彻底。若是腐蚀性介质，排放后应再用清水清洗。

b. 在拆卸时，应将拆下的各段外壳、叶轮、键等零件按顺序排好、编号，不能弄乱，在回装时一般按原顺序回装。有些组合件可不拆的尽量不拆。

c. 零件应轻拿轻放，不能磕碰，不能摔伤，不能落地。

d. 在检修期间，为避免有人擅自合上电源开关或打开物料阀门而造成事故，可将电源开关上锁，并将物料管加上盲板。

e. 不得松动电动机地脚螺栓，以免影响安装时泵的找正。

(2) 分段式多级离心泵主要零部件的检修

多级离心泵在检修时，要排除已知故障，修复或更换已经损坏的零件，调整已经变化了的各部件间隙，清除泵内污垢和锈迹，更换轴封填料，修理机械密封和更换各结合面的密封垫片或涂料，消除泵的跑、冒、滴、漏的根源，减少输送介质的浪费和环境污染。以下主要介绍转子及推力平衡装置的检测及修复技术。

① 转子 多级离心泵的转子包括泵轴、叶轮、轴套、轴承等转动零部件。这些零件若达到使用期限，应当予以更换，若未达到使用期限，则应检查其损坏程度，进行修复。叶轮和泵轴的使用期限为36个月。检修后的泵轴表面不得有裂纹、伤痕和锈蚀等缺陷，必要时要做无损探伤检查。检查叶轮，将流道内壁清理光洁，去除粘砂、毛刺和污垢。将各零件检查完毕，组装成转子，称为小装。对小装后的转子要进行检查，以消除超差的因素，避免因误差积累而到总装时造成超差现象。

由转子结构可知，转子是由许多套装在轴上的零件组成，用锁紧螺母固定各零件在轴上的位置。因此，各零件接触端面的误差和各端面垂直度误差的影响集中反映在转子上。如果转子各部位径向跳动量大，则泵在运行中就容易产生磨损和振动。经过检查如发现跳动量

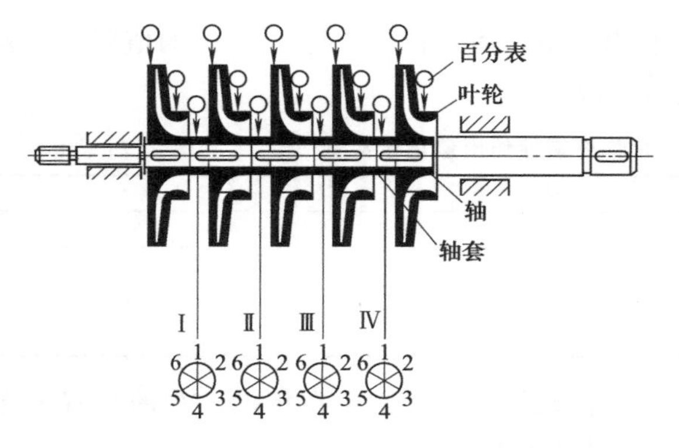

图 2-71　测量转子径向跳动量的方法

超差，必须认真查找超差的原因，并设法消除。

a. 转子径向跳动量的测量　对多级离心泵的转子进行径向跳动量的测量时，首先把滚动轴承装配到泵轴的两端，并在滚动轴承的下面放置V形铁进行支承，或者将两端滚动轴承放置在离心泵本身的泵体上，使转子能够自由转动。然后，在每一级叶轮进口端的外圆处和出口端的外缘处，以及各级叶轮之间的轴套外圆处，分别设置百分表，使百分表的触头分别接触每一个被测量的地方，如图 2-71 所示。把每个被测量的圆周分成六等份，并做上标记，即1、2、3、4、5、6 各点，然后慢慢转动转子，每转过一等份，记录一次百分表的读数。转子转动一周后，每一个测点上的百分表就能得到六个读数，把这些读数记录在表格中，就可以算出转子各部分径向跳动量的大小。表 2-23 为各级叶轮径向跳动量的实测记录。

表 2-23　各级叶轮径向跳动量测定记录实例　　单位：mm

测点位置		转动角度						径向跳动量
		1(0°)	2(60°)	3(120°)	4(180°)	5(240°)	6(360°)	
一级叶轮	进口端	0.33	0.34	0.33	0.35	0.33	0.35	0.02
	出口端	0.31	0.32	0.31	0.33	0.33	0.34	0.03
二级叶轮	进口端	0.25	0.24	0.25	0.26	0.24	0.27	0.03
	出口端	0.32	0.33	0.33	0.34	0.36	0.34	0.04
三级叶轮	进口端	0.30	0.32	0.28	0.30	0.35	0.32	0.07
	出口端	0.26	0.24	0.27	0.26	0.29	0.28	0.05
四级叶轮	进口端	0.35	0.36	0.35	0.38	0.39	0.28	0.04
	出口端	0.20	0.22	0.23	0.23	0.25	0.24	0.05
五级叶轮	进口端	0.21	0.23	0.22	0.24	0.26	0.23	0.05
	出口端	0.30	0.31	0.33	0.34	0.36	0.35	0.06

记录表中，同一测点处的最大读数值减去最小读数值，就是该被测处的径向跳动量。由表 2-23 可以看出，一级叶轮进口端与出口端的径向跳动量分别为 0.02mm 和 0.03mm；二级叶轮进口端和出口端的径向跳动量分别为 0.03mm 和 0.04mm；三级叶轮进口端和出口端的径向跳动量分别为 0.07mm 和 0.05mm；四级叶轮进口端和出口端的径向跳动量分别为 0.04mm 和 0.05mm；五级叶轮的进口端和出口端的径向跳动量分别为 0.05mm 和 0.06mm。

一般要求各级叶轮出口外圆处的径向跳动量不得超过 0.05mm。各级叶轮进口端外圆径向跳动量允许值与密封环直径有关，见表 2-24。

表 2-24　叶轮进口端外圆径向跳动量允差　　单位：mm

密封环直径	≤50	51～120	121～260	261～500
进口端外圆径向跳动允差	0.06	0.08	0.09	0.10

如果各级叶轮入口密封环及出口处外圆径向跳动量超过规定值较少，且在 0.10mm 以内时，可将转子装在车床上车去一些，使其符合要求。

转子中各段轴套外圆的径向跳动量测定记录实例见表 2-25。

表 2-25 转子中各段轴套外圆的径向跳动量测定记录实例 单位：mm

测点位置	转动角度						径向跳动量
	1(0°)	2(60°)	3(120°)	4(180°)	5(240°)	6(360°)	
Ⅰ	0.21	0.23	0.22	0.24	0.20	0.19	0.05
Ⅱ	0.32	0.30	0.31	0.33	0.31	0.30	0.03
Ⅲ	0.30	0.28	0.29	0.33	0.35	0.32	0.07
Ⅳ	0.34	0.33	0.33	0.35	0.34	0.35	0.02

由表 2-25 中可以看出，轴套上Ⅰ测点处的径向跳动量为 0.05mm，Ⅱ、Ⅲ、Ⅳ各测点处的径向跳动量分别为 0.03mm、0.07mm 和 0.02mm。

一般情况下，也应对转子中挡套的径向跳动予以测量，轴套和挡套径向跳动的允许值见表 2-26。

表 2-26 轴套和挡套径向跳动的允许值 单位：mm

轴套、挡套外圆直径	≤50	51～120	121～260	261～500
径向跳动允许值	0.03	0.04	0.05	0.06

如果轴套和挡套的径向跳动量在 0.10mm 以内，超过规定值较少时，也可用车削的办法车去一些。如果径向跳动量超过允许值很多，可以对泵轴直线度的偏差进行测量，测量方法可参照单级悬臂式离心泵中介绍的方法进行，以便确定泵轴的弯曲方向和弯曲量的大小，然后对泵轴进行矫直。

b. 多级离心泵转子各级叶轮轴向跳动量的测量　对转子各级叶轮轴向跳动量的测量就是对各级叶轮盖板的端面圆跳动的测量。各级叶轮的端面圆跳动，不能大于规定的数值。如果叶轮端面的圆跳动量超过允许值，将会造成转子运转的不平稳。

对多级离心泵转子各级叶轮做端面跳动量的测量时，首先应将转子放置在车床的两个顶尖之间，以便转子在转动时既无轴向位移，也无径向位移。也可以用 V 形铁将转子进行支承，使泵轴保持水平状态，并在轴的一端安装挡块，用来阻止泵轴产生单方向的轴向窜动。然后，在相邻两级叶轮之间设置百分表，并使百分表的触头接触在每一级叶轮的端面上，如图 2-72 所示。慢慢转动叶轮，观察百分表指针的变化情况，并做好记录。其最大值减去最小值所得的差值就是该级叶轮的轴向跳动量。通常情况下，直径在 300mm 以下的叶轮，其轴向跳动量如果不超过 0.20mm，可以不进行修理。如果端面跳动量的数值过大时，可以利用修刮叶轮轴孔或者加垫片的方法来调整泵轴与叶轮轴孔的装配关系，以便减小其轴向跳动量。如果按如图 2-72 所示测量转子轴向跳动的方法实在无法调整，可在车床上对叶轮端面进行少量车削。

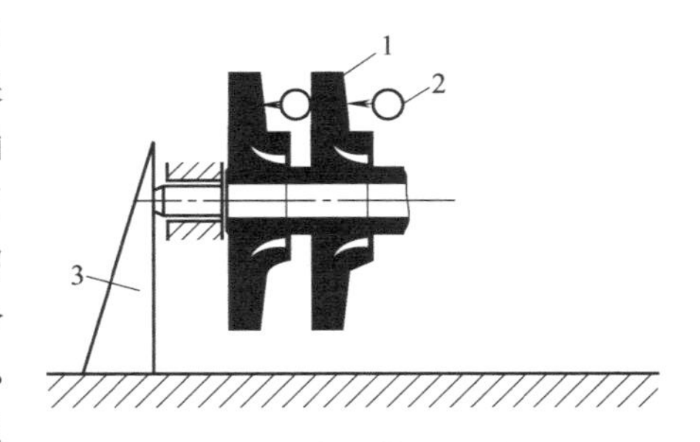

图 2-72 测量转子轴向跳动的方法
1—叶轮；2—百分表；3—挡块

多级离心泵转子的径向跳动量和轴向跳动量测量合格之后，还要对各零件的外表面及它们之间的配合情况进行检查与修复。然后，应对转子做静平衡和动平衡试验。

转子经测量检查，修复合格后，将各个零件的方位做上标记，总装时零件可各就各位。

② 推力平衡装置　多级泵的平衡盘装置由装在轴上的平衡盘和固定在泵体上的平衡环组成，如图 2-73 所示。平衡盘 1 随泵轴一起旋转，平衡环 2 镶嵌在泵体上，平衡盘和平衡环之间保留 0.01～0.25mm 的轴向间隙。平衡盘后面的空腔与泵的末级叶轮入口用管子连通，压力较低；平衡盘与平衡环间隙内液体的压力接近于末级叶轮出口的压力，压力较高，

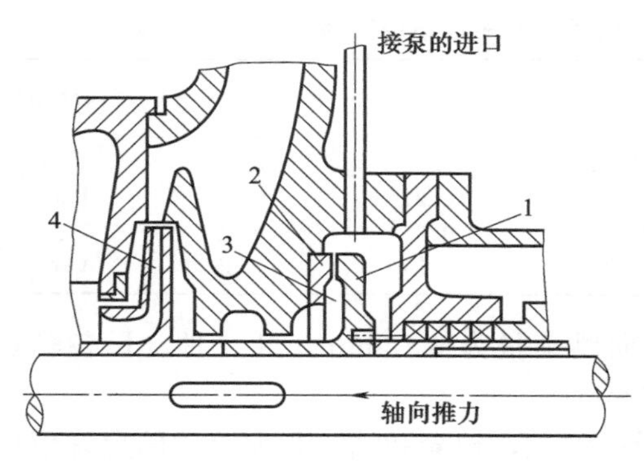

图 2-73 多级离心泵的推力平衡装置

1—平衡盘；2—平衡环；3—平衡室；4—末级叶轮

这样，就形成了平衡盘两侧的压力差。这个压力差通过平衡盘作用在泵轴上，形成的拉力称为平衡力，方向与作用在叶轮上的轴向力相反。

离心泵工作时，当叶轮上的轴向力大于平衡盘上的平衡力时，泵的转子就会向吸入方向窜动，使平衡盘的轴向间隙减小，增加液体的流体阻力，因而减少了泄漏量。泄漏量减少后，液体流过径向间隙的压力降减小，从而提高了平衡盘前面的压力，即增加了平衡盘上的平衡力。随着平衡盘向左移动，平衡力逐渐增加，当平衡盘移动到某一个位置时，平衡力与轴向力相等，达到平衡。同样，当轴向力小于平衡力时，转子将向右移动，移动一定距离后轴向力与平衡力将达到新的平衡。由于惯性，运动着的转子不会立刻停止在新的平衡位置上，而是继续移动促使平衡破坏，造成转子向相反方向移动的条件。泵在工作时，转子永远也不会停止在某一位置，而是在某一平衡位置左右轴向窜动，当泵的工作点改变时，转子会自动地移到另一平衡位置做轴向窜动。由于平衡盘有自动平衡轴向力的特点，因而得到广泛应用。

推力平衡装置的关键部位是平衡盘和平衡环的工作面，如果两工作面之间有歪斜或凹凸不平的现象，泵在运转时就会产生大量的泄漏，平衡室内就不能保持平衡轴向推力所应有的压力，因而失去了平衡轴向力的作用。

平衡盘安装在泵轴上，可能会与泵轴形成偏心，造成转子在运转中的振动，这个振动将影响到轴承及泵轴的正常运转，严重时可能会造成泵轴及轴承的损坏，因而应当严格地控制这个偏心量。

通过测量平衡盘工作面的端面圆跳动得到平衡盘与泵轴的垂直度。通过测量平衡盘轮毂的径向圆跳动得到平衡盘与泵轴的偏心量。

测量平衡盘的端面圆跳动，应将平衡盘安装在泵轴上，将泵轴用车床的两个顶尖支承，以防止泵轴的轴向窜动，然后在平衡盘的工作面一侧设置百分表，使百分表的触头垂直接触平衡盘工作面。

测量平衡盘轮毂的径向圆跳动，应在轮毂旁设置百分表，使百分表的触头垂直接触轮毂外圆面，如图 2-74 所示。然后，慢慢转动平衡盘一周，和平衡盘工作面接触的百分表的最大读数与最小读数之差就是平衡盘的端面圆跳动；和轮毂相接触的百分表的最大读数与最小读数之差就是轮毂的径向圆跳动。

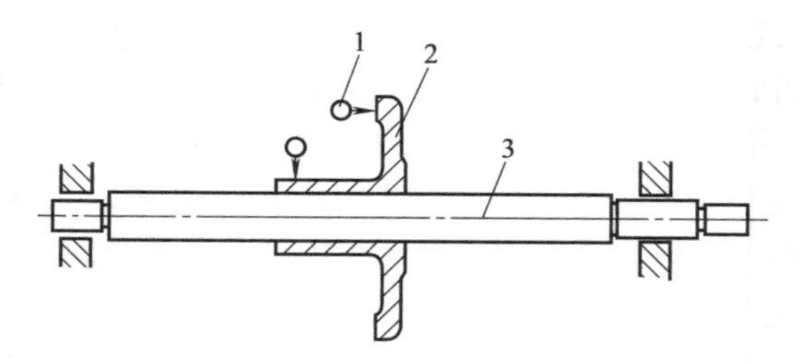

图 2-74 平衡盘端面圆跳动和轮毂径向圆跳动的测量

1—百分表；2—平衡盘；3—泵轴

可在测量叶轮组各跳动量时，将平衡盘安装在泵轴上，同时进行平衡盘端面圆跳动和轮毂径向圆跳动的测量。这样，可省去分别测量时再次安装支承的工作。

平衡盘端面圆跳动允许值及其轮毂径向圆跳动的允许值见表 2-27。

如果跳动量超过表 2-27 中规定的数值，可将平衡盘连同泵轴一起卡在车床上，用车削的办法来减少跳动量。车削后，为了减小运转中的振动，应对平衡盘进行静平衡。为了减少平衡室内液体的泄漏量，要求平衡盘和平衡环的工作面表面粗糙度均不得大于 $Ra1.6\mu m$。

表 2-27　平衡盘端面圆跳动允许值及其轮毂径向圆跳动的允许值　　单位：mm

平衡盘轮毂直径	≤50	51～120	121～260	261～500
平衡盘端面圆跳动	0.04	0.04	0.05	0.06
轮毂径向圆跳动	0.03	0.04	0.05	0.06

（3）分段式多级离心泵的组装与调整

将分段式多级离心泵拆卸完毕，经清洗、除锈、检查、测量，更换或修复不合格的零部件。排除泵的故障之后，就要将其回装，恢复其工作结构。在回装时，要严格按照组装顺序和组装技术要求进行，精确地控制各零部件的相对位置和相对间隙，避免零件磕碰，杜绝违章操作。

① 组装顺序及技术　分段式多级离心泵的组装顺序与其拆卸顺序大致相反，也就是说，拆卸时最先拆下的零件在组装时应最后装上，拆卸时最后拆下的零件在组装时首先安装。实际操作中分段式多级离心泵的组装步骤如下。

a. 阅读装配图，在回装过程中随时查阅。

b. 转子部件的小装。把泵轴、叶轮、轴套、平衡盘、轴承等转动零件按其工作位置组装为一体，测量、调整或修理叶轮、平衡盘的径向及端面圆跳动，使其符合技术要求。

由转子结构可知，转子是由许多套装在轴上的零件组成，用锁紧螺母固定各零件在轴上的相对位置。因此，各零件接触端面的误差（各端面垂直度的影响）集中反映到转子上。如果转子各部位径向跳动量大，则泵在运行中就容易产生磨损。对多级泵转子部件小装的目的就是消除超差因素，避免因误差积累而到总装时造成超差现象。

多级泵转子小装如图 2-75 所示。

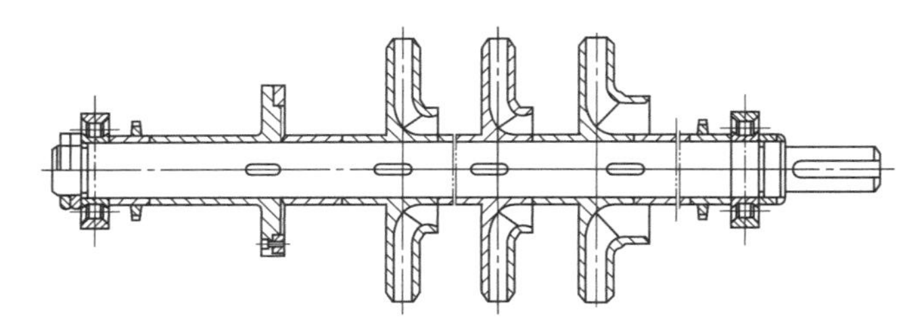

图 2-75　多级泵转子小装

转子部件装配质量允许偏差计算方法如下。

叶轮进口端外圆对两端支承点的径向跳动允差 Δ_1 可按以下经验公式计算。

$$\Delta_1=(\delta_1+\delta_2+\delta_3+\delta_4)\times 70\% \tag{2-41}$$

式中　δ_1——叶轮进口端外圆对轴孔的径向跳动允差，mm；

δ_2——轴相应处外圆表面的径向跳动允差，mm；

δ_3——叶轮孔的公差，mm；

δ_4——轴相应处配合公差，mm。

式（2-41）计算结果，应符合表 2-24 规定的数值。

轴套、挡套和平衡盘轮毂外圆对轴两端支点的径向跳动允差 Δ_2 可按下列经验公式计算。

$$\Delta_2=(\delta_2+\delta_4+\delta_5+\delta_6)\times 70\% \tag{2-42}$$

式中　δ_5——轴套、挡套或平衡盘轮毂外圆的径向跳动公差，mm；

δ_6——轴套、挡套或平衡盘孔公差，mm。

根据式（2-42）计算结果，可按表 2-26 选取轴套、挡套和平衡盘轮毂的径向跳动允差。

平衡盘端面对两端支点的端面跳动允差 Δ_3 可按以下经验公式计算。

$$\Delta_3=(\delta_2+\delta_4+\delta_6+\delta_7)\times 70\% \tag{2-43}$$

式中　δ_7——平衡盘端面跳动公差，mm。

根据式（2-43）计算结果，推荐按表 2-27 确定平衡盘端面跳动允差。

实际上，在转子的检测中，转子部件的小装工作也随之完成，此时要做的工作只是把转子上的各零件重新拆开，并按已编好的顺序排好，准备回装时取用。

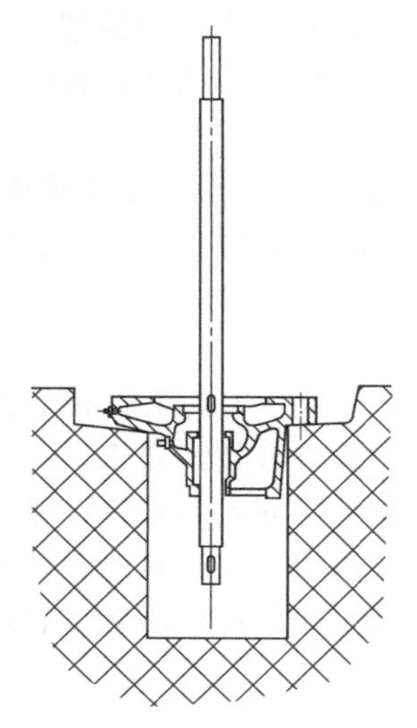
图 2-76　地坑法组装多级泵

c. 吸入盖、泵轴、第一级叶轮的组装。分段式多级离心泵的回装一般可采用立式，即回装时泵轴处于铅垂线位置，待各级叶轮及泵壳组装完毕，穿上长杆螺栓预紧后，再将泵体放置于泵轴线成水平位置状态，安装其他零部件。为防止泵体在回装过程中歪倒，一般应先挖一个地坑，地坑的大小和深度以能放入吸入盖为宜，地坑的中部应挖得深一些，以便放置泵轴，如图 2-76 所示。

组装时，将吸入盖平放于地坑中，吸入腔一侧朝上。将泵轴置于吸入盖中，将第一级叶轮的配键装在泵轴上的键槽内，将第一级叶轮沿泵轴放下，将第一级叶轮固定。

d. 安装第一级导轮。清理吸入盖靠近外圆周处的垫片槽，涂上密封胶，放入新裁制的垫片，用密封胶粘住。沿轴向将第一段导轮竖直放下，用凸台压住垫片，同时做好与吸入盖的周向定位，不得使第一段导轮与吸入盖造成扭角。

e. 用相同的办法安装中段、尾段及相应的叶轮。每装上一段，应提起泵轴旋转一下，观察其旋转时是否有阻力或与其他零件是否有擦碰，若有，应及时调整。

f. 穿上长杆螺栓，预紧，将泵放置水平。

g. 安装平衡盘。平衡盘与平衡环间的轴向间隙为 0.10～0.25mm，垂直度偏差小于 0.03mm，可用压铅法测量。测量时，在平衡盘与平衡环之间放置铅丝或铅片，并且将它们沿圆周方向分布均匀，按顺序编号，沿轴向用锁紧螺母将平衡盘紧固。然后松开紧固螺母，取出各铅丝，测量其被挤处的厚度，记录下来。再将平衡盘连同泵轴旋转 180°，重复上述步骤，再测量一次，并记录测量结果。注意，这两次测量时铅丝放置的位置相对于平衡环是不动的，即第一次测量时何处放有铅丝，第二次测量时仍在此处放置铅丝。这两次测量所得的数值，即为间隙范围。每次测量中最大值与最小值的差值，即为垂直度偏差，垂直度值应取两次测量中的所得垂直度较大值。

h. 安装两端的轴承座、轴承，安装轴封。

i. 安装电动机与泵之间的联轴器，找正，拧紧机座螺栓，打扫现场，交付化工操作人员试车。

② 组装中的注意事项　组装时，所有螺栓、螺母的螺纹都要涂抹一层铅粉油。组装最后一级叶轮后，要测量其轮毂与平衡盘轮毂两端面间的轴向距离，根据此轴向距离决定其间的挡套的轴向尺寸。挡套与叶轮轮毂、挡套与平衡盘轮毂之间的轴向间隙之和为 0.30～0.50mm。因为泵在开车初期，叶轮等轴上零件先受较高温度的介质的影响，而轴受热影响在其后，它们的膨胀有时间差。留有 0.3～0.5mm 的轴向间隙，是为防止叶轮、平衡盘等先膨胀而互相顶死，以致造成对泵轴较大的拉伸应力。

装平衡盘座压圈时，要将其上面的一个缺口对准平衡水管的接口。否则，平衡水管被堵死，整个轴向平衡装置就失去作用。

长杆螺栓在组装之初，只能略微紧一紧。待整台泵在现场就位之后，再根据表2-22记录的数据对长杆螺栓进行紧固。紧固时一定要对称操作，否则，将造成各段之间密封不良。

联轴器找正的方法与单级泵联轴器找正方法相同。

(4)多级离心泵的试车及常见故障排除

多级离心泵结构较为复杂，易损件多，精度要求高，为防止出现故障，造成不应有的损失，试车前应仔细检查。试车时要准备充分，严格遵守操作规程，并由操作人员进行试车，一旦试车中出现故障，应立即排除。同样，多级泵在运转中出现的故障也应及时排除。经试车合格，运转正常，方可办理移交手续，投入生产使用。

① 试车前的检查及准备

a. 检查检修记录。检修质量应符合检修规程要求，检修记录齐全、准确。

b. 检查润滑情况，若不符合要求，及时更换或加注。

c. 冷却水系统应畅通无阻。

d. 盘车无轻重不均的感觉，无杂音，填料压盖不歪斜。

e. 热油泵启动前一定要暖泵，预热升温速度不高于每小时50℃。

② 空负荷试车　完成检修工作，经检查合格后，可对多级泵进行空负荷试车。空负荷试车应按以下步骤进行。

a. 由电工检查电动机及绝缘情况，合格后送电。

b. 开冷却水并进行盘车。

c. 启动电动机，注意观察电动机转向及声响是否正常。

空负荷试车应达到以下要求。

a. 运行平稳、无杂音，油封、冷却水和润滑系统工作正常，附属管路无滴漏。

b. 滑动轴承的温升应低于65℃，滚动轴承的温升应低于70℃。

c. 振动正常，振幅不超过技术要求规定的指标。

③ 负荷试车　完成空负荷试车，泵的各项性能指标符合技术要求，可进行负荷试车。负荷试车步骤如下。

a. 盘车并开冷却水。

b. 灌泵。

c. 启动电动机。注意观察泵的出口压力、电动机电流及运转情况。

d. 缓慢打开泵的出口阀，直至正常流量。

e. 用调节阀或泵出口阀调节流量和压力。

负荷试车应符合的要求如下。

a. 运转平稳无杂音，润滑冷却系统工作正常。

b. 流量、压力平稳，达到铭牌能力或查定能力。

c. 在额定的扬程、流量下，电动机电流不超过额定值。

d. 各部位温度正常。

e. 轴承振动振幅：工作转速在1500r/min以下，应小于0.09mm；工作转速在3000r/min以下，应小于0.06mm。

f. 各接合部位及附属管线无泄漏。

g. 轴封漏损应不高于下列标准，填料密封：一般液体，20滴/min；重油，10滴/min。机械密封：一般液体，10滴/min；重油，5滴/min。

④ 验收　检修质量符合规程要求，检修记录准确齐全，试车正常，可按规定办理验收

手续，移交生产。

2.4.3 其他离心泵的检修

（1）单级双吸水平剖分泵的检修

① 拆卸 水平剖分泵拆卸比较方便，只要将上盖吊走，转子就能取出，无需拆除进出口管线。拆卸时应做到如下几点。

a. 架设百分表找泵和原动机的转子中心偏差情况，并记录，作为机器检修后找正参考。

b. 装导向杆，避免泵的上壳起吊时摆动而碰坏零件。

c. 装顶丝，便于上壳顶起。

d. 先松上壳中部螺母，再松周边螺母；对于水平剖分面面积较大的泵，这点特别重要。如果松螺母的顺序颠倒，即先松周边螺母，这时，周边已放松，而中部仍然受很大压力，周边有可能产生向上的翘曲变形。

e. 对称旋紧顶丝，这时，上下壳体间将出现缝隙，说明上壳已被顶起。在对称旋紧顶丝时，随时测量上下壳体间缝隙的宽度，要保持一周的各处宽度相同，相差不能超过0.5mm。当缝隙宽度达到20～30mm时，即可停用顶丝，而用一般起重工具将上壳徐徐吊走。

吊出转子后，用专用工具将转子上的零件拆下来。

② 组装与调整 组装过程一般为拆卸的逆过程。组装过程中注意事项如下。

a. 所有密封垫、螺纹处都要涂抹一层铅粉油。

b. 装水封环时，要注意其轴向位置。水封环的外圆槽要对准填料函的进液孔。

c. 轴承压盖止口上开有缺口，此缺口要对准轴承箱上的进油孔，否则，润滑剂加不进去。

d. 填料要事先制成合格的填料环，一道一道地加进去，加一道压紧后再加下一道。

e. 轴套、轴承、联轴器与轴组装时，先用机械油煮浴，油温慢慢提高，时间适当长些；让被加热零件胀透后再组装，油温控制在100℃左右。

f. 两端轴承内圈和轴肩之间有轴承挡圈，轴承挡圈的厚薄，影响转子和泵体之间各部轴向间隙。当转子在下壳就位后，盘动转子，看看是否轻快自如。否则，要检查各部轴向间隙。叶轮口环与叶轮吸入口轴向间隙，左右两边数值要求相同。叶轮流道出口中心线与泵壳中心线要求重合，如果不重合，泵在运行时除动静部分可能摩擦外，泵的性能也会变坏。改变左右轴承挡圈（靠轴肩处的）的厚度，可使转子在泵体中沿轴向左右移动，达到调塞目的。

g. 靠联轴器端的两个轴承内圈之间，也有轴承挡圈。此轴承挡圈的厚度改变，可改变轴承压盖止口和轴承外圈的轴向间隙。

h. 两端轴承箱中，靠联轴器端设两个轴承，轴承压盖止口和轴承外圈留有0.05mm左右的轴向间隙；而另一端设一个轴承，轴承压盖止口和轴承外圈的轴向间隙很大，达6mm左右。这样安排的目的是使转子一端固定，另一端自由，避免各部分热膨胀时，泵轴顶弯。

（2）高速离心泵的检修

① 拆卸

a. 拆卸驱动装置

（a）拆出电动机的电源线或汽轮机的进出口接管。

（b）拧下联轴器螺钉，卸出联轴器。

（c）拧下驱动机与齿轮箱的连接螺钉，然后用起重设备吊出驱动机，平稳、直立地放在枕木上或平台上。

b. 拆卸泵体

(a) 拧下泵体与齿轮箱的连接螺栓，从泵体上吊出增速器、泵端盖及叶轮等组件；吊时要小心，保持垂直向上，当叶轮和导向器全部脱出泵体后，才可以吊移到检修工作场地。

(b) 撬开防松翼形垫片，然后拧下导向器或叶轮螺栓，依次取出翼形垫片、叶轮、泵机械密封动环和轴套。

(c) 拆出泵机械密封静环组件。

(d) 拧下端盖上的螺栓，取出端盖。

c. 拆卸增速器

(a) 拧下齿轮增速器上、下箱体的连接螺栓，卸出定位销钉，用吊具提住上箱体，并用锤轻轻敲打下箱体使上、下箱体脱离，取出上箱体。

(b) 依次取出低速轴组件、油泵和高速轴组件。

拆卸箱体前，应测量高速轴的轴向窜动量，拆后应测量箱体中分面的垫片厚度，将数据记录，以免装配出现偏差。

② 组装　高速离心泵组装转子总成时，必须特别仔细。组装轴、齿轮、滚动轴承时，齿轮、轴承均应油煮，轴颈应预冷。其温度应控制在表2-28规定范围内。

表2-28　高速离心泵轴承油煮、轴颈预冷温度

零　件	温度/℃	零件	温度/℃
齿轮轴颈	190～205(并低于回火温度)－18	滚动轴承	≤120

(3)深井泵的检修

深井泵的泵体及扬水管置于地下井中几十米，不像其他泵，可从现场整体吊走，而是就地自上而下一段一段地拆卸，并自下而上一段一段地组装。

① 拆卸　首先拆除泵座和基础外的连接螺栓，利用现场竖立的三脚拔杆，用手动葫芦将泵座连同井下部分慢慢吊起一定高度，用夹紧板夹紧末级扬水管，将钢丝绳挂在夹紧板上，这样，起吊部位由泵座转移到夹紧板上。这时，可以将泵座拆除。将井下部分再慢慢吊起一定高度，用另一副夹紧板夹紧下一级扬水管，让起吊部位转移到下一级扬水管上。这时，可拆除第一级扬水管。如此变更起吊部位，则深井泵就可完全拆除。

在拆叶轮时，用专用套管抵住锥形套的小头端面，锤击专用套管的另一端，叶轮和锥形套便可分开。

② 组装　首先将泵轴插入进水管，在进水管底部将垫片和安装螺母旋到泵轴上，使泵轴露出进水管下法兰130～150mm（小泵取小值，大泵取大值）。将锥形套从上端套入泵轴上，并推向进水管，使锥形套靠紧进水管底部的垫片。装上叶轮，用锁母锁紧。当各级叶轮及泵体全部装毕，拆去安装螺母和垫片，测量转子轴向窜量，要求6～10mm，如果小于4mm，应重新组装。当调整螺母刚和传动盘接触，各级叶轮均坐落在泵体上（轴向），可旋转调整螺母$1\sim1\frac{2}{3}$圈，使转子上升，保证叶轮和泵体留有一定的轴向间隙。

2.5　软填料密封

软填料密封又叫压盖填料密封，俗称盘根（packing）。它是一种填塞环缝的压紧式密封。软填料密封是离心泵常用的轴封形式之一，也是离心泵中的易损件。

2.5.1 软填料密封的基本结构与密封原理

如图 2-77 所示为离心泵用软填料密封的典型结构。软填料 4 装在填料函 5 内，压盖 2 通过压盖螺栓 1 轴向预紧力的作用使软填料产生轴向压缩变形，同时引起填料产生径向膨胀的趋势，而填料的膨胀又受到填料函内壁与轴表面的阻碍作用，使其与两表面之间产生紧贴，间隙被填塞而达到密封。即软填料是在变形时依靠合适的径向力紧贴轴和填料函内壁表面，以保证可靠的密封。

为了使径向力沿轴向分布均匀，采用中间封液环 3 将填料函分成两段。为了使软填料有足够的润滑和冷却，往封液环入口注入润滑性液体（封液）。为了防止填料被挤出，采用具有一定间隙的底衬套 6。

在软填料密封中，液体可泄漏的途径有三条，如图 2-78 所示。

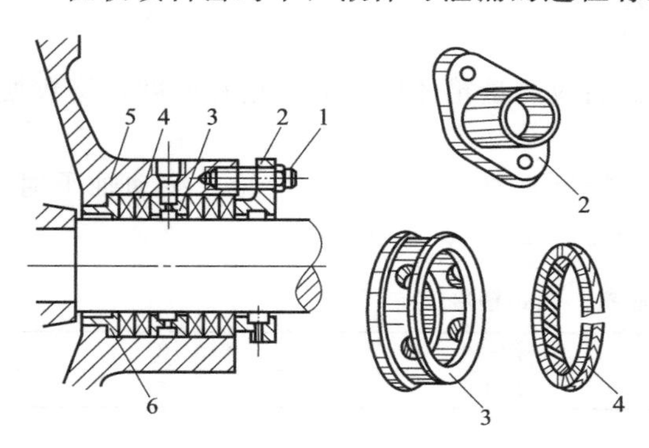

图 2-77 离心泵用软填料密封的典型结构

1—压盖螺栓；2—压盖；3—封液环；
4—软填料；5—填料函；6—底衬套

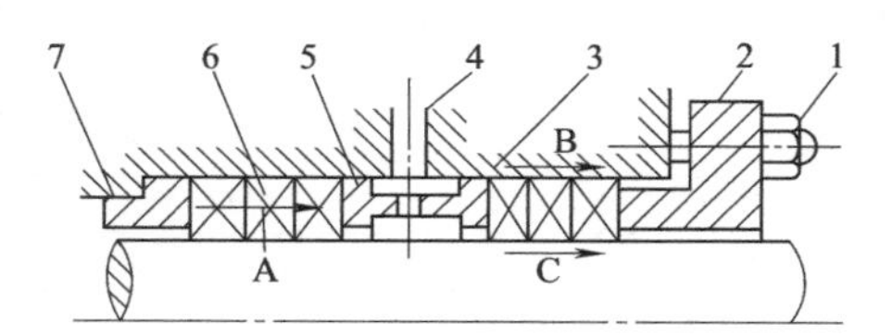

图 2-78 软填料密封泄漏途径

1—压盖螺栓；2—压盖；3—填料函；4—封液入口；
5—封液环；6—软填料；7—底衬套
A—软填料渗漏；B—靠箱壁侧泄漏；C—靠轴侧泄漏

① 流体穿透纤维材料编织的软填料本身的缝隙而出现渗漏（如图 2-78 中 A 所示）。一般情况下，只要填料被压实，这种渗漏通道便可堵塞。高压下，可采用流体不能穿透的软金属或塑料垫片和不同编织填料混装的办法防止渗漏。

② 流体通过软填料与箱壁之间的缝隙而泄漏（如图 2-78 中 B 所示）。由于填料与箱壁内表面间无相对运动，压紧填料较易堵住泄漏通道。

③ 流体通过软填料与运动的轴（转动或往复）之间的缝隙而泄漏（如图 2-78 中 C 所示）。

显然，填料与旋转的轴之间因有相对运动，难免存在微小间隙而造成泄漏，此间隙即为主要泄漏通道。填料装入填料函内以后，当拧紧压盖螺栓时，柔性软填料受压盖的轴向压紧力作用产生弹塑性变形而沿径向扩展，对轴产生压紧力，并与轴紧密接触。但由于加工等原因，轴表面总有些粗糙度，其与填料只能是部分贴合，而部分未接触，这就形成了无数个不规则的微小迷宫。当有一定压力的流体介质通过轴表面时，将被多次引起节流降压作用，这就是所谓的“迷宫效应”，正是凭借这种效应，使流体沿轴向流动受阻而达到密封。填料与轴表面的贴合、摩擦，也类似滑动轴承，故应有足够的液体进行润滑，以保证密封有一定的寿命，即所谓的“轴承效应”。

显然，良好的软填料密封即是“轴承效应”和“迷宫效应”的综合。适当的压紧力使轴与填料之间保持必要的液体润滑膜，可减少摩擦磨损，提高使用寿命。压紧力过小，泄漏严重；而压紧力过大，则难以形成润滑液膜，密封面呈干摩擦状态，磨损严重。密封寿命将大大缩短。因此如何控制合理的压紧力是保证软填料密封具有良好密封性的关键。

由于填料是弹塑性体，当受到轴向压紧后，产生摩擦力致使压紧力沿轴向逐渐减少，同时所产生的径向压紧力使填料紧贴于轴表面而阻止介质外漏。径向压紧压力的分布如图2-79（b)所示，其由外端（压盖）向内端，先是急剧递减后趋平缓，被密封介质压力的分布如图2-79（c）所示，由内端逐渐向外端递减，当外端介质压力为零时，则泄漏很少，大于零时泄漏较大。由此可见，填料径向压力的分布与介质压力的分布恰恰相反，内端介质压力最大，应给予较大的密封力，而此时填料的径向压紧力恰是最小，故压紧力没有很好地发挥作用。实际应用中，为了获得密封性能，往往增加填料的压紧力，亦即在靠近压盖端的2～3圈填料处使径向压力最大，当然摩擦力也增大，这就导致填料和轴产生如图2-80所示的异常磨损情况。可见填料密封的受力状况很不合理。另外，整个密封面较长，摩擦面积大，发热量大，摩擦功耗也大，如散热不良，则易加快填料和轴表面的磨损。因此，为了改善摩擦性能，使软填料密封有足够的使用寿命，则允许介质有一定的泄漏量，保证摩擦面上的冷却与润滑。旋转轴用软填料密封的允许泄漏率见表2-29。

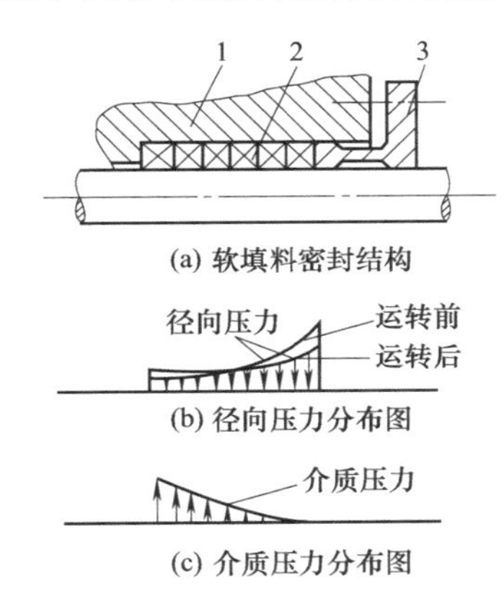

图2-79　软填料密封的压力分布

1—填料函；2—填料；3—压盖

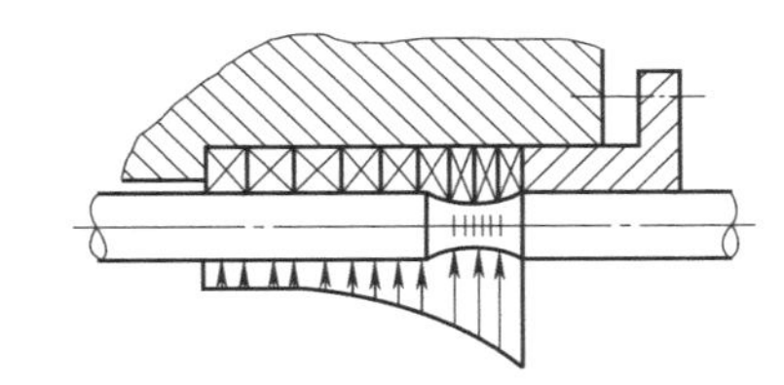

图2-80　填料的异常磨损

表2-29　旋转轴用软填料密封的允许泄漏率　　单位：mL/min

项　目	轴径/mm			
	25	40	50	60
启动30min内	24	30	58	60
正常运行	8	10	16	20

注：1. 转速为3600r/min，介质压力为0.1～0.5MPa条件下测得。
2. 1mL泄漏量等于16～20滴液量。

2.5.2　填料压紧力的分布与压盖螺栓的计算

（1）填料压紧力的分布

如图2-81所示，填料受到压盖轴向压紧后，填料即行压缩而向内端移动。在填料接触的长度方向取填料微元，其长度为dx，填料微元受力有：轴向压力p_x和p_x+dp_x，径向压力p_y，以及摩擦力F_1和F_2。力的平衡方程式为：

$$F_1+F_2+\pi(R^2-r^2)dp_x=0 \qquad (2\text{-}44)$$

轴向压力p_x和径向压力p_y存在下列关系：

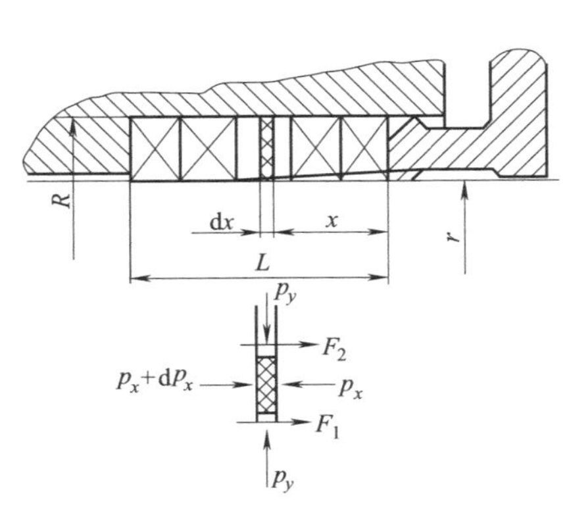

图2-81　填料受力分析图

$$p_y = k p_x \tag{2-45}$$

式中　k——侧压系数（又称柔软系数），它是径向压力 p_y 与轴向压力 p_x 的比值。

设填料内、外表面与轴表面和填料函内壁面之间的摩擦系数为 f，介质压力为 p_i，则：

$$F_1 = 2\pi r f p_y \mathrm{d}x \quad F_2 = 2\pi R f p_y \mathrm{d}x$$

与式（2-45）一起代入式（2-44）得：

$$-\frac{\mathrm{d}p_x}{p_x} = \frac{2kf}{R-r}\mathrm{d}x$$

由密封要求，$x=L$ 处（即内端填料处）径向压力 $p_y = p_i$，并积分：

$$-\int_{p_x}^{\frac{p_i}{k}} \frac{\mathrm{d}p_x}{p_x} = \frac{2kf}{R-r}\int_x^L \mathrm{d}x$$

$$\ln\frac{kp_x}{p_i} = \frac{2kf}{R-r}(L-x)$$

$$p_x = \frac{1}{k} p_i e^{\frac{2kf}{R-r}(L-x)}$$

又 $R-r=B$，则：

$$p_x = \frac{1}{k} p_i e^{\frac{2kf}{B}(L-x)} \tag{2-46}$$

式中　p_x——在 x 轴向任意长度上的轴向压力，Pa；
k——侧压系数；
p_i——介质压力，Pa；
f——填料与轴及填料函内壁的摩擦系数；
R，r——填料函内径与轴径，m；
B——填料厚度，m；
L——填料长度，m。

在压盖端部处，$x=0$，故压盖施加的压力 p_g（单位为 Pa）为：

$$p_g = \frac{1}{k} p_i e^{\frac{2kfL}{B}} \tag{2-47}$$

这就是说，压盖的压紧力与介质内压力成正比，且与填料的摩擦系数、侧压系数、填料长度、厚度等有关，为使密封效果良好，填料的摩擦系数应小，侧压系数大，填料长度可小，厚度（径向厚度）大等，并要求压盖压紧力小。在保证密封的效果下，p_g 越小越好。

应当指出，以上是填料装填正常时径向压力的分布情况。当填料装填不好时，将大大改变此压力的分布状况。同时，在填料工作一段时间后，由于润滑剂流失，填料体积变小，压紧力松弛，径向压力的分布曲线会变得平缓。

常用填料与钢轴的干摩擦系数见表 2-30，侧压系数见表 2-31。

表 2-30　常用填料与钢轴的干摩擦系数

材料名称	干摩擦系数	材料名称	干摩擦系数
石棉	0.25～0.4	柔性石墨	0.13～0.15
尼龙	0.3～0.5，0.05～0.1①	碳纤维浸渍聚四氟乙烯乳液	0.15～0.20
橡胶	0.2～0.4	聚四氟乙烯纤维浸渍聚四氟乙烯乳液	0.19～0.24
皮革	0.3～0.5，0.15①	石棉浸渍聚四氟乙烯乳液	0.24
毛毡	0.22		

① 表示有润滑剂的情况。

表 2-31 常用填料的侧压系数

材料	PTFE 浸渍的石棉填料	浸润滑脂的填料	石棉编织浸渍	金属箔包石棉类	柔性石墨
侧压系数 k	0.66～0.81	0.6～0.8	0.8～0.9	0.9～1.0	0.28～0.54

由式（2-47）计算出压盖对软填料的压紧压力 p_g 后，即可求出截断沿轴及填料函内壁面的泄漏通道所需的螺栓压紧载荷 F'（单位为 N）。

$$F' = p_g \pi (R^2 - r^2) \tag{2-48}$$

另外，装填料时将填料压实以防止软填料渗漏所需要压紧载荷 F''（单位为 N）为：

$$F'' = \pi (R^2 - r^2) Y \tag{2-49}$$

式中 Y——软填料的压紧比压，Pa。

柔性石墨软填料 $Y=3.5\times10^6$ Pa；石棉类软填料 $Y=4.0\times10^6$ Pa；天然纤维类软填料 $Y=2.5\times10^6$ Pa。

（2）压盖螺栓尺寸的计算

首先要确定螺栓的载荷 F，即取 F'、F''中的较大者，则压盖螺栓的螺纹根径 d_b（单位为 mm）为：

$$d_b = \sqrt{\frac{4F}{n\pi[\sigma]}} \tag{2-50}$$

式中 n——螺栓数目，一般为 2～4 个；

$[\sigma]$——螺栓材料的许用应力，MPa。

2.5.3 填料函的主要结构尺寸

填料函结构尺寸主要有填料厚度、填料总长度（或高度）、填料函总高度等，如图 2-82 所示。

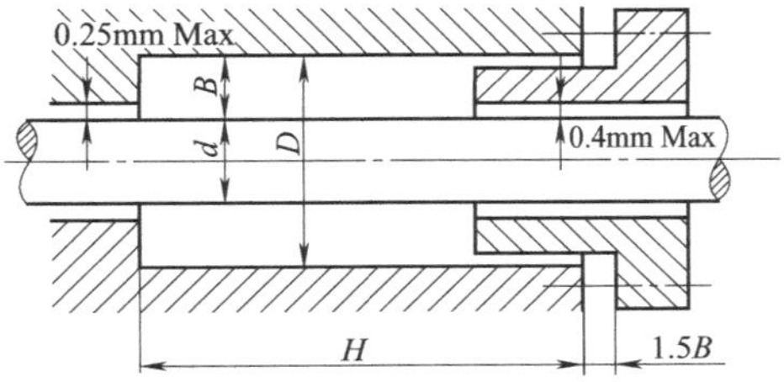

图 2-82 填料函的主要结构尺寸

填料函尺寸确定一般有两种方法：一是以轴的直径 d 直接选取填料的厚度 B，见表 2-32，再由介质压力按表 2-33 来确定填料的环数，它们所根据的是有关的国家标准或者企业标准；二是依据一些相关的经验公式来确定，举例如下。

填料厚度：

$$B=(1.5\sim2.5)\sqrt{d}$$

填料函内径：

$$D=(d+2B)$$

填料函总高度：

$$H=(6\sim8)B+h+2B$$

式中 h——封液环高度，$h=(1.5\sim2)B$。

填料函内壁的表面粗糙度值不大于 Ra 1.6μm，轴的表面粗糙度值不大于 Ra 0.4μm，除金属填料外，轴表面的硬度＞180HBS。

表 2-32 填料厚度与轴径的关系

轴径 d/mm	≤16	16～25	25～50	50～90	90～150	150
填料厚度 B/mm	3	5	6.5	8	10	12.5

表 2-33 填料环数与介质压力的关系

介质压力/MPa	≤3.5	3.5～7.0	7.0～14	>14
填料环数/圈	4	6	8	10

需要强调的是，填料环数过多和填料厚度过大，都会使填料对轴或轴套表面产生过大的压紧力，并引起散热效果的降低，从而使密封面之间产生过大的摩擦和过高的温度，并且其作用力沿轴向的分布也会越不均匀，导致摩擦面特别是轴或轴套表面的不均匀磨损，同时填料也可能烧损，如果密封面间的润滑液膜也因此而被破坏，磨损就会随之加速，最后造成密封的过早失效，也会给后面的检修、安装、调整等工作带来很大的不便。如前所述，实际起密封作用的仅仅是靠近压盖的几圈填料，因此除非密封介质具有高温、高压、腐蚀性和磨损性，一般 4～5 圈填料已足够了。

2.5.4 常用软填料密封材料

(1) 对软填料密封材料的要求

随着新材料的不断出现，填料结构形式也有很大变化，无疑它将促使填料密封应用更为广泛，用作软填料的材料应具备如下特性。

① 有较好的弹性和塑性。当填料受轴向压紧时能产生较大的径向压紧力，以获得密封；当机器和轴有振动或偏心及填料有磨损后能有一定的补偿能力（追随性）。

② 有一定的强度，使填料不至于在未磨损前先损坏。

③ 化学稳定性好。即其与密封流体和润滑剂的适应性要好，不被流体介质腐蚀和溶胀，同时也不造成对介质的污染。

④ 不渗透性好。由于流体介质对很多纤维体都具有一定的渗透作用，所以对填料的组织结构致密性要求高，因此填料制作时往往需要进行浸渍、充填相应的填充剂和润滑剂。

⑤ 导热性能好，易于迅速散热，且当摩擦发热后能承受一定的高温。

⑥ 自润滑性好，耐磨损，并且摩擦系数低。

⑦ 填料制造工艺简单，装填方便，价格低廉。

对以上要求，能同时满足的材料不多，如一些金属软填料、碳素纤维填料、柔性石墨填料等，它们的性能好，适应的范围也广，但价格较贵。而一些天然纤维类填料，如麻、棉、毛等，其价格不高，但性能不好，适应范围比较窄。所以，在材料选用时应对各种要求进行全面、综合的考虑。

(2) 常用软填料

① 典型的软填料结构形式　按不同的加工方法，软填料分为绞合填料、编织填料、叠层填料、模压填料等，其典型结构形式如图 2-83 所示。

a. 绞合填料　如图 2-83 (a) 所示，绞合填料是把几股纤维绞合在一起，将其填塞在填料腔内用压盖压紧，即可起密封作用，常用于低压蒸汽阀门，很少用于转轴或往复杆的密封。用各种金属箔卷成束再绞合的填料，涂以石墨，可用于高压、高温阀门。若与其他填料组合，也可用于动密封。

b. 编织填料　编织填料是软填料密封采用的主要形式，它是将填料材料进行必要的加工而呈丝或线状，然后在专门的编织机上按需要的方式进行编结而成，有套层编织、穿心编织、发辫编织、夹心编织等。

发辫编织填料［图 2-83 (b)］的断面呈方形，由八股绞合线束按人字形编结而成。因其编结断面尺寸过大造成结构松散，致密性差，但对轴的偏摆和振动有一定的补偿作用。一

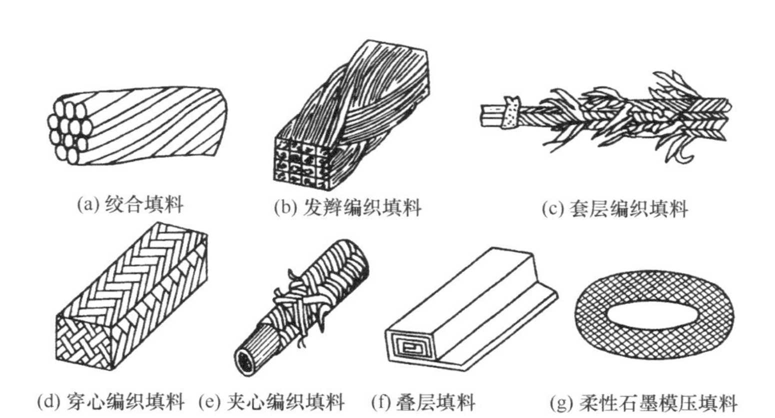

图 2-83 典型的软填料结构形式

般情况下只使用在规格不大的（6mm×6mm 以下）阀门等的密封填料中。

套层编织填料［图 2-83（c）］锭子个数有 12、16、24、36、48、60 等，均是在两个轨道上运行。编织的填料断面呈圆形，根据填料规格决定套层。断面尺寸大，所编织的层数多，如直径为 10～50mm，一般编织 1～4 层，中间没有芯绒。编织后的填料，如需改为方形，可以在整形机上压成方形。套层填料致密性好，密封性强，但由于是套层结构，层间没有纤维连接，容易脱层，故只适合低参数场合，如管道法兰的静密封或阀杆密封等。

穿心编织填料［图 2-83（d）］锭子数有 16、18、24、30、36 等，在三个或四个轨道上运行编织而成，编织的填料断面呈方形，表面平整，尺寸有 6mm×6mm～36mm×36mm。该填料弹性和耐磨性好，强度高，致密性好，与轴接触面比发瓣式大且均匀，纤维间空隙小，所以密封性能好，且一般磨损后整个填料也不会松散，使用寿命较长，是一种比较先进的编织结构，故应用广泛，可适用于高速轴的密封，如转子泵、往复式压缩机等。

夹心编织填料［图 2-83（e）］是以橡胶或金属为芯子，纤维在外，一层套一层地编织，层数按需要而定，类似于套层编织，编织后断面呈圆形。这种填料的致密、强度和弯曲密封性能好，一般用于泵、搅拌机的轴封和蒸汽阀的阀杆密封，很少用于往复运动密封。

编织的填料由于存在空隙，还需通过浸渍的方法处理。浸渍时，除浸渍剂外，加入一些润滑剂和填充剂，如混有石墨粉的矿物油或二硫化钼润滑脂，此外还有滑石粉、云母、甘油、植物油等，以提高填料的润滑性，降低摩擦系数。目前，在化工介质中使用的填料大部分浸渍聚四氟乙烯分散乳液，为使乳液与纤维有良好的亲和力，可在乳液中加以适量的表面活性剂和分散剂。经浸渍后的填料密封性能大大优于未经浸渍的填料。

c. 叠层填料　叠层填料［图 2-83（f）］是在石棉或其他纤维编织的布上涂抹黏结剂，然后一层层叠合或卷绕，加压硫化后制成填料，并在热油中浸渍。最高使用温度可达 120～130℃，密封性能良好。可用于 120℃以下的低压蒸汽、水和氨液，主要用作往复泵和阀杆的密封，也可用于低速转轴轴封。当涂覆硬橡胶时，还可用于水压机的活塞杆。因其含润滑剂不足，所以在使用时必须另加润滑剂。

d. 模压填料　模压填料主要是将软填料材料经过一定形状的模压制成相应形状的填料环而使用。如图 2-83（g）所示为由柔性石墨带材一层层绕在芯模上然后压制而成，根据不同使用要求，将采用不同的压制压力。这种填料致密，不渗透，自润滑性好，有一定弹塑性，能耐较高的温度，使用范围广，但柔性石墨抗拉强度低，使用中应予以注意。

② 主要材料　目前软填料密封主要材料有纤维质材料和非纤维质材料两大类。

a. 纤维质材料　按材质可分为天然纤维、矿物纤维、合成纤维、陶瓷和金属纤维四大类。

(a) 天然纤维　天然纤维有棉、麻、毛等。麻的纤维粗，摩擦阻力大，但在水中纤维强度增加，柔软性更好，一般用于清水、工业水和海水的密封。棉纤维比麻纤维软，但它与麻相反，在水中会变硬且膨胀，因此摩擦力较大。一般用于食品、果汁、浆液等洁净介质的密封。

(b) 矿物纤维　矿物纤维主要是石棉类纤维。由于石棉具有柔软性好、耐热性优异、强度高、耐酸碱和多种化学品以及耐磨损等一系列优点，它很适合作密封填料。它的缺点是编结后有渗透泄漏，但浸渍油脂和其他润滑剂能防止渗漏，并能保持良好的润滑性。一般适用于介质为蒸汽、空气、工业用水和重油的转轴、往复杆或阀杆的密封。但由于石棉具有致癌性，国际上已制定出关于限制或禁止使用石棉制品的规定。

(c) 合成纤维　用于制作填料的合成纤维主要有：聚四氟乙烯纤维、碳纤维、酚醛纤维、尼龙、芳纶、芳砜等，这些材料由于其化学性能稳定，强度高，耐磨，耐温，摩擦系数较小，使填料密封的使用范围进一步扩大，寿命延长，解决了使用石棉材料所不能解决的一些问题。

ⓐ 聚四氟乙烯纤维　以聚四氟乙烯纤维为骨架，在纤维表面涂以聚四氟乙烯乳液，编织后再以聚四氟乙烯乳液进行浸渍，这种填料对酸、碱和溶剂等强腐蚀性介质具有良好的稳定性，使用温度为−200～260℃，摩擦系数较低，可以代替以前沿用的青石棉填料，在尿素甲铵泵和浓硝酸柱塞泵上使用效果良好，尤其是在压力为22.1MPa、温度100℃、线速度为14m/s并有少量结晶物的甲铵泵中应用，寿命可达3000～4000h，为石棉浸渍聚四氟乙烯填料的2倍，其缺点为导热性差，热膨胀系数大。

ⓑ 碳纤维　碳纤维是用聚丙烯腈纤维经氧化和碳化而成，根据碳化程度不同，可得到碳素纤维、耐焰碳纤维、石墨纤维三种产品。以碳纤维或加入聚四氟乙烯纤维编织填料经聚四氟乙烯乳液浸渍后，可在酸、碱溶剂中应用，特别是在尿素系统的高压甲铵泵、液氨泵中应用成功表明其是一种很有发展前途的适用于高温、高压、高速、强腐蚀场合的填料。目前，我国市售的碳纤维填料大多都是以耐燃碳纤维为主体并经多次浸渍聚四氟乙烯乳液和特种润滑剂编织而成的，其使用寿命比一般石棉填料高5～10倍，密度是石棉填料的3/4，密封性能优于石棉填料，随着工艺的成熟和完善及成本的降低，有可能逐渐取代石棉填料。

ⓒ 酚醛纤维　酚醛纤维也是近些年发展起来的新型耐燃有机纤维，酚醛纤维表面浸渍性能好，故将酚醛纤维编织成填料，经多次浸渍聚四氟乙烯乳液和表面处理之后，摩擦系数相当低（0.148～0.165），自润滑性能较好，加上酚醛纤维有一定的耐腐蚀性能（耐溶剂性能突出），可在一般浓度的酸、强碱及各种溶剂中使用。酚醛纤维的强度比聚四氟乙烯纤维低，故不适合在高压动态密封中使用，一般使用压力为4.9MPa，最高使用温度不超过180℃，长期使用温度在150℃以下。虽然酚醛纤维的多数性能指标低于聚四氟乙烯纤维和碳纤维，但由于酚醛纤维价格远低于聚四氟乙烯纤维和碳纤维，在工况不十分恶劣的情况下，其填料的使用效果大大超过石棉类填料。

ⓓ 芳纶纤维　芳纶纤维是聚芳酰胺塑料制成的纤维，由美国杜邦公司首先开发成功并于1972年首次以“凯夫拉”为商品名称加以命名。这种纤维突出的特点就是拉伸强度非常高，模量高，质地柔软，富有弹性；耐磨性极佳，耐热性也是在合成纤维中最好的，热分解温度为430℃；还有较好的化学稳定性，除强酸、碱不适用外，其他液体皆可适用。以芳纶纤维为主体材料与其他材料进行复合加工而制成的填料，用于油田、化工等行业的高压、高速泵，对于固液混合物的密封，更显示出其优异的技术性能。在市售的编织填料中，耐高

压、耐磨性还没有优于这种填料的。

(d) 陶瓷和金属纤维　陶瓷纤维是一种耐高温纤维，主要有氮化硅、碳化硅、氮化硼纤维等，耐温达 1200℃，是制造耐高温新型编织填料的骨架材料。其本身质脆易断，曲挠性很差，需与耐高温的金属纤维混合编织。

金属类纤维有蒙乃尔合金、不锈钢丝、铜丝、铅丝以及铝、锡、铅箔等。单独采用金属纤维作填料的并不多，大都与石棉纤维、合成纤维或陶瓷纤维混合编织，有时在编织填料过程中还夹入一些铅、锡、铅的粉末或窄带。它们可以在高压（≥20MPa）、高温（≥450℃）、高速（≥20m/s）的条件下使用。

b. 非纤维质材料　非纤维质材料中柔性石墨应用较广。柔性石墨做成板材后模压成密封填料使用。柔性石墨又称膨胀石墨，它是把天然鳞片石墨中的杂质除去，再经强氧化混合酸处理后成为氧化石墨。氧化石墨受热分解放出 CO_2，体积急剧膨胀，变成了质地疏松、柔软而又有韧性的柔性石墨。其主要特点如下。

(a) 有优异的耐热性的耐寒性　柔性石墨从－270℃的超低温到 3650℃（在非氧化气体中）的高温，其物理性质几乎没有什么变化，在空气中也可以使用到 600℃左右。

(b) 有优异的耐化学腐蚀性　柔性石墨除在硝酸、浓硫酸等强氧化性介质中有腐蚀外，其他酸、碱和溶剂中几乎没有腐蚀。

(c) 有良好的自润滑性　柔性石墨同天然石墨一样，层间在外力作用下，容易产生滑动，因而具有润滑性，有较好的减摩性，摩擦系数小。

(d) 回弹率高　当轴或轴套因制造、安装等原因存在少量偏心而出现径向圆跳动时，具有足够的浮动性能，即使石墨出现裂纹，也能很好密合，从而保证贴合紧密，防止泄漏，密封性能明显增加。

柔性石墨可以用于编织填料和模压填料两种形式。编织填料是以其他纤维作为基本骨架，再结合柔性石墨编结成石墨绳填料，所以其强度、柔软性、弹性均比模压填料高，并且装填与拆除都较方便。为提高其强度和耐温性，编结时可以采用因科镍金属丝或其纤维对编织填料进行加强，因而可在高压、高速条件下的密封场合使用。模压石墨填料是直接用柔性石墨薄板或带状材料经模压制而成的，其断面形式有矩形的或其他形式的环状结构，这种填料用于一般场合的密封，如阀门密封用得较多。用于其他较高转速的轴封时，要与别的填料组合使用。这些应用的不利点是填料所用的基本原材料价格较贵，给使用造成成本费用的大增，但其有较长的寿命和减少对轴面的磨损以及更有效的密封可靠性，可以使原始费用得以相对降低。

常用密封软填料的使用性能见表 2-34。

2.5.5　软填料密封的安装、拆卸、使用与保管

(1) 软填料的合理安装

① 安装注意事项　填料的组合与安装是否正确对密封的效果和使用寿命影响很大。不正确的组合和安装主要是指：填料组合方式不当、切割填料的尺寸错误、填料装填方式不当、压盖螺栓预紧不够，或不均匀，或过度预紧等，往往造成同一设备、相同结构形式、相同填料而出现密封效果相差悬殊的情况。很显然，这种不正确的安装是导致软填料密封发生过量泄漏和密封过早失效的主要原因之一。所以，对安装的技术要求必须引起足够的重视。安装时要注意以下几个方面的要求。

a. 填料函端面内孔边要有一定的倒角。

b. 填料函内表面与轴表面不应有划伤（特别是轴向划痕）和锈蚀，要求表面要光滑。

表 2-34 常用密封软填料的使用性能

名称	型号	填料组成	规格(正方形截面)/mm	使用范围							摩擦系数	特点
				压力/MPa		线速度/(m/s)		温度/℃	pH值	介质		
				旋转	往复	旋转	往复					
聚四氟乙烯纤维编织填料*(JB/T 6626—1993)	SFW/260	以聚四氟乙烯纤维为主体材料,浸渍聚四氟乙烯乳液或其他润滑剂,经编织制成绳状	3、4、5、6、8、10、12、14、16、18、20、22、24、25	10	25	8	2.5	≤260	0～14	硝酸、硫酸、氢氟酸、强碱、化学药品	≤0.14	耐腐、耐磨、强度高,自润滑性好,但导热性差,热膨胀系数大,高速时需加强冷却
	SFGS/260	以聚四氟乙烯割裂丝为主体材料,浸渍特种润滑剂,经编织制成绳状		10	25	8	2					
	SFP/260	以膨体聚四氟乙烯带为主体材料,添加高导热物质,再与特种润滑材料相复合,经特殊处理,加工编织制成绳状		15	20	8	3			强酸、强碱、盐类、有机溶剂、化学药品		耐磨,导热性好,易散热,自润滑性好,宜用于高速密封,使用寿命长
	SFPS/250	以膨体聚四氟乙烯石墨带为主体材料,和耐高温润滑剂混合,经编织制成绳状		8	25	10	2	≤250	0～12	强酸、强碱、有机溶剂、化学药品	≤0.12	耐磨、强度高,自润滑性好,高速旋转密封性能好,不宜用于液氧、纯硝酸
聚四氟乙烯填料环	MHC	以聚四氟乙烯及充填材料经模压、烧结、车削制成环状					1.5		0～14	强酸、强碱、药品		强度高,摩擦系数小,绝缘性好,耐腐蚀,是较好的密封材料
	NFS-H	以聚四氟乙烯纤维为主体材料,织成布(或编成填料),浸渍聚四氟乙烯乳液,经模压成环状,进行烧结而成					2.5					密封性强、耐高压、耐腐蚀性强
碳纤维/聚四氟乙烯混编填料*(JB/T 8560—1997)	TSS	碳纤维与聚四氟乙烯丝混合编织并浸渍聚四氟乙烯乳液或润滑油类	3～5、6～10、12～14、16～18、20～25				3		0～14	腐蚀性化学药品流体、有机溶剂、碱类、超低温流体	≤0.15	耐腐蚀,自润滑性、导热性、耐低温性能好。磨损小,摩擦系数小,适用高压、高速密封
碳纤维、聚四氟乙烯纤维填料环	FTH	碳纤维和聚四氟乙烯纤维经过处理后,压制成环状					1.5		2～12	强酸、强碱、液氨、液氮、油脂		耐高压、耐低温、耐腐蚀,自润滑性好,弹性、导热性好

续表

名称	型号	填料组成	规格(正方形截面)/mm	使用范围							摩擦系数	特点
				压力/MPa		线速度/(m/s)		温度/℃	pH值	介质		
				旋转	往复	旋转	往复					
碳(化)纤维浸渍聚四氟乙烯编织填料*(JB/T 6627—2008)	T1101	碳纤维浸聚四氟乙烯乳液编织填料	3、4、5、6、8、10、12、14、16、18、20、22、24、25				3	≤345	1~14	溶剂、酸、碱	≤0.15	导热性好、化学稳定性好、耐磨损,对机件磨损小,能长期使用
	T2101	Ⅰ型碳纤维浸聚四氟乙烯乳液编织填料						≤300				
	T3101	Ⅱ型碳纤维浸聚四氟乙烯乳液编织填料						≤260	2~12	溶剂、弱酸、弱碱		
	T1102	碳纤维浸聚四氟乙烯乳液模压成形填料环	内径(4~100)+0.3、(101~200)+0.5;外径(10~150)-0.5、(151~250)-0.7;高度3~25				3	≤345	1~14	溶剂、酸、碱		耐高压、导热性好、化学稳定性好、耐磨损,对机件磨损小
	T2102	Ⅰ型碳纤维浸聚四氟乙烯乳液模压成形填料环						≤300				
	T3102	Ⅱ型碳纤维浸聚四氟乙烯乳液模压成形填料环						≤260	2~12	溶剂、弱酸、弱碱		
芳纶纤维、酚醛纤维编织填料*(JB/T 7759—2008)	FL/250	以芳纶纤维为主体材料,浸渍聚四氟乙烯乳液或其他润滑剂,经编织制成绳状	3、4、5、6、8、10、12、14、16、18、20、22、25	30			5		1~14	酸、碱、有机溶剂、含有悬浮颗粒的液体	≤0.15	优异润滑性、耐磨性
	FQ/250	以酚醛纤维为主体材料,浸渍聚四氟乙烯乳液或其他润滑剂,经编织制成绳状		2					2~12	酸、碱、有机溶剂、化学药品	≤0.14	密封性、自润滑性好,耐腐蚀,强度高,是较好的密封材料
聚丙烯腈编织填料*(JB/T 10819—2008)	B101	聚丙烯腈纤维浸聚四氟乙烯乳液编织填料	5.0±0.4、(6.0~15.0)±0.6、(16.0~19.0)±0.8、(20.0~25.0)±1.2、25.0±1.5	2.5			15		2~12	弱酸、弱碱以及带有少量固体颗粒的介质	≤0.3	耐热、耐化学药品,传热好,自润滑性好,对机件磨损小
	B301	聚丙烯腈纤维浸聚四氟乙烯乳液和石墨编织填料										
	B102	聚丙烯腈纤维浸聚四氟乙烯乳液模压成形填料环					5	≤350				
	B302	聚丙烯腈纤维浸聚四氟乙烯乳液和石墨模压成形填料环		2.5			15					

续表

名称	型号	填料组成	规格(正方形截面)/mm	使用范围							摩擦系数	特点
				压力/MPa		线速度/(m/s)		温度/℃	pH值	介质		
				旋转	往复	旋转	往复					
柔性石墨编织填料*	RBTN1-450	增强材料为非金属且被柔性石墨包裹的编织填料	5.0 ± 0.4、(6.0 ～ 15.0) ±0.8、(16.0～25.0) ± 1.2、26.0±1.6	20				≤450	0～14	醋酸、硼酸、盐酸、硫化氢、硝酸、硫酸、氯化钠、矿物油、汽油、二甲苯、四氯化碳等介质	≤0.18	耐高温，耐低温，耐辐射，回弹性、润滑性、不渗透性优于石棉、橡胶等制品
	RBTN2-600	增强材料为非金属和金属且被柔性石墨包裹的编织填料						≤600			≤0.2	
	RBTW1-300	增强材料为非金属且在柔性石墨外部的编织填料						≤300			≤0.13	
	RBTW2-450	增强材料为金属且在柔性石墨外部的编织填料						≤450			≤0.4	
	RBTW2-600							≤600				
柔性石墨填料环	RSM-H	将柔性石墨制成带状板材，用模具压制成环状填料		16	20	40	2	−200～1650(非氧环境中)；−200～870	0～14	酸、碱、氨、有机溶剂，化学药品		耐腐蚀，耐高低温，自润滑性好，弹性大，扭矩小，但强度低，宜于与其他填料混合使用
石棉线浸渍聚四氟乙烯编织填料	SMF	以优质温石棉线为主体材料，浸渍聚四氟乙烯乳液，经过编织而成绳状	3、5、8、10、12、14、16、18、20、25				5		2～14	弱酸、强碱、有机溶剂、水		耐热，耐磨，耐腐蚀，密封性好，化学稳定性优良
	YAB	以石棉线、尼龙线为主体浸渍聚四氟乙烯乳液和硫化后编织而成					2			弱酸、强碱、有机溶剂、液氨、纸浆、海水		耐热，柔软，强度高，耐腐蚀，摩擦系数小，广泛应用
石棉线加合金丝编织填料	SMB-1	以石棉线为主体，金属丝增强，编织成断面为正方形或圆形的绳状					0.2		4～12	高温碱、热水		耐高温、高压，耐碱性能好，致密性好，弹性大，是优良的密封材料，但不适用旋转密封
纤维与橡胶复合填料	NFG-1	聚四氟乙烯纤维与特种橡胶复合制成的密封产品					5		0～14	浓硝酸、硫酸、氢氟酸、强碱化学药品		耐腐蚀、弹性大，密封性能好

注：1. 标有*者表示表中型号、规格、温度（最高使用温度）和摩擦系数为标准中内容。

2. 表中环状密封填料尺寸需与厂方联系。

c. 填料环尺寸要与填料函和轴的尺寸相协调，对不符合规格的应考虑更换。

d. 切割后的填料环不能任意将其变形，安装时，将有切口的填料环轴向扭转，从轴端套于轴上，并可用对剖开的轴套圆筒将其往轴后端推入，且其切口应错开。

e. 安装完后，用手适当拧紧压盖螺栓的螺母，之后用手盘动，以手感适度为宜，再进行调试运转并允许有少量泄漏，但随后应逐渐减少，如果泄漏量仍然较大，可再适当拧紧螺栓，但不能拧得过紧，以免烧轴。

f. 已经失效的填料密封，如果原因在填料，可采用更换或添加填料的办法来处理，使其正常运转。

② 软填料的安装

a. 清理填料函　在更换新的密封填料前必须彻底清理填料函，清除失效的填料。在清除时应使用如图 2-84 所示的专用工具，这样既省力，又可以避免损伤轴和填料函的表面。

清除后，还要进行清洗或擦拭干净，避免有杂物遗留在填料函内，影响密封效果。

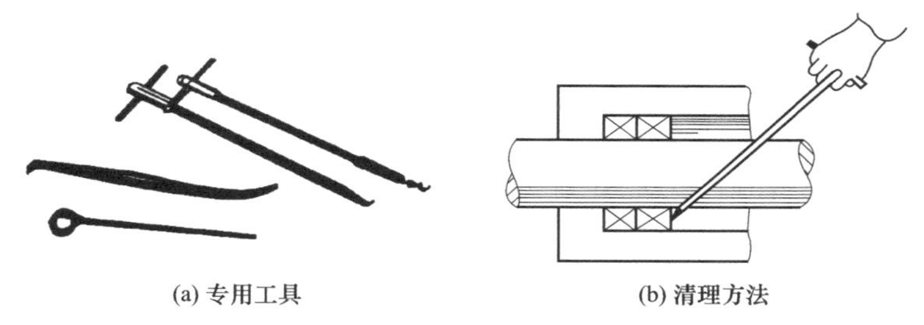

(a) 专用工具　　(b) 清理方法

图 2-84　用专用工具清理填料函

b. 检查　用百分表检查旋转轴与填料函的同轴度和轴的径向圆跳动量、柱塞与填料函的同轴度、十字头与填料函的同轴度（图 2-85）。同时轴表面不应有划痕、毛刺。对修复的柱塞（如经磨削、镀硬铬等）需检查柱塞的直径圆锥度、椭圆度是否符合要求，填料材质是否符合要求，填料尺寸是否与填料函尺寸相符合等。

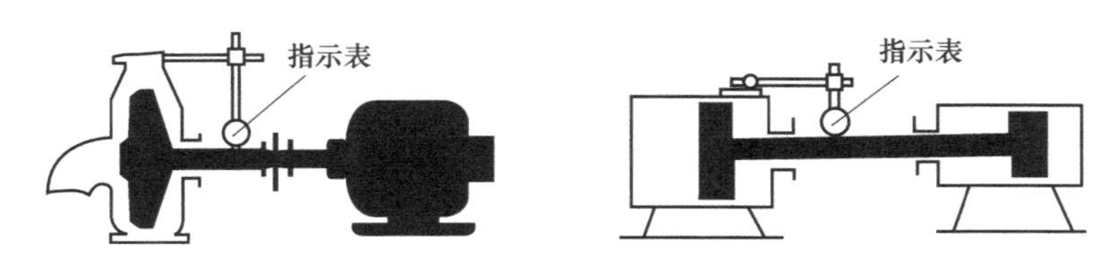

图 2-85　同轴度及径向圆跳动测量

检查填料厚度 B 过大或过小，最好采取如图 2-86 所示的用木棒滚压的办法，避免用锤敲打而造成填料受力不均匀，影响密封效果。

填料厚度 B 过大或过小时，严禁用锤子敲打。因为这样会使填料厚度不匀，装入填料函后，与轴表面接触也将是不均匀的，很容易泄漏。同时需要施加很大的压紧力才能使填料与轴有较好的接触，但此时大多因压紧力过大而引起严重发热和磨损。正确的方法是将填料置于平整、洁净的平台上，用木棒滚压（图 2-86）。但最好采用如图 2-87 所示的专用模具，将填料压制成所需的尺寸。

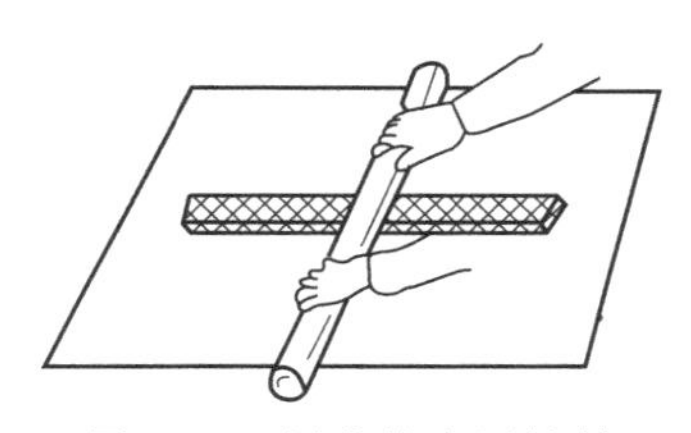

图 2-86　用木棒滚压填料

c. 切割密封填料　对成卷包装的填料，使用时应沿轴或柱塞周长，用锋利刀刃对填料按所需尺寸进行切割成环。填料的切割方法有手工和工具两种。

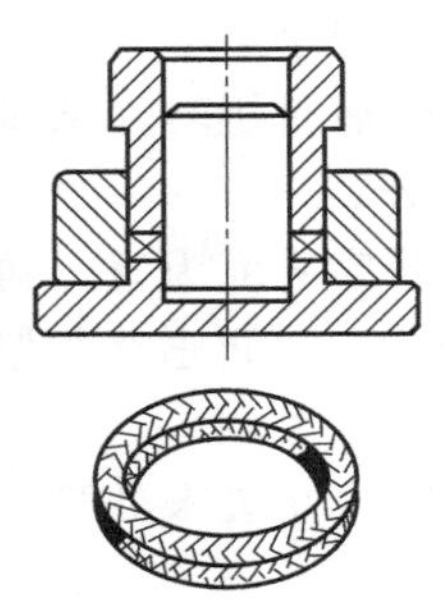
图 2-87　填料的模压改形

(a) 手工切割　切割时，最好的办法是使用一根与轴相同直径的木棒，但不宜过长，并把填料紧紧缠绕在木棒上，用手紧握住木棒上的填料，然后用刀切断，切成后的环接头应吻合（图 2-88），切口可以是平的，但最好是与轴呈 45°的斜口。切割的刀刃应薄而锋利，也可用细齿锯条锯割，用此方法切割的填料环，其角度和长度均能一致，精度和质量都较好。该方法的不足之处是需要专用木棒，切割线为弧形，切割不方便，切割方法不当时，缠绕在木棒上的填料容易松散。最好采用小铁钉固定，切割时，需一起割断。对切断后的填料环，不应当让它松散，更不应将它拉直，而应取与填料同宽度的纸带把每节填料呈圆环形包扎好（纸带接口应粘接起来），置于洁净处。成批的填料应装成一箱。

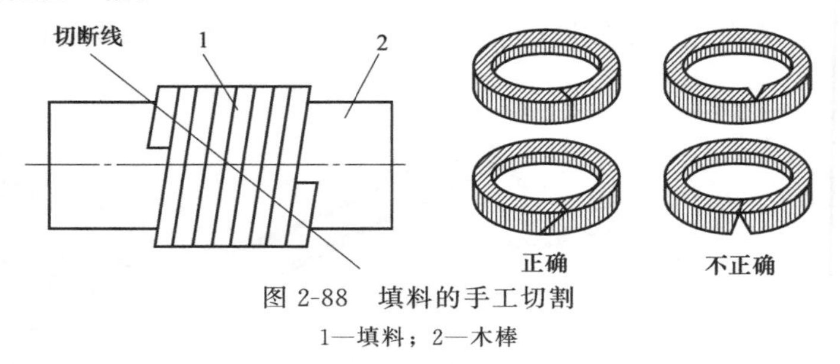

图 2-88　填料的手工切割
1—填料；2—木棒

(b) 工具切割　切割填料工具如图 2-89 所示。该工具结构简单，携带方便，切割角度和长度准确，无切口毛头或填料松散变形等缺陷，切割质量高。切割填料工具上的游标尺上有刻度，每格刻度值为 3.14mm，作测量填料长度用。游标可在标尺上滑动，上面有 45°或 30°的凹角，其顶点正好在看窗刻度上，看窗是对刻度用的，游标上的紧固螺钉作固定游标用。游标尺的截面为 L 形，凸边起校直填料用。刀架外形为 U 形，角度与游标上的角度对应相等。紧固螺杆和夹板活络连接，作夹持填料用。

填料切割时，按轴直径与填料宽度之和，在游标尺上取相对值，再将游标滑动到该值上，对准看窗上的刻度线，并用紧固螺钉固定游标。例如轴直径为 20mm，填料宽度为 6mm，其和为 26mm，对准游标尺上 26 格，切下的填料长度就是所需长度，即 $26\pi=81.68$mm。切割时将填料夹紧，用薄刀沿刀架边切断。然后将填料切角插入游标凹角内对准，填料靠在游标尺凸边校直，用夹板夹紧，再用薄刀沿刀架切断填料。

d. 对填料预压成形　用于高压密封的填料，必须经过预压成形。如图 2-90 所示为在油压千斤顶上进行预压成形（控制油压表读数），预压后填料应及时装入填料函中，以免填料恢复弹性。

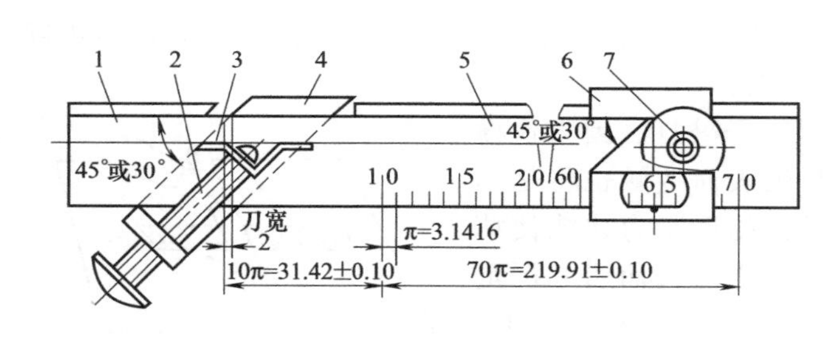

图 2-89　切割填料工具
1—填料；2—紧固螺杆；3—夹板；4—刀架；
5—游标尺；6—游标；7—紧固螺钉

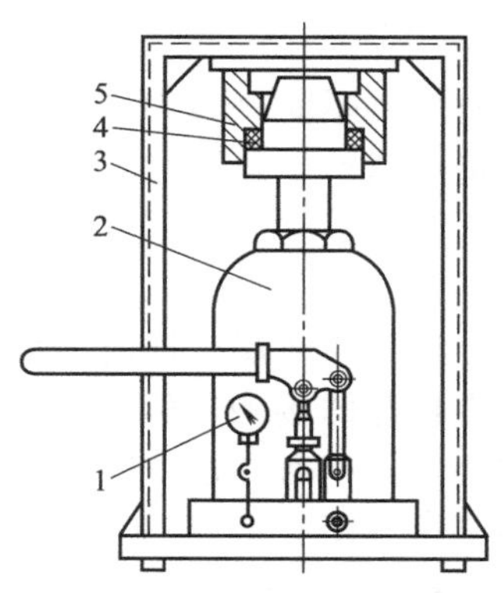

图 2-90　在千斤顶上进行预压成形
1—压力表；2—油压千斤顶；3—金属框架；
4—填料；5—预压成形模具

油压表压力按下式计算。

$$p=\frac{1.2p_i(D^2-d^2)}{d_0^2} \tag{2-51}$$

式中 p——千斤顶油压表读数，Pa；

p_i——介质压力，Pa；

D——填料函内径（填料外径），m；

d——填料内径，m；

d_0——千斤顶柱塞直径，m。

e. 填料环的装填　为使填料环具有充分的润滑性，在装填填料环前应涂覆润滑脂或二硫化钼润滑膏［图 2-91（a）］，以增加填料的润滑性能。

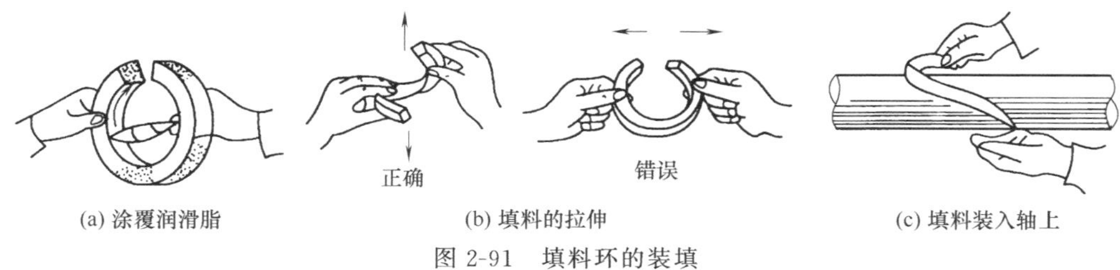

图 2-91　填料环的装填

涂覆润滑脂后的填料坏，即可进行装填。装填时，如图 2-91（b）、（c）所示，先用双手各持填料环切口的一端，沿轴向拉开，使其呈螺旋形，再从切口处套入轴上。注意不得沿径向拉开，以免切口不齐而影响密封效果。

填料环装填时，应一个环一个环地装填。注意，当需要安装封液环时，应该将它安置在填料函的进液孔处。在装填每一个环时用专用工具将其压紧、压实、压平，并检查其与填料函内壁是否有良好的贴合。

如图 2-92 所示，可取一个与填料尺寸相同的木质两半轴套作为专用工具压装填料。将木质两半轴套合于轴上，把填料环推入填料函的深部，并用压盖对木轴套施加一定的压力，使填料环得到预压缩。预压缩量为 5%～10%，最大到 20%。再将轴转动一周，取出木轴套。

装填时必须注意相邻填料环的切口之间应错开。填料环数为 4～8 时，装填时应使切口相互错开 90°；填料环数为 3～6 环时，切口应错开 120°；填料环数为 2 环时，切口应错开 180°。

装填填料时应该十分仔细认真，要严格控制轴与填料函的同心度，以及轴的径向圆跳动量和轴向窜动量，它们是填料密封具有良好密封性能的先决条件和保证。

密封填料环全部装完后，再用压盖加压，在拧紧压盖螺栓时，为使压力平衡，应采用如图 2-93 所示的对称拧紧法，压紧力不宜过大；先用手拧，直至拧不动时，再用扳手拧。

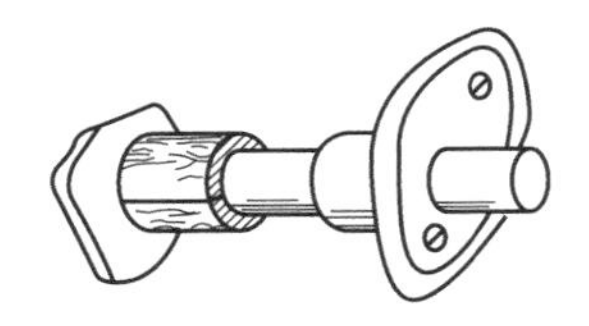

图 2-92　用木质两半轴套压紧填料

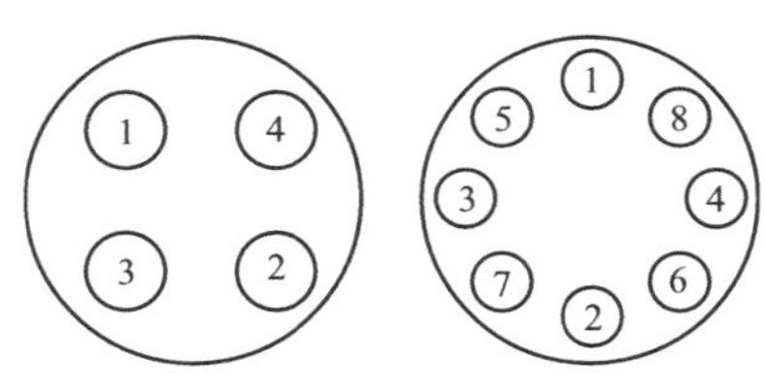

图 2-93　对称拧紧螺栓示意图

f. 运行调试　调试工作是必需的。其目的是调节填料的松紧程度。用手拧紧压盖螺栓后，启动泵，然后用扳手逐渐拧紧螺栓，一直到泄漏减小到最小的允许泄漏量为止；设备启

动时，重新安装和新安装后的填料发生少量泄漏是允许的。设备启动后的1h内需分步将压盖螺栓拧紧，直到其滴漏和发热减小到允许的程度，这样做的目的是使填料能在以后长期运行工作中达到良好的密封性能。填料函的外壳温度不应急剧上升，一般比环境温度高30～40℃可认为合适，能保持稳定温度即认为可以。

（2）填料的合理拆卸

拆卸填料时，首先应松掉压盖螺栓或压套螺母，取出压盖或压套。有条件时最好把轴或阀杆抽出填料函，这样掏出填料最为方便。如果轴或阀杆不能从填料函中抽出，可按如图2-94所示的方法拆卸填料。拆卸工具应避免碰撞轴或阀杆。

图2-94　填料拆卸的方法

（3）软填料的合理使用

由于环境因素、密封介质因素、密封结构因素、被密封件以及软填料自身的材料、结构、性质和尺寸等因素的影响，使软填料密封的合理使用出现许多复杂多样的变化，如果因此造成使用不当而引起的一些问题，诸如泄漏量过大、密封寿命过短、摩擦功耗过大或者密封结构尺寸过大而复杂、造价太高等，都会使软填料密封使用受到限制。对于这些问题的出现，只要认真分析上述因素的影响，合理使用填料，还是可以得到相对完善的软填料密封的。如何合理使用软填料，关系到软填料密封的密封性能，也关系到其价值投入的大小和密封结构是否简单等许多方面。在此，就软填料的合理使用提出以下一些建议。

① 根据相应的工况条件等主要因素，合理正确地设计填料函的尺寸，并合理地选用填料及其形式。

② 特殊工况的密封，尽可能选用组合式填料。密封要求高的，除考虑使用组合式填料外，还可考虑使用新型密封结构形式。

③ 对于高压密封使用的软填料，必须经过预压成形，之后再装入填料函内。

④ 对蒸汽和热流体的阀门密封，特别推荐使用柔性石墨填料密封环。

⑤ 软硬填料混合安装时软填料应靠近压盖端，而硬填料放在填料函底部，而且软、硬交替放置为宜（图2-95）。

⑥ 在安装过程中，填料不能随意放置，以避免其表面受到灰尘、泥沙等污物的污染，因为这些污物一旦粘上填料，就很难清除，当随填料装入填料函后，将会使轴表面产生剧烈的磨损。

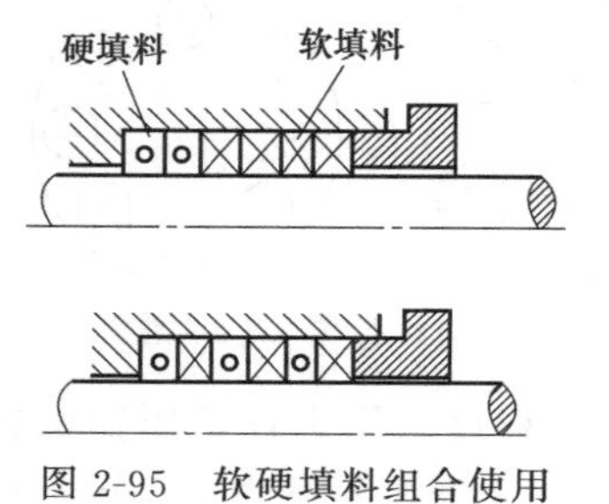

图2-95　软硬填料组合使用

⑦ 装完填料后，应对称地拧紧压盖螺栓，以避免填料歪斜。

⑧ 在填料安装完后的试运转（主要指开启电机时）过程中，如果出现无泄漏现象，则说明压盖压得太紧，并不利于其以后的正常工作，应适当调松压盖螺栓。

⑨ 正式投入运行后，应该随时观察掌握其泄漏情况。一定时期内，对泄漏量增大的，可以通过对压盖螺栓的适当调节进行控制。但不宜拧得太紧，否则可能会产生烧轴的现象，而

填料也会加速老化。

⑩ 轴的磨损、弯曲或是偏心严重是造成泄漏的主要原因。故应定期检查轴承是否损坏，并尽可能将填料腔设在离轴承不远处。轴的允许径向跳动量最好在 0.03～0.08mm 范围内（大轴径取大值），最大为$\sqrt{d}/100$mm。

⑪ 转动机械，转子的不平衡量应在允许范围内，以免振动过大。

⑫ 封液环的两侧（包括外加注油孔的两侧）应装同硬度的填料。当介质不洁净时，应注意封液环处不得被堵塞。

⑬ 当从外部注入润滑油和对填料函进行冷却时，应保证油路和水路畅通。注入的压力只需略大于填料函内的压力即可。通常取其压差为 0.05～0.1MPa。

（4）软填料的保管

① 密封填料应存放在常温、通风的地方；防止日光直接照射，以避免老化变质。不得在有酸、碱等腐蚀性物品附近处存放，也不宜在高温辐射或低温潮湿环境中存放。

② 在搬运和库存过程中，要注意防止砂、尘异物粘污密封填料。一旦黏附杂物要彻底清除，避免装配后损伤轴的表面，影响密封效果。

③ 对于核电站所用密封填料，除上述各点外，还要特别注意避免接触含有氯离子的物质。

2.5.6 软填料密封存在的问题与改进

（1）存在的问题

软填料密封结构简单，价格低廉，安装使用方便，性能可靠，但仍有许多不足之处。从对软填料密封结构的基本要求看，传统软填料密封主要存在以下几个方面问题。

① 径向压力分布不均，摩擦磨损严重。由于填料是弹塑性体，当受到轴向压紧后，产生的摩擦力致使压紧力沿轴向逐渐减少，同时所产生的径向压紧力使填料紧贴于轴表面而阻止介质外漏。如图 2-79 所示，径向压紧压力的分布由外端（压盖）向内端，先是急剧递减后趋平缓，被密封介质压力的分布由内端逐渐向外端递减，当外端介质压力为零时，则泄漏很少，大于零时泄漏较大。由此可见，填料径向压力的分布与介质压力的分布恰恰相反，内端介质压力最大，应给予较大的密封力，而此处填料的径向压紧力恰是最小，故压紧力没有很好地发挥作用。实际应用中，为了获得密封性能，往往增加填料的压紧力，亦即在靠近压盖端的 2～3 圈填料处使径向压力最大（为平均压紧力的 2～3 倍），当然摩擦力也增大，这就导致填料和轴产生如图 2-80 所示的异常磨损情况，严重影响密封工作的稳定性。填料圈数越多，轴向高度越大，比压越不均匀。

② 散热、冷却能力不够。软填料密封中，滑动接触面较大，摩擦产生的热量较大，而散热时，热量需通过较厚的填料，且多数软填料的导热性能都较差。摩擦热不易传出，致使摩擦面温度升高，摩擦面间的液膜蒸发，形成干摩擦，磨损加剧，密封寿命会显著降低。

③ 应力松弛现象严重，密封工作的稳定性差。由密封填料的黏弹性分析可知，在恒定应变作用下，密封填料产生明显的应力松弛，严重的应力松弛必然导致软填料密封的早期失效。传统的软填料密封，压盖螺栓所施加给填料的预紧力是恒定的，由于磨损引起填料的压缩变形量稍有减少就会加剧填料的应力松弛，从而降低密封工作的稳定性和可靠性。

④ 自动补偿能力较差。软填料磨损后，填料与轴杆、填料函内壁之间的间隙加大，而传统软填料密封结构无自动补偿压紧力的能力，随着间隙增大，泄漏量也逐渐增大。因此，必须频繁拧紧压盖螺栓。

⑤ 偏摆或振动的影响。某些机器或设备在工作时，轴有较大的振动和偏摆，轴与旋转

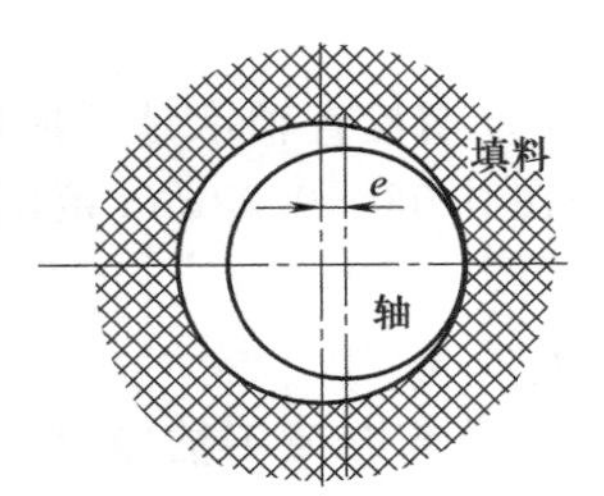

图 2-96　偏心对间隙的影响

中心之间将会出现较大偏心。如图 2-96 所示，若轴的中心与旋转中心不重合，偏心距为 e，则轴与填料之最大间隙就为 $2e$，最小间隙为零。间隙沿圆周的分布像月牙形。月牙形的间隙位置随着轴的转动而周期性变化，因此起到了类似容积泵的增压作用，这对密封是非常不利的。

(2) 改进措施

① 提高密封填料性能

a. 采用填料的组合使用　即采用不同种类密封填料分段混合配置。不同的填料其侧压系数和回弹性能不同，通过合理地选择不同的填料进行组合，可以极大地提高其密封效果。例如，对于柔性石墨由于其抗拉及抗剪切能力较低，所以一般将柔性石墨填料与石棉填料或碳纤维填料组合使用，这样既可防止柔性石墨填料被挤入轴隙，强烈磨损而引起介质泄漏，又可使填料径向压力分布均匀，增进密封效果。

实验表明，组合填料一般比各组分单一填料的密封性能好。同样填料的组合方式不同，工作寿命也不同。为得到最佳密封效果，填料组装应符合下列原则：组合填料各圈由压盖到密封箱底，填料的侧压系数有增大趋势，填料的摩擦系数依次减小，表示压力下降速度的填料综合系数呈减小趋势。

b. 对填料预压成形　填料预压成形就是对填料先以一定的压力进行预压缩，然后再装入填料函。填料在经过预压缩后，在相同的压盖压力下，抵抗介质压力的能力增强，变形减少，介质泄漏的阻力增大，密封效果明显改善。

填料经过预压缩后，与未经预压缩的相比，其径向压力分布比较均匀合理（图 2-97），密封效果提高。预压缩的比压应高于介质压力，其值可取介质压力的 1.2 倍。预压后填料应及时装入填料腔中，以免填料恢复弹性。如果进行预压缩时，对填料施加的压力不同，靠近压盖的填料压力小，离压盖越远则预压缩压力越大，这样的填料装入填料函压紧后其径向压力分布更接近泄漏介质沿泄漏通道的压力分布，密封效果与寿命有很大改善。

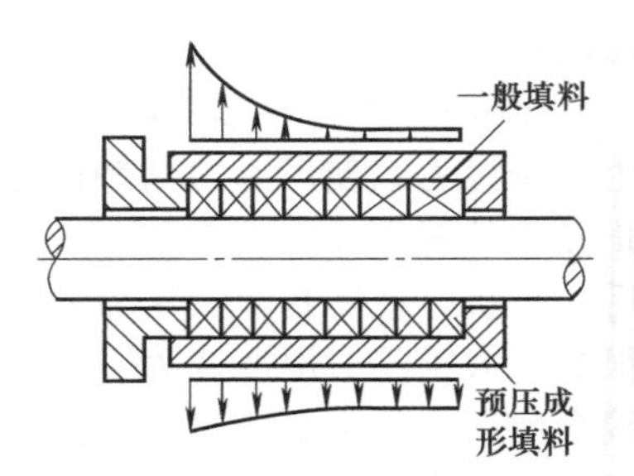

图 2-97　填料预压后的径向压力分布

c. 采用新型密封填料　泥状混合填料是一种新型的密封填料，它由纯合成纤维、高纯度石墨或高分子硅脂、聚四氟乙烯、有机密封剂进行混合，形成一种无规格限制的胶泥状物质。泥状混合填料密封结构如图 2-98 所示，在轴的运转过程中，泥状混合填料由于分子间吸引力极小，具有很强的可塑性，可以紧紧缠绕在轴上，并随轴同步旋转，形成一个“旋转层”，此“旋转层”起到了轴的保护层的作用，避免了轴的磨损，使得轴套永远不需要更换，减少了停机维修的时间；随着“旋转层”的直径逐步增大，轴对纤维的缠绕能力逐步减小（这是因为轴的扭矩是一定的，随着力臂的增加，扭力将逐步下降的结果），没有与轴缠绕的填料则与填料箱保持相对静止，形成一个“不动层”，如图 2-99 所示。这样在泥状混合填料中间形成一个剪切分层面，从而使摩擦区域处在填料中间而不是填料与轴之间。

泥状混合填料密封的特点：无泄漏，密封可靠，对轴（或轴套）无磨损；安装简单，维修时可在线修复，降低了劳动强度；不需要冲洗和冷却；轴功率损耗小，只有普通软填料密封的 22%左右。目前国内使用较多的泥状混合填料主要有 SR900、CMS2000 和 BP720、BP920 等，其相关参数见表 2-35。

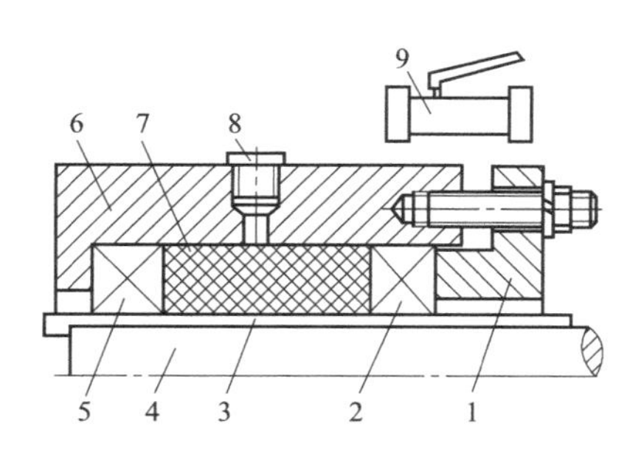

图 2-98 泥状混合填料密封结构

1—压盖；2,5—软填料环；3—轴套；4—轴；6—填料函；7—泥状混合填料；8—快速接管；9—注射系统

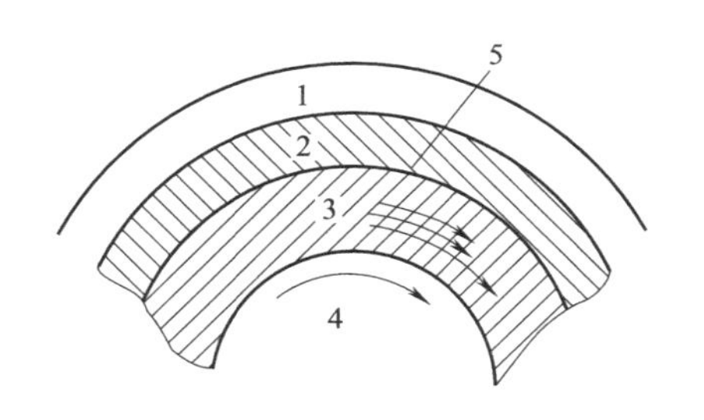

图 2-99 泥状混合填料工作原理

1—泵壳；2—不动层；3—旋转层；4—轴；5—剪切层

表 2-35 泥状混合填料技术参数

项目	型号					
	SR900	CMS2000			BP720	BP920
		第一代	第二代	第三代		
产地	中国	美国	美国	美国	英国	
温度/℃	−20～200	−18～200	−40～204	−50～750	−18～195	−65～205
最大压力/MPa	1.0	0.7	1.0	1.5	0.8	2.5
最大线速度/(m/s)	10	8	10	18	9	16
pH 值	4～13	4～13	1～13	1～14	4～13	2～14
适用介质	水基介质	水基介质	除氧化物、氟、三氟化氯及化合物、熔融碱金属外	除强酸、强氧化物外	水基介质	水或污水基介质

② 改进密封结构

a. 改进径向压紧力的结构　使填料沿填料函长度方向的径向压紧力分布尽可能均匀，并且与泄漏介质的压力分布趋势尽可能一致。其主要目的是减小轴和填料的磨损及其不均匀性，同时满足对密封的要求。可采取以下措施。

(a) 采用变截面的阶梯式结构　如图 2-100 (a) 所示，从压盖起到底环处填料截面逐段缩小而径向压力逐渐增大，接近介质压力分布。

(b) 双填料函分段式压紧结构　如图 2-100 (b) 所示，两个填料函轴向叠加，使后函体底端兼作前函体压盖，当填料环总数较多时，将其分段装入前后函体内，使压紧力较为均匀，可适当提高其密封能力。

(c) 压盖自紧式结构　如图 2-100 (c) 所示，利用流体介质压力直接作用于压盖前端面上，以提高在介质端部的填料受的压紧力，也使压紧力沿轴向的分布更趋于合理，当介质压力增高时，这种作用将更强。

(d) 集装式结构　如图 2-100 (d) 所示，由一组软填料环装填在一个可以沿轴向移动的金属套筒之中，填料和套筒预紧力由压盖螺栓（螺母下有弹簧）进行调节。工作时由于介质压力作用在套筒底上，进一步压缩软填料，增加了套筒内底部软填料对轴的压紧作用，从而使径向压紧力的分布沿轴向与密封介质的压力分布相配合。

(e) 采用分级软填料密封结构　如图 2-100 (e) 所示，由软填料环、金属环、圆柱形弹簧交替安装组合而成。它通过弹簧分别调节各层填料环的压紧力，使其得到最佳的径向压紧力分布，同时，弹簧还可以对径向压紧力的松弛起到补偿作用。

(f) 采用径向加载软填料密封结构　如图 2-100 (f) 所示，此密封是通过油嘴将润滑脂

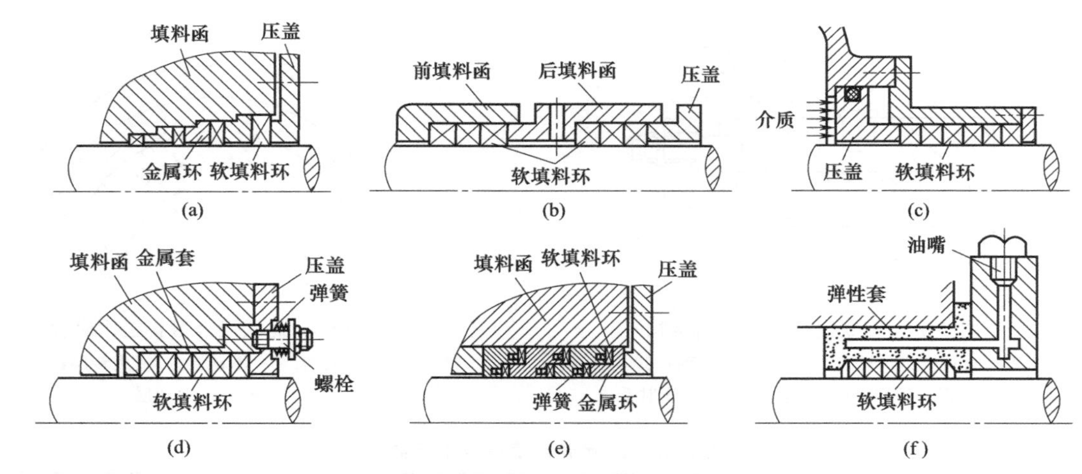

图 2-100 软填料结构的改进

挤入弹性套，从填料外围均匀加压，使填料沿轴方向的径向压紧力分布均匀。

b. 自动补偿的软填料密封结构 设置补偿结构，目的是对填料的磨损进行及时的或自动的补偿；而且拆装、检修方便，以缩短因此而引起的停工时间。采用液压加载和弹簧加载可以自动补偿［图 2-100（c）～（e）］。

如图 2-101 所示为自动补偿径向压紧软填料密封结构，具有以下优点。

（a）其径向压力和间隙中介质的压力在数值上很接近，符合软填料密封的要求。

（b）和传统软填料密封结构相比，摩擦功耗低。

（c）各圈填料受压套径向压力的作用，可始终紧压轴表面，可保证有效密封。

（d）自动补偿机构可连续补紧径向压力，提高了密封的可靠性。

（e）在同样的密封条件下，减轻了轴与填料的磨损，可延长轴和填料的使用寿命。

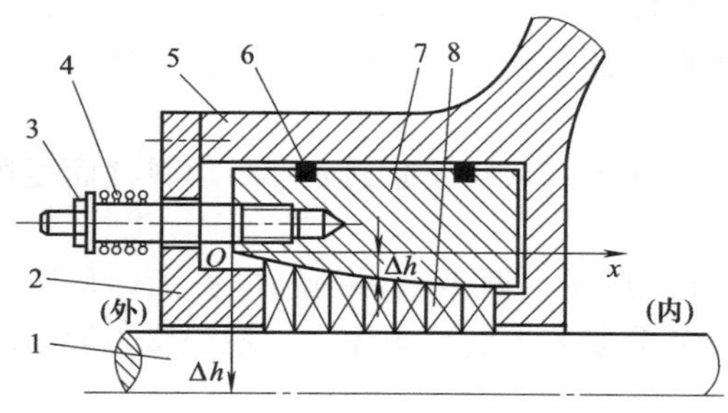

图 2-101 自动补偿径向压紧软填料密封

1—轴；2—外挡板；3—调整螺母；4—弹簧；5—壳体；6—O 形圈；7—压套；8—软填料

c. 加强与改善散热、冷却和润滑 根据密封介质的温度、压力和轴的速度大小，加强与改善散热、冷却和润滑的措施，使摩擦热及时被带走，延长密封填料的使用寿命，同时也可避免高温对轴材料带来的不利影响。如图 2-102所示是封液填料函的结构，它是在填料中装入 1～2 个封液环，它上面的小孔与填料函上进液孔相通，并由进液孔引入压力略高于被密封介质的冷却水或被密封介质本身等，这样，在对密封摩擦面直接冷却的同时，又可对被密封介质有封堵的效果，还可对密封摩擦面起到润滑减摩的作用，也起到防止流体中固体颗粒对密封面的磨损腐蚀和腐蚀性介质的腐蚀作用，还有就是冲洗作用和提高密封性。这种结构适用于不因为封液的进入而对被密封介质性质改变的影响，并且这种结构常常用于旋转轴。否则，当对被密封介质有特殊要求时，如绝对不允许其他介质与其混合等，可用夹套间接冷却式填料函，如图 2-103 所示，由于是间接冷却方式，其效果不如前一种。

d. 采用浮动式填料函的结构 如图 2-104 所示为浮动式填料函的结构，该结构适用于轴和壳体不同心或在转动时摆动、跳动较大的场合。结构中利用弹性或柔软性良好的材料（如橡胶）作过渡体，起吸振作用，使填料函或轴处于浮动状态，补偿壳体和轴的偏心。

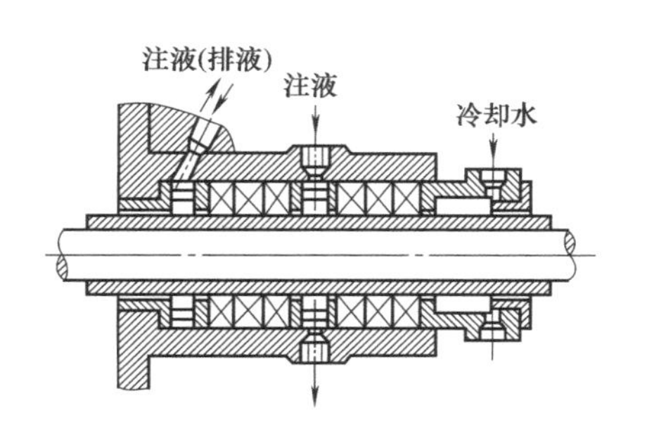

图 2-102　封液填料函的结构

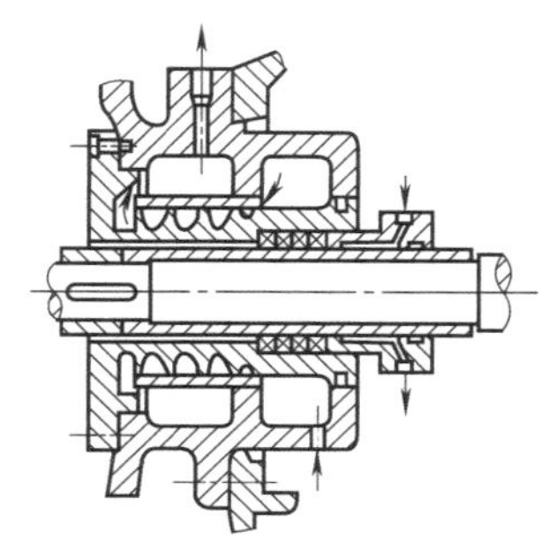

图 2-103　夹套填料函的结构

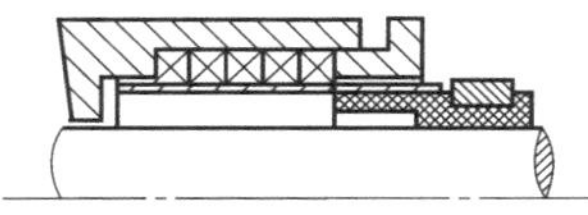
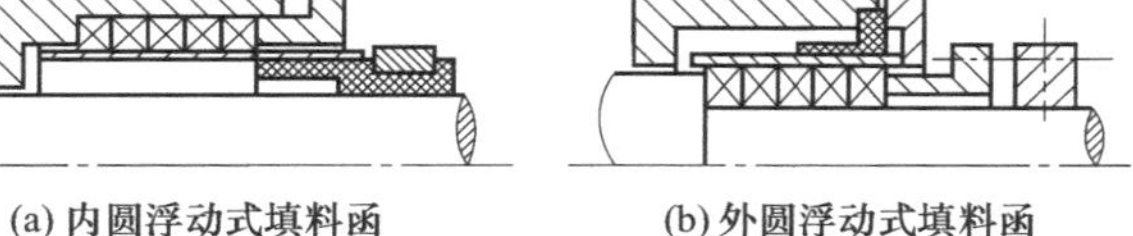

(a) 内圆浮动式填料函　(b) 外圆浮动式填料函

图 2-104　浮动式填料函的结构

2.5.7　软填料密封常见故障及处理措施

泵用软填料密封的常见故障、原因及处理措施见表 2-36。

表 2-36　泵用软填料密封的常见故障、故障原因及处理措施

常见故障	故障原因	处理措施
泵打不出液体	泵不能启动(填料松动或损坏使空气漏入吸入口)	上紧填料或更换填料并启动泵
泵输送液体量不足	空气漏入填料函	运转时检查填料箱泄漏——若上紧后无外漏,需要用新填料 密封液环被堵塞或位置不对,应与密封液接头对齐 密封液管线堵塞 填料下方的轴或轴套被划伤,将空气吸入泵内
	填料损坏	更换填料,检查轴或轴套的表面粗糙度
泵压力不足	填料损坏	更换填料,检查轴或轴套的表面粗糙度
泵工作一段时间就停止工作	空气漏入填料函	更换填料,检查轴或轴套的表面粗糙度
泵功率消耗大	填料上得太紧	放松压盖,重新上紧,保持有泄漏液,如果没有,应检查填料、轴或轴套
泵填料处泄漏严重	填料损坏	更换磨损的填料,更换由于缺乏润滑剂而损坏的填料
	填料形式不对	更换不正确安装的填料或运转不正确的填料,更换成与输送液体合适的填料
	轴或轴套被划伤	放在车床上并加工正确,使其光滑,或进行更换
填料函过热	填料上得太紧	放松以减小压盖的压紧压力
	填料无润滑	减小压盖压紧力。如果填料烧坏或损坏,应予以更换
	填料种类不合适	检查泵或填料制造厂的填料种类是否正确
	夹套中冷却水不足	检查供液线上阀门是否打开或管线是否堵塞
	填料填装不当	重新填装填料
填料磨损过快	轴或轴套损坏或划伤	重新机加工或进行更换
	润滑不足或缺乏润滑	重装填料,确认填料泄漏为允许值
	填料填装不当	重新正确安装,确认所有旧填料都已拆除并将填料箱清理干净
	填料种类有误	检查泵或填料制造厂的填料种类是否正确
	外部封液线有脉冲压力	消除脉冲造成的原因

2.6 机械密封

机械端面密封是一种应用广泛的旋转轴动密封，简称机械密封，又称端面密封。近几十年来，机械密封技术有了很大的发展，在石油、化工、轻工、冶金、机械、航空和原子能等工业中获得了广泛的应用。据我国当代石化行业统计，80%～90%的离心泵采用机械密封。

2.6.1 机械密封的基本结构、密封原理及分类

（1）基本结构与密封原理

机械密封按国家有关标准定义为：由至少一对垂直于旋转轴线的端面在流体压力和补偿机构弹力（或磁力）的作用以及辅助密封的配合下保持贴合并相对滑动而构成的防止流体泄漏的装置。

机械密封一般主要由四大部分组成：①由静止环（静环）和旋转环（动环）组成的一对密封端面，该密封端面有时也称为摩擦副，是机械密封的核心；②以弹性元件（或磁性元件）为主的补偿缓冲机构；③辅助密封机构；④使动环和轴一起旋转的传动机构。

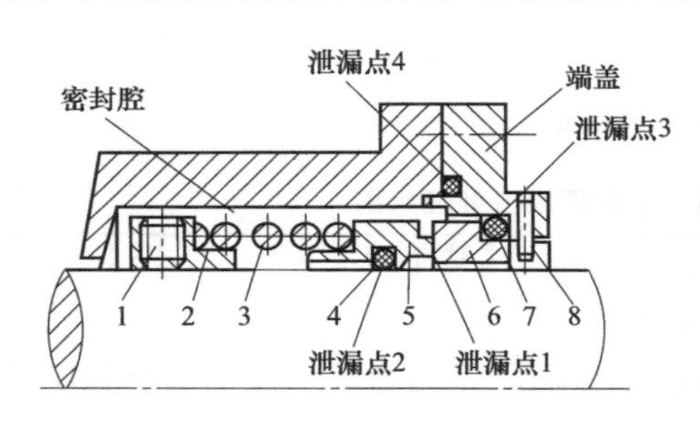

图 2-105 机械密封的常见结构

1—紧定螺钉；2—弹簧座；3—弹簧；4—动环辅助密封圈；5—动环；6—静环；7—静环辅助密封圈；8—防转销

机械密封的结构多种多样，最常见的结构如图 2-105 所示。机械密封安装在旋转轴上，密封腔内有紧定螺钉 1、弹簧座 2、弹簧 3、动环辅助密封圈 4、动环 5，它们随轴一起旋转。机械密封的其他零件，包括静环 6、静环辅助密封圈 7 和防转销 8，安装在端盖内，端盖与密封腔体用螺栓连接。轴通过紧定螺钉、弹簧座、弹簧带动动环旋转，而静环由于防转销的作用而静止于端盖内。动环在弹簧力和介质压力的作用下，与静环的端面紧密贴合，并发生相对滑动，阻止了介质沿端面间的径向泄漏（泄漏点 1），构成了机械密封的主密封。摩擦副磨损后在弹簧和密封流体压力的推动下实现补偿，始终保持两密封端面的紧密接触。动、静环中具有轴向补偿能力的称为补偿环，不具有轴向补偿能力的称为非补偿环。图2-105中动环为补偿环，静环为非补偿环。动环辅助密封圈阻止了介质可能沿动环与轴之间间隙的泄漏（泄漏点 2）；而静环辅助密封圈阻止了介质可能沿静环与端盖之间间隙的泄漏（泄漏点 3）。工作时，辅助密封圈无明显相对运动，基本上属于静密封。端盖与密封腔体连接处的泄漏点 4 为静密封，常用 O 形圈或垫片来密封。

从结构上看，机械密封主要是将极易泄漏的轴向密封，改变为不易泄漏的端面密封。由动环端面与静环端面相互贴合而构成的动密封，是决定机械密封性能和寿命的关键。

机械密封与其他形式的密封相比，具有以下特点。

① 密封性好　在长期运转中密封状态很稳定，泄漏量很小，据统计约为软填料密封泄漏量的 1%以下。

② 使用寿命长　机械密封端面由自润滑性及耐磨性较好的材料组成，还具有磨损补偿机构。因此，密封端面的磨损量在正常工作条件下很小，一般可连续使用 1～2 年，特殊的可用到 5～10 年以上。

③ 运转中不用调整　由于机械密封靠弹簧力和流体压力使摩擦副贴合，在运转中即使

摩擦副磨损后，密封端面也始终自动地保持贴合。因此，正确安装后，就不需要经常调整，使用方便，适合连续化、自动化生产。

④ 功率损耗小 由于机械密封的端面接触面积小，摩擦功率损耗小，一般仅为填料密封的20%～30%。

⑤ 轴或轴套表面不易磨损 由于机械密封与轴或轴套的接触部位几乎没有相对运动，因此对轴或轴套的磨损较小。

⑥ 耐振性强 机械密封由于具有缓冲功能，因此当设备或转轴在一定范围内振动时，仍能保持良好的密封性能。

⑦ 密封参数高，适用范围广 在合理选择摩擦副材料及结构，加之设置适当的冲洗、冷却等辅助系统的情况下，机械密封可广泛适用于各种工况，尤其在高温、低温、强腐蚀、高速等恶劣工况下，更显示出其优越性。目前机械密封技术参数可达到如下水平：轴径5～1000mm；使用压力10^{-6}～42MPa；使用温度－200～1000℃；机器转速可达50000r/min；密封流体压力p与密封端面平均线速度v的乘积pv值可达1000MPa·m/s。

⑧ 结构复杂、拆装不便 与其他密封比较，机械密封的零件数目多，要求精密，结构复杂。特别是在装配方面较困难，拆装时要从轴端抽出密封环，必须把机器部分（联轴器）全部拆卸，要求工人有一定的技术水平。这一问题目前已做了某些改进，例如采用拆装方便并可保证装配质量的剖分式和集装式机械密封等。

（2）机械密封的分类

根据我国机械行业标准JB/T 4127.2—1999《机械密封 分类方法》规定，旋转轴用机械密封可按以下分类方法进行分类。

① 按应用的主机分类 按应用的主机可分为：泵用机械密封、釜用机械密封、透平压缩机用机械密封、风机用机械密封、潜水电机用机械密封、冷冻机用机械密封以及其他主机用机械密封。

② 按使用工况和参数分类 机械密封可按不同的使用工况和参数分类，见表2-37。

表2-37 机械密封按使用工况和参数分类

分类依据	工况参数	分类
按密封腔不同温度范围的适用性	$t>150$℃	高温机械密封
	80℃$<t\leqslant$150℃	中温机械密封
	－20℃$\leqslant t\leqslant$80℃	普温机械密封
	$t<-20$℃	低温机械密封
按密封压力不同程度	$p>15$MPa	超高压机械密封
	3MPa$<p\leqslant$15MPa	高压机械密封
	1MPa$<p\leqslant$3MPa	中压机械密封
	常压$\leqslant p\leqslant$1MPa	低压机械密封
	负压	真空机械密封

分类依据	工况参数	分类
按密封端面平均线速度	$v>100$m/s	超高速机械密封
	25m/s$\leqslant v\leqslant$100m/s	高速机械密封
	$v<25$m/s	一般速度机械密封
按被密封介质	含固体磨粒介质	耐磨粒介质机械密封
	强酸、强碱及其他强腐蚀介质	耐强腐蚀介质机械密封
	耐油、水、有机溶剂及其他弱腐蚀介质	耐油、水及其他弱腐蚀介质机械密封
按轴径大小	$d>120$mm	大轴径机械密封
	25mm$\leqslant d\leqslant$120mm	一般轴径机械密封
	$d<25$mm	小轴径机械密封

③ 按参数和轴径分类 按参数和轴径可分为重型机械密封、中型机械密封和轻型机械密封。

a. 重型机械密封 重型机械密封，通常指满足下列参数和轴径之一的机械密封。密封腔压力大于3MPa；密封腔温度低于－20℃或高于150℃；密封端面平均线速度不小于25m/s；密封轴径大于120mm。

b. 轻型机械密封　轻型机械密封，通常指满足下列参数和轴径的机械密封。密封腔压力小于 0.5MPa；密封腔温度高于 0℃、低于 80℃；密封端面平均线速度小于 10m/s；密封轴径不大于 40mm。

c. 中型机械密封　中型机械密封通常指不满足重型和轻型的其他机械密封。

④ 按作用原理和结构分类　机械密封按作用原理和结构不同，有以下几种分类方法。

a. 按密封端面的对数分类　分为单端面、双端面和多端面机械密封。由一对密封端面组成的为单端面机械密封（图 2-105），由两对密封端面组成的为双端面机械密封（图 2-106），由两对以上密封端面组成的为多端面机械密封。

单端面密封结构简单，制造、安装容易，应用广，适合于一般液体场合，如油品等，与其他辅助装置合用时，可用于带悬浮颗粒、高温、高压液体等场合。但当介质有毒、易燃、易爆以及对泄漏量有严格要求时，不宜使用。

双端面密封适用于腐蚀、高温、液化气带固体颗粒及纤维、润滑性能差的介质，以及有毒、易燃、易爆、易挥发、易结晶和贵重的介质。双端面密封有轴向双端面密封［图 2-106（a)、(b)］、径向双端面密封［图 2-106（c)］和带中间环的双端面密封［图 2-106（d)］。沿径向布置的双端面密封结构较轴向双端面密封紧凑。带中间环的双端面密封，一个中间密封环被一个动环和一个静环所夹持。旋转的中间环密封可用于高速下降低 pv 值；不转的中间环密封，用于高压和（或）高温下减少力变形和（或）热变形。具有中间环的螺旋槽面密封可用作双向密封。

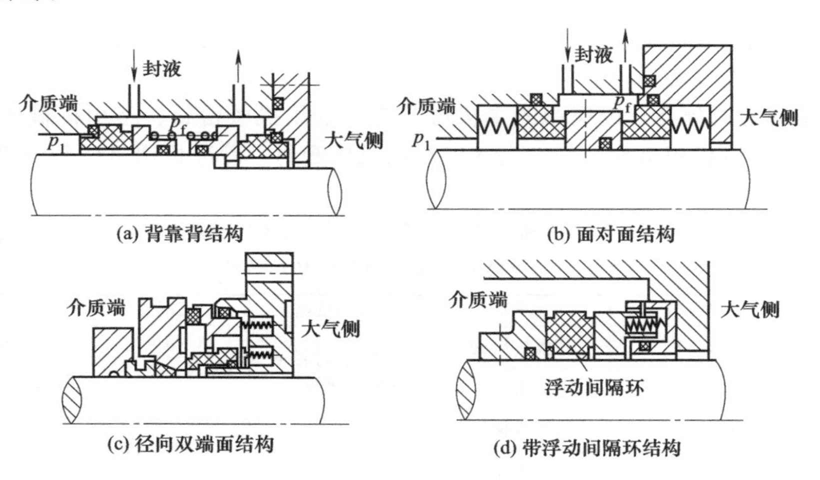

图 2-106　双端面机械密封

轴向双端面密封有背靠背［图 2-106（a)］和面对面［图 2-106（b)］布置的结构。这种密封工作时如在两对端面间引入高于介质压力 0.05～0.15MPa 的封液，以改善端面间的润滑及冷却条件，并把被密封介质与外界隔离，有可能实现介质“零泄漏”。

b. 按密封流体所处的压力状态分类　分为单级密封、双级密封和多级密封。使密封流体处于一种压力状态为单级密封（图 2-105）；处于两种压力状态为双级密封（图 2-107）。前者与单端面机械密封相同，后者两级密封串联布置，密封流体压力依次递减，可用于高压工况。如流体压力很高，可以将多级密封串联，成为多级机械密封。

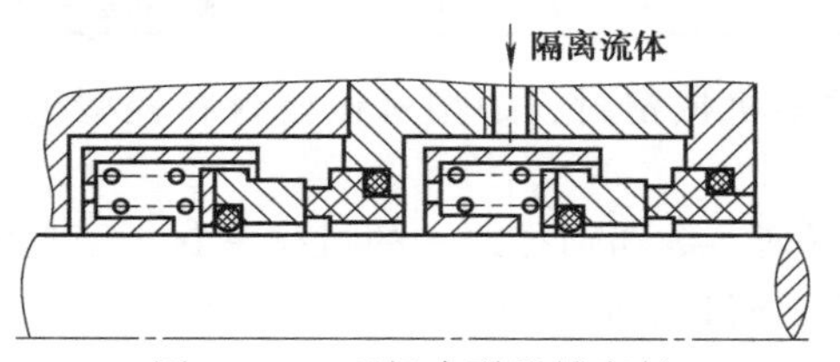

图 2-107　双级串联机械密封

c. 按密封流体作用在密封端面上的压力是卸荷或不卸荷分类 分为平衡式机械密封和非平衡式机械密封。平衡式机械密封又可分为部分平衡式（部分卸荷）和过平衡式（全部卸荷）。如图2-108所示，密封流体作用于单位密封面上轴向压力大于或等于密封腔内流体压力时，称非平衡式；流体作用于单位密封面上的轴向压力小于密封腔内流体压力时称部分平衡式；若流体对密封面无轴向压力或为推开力则称为过平衡式。通常用载荷系数 K 来表示（在GB 5894—86《机械密封名词术语》中载荷系数也称为平衡系数，用 β 表示）。载荷系数是指密封流体压力作用在补偿环上，使其对于非补偿环趋于闭合的有效作用面积 A_e 与密封环带面积 A 之比，即：

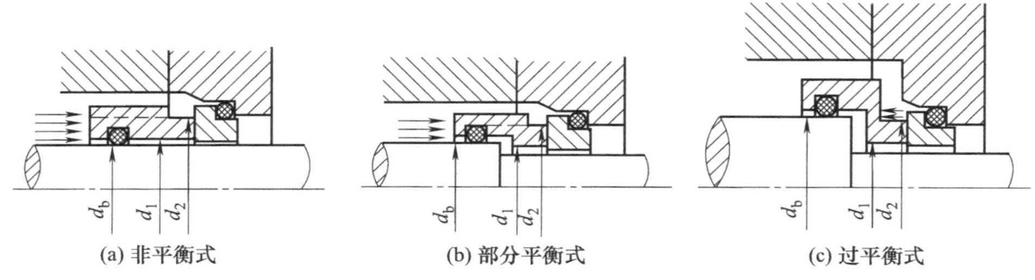

图2-108 非平衡式和平衡式机械密封

$$K=\frac{A_e}{A}=\frac{d_2^2-d_b^2}{d_2^2-d_1^2} \tag{2-52}$$

式中 A——密封环带面积，指较窄的那个密封端面外径 d_2 与内径 d_1 之间环形区域的面积，$A=\frac{\pi}{4}(d_2^2-d_1^2)$；

A_e——密封流体压力作用在补偿环上，使其对于非补偿环趋于闭合的有效作用面积，$A_e=\frac{\pi}{4}(d_2^2-d_b^2)$；

d_b——平衡直径，指密封流体压力作用在补偿环辅助密封圈处的轴（或轴套）的直径。

非平衡式机械密封 $K\geqslant1$；部分平衡式机械密封 $0<K<1$；过平衡式机械密封 $K\leqslant0$。非平衡式机械密封，其密封端面上的作用力随密封流体压力升高而增大，因此只适用于低压密封，对于一般液体可用于密封压力≤0.7MPa；对于润滑性差及腐蚀性液体可用于压力为0.3～0.5MPa。而平衡式机械密封能部分或全部平衡流体压力对端面的作用，其密封端面上的作用力随密封流体压力变化较小，能降低端面上的摩擦和磨损，减小摩擦热，承载能力大，因此它适用于压力较高的场合，对于一般液体可用于0.7～4.0MPa，甚至可达10MPa；对于润滑性较差、黏度低、密度小于600kg/m³的液体（如液化气），可用于液体压力较高的场合。

d. 按静环与密封端盖（或相当于端盖的零件）的相对位置分类 静环装于密封端盖（或相当于端盖的零件）内侧（即面向主机工作腔的一侧）的机械密封称为内装式机械密封[图2-109（a)]；静环装于密封端盖（或相当于端盖的零件）外侧（即背向主机工作腔的一侧）的机械密封称为外装式机械密封［图2-109（b)]。

e. 按弹簧是否置于密封流体之内分类 弹簧置于密封流体之内的机械密封称为弹簧内置式机械密封［图2-109（a)]；弹簧置于密封流体之外的机械密封称为弹簧外置式机械密封［图2-109（b)]。

内装（或内置）式机械密封可以利用密封腔内流体压力来进行密封，机械密封的元件均

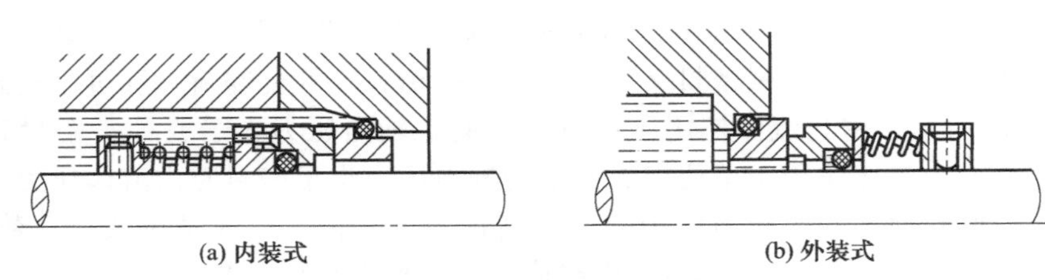
(a) 内装式　　(b) 外装式

图 2-109　内装式和外装式机械密封

处于密封流体中，密封端面的受力状态以及冷却和润滑条件好，是常用的结构形式。外装（或外置）式机械密封的大部分零件不与密封流体接触，暴露在设备外，便于观察及维修安装。但是，由于外装（或外置）式结构的密封流体作用力与弹性元件的弹力方向相反，当流体压力有波动，而弹簧补偿量又不大时，会导致密封环不稳定甚至严重泄漏。外装（或外置）式机械密封仅用于强腐蚀、高黏度和易结晶介质以及介质压力较低的场合。

f. 按补偿机构中弹簧的个数分类　分为单弹簧式机械密封和多弹簧式机械密封。补偿机构中只有一个弹簧的机械密封称为单弹簧式机械密封或大弹簧式机械密封（图 2-105）；补偿机构中含有多个弹簧的机械密封称为多弹簧式机械密封（图2-110）或小弹簧式机械密封。单弹簧式机械密封端面上的弹簧压力，尤其在轴径较大时分布不均，而且高速下离心力使弹簧偏移或变形，弹簧力不易调节，一种轴径需用一种规格的弹簧，弹簧规格多，轴向尺寸大，径向尺寸小，安装维修简单，因此，它多用于较小轴径（80～150mm）、低速密封；多弹簧式机械密封的弹簧压力分布则相对较均匀，受离心力影响较小，弹簧力可通过改变弹簧个数来调节，不同轴径可用数量不同的小弹簧，使弹簧规格减少，轴向尺寸小，径向尺寸大，安装烦琐，适用于大轴径高速密封。但多弹簧的弹簧丝径细，在腐蚀性介质或有固体颗粒介质的场合下，易因腐蚀和堵塞而失效。

g. 按补偿环是否随轴旋转分类　分为旋转式机械密封和静止式机械密封。补偿环随轴旋转的称为旋转式机械密封（图 2-105）；补偿环不随轴旋转的称为静止式机械密封（图 2-111）。

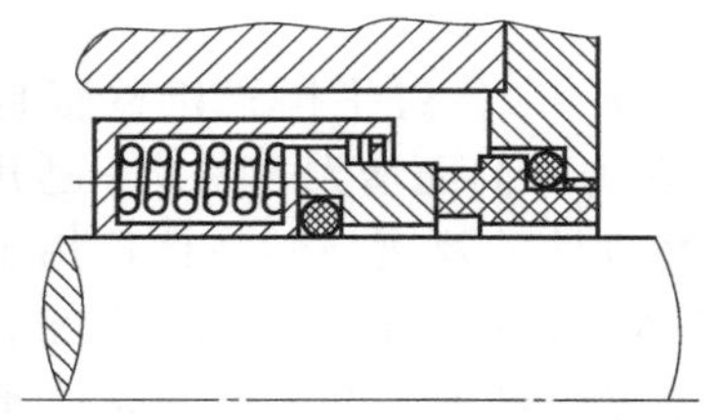
图 2-110　多弹簧式机械密封

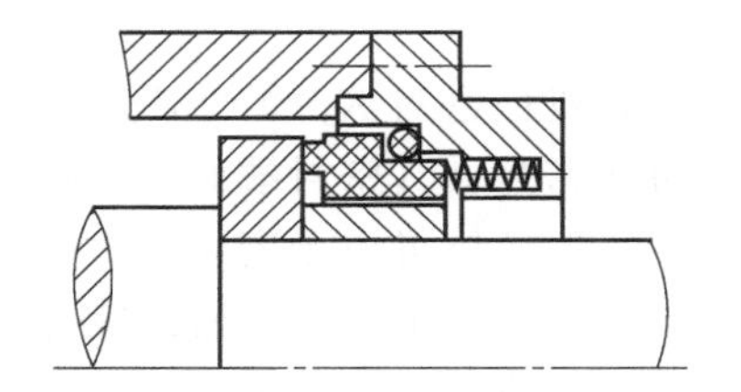
图 2-111　静止式机械密封

由于静止式机械密封的弹性元件不受离心力影响，常用于高速机械密封。旋转式机械密封的弹性元件装置简单，径向尺寸小，常用于一般机械密封，但不宜用于高速。因高速情况下转动件的不平衡质量易引起振动和介质被强烈搅动。因此，线速度大于 30m/s 时，宜采用静止式机械密封。

h. 按密封流体在密封端面间的泄漏方向是否与离心力方向一致分类　分为内流式机械密封和外流式机械密封。密封流体在密封端面间的泄漏方向与离心力方向相反的机械密封称为内流式机械密封；密封流体在密封端面间的泄漏方向与离心力方向相同的机械密封称为外流式机械密封。如图 2-109（a）所示的机械密封为内流式，如图 2-109（b）所示的机械密封为外流式。

由于内流式密封中离心力阻止泄漏流体，其泄漏量要比外流式小些。内流式机械密封应

用较广，多用于内装式密封，密封可靠，适用于高压。当转速极高时，为加强端面润滑采用外流式机械密封较合适，但介质压力不宜过高，最高压力为1～2MPa。

i. 按补偿环上离密封端面最远的背面是处于高压侧或低压侧分类　分为背面高压式机械密封和背面低压式机械密封。补偿环上离密封端面最远的背面处于高压侧的机械密封称为背面高压式机械密封；补偿环上离密封端面最远的背面处于低压侧的机械密封称为背面低压式机械密封。如图2-105、图2-109（a）、图2-110所示的机械密封均为背面高压式机械密封，如图2-109（b）、图2-111所示的机械密封均为背面低压式机械密封。背面高压式机械密封是常用结构，而背面低压式机械密封的弹性元件一般都置于低压侧，可避免接触高压侧密封流体，而高压侧密封流体往往是被密封介质，这种结构解决了弹簧受介质腐蚀的问题。因此，强腐蚀机械密封常采用背面低压式。

j. 按密封端面是否直接接触分类　分为接触式机械密封和非接触式机械密封。接触式机械密封是指靠弹性元件的弹力和密封流体的压力使密封端面紧密贴合，即密封面微凸体接触的机械密封；非接触式机械密封是指靠流体静压或动压作用，在密封端面间充满一层完整的流体膜，迫使密封端面彼此分离，不存在硬性固相接触的机械密封。非接触式机械密封又分为流体静压式和流体动压式两类。流体静压式机械密封是指密封端面设计成特殊的几何形状，应用外部引入的压力流体或被密封介质本身通过密封界面的压力降，产生流体静压效应的密封（图2-112）；流体动压式机械密封是指密封端面设计成特殊的几何形状，利用端面相对旋转，自行产生流体动压效应的密封，如螺旋槽端面机械密封（图2-113）。

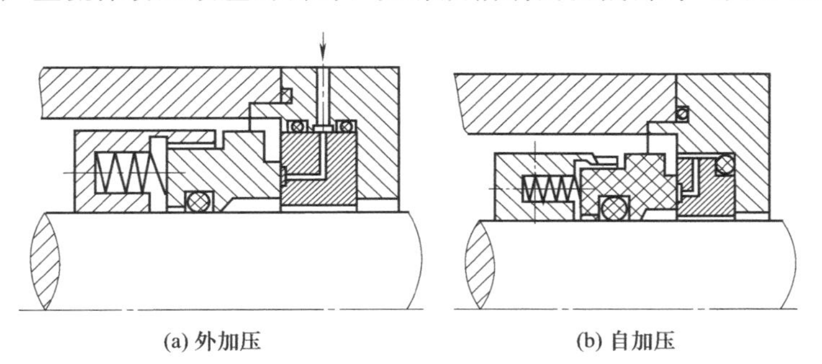

(a) 外加压　　(b) 自加压

图2-112　流体静压式机械密封

接触式机械密封的密封面间隙$h=0.5\sim1\mu m$，摩擦状态一般为混合摩擦和边界摩擦；非接触式机械密封的密封面间隙，对于流体动压密封$h>2\mu m$，对于流体静压密封$h>5\mu m$，摩擦状态为流体摩擦，也有弹性流体动力润滑。

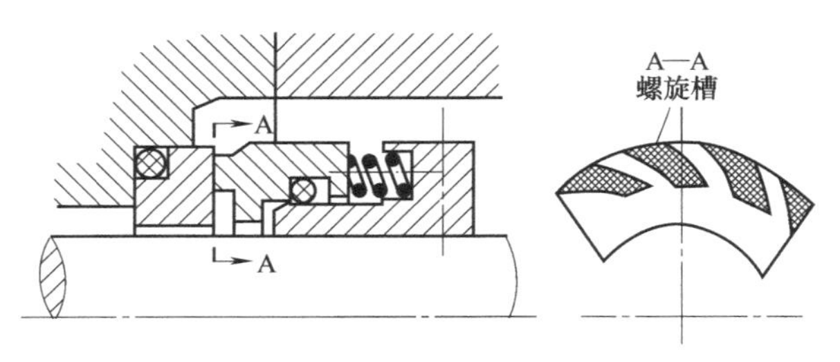

图2-113　流体动压式机械密封

普通机械密封大都是接触式密封，密封结构简单、泄漏量小，使用广泛，但磨损、功耗、发热量都较大，在高速、高压下使用受一定限制。一般来说，非接触式机械密封泄漏量较大、结构复杂，但发热量、功耗小，正常工作时没有磨损，大多在高压、高速等苛刻工况下使用或作多级密封的前置密封。采用表面改形技术做成的可控间隙非接触式机械密封，可以达到工艺流体零泄漏和零逸出。

k. 波纹管型机械密封按波纹管材料不同分类　分为金属波纹管型机械密封、聚四氟乙烯波纹管型机械密封和橡胶波纹管型机械密封。波纹管是指在补偿环组件中能在外力或自身

弹力作用下伸缩并起补偿环辅助密封作用的波纹状管形弹性零件。波纹管型机械密封在轴上没有相对滑动，对轴无磨损，追随性好，适用范围广。追随性是指当机械密封存在跳动、振动和转轴的窜动时，补偿环对于非补偿环保持贴合的性能。

金属波纹管又可分为液压成形金属波纹管和焊接金属波纹管［图 2-114（a）、（b）］。金属波纹管本身能代替弹性元件，耐蚀性好，可在高、低温下使用。聚四氟乙烯波纹管型机械密封［图 2-114（c）］由于聚四氟乙烯耐腐蚀性好，可用于各种腐蚀介质中。橡胶波纹管型机械密封［图 2-114（d）］结构简单紧凑、安装方便且价格便宜，适用于工作压力不大于 1.5MPa、温度不高于 100℃的低参数条件。

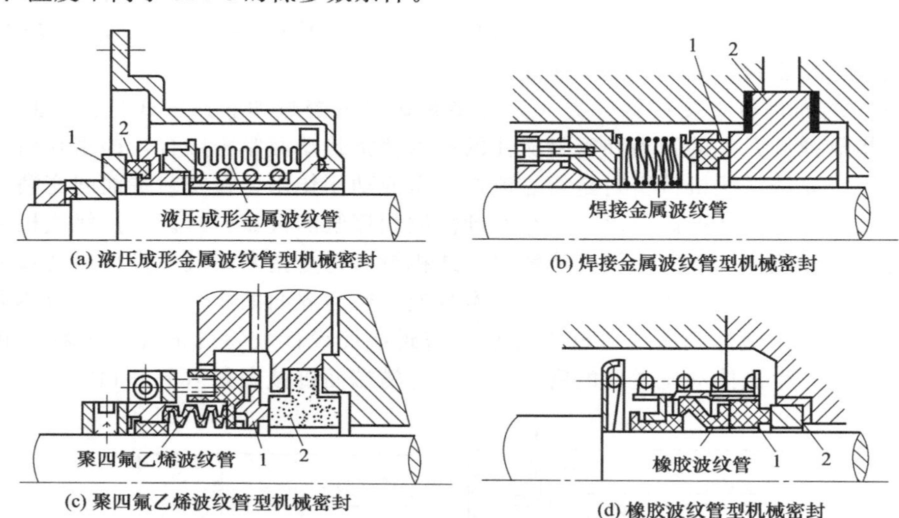

图 2-114　波纹管型机械密封

1—动环；2—静环

2.6.2　机械密封的主要性能参数

(1) 端面比压

作用在密封环带上单位面积上净剩的闭合力称为端面比压，以 p_c 表示，单位为 MPa。端面比压大小是否合适，对密封性能和使用寿命影响很大。比压过大，会加剧密封端面的磨损，破坏流体膜，降低寿命；比压过小会使泄漏量增加，降低密封性能。

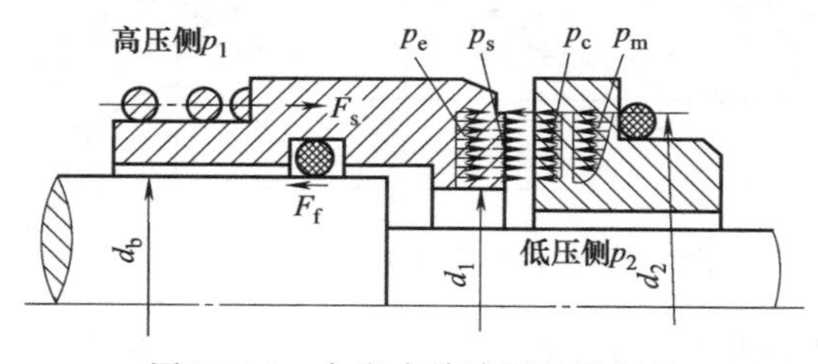

图 2-115　内流式单端面机械密封补偿环轴向力平衡

① 端面比压的计算　端面比压可根据作用在补偿环上的力平衡来确定。它主要取决于密封结构形式和介质压力。现以内流式单端面机械密封为例来说明端面比压的计算方法，对补偿环作受力分析，其轴向力平衡如图 2-115 所示。

a. 弹簧力 F_s　由弹性元件产生的作用力，其作用总是使密封环贴紧。用弹簧力 F_s 除以密封环带面积 A，即弹性元件施加到密封环带单位面积上的力，称为弹簧比压 p_s，单位为 MPa。

$$p_s=\frac{F_s}{A} \tag{2-53}$$

b. 密封流体推力 F_p 在图 2-115 结构中，密封流体压力在轴向的作用范围是从 d_b 到 d_2 的环形面，其效果是使密封环贴紧。显然，由于密封流体压力而产生的轴向推力为：

$$F_p=\frac{\pi(d_2^2-d_b^2)}{4}p=A_e p \tag{2-54}$$

式中 A_e——密封流体压力有效作用面积，mm^2；

p——密封流体压力，指机械密封内外侧流体的压力差，MPa。

$$p=p_1-p_2 \tag{2-55}$$

密封流体推力 F_p 在密封面上引起的压力，称为密封流体压力作用比压 p_e，单位为 MPa。

$$p_e=\frac{F_p}{A}=\frac{A_e p}{A}$$

由式（2-52）可得：

$$p_e=Kp \tag{2-56}$$

c. 端面流体膜反力 F_m 密封端面间的流体膜是有压力的，这种压力必然产生一种推开密封环的力，这种力称为流体膜反力。端面流体膜反力 F_m 可由下式计算。

$$F_m=p_m A=\lambda p A \tag{2-57}$$

式中 p_m——密封端面间流体膜平均压力，MPa；

λ——反压系数，指密封端面间流体膜平均压力 p_m 与密封流体压力 p 之比。

$$\lambda=\frac{p_m}{p} \tag{2-58}$$

d. 补偿环辅助密封的摩擦阻力 F_f F_f 的方向与补偿环轴向移动方向相反。补偿环向闭合方向移动时，F_f 为负值；反之，则为正值。影响摩擦阻力 F_f 的因素很多，目前还难以准确计算 F_f 值。在稳定工作条件下，F_f 一般较小，可忽略。

以上诸力都沿着轴向作用，它们的合力就是实际作用在密封端面上的净剩的闭合力 F_c。当忽略补偿环辅助密封的摩擦阻力 F_f 时，净闭合力 F_c 为：

$$F_c=F_s+F_p-F_m=p_s A+p_e A-p_m A \tag{2-59}$$

式（2-59）两边同除以密封环带面积 A，则得端面比压 p_c 为：

$$p_c=\frac{F_c}{A}=p_s+p_e-p_m=p_s+(K-\lambda)p \tag{2-60}$$

需要说明的是，上述计算式是根据内流式单端面密封推导出来的，对其他情况仍然适用，但需做适当处理。

a. 外流式单端面机械密封端面比压的计算 对于外流式单端面密封，式（2-60）中的 K 值应按外流式计算。如图 2-116 所示，对于外流式机械密封，密封流体压力作用在补偿环上，使其对于非补偿环趋于闭合的有效作用面积为：$A_e=\frac{\pi}{4}(d_b^2-d_1^2)$。因此，外流式机械密封的载荷系数 K 为：

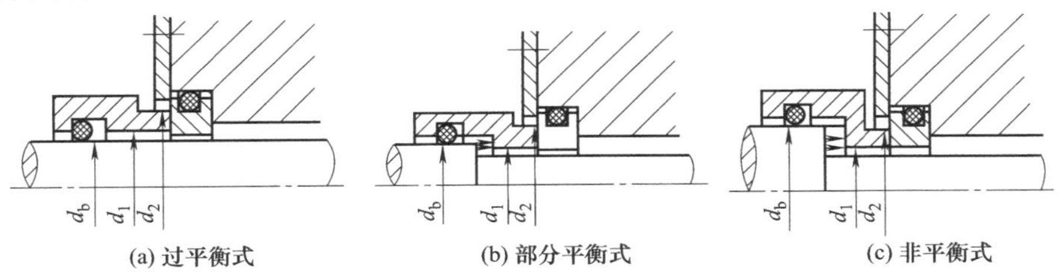

图 2-116 外流式机械密封的平衡类型

$$p_c = p_s + (K-\lambda)p_f \tag{2-61}$$

b. 双端面机械密封端面比压的计算　如图 2-106（a）、（b）所示的轴向双端面密封，靠大气侧的密封端面受力情况与内流式一样，其端面比压的计算式为：

$$p_c = p_s + (K-\lambda)p_f \tag{2-62}$$

式中　p_f——封液压力，MPa。

对于介质端，可以看作压力为 p_f 的封液向压力为 p_1 环境泄漏的内流单端面密封，其端面比压的计算式为：

$$p_c = p_s + (K-\lambda)p = p_s + (K-\lambda)(p_f - p_1) \tag{2-63}$$

c. 波纹管式机械密封端面比压的计算　对于波纹管式机械密封，端面比压的计算和弹簧式机械密封完全相同，只是在计算载荷系数 K 时，采用波纹管的有效直径 d_e 代替弹簧式机械密封的平衡直径 d_b。

对于内流式波纹管机械密封，载荷系数 K 为：

$$K = \frac{d_2^2 - d_e^2}{d_2^2 - d_1^2} \tag{2-64}$$

对于外流式波纹管机械密封，载荷系数 K 为：

$$K = \frac{d_e^2 - d_1^2}{d_2^2 - d_1^2} \tag{2-65}$$

根据受压状态不同，波纹管有效直径可分别定义如下。

（a）受外压时的有效直径　在内流式波纹管机械密封（图 2-117）中，波纹管外侧受到密封流体压力 p 作用，而长度 L 又保持不变时，它在轴向产生的力 F 相当于波纹管外径 d_o 与有效直径 d_e 之间的环形活塞端面受压力 p 作用所产生的力 F（图 2-118），即：

$$F = \frac{\pi}{4}(d_o^2 - d_e^2)p \tag{2-66}$$

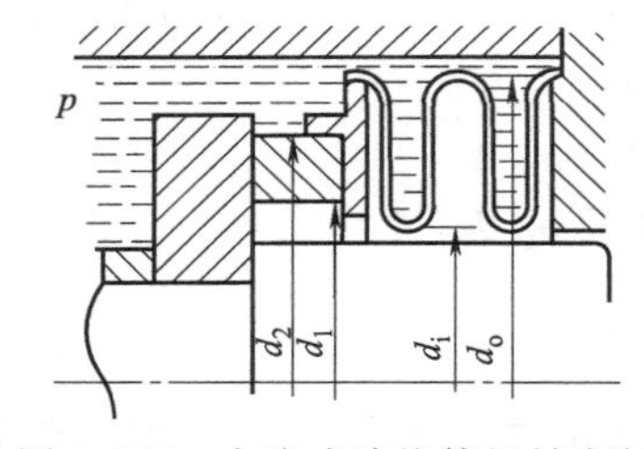

图 2-117　内流式波纹管机械密封

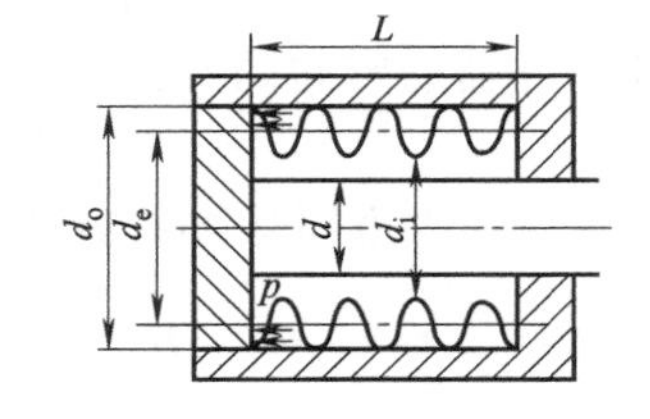

图 2-118　受外压时波纹管的有效直径

（b）受内压时的有效直径　在外流式波纹管机械密封（图 2-119）中，波纹管内侧受到密封流体压力 p 作用，而长度 L 又保持不变时，它在轴向产生的力 F 相当于以有效直径 d_e 与轴直径 d 之间的环形活塞端面受压力 p 作用所产生的力 F（图 2-120），即：

$$F = \frac{\pi}{4}(d_e^2 - d^2)p \tag{2-67}$$

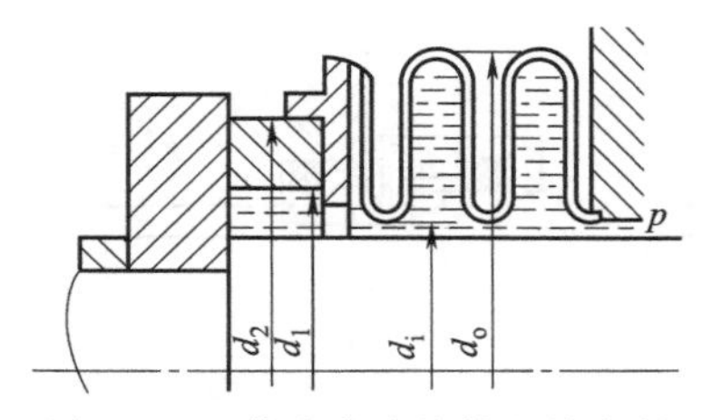

图 2-119　外流式波纹管机械密封

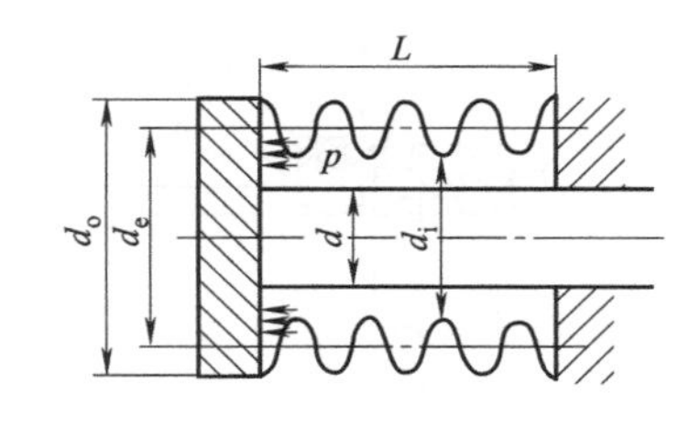

图 2-120　受内压时波纹管的有效直径

波纹管常用的波形断面如图 2-121 所示。如图 2-121（a）所示为压力成形波纹管，是用金属薄壁管在液压下成形，壁厚不受成形特点的限制，加工方便，但轴向尺寸大，内、外应力集中，目前应用不多。如图 2-121（b）所示为焊接金属波纹管，是利用一系列薄板或成形薄片焊接成锯齿形，可将一个波形隐含在另一波形内，轴向尺寸小，内外径无残余应力集中，允许有较大的弯曲挠度，材料选择范围广。焊接金属波纹管应用较广，尤其适用于高载荷机械密封，其中 S 形使用最广。如图 2-121（c）所示为聚四氟乙烯波纹管，分压制、车制两种形式，车制波纹管表面光滑，强度高，质量比压制好，因聚四氟乙烯弹性差，因此波数多。聚四氟乙烯波纹管波形中，矩形应用较广，易加工，但应力分布不均匀。如图 2-121（d）所示为橡胶波纹管，分注压法和模压法两种成形方法，注压法生产效率高，是一种新工艺。模压法生产设备简单，可变性大，故采用较广。橡胶波纹管波形中 U 形应用较广。

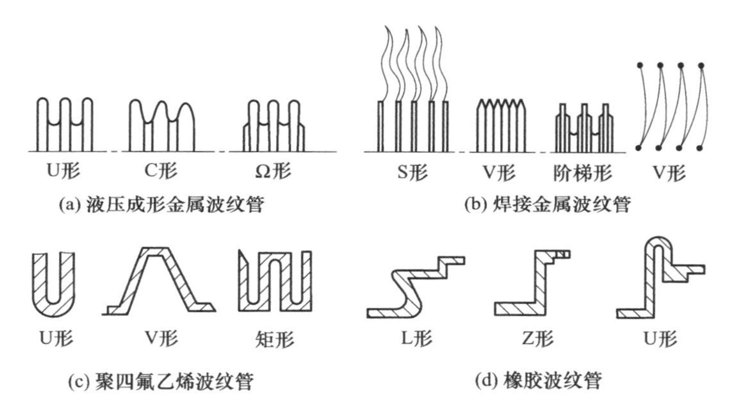

图 2-121 波纹管常用的波形断面

波纹管的有效直径 d_e 与其波形有关，可近似按下列公式计算。

矩形波（如车制的聚四氟乙烯波纹管）为：

$$d_e=\sqrt{\frac{1}{2}(d_i^2+d_o^2)} \tag{2-68}$$

锯齿形波（如焊接金属波纹管）为：

$$d_e=\sqrt{\frac{1}{3}(d_i^2+d_o^2+d_i^2d_o^2)} \tag{2-69}$$

U 形波（如液压成形的金属波纹管）为：

$$d_e=\sqrt{\frac{1}{8}(3d_i^2+3d_o^2+2d_i^2d_o^2)} \tag{2-70}$$

上述三式中 d_i 和 d_o 分别为波纹管的内外直径，且计算值与实际值有一定偏差，因为波纹管有效直径 d_e 除与波形有关外，还与波纹管的受压状态、材料和波数等多种因素有关。当其受内压时，波纹管有效直径将比计算值大，压力越高，偏差越大；当其受外压时，波纹管有效直径比计算值小，同样，压力越高，偏差越大。因此，精确计算时需通过实验测定。

② 端面比压中各项参数的确定

a. 弹簧比压 p_s　弹簧力的主要作用是保证主机在启动、停车或介质压力波动时，使密封端面能紧密贴合。同时用以克服补偿环辅助密封圈与相关元件表面间的摩擦阻力，使补偿环能追随端面的磨损沿轴向移动。显然，p_s 值过小，难以起到上述作用；p_s 过大，则会加剧端面磨损。对于内流式机械密封，通常取 $p_s=0.05\sim0.3$MPa，常用范围为 0.1～0.2MPa。介质压力小或介质波动较大者，取较大值；反之，取小值。

对于外流过平衡式结构，弹簧力除克服端面液膜压力和辅助密封圈与相关元件间的摩擦阻力外，还需克服介质压力对密封端面产生的开启力，故需较大的弹簧压力才能保证足够的端面压力。此种结构的弹簧比压通常比介质压力大 0.2～0.3MPa。对于外流部分平衡式或背面高压式结构，由于介质进入背端面区域，起压紧端面的作用，故弹簧比压可比外流过平衡式取得小些或按内流式结构的弹簧比压范围选取，通常可取 0.15～0.25MPa。

真空条件下的弹簧比压 p_s取 0.2～0.3MPa；补偿辅助密封圈为橡胶 O 形圈者，p_s 取较小值，辅助密封为聚四氟乙烯 V 形圈者，p_s 取较大值。

b. 载荷系数　载荷系数表示了密封流体压力变化时，对端比压 p_c 影响的程度。其数值大小由结构尺寸决定，通常可通过在轴或轴上设置台阶，减小 A_e 改变 K 值。采用平衡式的目的主要是为了减少被密封介质作用在密封端面上的压力，使端面比压在合适范围内，以扩大密封适用的压力范围。载荷系数对机械密封的密封性、使用寿命和可靠性等有很大影响。从密封性角度考虑希望载荷系数大一些，可得到较高的端面比压，密封的稳定性和可靠性都较好。但是载荷系数大，产生的摩擦热多，如不能及时散去，将导致密封端面温度过高。当温度达到被密封液体汽化温度时，将发生汽化，液膜破坏，磨损加大，使用寿命缩短。尤其是在压力较高的工作条件下，采用载荷系数大于或等于 1.0 的非平衡式密封是不允许的。

一般对于内流非平衡式结构，$K=1.1\sim1.3$；内流平衡式，$K=0.55\sim0.85$；外流平衡式，$K=0.65\sim0.8$；外流过衡式，$K=-0.15\sim-0.30$。在上述 K 值范围内，当介质压力和 pv 值较小时，K 可选较大值（指绝对值），反之则选较小值。

介质黏度较低时，由于液膜的润滑性较差，在其他条件相同的情况下，K 值应选较小值。在 pv 值较高的情况下，通常按介质黏度大小选取 K 值。低黏度介质（如丙烷、丁烷、氨等），K 值近于 0.5；中等黏度介质（如水、水溶液、汽油等），$K=0.55\sim0.6$；高黏度介质（如油类），$K=0.6\sim0.7$。

K 值一般不应$\leqslant0.5$，否则介质压力作用在密封端面上的轴向载荷过小，易使端面被液膜压力等推开而增大泄漏量。

c. 反压系数 λ　端面间流体膜反力的计算是一个复杂而困难的问题，不仅与密封流体有关，还与摩擦状态有关。在实际运行工况下，密封端面间的流体膜还会出现局部不连续等复杂因素，因此反压系数 λ 值还不能准确地进行计算，一般通过实验确定。只有在流体摩擦和混合摩擦状态下，密封面间才存在流体膜厚，存在膜压。此时，推荐的经验数值为：一般液体，$\lambda=0.5$；黏度较大的液体，$\lambda=1/3$；气体、液态烃等易挥发介质，$\lambda=\sqrt{2}/2$。在密封端面处于边界摩擦状态时，界面的边界膜多为一层极薄（小于 0.1μm）的吸附膜。它是由吸附在金属表面的极性分子形成的定向排列的分子栅。当吸附膜达到饱和时，极性分子紧密排列，分子间的内聚力使其具有一定的承载能力，并可防止两端面直接接触而起到润滑的效果，但并无推开端面的作用。也就是说，在边界摩擦状态下，反压系数 $\lambda=0$。

上述端面比压的计算，尽管比较粗略，但由于引入了大量经验数据而具有一定可靠性。从端面比压计算公式的推导过程可见，端面比压实质上表明了接触式机械密封必要的密封面微凸体承载能力，只有接触式机械密封才存在端面比压。端面比压数值的大小，对端面间的摩擦、磨损和泄漏起着重要作用。端面上的比压过大，将造成摩擦面发热、磨损加剧和功率消耗增加；端面比压过小，易于泄漏，密封破坏。因此，为保证机械密封具有长久的使用寿命和良好的密封性能，必须选择合理的端面比压。端面比压可按下列原则进行选择：ⓐ为使密封端面始终紧密地贴合，端面比压必须为正值，即 $p_c>0$；ⓑ端面比压不能小于端面间温度升高时的密封流体或冲洗介质的饱和蒸气压，否则会导致液态的流体膜汽化，使磨损加剧，密封失效；ⓒ端面比压是决定密封端面间存在液膜的重要条件，因此一般不宜过大，以避免液膜汽化，磨损加剧。当然从泄漏量角度考虑，也不宜过小，以防止密封性能变差。

泵用机械密封端面比压的推荐值见表2-38。

表2-38 泵用机械密封端面比压的推荐值 单位：MPa

密封形式	一般介质	低黏度介质	高黏度介质
内装式	0.3～0.6	0.2～0.4	0.4～0.7
外装式	0.15～0.4		

（2）端面摩擦热及功率消耗

机械密封在运行过程中，不仅摩擦副因摩擦生热，而且旋转组件与流体摩擦也会生热。摩擦热不仅会使密封环产生热变形而影响密封性能，同时还会使密封端面间液膜汽化，导致摩擦工况的恶化，密封端面产生急剧磨损，甚至密封失效。

机械密封的功率消耗包括密封端面的摩擦功率 N_f 和旋转组件对流体的搅拌功率 N_s。一般情况下后者比前小得多，而且难以准确计算，通常可以忽略，但对于高速机械密封，则必须考虑搅拌功率及其可能造成的危害。

端面摩擦功率常用下式近似计算。

$$N_f=fp_c vA \tag{2-71}$$

式中 N_f——端面摩擦功率，W；

f——密封端面摩擦系数；

p_c——端面比压，MPa；

v——密封端面平均线速度，m/s；

A——密封环带面积，mm。

摩擦系数 f 与许多因素有关，表2-39列出不同摩擦工况下 f 值的范围。表2-40为机械密封某些摩擦副配对时的摩擦系数（$[p_c v]=3.503$MPa·m/s，介质为水；若介质为油，则其值可增大25%～50%；若 $p_c v$ 值较小，则其值可小10%～20%）。对于普通机械密封，当无实验数据时，可取 $f=0.1$ 进行估算。

表2-39 机械密封端面摩擦系数范围

摩擦工况	摩擦系数 f	摩擦工况	摩擦系数 f
全液摩擦	0.001～0.05	边界摩擦	0.05～0.15
混合摩擦	0.005～0.1	干摩擦	0.1～0.6

表 2-40 机械密封某些摩擦副配对时的摩擦系数（介质：水）

配　对	摩擦副材料		摩擦系数 f
	动环	静环	
不同材料配对	浸树脂碳石墨	铸铁	0.07
	浸树脂碳石墨	氧化铝陶瓷	0.07
	浸树脂碳石墨	碳化钨(WC)	0.07
	浸树脂碳石墨	碳化硅(SiC)	0.02
	浸树脂碳石墨	碳化石墨	0.015
	碳化硅(SiC)	碳化钨(WC)	0.02
相同材料配对	碳化石墨		0.05
	碳化钨(WC)		0.08
	碳化硅(SiC)		0.02

(3) pv值

密封端面的摩擦功率同时取决于压力和速度，因此，工程上常用两者的乘积表示，即 pv 值。pv 值常被用作选择、使用和设计机械密封的重要参数。但实际中由于所取的压力不同，pv 值的含义和数值就有所不同，即表达机械密封的功能特性不同。

① 工况 pv 值　工况 pv 值是密封腔工作压力 p 与密封端面平均线速 v 的乘积，说明机械密封的使用条件、工况和工作难度。密封的工况 pv 值应小于该密封的最大允许工况 pv 值。产品样本或选用手册中所给出的 pv 值一般即为最大允许工况 pv 值，该值也是密封技术水平的体现。

② 工作 p_cv 值　工作 p_cv 值是端面比压 p_c 与密封端面平均线速度 v 的乘积，表征密封端面的实际工作状态。端面的发热量和摩擦功率直接与 p_cv 成正比，该值过大时会引起端面液膜的强烈汽化或者使边界膜失向（破坏了极性分子的定向排列）而造成吸附膜脱落，结果导致端面摩擦副直接接触产生急剧磨损。它是设计时考虑的一个重要指标，其值必须小于许用的 $[p_cv]$ 值。

③ 许用 $[p_cv]$ 值　许用 $[p_cv]$ 值是极限 (p_cv) 除以安全系数获得的数值。所谓极限 (p_cv) 是指密封失效时达到的 p_cv，它是密封技术发展水平的重要标志。不同材料组合具有不同的许用 $[p_cv]$ 值，表 2-41 为常用摩擦副材料组合的许用 $[p_cv]$ 值，它是以密封端面磨损速度小于或等于 0. 4μm/h 为前提的试验结果。

表 2-41 常用摩擦副材料组合的许用 $[p_cv]$ 值　　单位：MPa·m/s

摩擦副材料组合		非平衡型			平衡型	
静环	动环	水	油	气	水	油
碳石墨	钨铬钴合金	3～9	4.5～11	1～4.5	8.5～10.5	58～70
	铬镍铁合金		20～30			
	碳化钨	7～15	9～20		26～42	122.5～150
	不锈钢	1.8～10	5.5～15			
	铅青铜	1.8				
	陶瓷	3～7.5	8～15		21	42
	喷涂陶瓷	15	20		90	150
	氧化铬	7				
	铸铁	5～10	9			

续表

摩擦副材料组合		非平衡型			平衡型	
碳化硅	钨铬钴合金	8.5				
	碳化钨	12				
	碳石墨	180				
	碳化硅	14.5				
碳化钨	碳化钨	4.4	7.1		20	42
青铜	铬镍铁合金		9～20			
	碳化钨	2	20			
	氧化铝陶瓷	1.5				
铸铁	钨铬钴合金		6			
	铬镍铁合金		6			
陶瓷	钨铬钴合金	0.5	1			
填充聚四氟乙烯	钨铬钴合金	3				
	不锈钢	3	0.5	0.06		
	高硅铸铁	3				

(4)泄漏率

机械密封的泄漏率是指单位时间内通过主密封和辅助密封泄漏的流体总量，是评定密封性能的主要参数。泄漏率的大小取决于许多因素，其中主要的是密封运行时的摩擦状态。在没有液膜存在而完全由固体接触情况下机械密封的泄漏率接近为零，但通常是不允许在这种摩擦状态下运行的，因为这时密封环的磨损率很高。为了保证密封具有足够寿命，密封面应处于良好的润滑状态。因此必然存在一定程的泄漏，其最小泄漏率等于密封面润滑所必需的流量，这种泄漏是为了在密封面间建立合理的润滑状态所付出的代价。所有正常运转的机械密封都有一定泄漏，所谓“零泄漏”是指用现有仪器测量不到的泄漏率，实际上也有微量的泄漏。如果泄漏介质为水溶液或液态烃，它在离开密封面边缘时，就可能已被摩擦热蒸发成气相而逸出，从而看不到液相泄漏。但对于烃类流体，泄漏即使是看不见的气体，也必须进行监控。

对处于全流体膜润滑的机械密封，如流体静压或流体动压机械密封，泄漏率一般较大，但近年已出现一些泄漏率很低，甚至泄漏率为零的流体动压润滑非接触机械密封。

机械密封允许的泄漏率，目前尚无统一标准，实际使用主要取决于密封介质的特性以及密封运行的环境。我国机械行业标准 JB/T 4127.1—1999《机械密封　技术条件》规定：当被密封介质为液体时，平均泄漏率，在轴（或轴套）外径大于 50mm 时，不大于 5mL/h；而当轴（或轴套）外径不大于 50mm 时，不大于 3mL/h；对于特殊条件及被密封介质为气体时不受此限。JB/T 8723—2008《焊接金属波纹管机械密封》对焊接金属波纹管机械密封运转试验的平均泄漏率作了如表 2-42 所示的规定。

表 2-42　焊接金属波纹管机械密封运转试验的平均泄漏率

轴径 d/mm	转速 n/(r/min)	压力 p/MPa	运转试验平均泄漏率 Q/(mL/h)
≤50	≤3000	$p≤2.2$	≤3
		$2.2<p≤4.2$	≤5
	>3000	$p≤2.2$	≤6
		$2.2<p≤4.2$	≤8
>50	≤3000	$p≤2.2$	≤5
		$2.2<p≤4.2$	≤6
	>3000	$p≤2.2$	≤8
		$2.2<p≤4.2$	≤12

(5)磨损量

磨损量是指机械密封运转一定时间后，密封端面在轴向长度上的磨损值。磨损量的大小要满足机械密封使用寿命的要求。JB/T 4127.1—1999《机械密封　技术条件》规定：以清水为介质进行试验，运转100h软质材料的密封环磨损量不大于0.02mm。

磨损量的大小一般用磨损率γ表示，磨损率为单位时间内的磨损量，机械密封摩擦副材料发生黏着磨损时的磨损率可用下式表示。

$$\gamma=\frac{K_w}{H}p_c v \tag{2-72}$$

式中　K_w——磨损系数；

H——密封副软材料的硬度，MPa。

磨损系数K_w是无量纲准数，其值越小，磨损越少，常由磨损试验测算。表2-43列出了机械密封某些摩擦副配对时的磨损系数。

表2-43　机械密封某些摩擦副配对时的磨损系数　　（密封介质：水）

摩擦副材料								
摩擦副材料	动环	浸树脂碳石墨	浸树脂碳石墨	浸巴氏合金碳石墨	浸青铜碳石墨	碳化钨	碳化硅	硅化石墨
	静环	耐蚀镍铸铁	陶瓷(85%氧化铝)		碳化钨(6%Co)		碳化硅	硅化石墨
磨损系数Kw		10^{-6}	10^{-7}	10^{-7}	10^{-8}	10^{-8}	10^{-9}	10^{-9}

磨损率是材料是否耐磨，即在一定的摩擦条件下抵抗磨损能力的评定指标。当发生黏着磨损或磨粒磨损时，材料的磨损率与材料的压缩屈服极限或硬度成反比，即材料越硬越耐磨。而有一类减摩材料则是依靠低的摩擦系数，而不是高硬度获得优良的耐磨特性。例如具有自润滑性的石墨、聚四氟乙烯等软质材料就具有优异的减摩特性，在某些条件下，甚至比硬材料有更长的寿命。在轻烃等易产生干摩擦的介质环境中，软密封环选用软质的高纯电化石墨就比选用硬质碳石墨能获得更低的磨损率。值得注意的是，材料的磨损特性并不是材料的固有特性，而是与磨损过程的工作条件（如载荷、速度、温度）、配对材料性质、接触介质性能、摩擦状态等因素有关的摩擦学系统特性。合理选择配对材料，提供良好的润滑和冷却条件是保证机械密封摩擦副获得低磨损率的重要措施。

（6）使用寿命

机械密封的使用寿命是指机械密封从开始工作到失效累积运行的时间。机械密封很少是由于长时间磨损而失效的，其他因素则往往能促使其过早地失效。因此，密封的寿命应视为一个统计学量，难以得到精确值。密封的有效工作时间在很大程度上取决于应用情况。JB/T 4127.1—1999《机械密封　技术条件》规定：在选型合理、安装使用正确的情况下，被密封介质为清水、油类及类似介质时，机械密封的使用期一般不少于1年；被密封介质为腐蚀性介质时，机械密封的使用期一般为六个月到1年；但在使用条件苛刻时不受此限。JB/T 8723—2008《焊接金属波管机械密封》规定：在选型合理、安装使用正确、系统工作良好、设备运行稳定的情况下，焊接金属波纹管机械密封使用期不少于8000h，特殊工况例外。美国石油学会制定的石油、化工类泵用机械密封标准API 682《泵　离心泵和回转泵的轴封系统》规定机械密封要连续运行25000h不用更换。

为延长机械密封使用寿命，应注意以下几点：①在密封腔中建立适宜的工作环境，如有效地控制温度，排除固体颗粒，在密封端面间形成有效液膜（在必要时应采用双端面密封和封液）；②满足密封的技术规范要求；③采用具有刚性壳体、刚性轴、高质量支撑系统的机泵。

2.6.3　机械密封的主要零件

（1）主要零件的结构形式

① 动环的结构形式　动环常用的结构形式如图2-122所示。图2-122（a）比较简单，

省略了推环，适合采用橡胶O形辅助密封圈，缺点是密封圈沟槽直径不易测量，使加工与维修不便；图2-122（b）对于各种形状的辅助密封圈都能适应，装拆方便，且容易找出因密封圈尺寸不合适而发生泄漏的原因；图2-122（c）只适合用O形密封圈，对密封圈尺寸精度要求低，容易密封，但密封圈易变形；图2-122（d）和图2-122（e）为镶嵌式结构，这种结构是将密封端面做成矩形截面的环状零件（称为动环），镶嵌在金属环座内（称为动环座），从而可节约贵重金属。图2-122（d）为采用压装和热装的刚性过盈镶嵌结构，加工简便，但由于动环与动环座材料的线膨胀系数不同，高温时易脱落，一般适用于轴径小于100mm、使用压力小于5MPa、密封端面平均线速度小于20m/s的场合。图2-122（e）为柔性过盈镶嵌结构，其径向不与动环座接触，而是支承在柔性的辅助密封圈上，并采用柱销连接，从而克服了图2-122（d）的缺点，但加困难，在标准型机械密封中很少采用。图2-122（f）为喷涂结构，是将硬质合金粉或陶瓷粉等离子喷涂于环座上，该结构特点是省料，但由于涂层往往不致密，使用中存在涂层开裂及剥落现象，因此，粉料配方及喷涂工艺还有待改进。上述各种结构中，图2-122（d）是国内目前采用最普遍的一种。

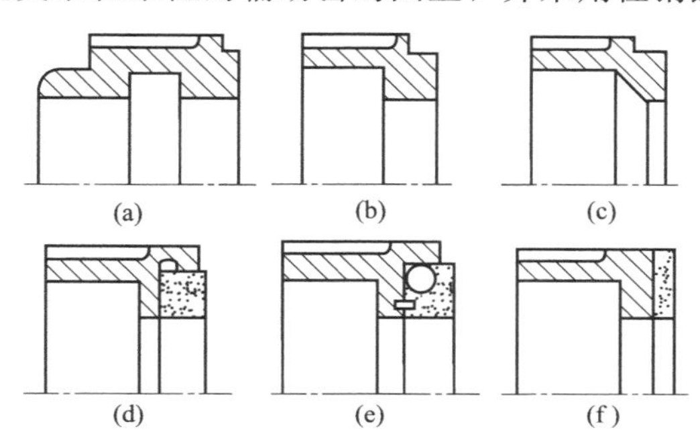

图2-122 动环常用的结构形式

② 静环的结构形式　静环常用的结构形式如图2-123所示。图2-123（a）为最常用的形式，O形、V形辅助密封圈均可使用；图2-123（b）的尾部较长，安装两个O形密封圈，中间环隙可通水冷却；图2-123（c）也是为了加强冷却；图2-123（d）的静环两端均是工作面，一端失效后可调头使用另一端；图2-123（e）为O形圈置于静环槽内，从而简化了静环座的加工；图2-123（f）为采用端盖及垫片固定在密封腔体上，多用于外装式或轻载的简易机械密封上。

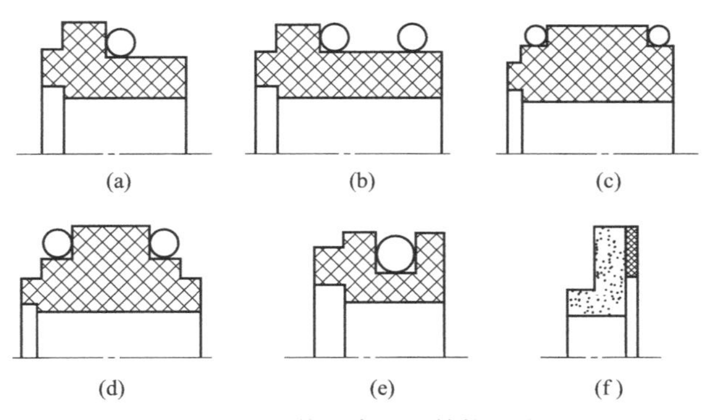

图2-123 静环常用的结构形式

③ 辅助密封元件的结构形式　摩擦副的动、静环的结构形式往往取决于所采用的辅助密封元件的形式。辅助密封元件有两类：径向接触式辅助密封与波纹管辅助密封。

a. 径向接触式辅助密封　径向接触式辅助密封包括动环密封圈和静环密封圈，它们分别构成动环与轴、静环与端盖之间的密封。同时，由于密封圈材料具有弹性，能对密封环起弹性支撑作用，并对密封端面的歪斜和轴的振动有一定的补偿和吸振效果，可提高密封端面的贴合度。当端面磨损后，在弹性力作用下，密封圈随补偿环沿轴向做微小的补偿移动。

用作动环及静环的辅助密封圈主要有如图2-124所示的几种断面形状。最常用的有O形

和V形两种，还有方形、楔形、矩形等几种。一般是根据使用条件决定。如一般介质可以采用普通橡胶O形圈，溶剂类、强氧化性介质可用聚四氟乙烯制的V形圈，高温下可用柔性石墨或氟塑料制的楔形环，矩形垫一般只用于图2-123（f）形式。氟塑料全包覆橡胶O形圈可应用在普通橡胶O形圈无法适应的某些化学介质环境中。它既有橡胶O形圈所具有的低压缩永久变形性能，又具有氟塑料特有的耐热、耐寒、耐油、耐磨、耐天候老化、耐化学介质腐蚀等特性，可替代部分传统的橡胶O形圈，广泛应用于－60～200℃范围内，除卤化物、熔融碱金属、氟碳化合物外各种介质的密封场合。

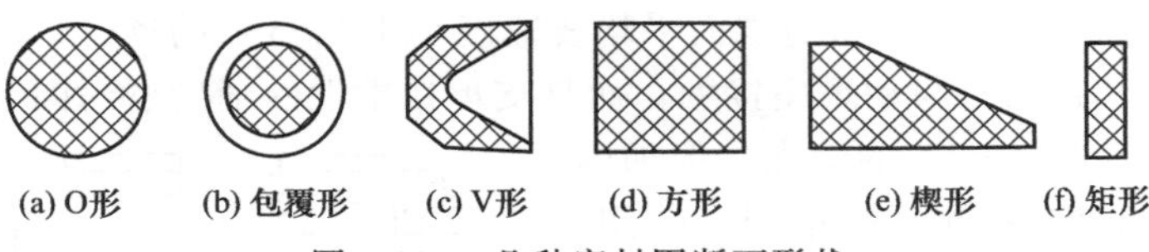

图2-124　几种密封圈断面形状

b. 波纹管辅助密封　波纹管有辅助密封的功能（图2-114）。波纹管密封的特点就是摩擦副挠性安装环的所有相对位移可以由弹性波纹管来补偿，这就允许安装摩擦副密封环有较大的偏差。不存在径向接触式辅助密封圈沿密封面滑移的问题。

④ 传动形式　动环需要随轴一起旋转，为了考虑动环具有一定的浮动性，一般不直接固定在转轴上，通常在动环和轴之间，需要有一个转矩传递机构，带动动环旋转，并克服搅拌和端面的摩擦转矩。

转矩传递机构在有效传递转矩的同时，不能妨碍补偿机构的补偿作用和密封环的浮动减振能力。转轴将转矩传递到密封组件的常见机构有紧定螺钉、销钉、平键及分瓣环等。密封组件将转轴传递来的转矩传递给动环的常见机构，有如图2-125所示的几种形式。

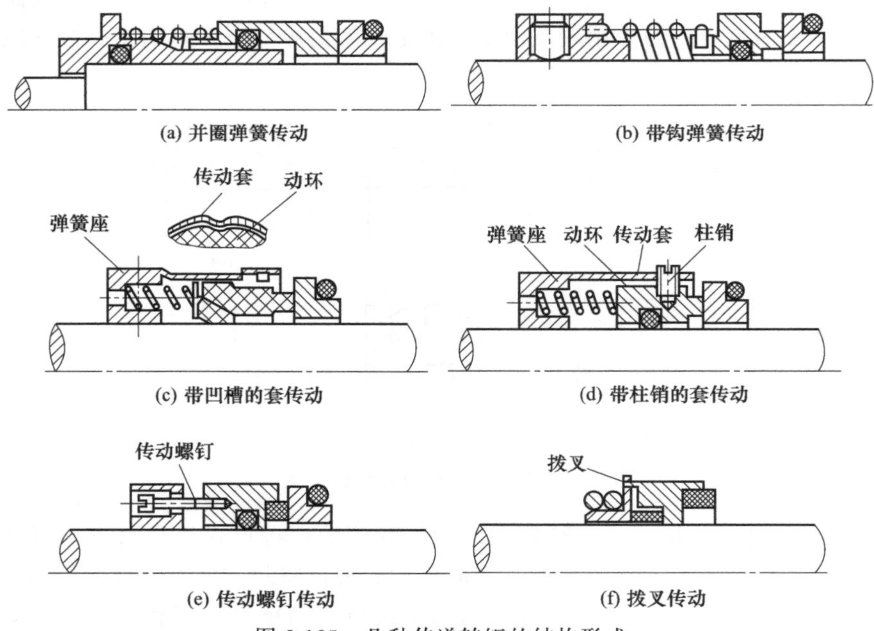

图2-125　几种传递转矩的结构形式

a. 弹簧传动　弹簧传动中有并圈弹簧传动和带钩弹簧传动［图2-125（a）、(b)］。弹簧传动结构简单，但传动转矩一般较小，且只能单方向传动，其旋转方向与弹簧的旋向有关，应使弹簧越转越紧。并圈弹簧传动，弹簧两端过盈安装在弹簧座和动环上，利用弹簧末圈的

摩擦张紧来传递转矩；带钩弹簧传动是将弹簧两端的钢丝头部弯成与弹簧轴线平行或垂直的钩子，分别钩住弹簧座和动环来传动。

b. 传动套传动　传动套传动结构简单，工作可靠，常与弹簧座组成整体结构。传动套传动包括带凹槽（亦称耳环）的套结构和带柱销的套结构［图 2-125（c）、（d）］，后者的传动套厚度比前者要厚一些，以便过盈镶配柱销。

c. 传动螺钉传动　如图 2-125（e）所示，利用螺钉传动，结构简单，在传递转矩时仅存在切向力，常用于多弹簧的结构中。

d. 拨叉传动　如图 2-125（f）所示，拨叉传动结构简单，常与弹簧座组成冲压件整体结构。由于拨叉径向尺寸小（较薄）且冲压后冷作硬化，易断裂，常用于中性介质。

e. 波纹管传动　波纹管是集弹性元件、辅助密封和转矩传动机构于一身的密封元件。其转矩的传动方式是波纹管机械密封所特有的，波纹管的两端分别与传动座和动环连接，连接方式依波纹管材料而定。例如，对于金属波纹管，则采用焊接；对于橡胶波纹管和聚四氟乙烯波纹管，则采用整体或其他方法连接。转轴通过紧定螺钉、键等机构将转矩传递到传动座，传动座通过波纹管即把转矩传递到动环。

⑤ 静环支承方式　如果密封环的支承方式不合理，在受介质压力、弹簧力及支承反力作用下，可能会引起密封环过大的变形而使密封失效。一般金属材料的弹性模量较大，即使在较高压力作用下，环的变形也不显著。而对于弹性模量低的材料如石墨、塑料环等，当处于较高的压力时，往往会发生不可忽视的力变形。机械密封中常将石墨、塑料等软材料作静环，对于给定结构尺寸的静环，在一定载荷条件下，其变形程度主要取决于环的支承方式。

静环一般由腔体支承。支承方式应使静环密封可靠，受力合理，尽量减少变形。静环常用的支承方式有如图 2-126 所示的几种形式。

a. 浮动式　静环靠柔性件（如 O 形圈等）的压缩变形支承在密封腔体上，并允许轴向和径向略作浮动［图 2-126（a）］。密封要求严格时，可安装两道密封［图 2-126（b）］。高黏度介质和高压、高速条件下应设置防转销［图 2-126（c）、（d）］。浮动式支承方式结构简单，拆装方便，能吸收部分轴和腔体的振动。但柔性体把静环隔离，不利于热传导。

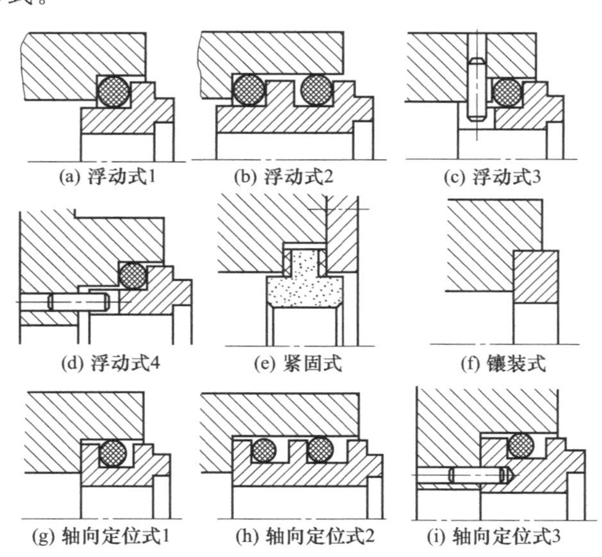

图 2-126　静环常用的支承方式

b. 紧固式　静环靠机械方法支承［图 2-126（e）］。结构简单，传热好，但不能吸收腔体振动。

c. 镶装式　静环过盈配合在密封腔体上［图 2-126（f）］。结构简单，传热好。但配合部位精度和粗糙度要求高，不能吸收腔体的振动，端面磨损后不易更换。

d. 轴向定位式　静环由密封腔体定位，靠柔性件的压缩变形支承［图 2-126（g）］。密封要求严格时，可安装两道密封［图 2-126（h）］。高黏度介质和高压、高速条件下，应设置防转销［图 2-126（i）］。轴向定位式结构简单，拆装方便，传热好，但不能吸收腔体轴向振动。

（2）主要零件的尺寸

① 密封环的主要尺寸　密封环的主要尺寸如图 2-127 所示，包括密封端面宽度 b、端面内直径 d_1、外直径 d_2，以及窄环高度 h 和密封环与轴配合间隙。

动环和静环密封端面为了有效地工作，相应地做成一窄一宽。软材料做窄环，硬材料做宽环，使窄环被均匀地磨损而不嵌入宽环中去。此时，软材料的端面宽度为密封端面宽度 b [其值为 $(d_2-d_1)/2$]。在强度、刚度允许的前提下，端面宽度 b 应尽可能取小值，宽度太大，会导致冷却、润滑效果降低，端面磨损增大，摩擦功率增加。宽度 b 与摩擦副材料的匹配性、密封流体的润滑性和摩擦性、机械密封自身的强度和刚度都有很大的关系。一般分为宽、中、窄 3 个尺寸系列，可取表 2-44 的推荐值。宽系列一般用于摩擦副材料匹配对摩擦磨损性能好的情况，如石墨/硬质合金、石墨/碳化硅；密封流体润滑性好，如不易挥发的油类和水；机械密封需刚性良好的情况。窄系列一般用于摩擦副材料摩擦性能较差的情况，如硬质合金/硬质合金、青铜/硬质合金，以及饱和蒸气压高、易于挥发的密封介质、颗粒介质。中系列具有兼顾宽窄系列的优点。

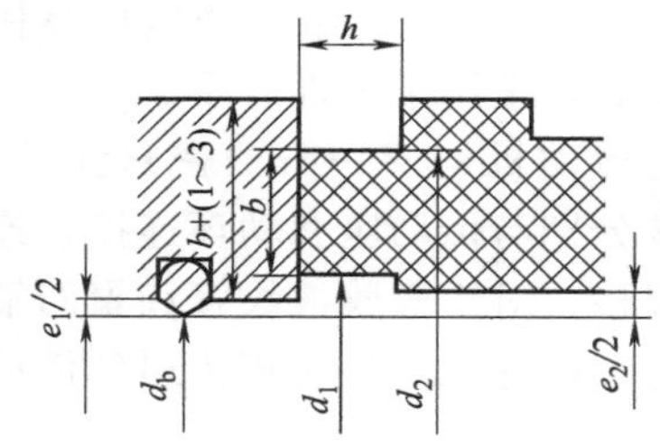

图 2-127　密封环的主要尺寸

硬环端面宽度应比软环大 1～3mm。当动环和静环均为硬材料，则两者可取相等宽度。

表 2-44　密封环带宽度 b 的推荐值　　单位：mm

轴径 d		≤16	≤35	≤55	≤70	≤100	≤120
宽度 b	宽系列	2.5	3.0	4.0	5.0	6.0	7.0
	中系列	2.0	2.5	3.0	4.0	5.0	5.0
	窄系列	1.5	2.0	2.0	2.5	3.0	3.0

窄环高度 h 取决于材料的强度、刚度及耐磨性，一般取 2～3mm。石墨、填充聚四氟乙烯、青铜等可取 3mm，硬质合金可取 2mm。

当载荷系数 K、端面宽度 b 及平衡直径 d_b 或有效直径 d_e 确定后，即可由载荷系数 K 的计算公式 [式 (2-52)、式 (2-61) 或式 (2-64)、式 (2-65)] 算出端面内径 d_1 及外径 d_2。窄环端面内、外径处不允许倒角、倒棱。

对于密封环与轴的配合间隙，动环与静环取值不同。对于动环，虽然与轴无相对运动，但为了保证具有一定浮动性以补偿轴与静环的偏斜和轴振动等影响，取直径间隙 $e_1=0.5$～1mm。对于静环，因为它与轴有相对运动，其间隙值应稍大，一般取直径间隙 $e_2=1$～3mm。石墨环、青铜环、填充聚四氟乙烯环，当轴径为 16～100mm 时取 e_2 为 1mm，轴径为 110～120mm 时取 2mm。硬质合金环，当轴径为 16～100mm 时取 2mm，轴径为 110～120mm 时取 3mm。

② 密封圈尺寸　常用的密封圈有橡胶 O 形圈及聚四氟乙烯 V 形圈，为使两者可互换，设计时直径方向公称尺寸应相同。图 2-128 (a)、(b) 分别为 O 形圈和 V 形圈与相关部件的尺寸。

安装在动环或静环上的橡胶 O 形圈的压缩量要掌握适当，过小会使密封性能差，过大会使安装困难，摩擦阻力加大，且浮动性差。普通橡胶 O 形圈压缩率一般取截面直径的 6%～10%，对轴的过盈量一般为 1%～

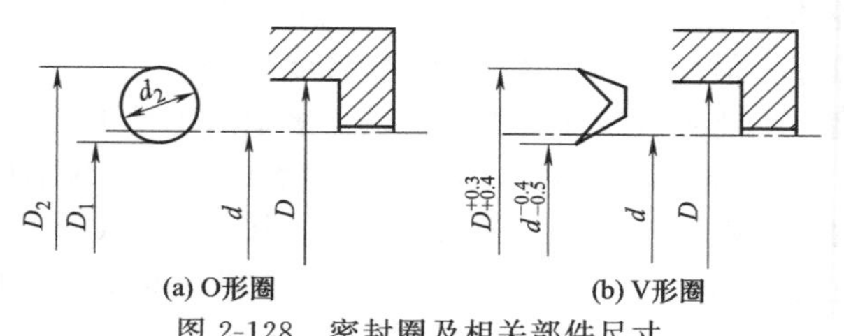

图 2-128　密封圈及相关部件尺寸

3%。表2-45为橡胶O形圈尺寸及压缩率推荐值。O形圈的压缩率是靠控制密封圈安装沟槽的尺寸来保证的。O形圈安装沟槽为矩形槽，如图2-129（a）、（b）所示，分别为无套筒和有套筒。

表2-45 橡胶O形圈尺寸及压缩率推荐值

内径 D_1/mm	$(16\sim18)^{-0.5}_{-1.0}$	$(30\sim60)^{-0.5}_{-1.0}$	$(85\sim120)^{-0.8}_{-1.5}$
截面直径 d_2/mm	$4^{+0.25}_{+0.15}$	$5^{+0.30}_{+0.20}$	$6^{+0.36}_{+0.24}$
压缩率 δ/%	6～10	6～9	6～8.5

聚四氟乙烯V形圈由两侧密封唇进行密封，属自紧式密封，介质压力越高，密封性能越好。为使低压时也有良好的密封性能，V形圈的内径必须比轴径小，外径比安装尺寸大。V形圈一般与推环或撑环一起安装，以使V形圈两侧密封唇紧贴在内外环形的密封表面。V形圈的安装尺寸如图2-128（b）所示，内径比轴径尺寸小0.4～0.5mm，外径比安装处尺寸大0.3～0.4mm。

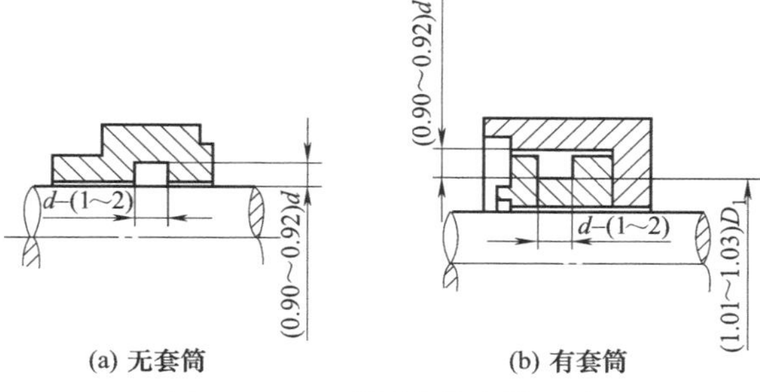

图2-129 O形圈安装沟槽尺寸

③ 弹簧的确定 机械密封中采用的弹性元件有圆柱螺旋弹簧、波形弹簧、碟形弹簧和波纹管。波形弹簧和碟形弹簧具有轴向尺寸小、刚度大、结构紧凑的优点，但轴向位移和弹簧力较小，一般适用于轴向尺寸要求很紧凑的轻型机械密封。波纹管常用于高温、低温、强腐蚀等特殊条件。圆柱螺旋弹簧使用最广，又可分为普通弹簧、并圈弹簧（两端的并圈各为2圈）和带钩弹簧，后两者用于动环采用弹簧传动的机械密封。

各种轴径圆柱螺旋弹簧丝径、数量、过盈量的推荐值可参见表2-46。

表2-46 各种轴径圆柱螺旋弹簧丝径、数量、过盈量的推荐值

轴径/mm	大弹簧丝径/mm	并圈弹簧丝径/mm	并圈弹簧过盈量/mm	小弹簧丝径/mm	小弹簧数量配置
16	1.6	1.6	1		
18	1.6	1.6	1		
20	2	2	1		
22	2	2	1		
25	2.5	2.5	1		
28	2.5	2.5	1		
30	3	3	1		
35	3.5	3.5	1	0.8	8
40	4	4	1	0.8	8
45	4.5	4.5	1	0.8	8
50	5	5	1.5	0.8	8
55	5	5	1.5	0.8	8
60	6	6	1.5	1	8
65	6	6	1.5	1	8
70	6	6	1.5	1	8
75	6	6	1.5	1	10
80	7	7	1.5	1	10
85	7	7	1.5	1	12
90	7	7	1.5	1	12
95	7	7	1.5	1	15
100	7	7	1.5	1	15
110	8	8	2	1	18
120	8	8	2	1	18

（3）主要零件的技术要求

① JB/T 4127.1—1999《机械密封　技术条件》对机械密封主要零件的技术要求　JB/T 4127.1—1999《机械密封　技术条件》标准适用于离心泵及其他类似旋转式机械的机械密封。其工作参数一般为：工作压力0～1.6MPa（指密封腔内实际工作压力）；工作温度－20～80℃（指密封腔内实际温度）；轴（或轴套）外径10～120mm；转速不大于3000r/min；介质为清水、油类和一般腐蚀性液体。该标准对机械密封主要零件规定了如下技术要求。

a. 密封端面的平面度不大于0.0009mm；金属材料密封端面粗糙度 Ra 值应不大于0.2μm，非金属材料密封端面粗糙度 Ra 值不大于0.4μm。

b. 静止环和旋转环的密封端面对与辅助密封圈接触的端面的平面度按GB/T 1184《形状和位置公差　未注公差值》的7级精度。

c. 静止环和旋转环与辅助密封圈接触部位的表面粗糙度 Ra 值不大于3.2μm，外圆或内孔尺寸公差为h8或H8。

d. 静止环密封端面对与静止环辅助密封圈接触的外圆的垂直度、旋转环密封端面对及旋转环辅助密封圈接触的内孔的垂直度，均按GB/T 1184《形状和位置公差　未注公差值》的7级精度。

e. 石墨环、填充聚四氟乙烯环及组装的旋转环、静止环要做水压检验。其检验压力为工作压力的1.25倍，持续10min不应有渗漏。

f. 弹簧内径、外径、自由高度、工作压力、弹簧中心线与两端面垂直度等公差值按JB/T 7757.1《机械密封用圆柱螺旋弹簧》的要求。对于多弹簧机械密封，同一套机械密封中各弹簧之间的自由高度差不大于0.5mm。

g. 弹簧座、传动座的内孔尺寸公差为E9，表面粗糙度 Ra 值应不大于3.2μm。

h. 橡胶O形圈技术要求按JB/T 7757.2《机械密封用O形橡胶圈》的规定。

② JB/T 8723—2008《焊接金属波管机械密封》对机械密封主要零件的技术要求　JB/T 8723—2008《焊接金属波管机械密封》标准适用于离心泵及类似机械旋转轴用焊接金属波纹管机械密封，适用范围为：轴径φ20～120mm；密封腔温度－40～400℃；密封腔压力，单层波纹管≤2. 2MPa，双层波纹管≤4.2MPa；速度，旋转型端面平均线速度≤25m/s，静止型端面平均线速度≤50m/s；介质为水、油、溶剂类及一般腐蚀性液体。该标准对焊接金属波纹管机械密封主要零件规定了如下技术要求。

a. 焊接金属波纹管组件

(a) 外观质量：波距均匀，焊菇（波片焊接形成的环形焊缝，其截面呈蘑菇状）形状对称、规则一致，不得有裂纹、气孔、杂质等缺陷。

(b) 组件压缩至工作长度时，弹力应符合设计值，其允差为±10%。

(c) 组件自由高度允差为其工作压缩量的±10%。

(d) 波纹管的全变形量不小于波纹管自由长度的50%。

(e) 组件在自由状态下，两端环座的同轴度、平行度按表2-47确定。

表2-47　同轴度、平行度要求　单位：mm

轴 径	同轴度公差	平行度公差
≤50	0.25	0.25
>50	0.4	0.35

(f) 波片硬度范围：经过热处理的波片，维氏硬度HV0.2为375～475；不经过热处理的冷轧波片，维氏硬度HV0.2为255～330。

(g) 波纹管材料，在－40～200℃时推荐使用NS334（C-276），在－40～400℃时推荐使用GH4169（Inconel718），若采用其他材料，需要特殊说明。

(h) 焊菇形状、尺寸要求：焊菇形状如图2-130所示，焊菇两凸边R应对称；单、双层波片焊菇宽度W分别按式（2-73）和式（2-74）计算。

单层波片： $W=(2.2\sim3)\times$波片厚度 (2-73)

双层波片： $W=(4.2\sim5)\times$波片平均厚度 (2-74)

(i) 气密性：组件气密性检查，不允许有任何泄漏。具体要求为：组件内部通入压力为0.6～1.0MPa的气体，浸没水中，持续3min，不允许有可见的气泡逸出。

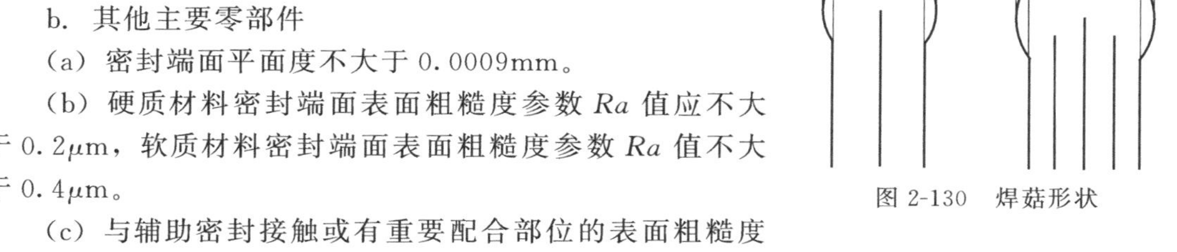

图2-130 焊菇形状

b. 其他主要零部件

(a) 密封端面平面度不大于0.0009mm。

(b) 硬质材料密封端面表面粗糙度参数Ra值应不大于0.2μm，软质材料密封端面表面粗糙度参数Ra值不大于0.4μm。

(c) 与辅助密封接触或有重要配合部位的表面粗糙度参数Ra值应不大于1.6μm。

(d) 静止环和旋转环的密封端面对于辅助密封圈接触的端面平行度按GB/T 1184—1996《形状和位置公差 未注公差值》的7级精度。

(e) O形橡胶圈按JB/T 7757.2《机械密封用O形橡胶圈》的规定。

(f) 辅助密封采用柔性石墨时，为填料式结构，采用平垫密封结构的密封垫，应有加强结构。不推荐使用纯金属材料的静密封垫片。

(g) 设计时应充分考虑定位装置和传动装置的可靠性。

(h) 为便于检测密封泄漏点，焊接金属波纹管密封的轴套推荐露出密封端盖不少于3mm。

(i) 焊接金属波纹管组件与轴套（轴）或密封端盖的径向配合为F8/h7或H8/f7。

(j) 集装式密封的限位零件，应确保安装时密封端盖相对于轴套的定位精度，并且在安装后容易移除。

(k) 密封端盖上的冲洗孔设计有利于密封腔中气体排出，排液孔推荐设计有利于急冷液和泄漏液排出。

(l) 密封端盖在设计上应有便于拆卸的结构。

(m) 密封端盖与密封腔间径向定位配合推荐为H8/f7。

(n) 其他没有说明的零部件参照相关标准。

(o) 本标准所涉及的焊接金属波纹管机械密封优先推荐采用集装式结构。

2.6.4 机械密封常用材料

(1) 摩擦副材料

摩擦副材料是指动环和静环的端面材料。机械密封的泄漏80%～95%是由于密封端面引起的，除了密封面相互的平行度和密封面与轴心的垂直度等以外，密封端面的材料选择非常重要。只有正确选择摩擦副材料配对，才能保证机械密封具有稳定可靠的密封性能。

① 摩擦副材料的基本要求 通常摩擦副的动环和静环选用一硬一软两种材料配对使用，只有在特殊情况下（如介质有固体颗粒等）才选用硬对硬材料配对使用。摩擦副组对是材料

物理力学性能、化学性能、摩擦特性的综合应用。在选择摩擦副材料组对时，应意以下几点基本要求。

a. 物理力学性能　弹性模量大，机械强度高，密度小，导热性好，热膨胀系数低，耐热裂和热冲击性好，耐寒性和耐温度的急变性好。

b. 化学性能　耐腐蚀性好，抗溶胀、老化。

c. 摩擦学性能　自润滑性好，摩擦系数低，能承受短时间的干摩擦，耐磨性好，相容性好。由于摩擦副密封端面要进行相对滑动，仅各自的材料耐磨性好还不够，还要考虑摩擦副材料组对的相容性问题。相容性差的两种材料组成摩擦副时，易发生黏着磨损。只有相容性良好的材料组对，才能得到良好的自润滑性和耐磨性。

d. 其他性能　切削加工性好，成形性能好，材料来源方便。

目前用做摩擦副的材料很多。最常用的摩擦副材料，软质材料主要有：碳石墨、聚四氟乙烯、铜合金等。硬质材料主要有：硬质合金、工程陶瓷、金属等。

② 碳石墨　碳石墨是机械密封摩擦副软质材料中用量最大、应用范围最广的基本材料。它具有许多优良的性能，如良好的自润滑性和低的摩擦系数，优良的耐腐蚀性能（除了强氧化性介质如王水、铬酸、浓硫酸及卤素外，能耐其他酸、碱、盐类及一切有机化合物的腐蚀），导热性好、线膨胀系数低、组对性能好，且易于加工、成本低。碳石墨是用焦炭粉和石墨粉（或炭黑）作基料，用沥青作黏结剂，经模压成形在高温下烧结而成。

然而，碳石墨存在着气孔率大（18%～22%），机械强度低的缺点。因此，碳石墨用作密封环材料时，需要用浸渍等办法来填塞孔隙，并提高其强度。浸渍剂的性质决定了浸渍石墨的化学稳定性、热稳定性、机械强度和可应用温度范围。目前常用的浸渍剂有合成树脂和金属两大类。当使用温度低于或等于170℃时，可选用浸合成树脂的石墨。常用的浸渍树脂有酚醛树脂、环氧树脂和呋喃树脂。酚醛树脂耐酸性好，环氧树脂耐碱性好，呋喃树脂耐酸性和耐碱性都较好，因此浸呋喃树脂石墨环应用最为普遍。当使用温度高于170℃时，应选用浸金属的石墨环，但应考虑所浸金属的熔点、耐介质腐蚀特性等。常用的浸渍金属有巴氏合金、铜合金、铝合金、锑合金等。浸锑碳石墨抗弯与抗压强度高，分别达30MPa和90MPa，使用温度可达500℃；浸铜或铜合金的碳石墨使用温度为300℃；浸巴氏合金的碳石墨使用温度为120～180℃。

对密封用碳石墨来说，抗疱疤是个很重要的问题。对疱疤较普遍的解释是一定量的流体被碳石墨基层所吸收，由于摩擦热形成基层压力顶出，形成疤状凹坑。疱疤通常在烃类产品或温度交变的场合下使用时可以发现。采用碳化硅作为配对材料，可以减少甚至消除这一疱疤问题。

③ 聚四氟乙烯　聚四氟乙烯具有优异的耐腐蚀性（几乎能耐所有强酸、强碱和强氧化剂的腐蚀），自润滑性好，具有很低的摩擦系数（仅0.04），较高的耐热性（高至250℃）和耐寒性（低至－180℃），耐水性、抗老化性、不燃性、韧性及加工性能都很好。但它也存在着导热性差（仅为钢的1/200），耐磨性差，成形时流动性差，热膨胀系数大（约为钢的10倍），长期受力下容易变形（称为冷流性）等缺点。为克服这些缺点，通常是在聚四氟乙烯中加入适量的各种填充剂，构成填充聚四氟乙烯。最常用的填充剂有玻璃纤维、石墨等。填充聚四氟乙烯密封环常用于腐蚀性介质环境中。

聚四氟乙烯的填充材料有玻璃粉（或纤维）、石墨、青铜粉等。一般加入石墨与二硫化钼可增加自润滑性；加入青铜粉可提高其导热性；加入玻璃粉可改善其尺寸稳定性及耐磨性。为获得较好的综合性能，较适宜的填充料含量为10%～20%石墨、15%～30%MoS_2、10%～25%SiO_2及40%青铜粉。食品、医药机械用密封，不应选用碳石墨或填充石墨的聚

四氟乙烯作摩擦副材料，因为被磨损的石墨粉有可能进入产品，形成对产品的污染。即使石墨无害，也会使产品染色，影响产品的纯净度和外观质量。对于这种情况，填充玻璃纤维的聚四氟乙烯是优选材料。

④ 硬质合金　硬质合金是一类依靠粉末冶金方法制造获得的金属碳化物。它依靠某些合金元素，如钴、镍、钢等，作为黏结相，将碳化钨、碳化钛等硬质相在高温下烧结黏合而成。硬质合金具有硬度高（87～94HRA）、强度大（其抗弯强度一般都在1400MPa以上）、耐磨损、耐高温、热导率高、线胀系数小、摩擦系数低、组对性能好及具有一定的耐腐蚀能力等综合优点，是机械密封不可缺少的摩擦副材料。常用的硬质合金有钴基碳化钨（WC-Co）硬质合金、镍基碳化钨（WC-Ni）硬质合金、镍铬基碳化钨（WC-Ni-Cr）硬质合金、钢结碳化钛硬质合金。

钴基碳化钨（WC-Co）硬质合金是机械密封摩擦副中应用最广的硬质合金，但由于其黏结相耐腐蚀性能不好，不适用于腐蚀性环境。为了克服钴基碳化钨硬质合金耐蚀性差的缺陷，出现了镍基碳化钨（WC-Ni）硬质合金，含镍6%～11%，其耐蚀性能有很大提高，但硬度有所降低，在某些场合中使用受到了一定限制。因此出现了镍铬基碳化钨（WC-Ni-Cr）硬质合金，它不仅有很好的耐腐蚀性，其强度和硬度也与钴基碳化钨硬质合金相当，是一种性能良好的耐腐蚀硬质合金。

钢结硬质合金是以碳化钛（TiC）为硬质相、合金钢为黏结相的硬质合金，其硬度与耐磨性与一般硬质合金接近，机加工性能与一般金属材料类同。金属坯材烧结后经退火即可加工，加工后再经高温淬火与低温回火等适当热处理后，便具有高硬度（69～73HRC）、高耐磨性和高刚性（弹性模量较高），并具有较高的强度与一定的韧性。另外，由于TiC颗粒呈圆形，所以它的摩擦系数大大降低，且具有良好的自润滑性。同时它还有良好的抗冲击能力，可用在温度有剧烈变化的场合。

硬质合金的高硬度、高强度，良好的耐磨性和抗颗粒性，使其广泛适用于重负荷条件或用在含有颗粒、固体及结晶介质的场合。

⑤ 工程陶瓷　工程陶瓷具有硬度高、耐腐蚀性好、耐磨性好及耐温变性好的特点，是较理想的密封环端面材料。缺点是抗冲击韧性低、脆性大、硬度高、机加工困难。目前用于机械密封摩擦副的主要是氧化铝陶瓷（Al_2O_3）、氮化硅陶瓷（Si_3N_4）和碳化硅陶瓷（SiC）。

a. 氧化铝陶瓷　氧化铝陶瓷的主要成分是Al_2O_3和SiO_2，Al_2O_3含量超过60%的叫刚玉瓷。目前用作机械密封环较多的是含Al_2O_3 95%～99.8%的刚玉瓷，分别被简称为95瓷和99瓷。Al_2O_3含量很高的刚玉瓷除氢氟酸、氟硅酸及热浓碱外，几乎耐各种介质的耐蚀。但抗拉强度较低，抗热冲击能力稍差，易发生热裂。其热裂主要由于温度变化引起的热应力达到了材料的屈服极限。

在Al_2O_3含量为95%的刚玉瓷坯料中加入0.5%～2%的Cr_2O_3，经1700～1750℃高温焙烧可制得呈粉红色的铬刚玉陶瓷，它的耐温度急变性能好，脆性降低，抗冲击性能得到提高。铬刚玉陶瓷与填充玻璃纤维聚四氟乙烯组对，用于耐腐蚀机械密封时性能很好。

氧化铝陶瓷密封环由于优良的耐腐蚀性能和耐磨性能，被广泛应用于耐腐蚀机械密封中。但值得注意的是，一套机械密封的动静环不能都使用氧化铝陶瓷制造，因有产生静电的危险。

b. 氮化硅陶瓷　氮化硅陶瓷（Si_3N_4）是20世纪70年代我国为发展耐腐蚀用机械密封而开发的材料。通过反应烧结法生产的氮化硅陶瓷（Si_3N_4）应用较多。能耐除氢氟酸以外

的所有无机酸及30%的碱溶液的腐蚀，热膨胀系数小、导热性好，抗热冲击性能优于氧化铝陶瓷，且摩擦系数较低，有一定的自润滑性。

在耐腐蚀机械密封中，Si_3N_4 与碳石墨组对性能良好，而与填充玻璃纤维聚四氟乙烯组对时，Si_3N_4 的磨耗大，其磨损机理有待深入研究。Si_3N_4 与 Si_3N_4 组对的性能也不太好，会导致较大的磨损率。

c. 碳化硅陶瓷　碳化硅陶瓷（SiC）是新型的、性能非常良好的摩擦副材料。它重量轻、比强度高、抗辐射能力强；具有一定的自润滑性，摩擦系数小；硬度高、耐磨损、组对性能好；化学稳定性高、耐腐蚀，它与强氧化性物质只有在500～600℃的高温下才起反应，在一般机械密封的使用范围内，几乎耐所有酸、碱；耐热性好（在1600℃下不变化，极限工作温度可达2400℃），导热性能良好，耐热冲击。自20世纪80年代以来，国内外各大机械密封公司纷纷把碳化硅作为高 pv 值的新一代摩擦副组对材料。

根据制造工艺不同，碳化硅分为反应烧结SiC、常压烧结SiC和热压SiC三种。机械密封中常用的为反应烧结SiC。

⑥ 金属材料　铸铁和模具钢、轴承钢等特殊钢不耐腐蚀，不能用于水类液体和药液，通常用于低负荷、油类液体，一般工艺过程中很少用它。斯太利特（钴铬钨合金）也属于此类。

⑦ 表面复层材料　随着表面工程技术和摩擦学的发展，机械密封材料也发展到通过表面技术来改进材料的性能。

a. 表面堆焊硬质合金　在金属表面堆焊硬质合金可以有效地改善耐磨性能及耐腐蚀性能。目前机械密封上使用的堆焊硬质合金主要有钴基合金、镍基合金和铁基合金。这类合金具有自熔性和低熔点的特性，有良好的耐磨和抗氧化特性，但不耐非氧化性酸和热浓碱。它的硬度不算高，抗热裂能力也较差，不宜用于带颗粒介质的密封和高速密封，比较适宜在中等负荷的条件下作摩擦副材料。

b. 表面热喷涂　热喷涂是利用一种热源，将金属、合金、陶瓷、塑料及复合材料、组合材料等粉末或丝材、棒材加热到熔化或半熔化状态，并用高速气流雾化，以一定的速度喷洒于经预处理过的工作表面上形成喷涂层。如将喷涂层再用火炬或感应加热方法重熔，使其与工件表面呈冶金结合，则称为热喷焊。机械密封用的热喷涂硬质材料多为各种陶瓷。将高熔点的陶瓷喷涂在基体金属上，其表面可获得耐磨、耐蚀的涂层，涂层厚度可以控制，一般能从几十微米到几毫米，这样材料就兼有基体材料的韧性和涂层的耐蚀及耐磨性，并且可以大大降低密封环的成本。

c. 表面烧覆碳化钨耐磨层　表面烧覆碳化钨耐磨层是用铸造碳化钨（WC）粉为原料，以铜或NiP合金作黏结剂，直接冷压在金属（不锈钢或碳钢）表面，然后经高温烧结而成。在的表面烧覆碳化钨而获得耐磨层，国外称为RC合金（ralit copper）。它制成密封环既节省碳化钨又缩短加工工时，可大大降低成本，同时还可克服常用热套或加密封垫镶嵌环在高温下可能出现从座圈中脱出的缺点，或密封垫材料蠕变、炭化而失效的弊端。同时根据需要能方便地控制耐磨层厚度（可控制在1～4mm）。实际使用结果表明，在高温（>290℃）油类介质和含固体磨粒的场合，RC合金是一种具有优良耐磨性和热稳定性的密封材料。国内采用渗透法工艺研制出RC（WC-Cu）合金和WC-NiP合金。其中RC合金比钴基碳化钨（WC-Co）类硬质合金有更好的热稳定性，不易发生热裂，主要适用于油类、海水、盐类、大多数有机溶剂及稀碱溶液等，而WC-NiP合金主要是针对大多材料均不耐非氧化性酸而提出的，同时它在碱溶液、水及其他介质中与RC合金和WC-Co硬质合金的耐蚀性能相近。

d. 真空烧结环　真空熔结工艺是一种表面冶金工艺。它是以自熔性镍基合金在金属母体表面扩散、润湿，在真空炉中熔结于母体（环坯）表面而成的。镍基合金与母体在短时间加热的过程中，充分扩散互熔，成为冶金结合。其合金层与母体材料结合强度高，耐热冲击性能好，且母材对合金层的影响小。由于表面采用镍基合金，故具有良好的耐磨性和耐腐蚀性。真空熔结环的硬度适中，摩擦系数低，耐磨性好，耐腐蚀性接近斯太利特合金，且有良好的耐温度剧变性能，加工量小，成品率高，成本低，用于机械密封环已取得满意的效果。

（2）辅助密封圈材料

机械密封的辅助密封圈包括动环密封圈和静环密封圈。根据其作用，要求辅助密封材料具有良好的弹性、较低的摩擦系数，耐介质的腐蚀、溶解、溶胀，耐老化，在压缩后及长期的工作中永久变形较小，高温下使用具有不黏着性，低温下不硬脆而失去弹性，具有一定的强度和抗压性。

辅助密封圈常用的材料有合成橡胶、聚四氟乙烯、柔性石墨、金属材料等。合成橡胶是使用最广的一种辅助密封圈材料，常用的有丁腈橡胶、氟橡胶、硅橡胶、氯丁橡胶、乙丙橡胶等。不同种类的橡胶有不同的耐腐蚀性能、耐溶剂性能和耐温性能，在选用时需加以注意。辅助密封圈材料，在一般介质中可使用合成橡胶制成的O形圈；在腐蚀性介质中可使用聚四氟乙烯制成的V形圈、楔形环等；在高温下（输送介质温度不低于200℃）可优先采用柔性石墨，但柔性石墨的强度较低，应注意加强和保护；在高压下，尤其是高压和高温同时存在时，前几种材料并不能胜任，这时只有选用金属材料来制作辅助密封。根据不同的工作条件有不同的金属材料供选用，金属空心O形圈的材料有0Cr18Ni9、0Cr18Ni12Mo2Ti、1Cr18Ni9Ti等，对于端面为三角形的楔形环，则常采用铬钢，如0Cr13。

（3）弹性元件材料

机械密封弹性元件有弹簧和金属波纹管等。要求材料强度高、弹性极限高、耐疲劳、耐腐蚀以及耐高（或低）温，使密封在介质中长期工作仍能保持足够的弹力，维持密封端面的良好贴合。

泵用机械密封的弹簧多用4Cr13、1Cr18Ni9Ti（304型）和0Cr18Ni12Mo2Ti（316型）；在腐蚀性较弱的介质中，也可以用碳素弹簧钢；磷青铜弹簧在海水、油类介质中使用良好。60Si2Mn和65Mn碳素弹簧钢可用于常温无腐蚀性介质中。50CrV用于高温油泵中较多。3Cr13、4Cr13铬钢弹簧钢适用于弱腐蚀介质；1Cr18Ni9Ti等不锈钢弹簧钢在稀硝酸中使用。对于强腐蚀性介质，可采用耐腐蚀合金（如高镍铬合金等）或弹簧加聚四氟乙烯保护套或涂覆聚四氟乙烯来保护弹簧，使其不受介质腐蚀。

金属波纹管的材料可以用奥氏体不锈钢、马氏体不锈钢、析出硬化性不锈钢（17-7PH）、高镍铜合金（Monel）、耐热高镍合金（Inconel）、耐蚀耐高温镍铬合金（Hastelloy B及C）和磷青铜。还有采用0Cr18Ni9Ti和1Cr18Ni9Ti不锈钢。

（4）其他零件材料

机械密封其他零件，如动静环的环座、推环、波纹管座、弹簧座、传动销、紧定螺钉、轴套、集装套等，虽非关键部件，但其设计选材也不能忽视，除应满足机械强度要求外，还要求耐腐蚀。这些零件材料中，石油化工常用的有不锈钢、铬钢，如1Cr13、2Cr13、1Cr18Ni9Ti等。根据密封介质的腐蚀性也可以采用其他的耐腐蚀材料。

机械密封所选用的材料对密封的使用寿命和运转可靠性具有重大的意义。表2-48为典型工况下机械密封材料选择。

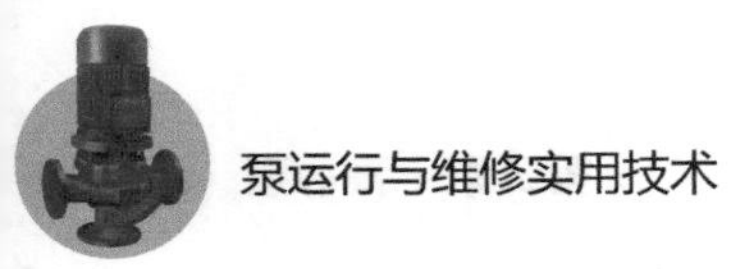

表 2-48 典型工况下机械密封材料选择

介质			静环	动环	辅助密封圈	弹簧
名称	浓度/%	温度/℃				
硫酸	5～40	20	石墨浸渍呋喃树脂	氮化硅	聚四氟乙烯、氟橡胶	Cr13Ni25Mo3Cu3Si3Ti、海氏合金 B
	98	60	钢结硬质合金(R8)、氮化硅、氧化铝陶瓷	填充聚四氟乙烯		1Cr18Ni2Mo2Ti、4Cr13 喷涂聚三氟氯乙烯
	40～80	60	石墨浸渍呋喃树脂	氮化硅		Cr13Ni25Mo3Cu3Si3Ti、海氏合金 B
	98	70	钢结硬质合金(R8)、氮化硅、氧化铝陶瓷	填充聚四氟乙烯		1Cr18Ni2Mo2Ti、4Cr13、喷涂聚三氟氯乙烯
硝酸	50～60	20～沸点	填充聚四氟乙烯	氮化硅	聚四氟乙烯、氟橡胶	1Cr18Ni2Mo2Ti
			氮化硅、氧化铝陶瓷	填充聚四氟乙烯		
	60～99	20～沸点	氧化铝陶瓷		聚四氟乙烯	
盐酸	2～37	20～70	氮化硅、氧化铝陶瓷	填充聚四氟乙烯	氟橡胶	海氏合金 B、钛钼合金(Ti32Mo)
			石墨浸渍呋喃树脂	氮化硅		
醋酸	5～100	沸点以下	石墨浸渍呋喃树脂	氮化硅	硅橡胶	1Cr18Ni2Mo2Ti
			氮化硅、氧化铝陶瓷	填充聚四氟乙烯		
磷酸	10～99	沸点以下	石墨浸渍呋喃树脂	氮化硅	聚四氟乙烯、氟橡胶	1Cr18Ni2Mo2Ti
			氮化硅、氧化铝陶瓷	填充聚四氟乙烯		
氨水	10～25	20～沸点	石墨浸渍呋喃树脂	钢结硬质合金(R8)、氮化硅	硅橡胶	1Cr18Ni2Mo2Ti
氢氧化钾	10～40	90～120	石墨浸渍呋喃树脂	钢结硬质合金(R8)、氮化硅、碳化钨	聚四氟乙烯、氟橡胶	1Cr18Ni2Mo2Ti
	含有悬浮颗粒	20～120	氮化硅	氮化硅		
			钢结硬质合金(R8)	钢结硬质合金(R8)		
			碳化钨	碳化钨		
氢氧化钠	10～40	90～120	石墨浸渍呋喃树脂	钢结硬质合金(R8)、氮化硅、碳化钨	聚四氟乙烯、氟橡胶	1Cr18Ni2Mo2Ti
	含有悬浮颗粒	20～120	氮化硅	氮化硅		
			钢结硬质合金(R8)	钢结硬质含金(R8)		
			碳化钨	碳化钨		
氯化钠	5～20	20～沸点	石墨浸渍呋喃树脂	氮化硅	聚四氟乙烯、氟橡胶	1Cr18Ni2Mo2Ti
硝酸铵	10～75	20～90	石墨浸渍呋喃树脂	氮化硅	聚四氟乙烯、氟橡胶	1Cr18Ni2Mo2Ti
氯化铵	10	20～沸点	石墨浸渍呋喃树脂	氮化硅	聚四氟乙烯、氟橡胶	1Cr18Ni2Mo2Ti
海水	不含泥沙	常温	石墨浸渍呋喃树脂、青铜	氮化硅、氧化铝陶瓷	聚四氟乙烯、氟橡胶	1Cr18Ni2Mo2Ti
	含有泥沙		氮化硅	氮化硅		
			碳化钨	碳化钨		
汽油、机油、液态烃等油类	不含悬浮颗粒	常温	石墨浸渍呋喃树脂	碳化钨、堆焊硬质合金	丁腈橡胶	3Cr13、4Cr13、65Mn、60Si2Mn、50CrV
	含有悬浮颗粒	高温(>150)	石墨浸渍青铜、石墨浸渍巴氏合金	碳化钨、碳化硅、氮化硅	聚四氟乙烯、氟橡胶	
			碳化钨	碳化钨		
			碳化硅	碳化硅	丁腈橡胶	
			氮化硅	氮化硅		

续表

介质				静环	动环	辅助密封圈	弹簧
名称		浓度/%	温度/℃				
有机物	尿素	98.7	140	石墨浸渍树脂	碳化钨、碳化硅、氮化硅	聚四氟乙烯	3Cr13、4Cr13
	苯	100以下	沸点以下	石墨浸渍酚醛树脂、石墨浸渍呋喃树脂	碳化钨、碳化硅、氮化硅、45钢、铸钢	聚四氟乙烯、聚硫橡胶	
	丙酮	95	沸点以下	石墨浸渍呋喃树脂		聚四氟乙烯、聚硫橡胶、乙丙橡胶	
	醇			石墨浸渍树脂、酚醛塑料、填充聚四氟乙烯		聚四氟乙烯、丁腈橡胶、氯丁橡胶、聚硫橡胶、乙丙橡胶、丁苯橡胶、氟橡胶	
	醛						
	其他有机溶剂					聚四氟乙烯、乙丙橡胶	
						聚四氟乙烯	

注：本表的材料选择仅供参考。设计人员应根据具体的工况条件选择适当的密封材料。

2.6.5 泵用机械密封典型结构

(1)我国泵用机械密封标准形式

① JB/T 1472—2011《泵用机械密封》 该标准适用于用于离心泵、旋涡泵及其他类似泵的机械密封。泵用机械密封包括103型、B103型、104型、B104型、105型、B105型、114型七种基本形式及104a型(原GX型)、B104a型(原GY型)、114a型三种派生形式。

a. 结构形式、工作参数与主要尺寸 泵用机械密封的结构形式与基本参数见表2-49，主要尺寸见表2-50。

表2-49 泵用机械密封的结构形式与基本参数

型号	形式			基本参数				
				压力/MPa	温度/℃	转速/(r/min)	轴径/mm	介质
103	内装单端面	单弹簧	非平衡型并圈弹簧传动	0～0.8	-20～80	≤3000	16～120	汽油、煤油、柴油、蜡油、原油、重油、润滑油、丙酮、苯、酚、吡啶、醚、稀硝酸、浓硝酸、尿素、碱液、海水、水等
B103			平衡型并圈弹簧传动	0.6～3，0.3～3①				
104			非平衡型套传动	0～0.8				
104a			104派生型					
B104			平衡型套传动	0.6～3，0.3～3①				
B104a			B104派生型					
105		多弹簧	非平衡型螺钉传动	0～0.8				
B105			平衡型螺钉传动	0.6～3，0.3～3①			35～120	
114	外装单端面单弹簧过平衡型拨叉传动			0～0.2	0～60	≤3600	16～70	腐蚀性介质，如浓及稀硫酸、40%以下硝酸、30%以下盐酸、磷酸、碱等
114a	114派生型							

① 对黏度较大、润滑性好的介质取0.6～3，对黏度较小、润滑性差的介质取0.3～3。

b. 性能要求

(a) 泄漏量 当轴(或轴套)外径≤50mm时，泄漏量≤3mL/h；当轴(或轴套)外径>50mm时，泄漏量≤5mL/h。

表 2-50 耐碱泵用机械密封的主要尺寸

规格	型号																					
	103 型							B103 型									104 型						
	主要尺寸/mm																					
	d	D_2	D_1	D	L	L_1	L_2	d	d_0	D_2	D_1	D	L	L_1	L_2	e	d	D	D_1	D_2	L	L_1	L_2
16	16	33	25	33	56	40	12	16	11	33	25	33	64	48	12	2	16	33	25	33	53	37	8
18	18	35	28	36	60	44	16	18	13	35	28	36	68	52	16		18	36	28	35	58	40	11
20	20	37	30	40	63	44	16	20	15	37	30	40	71	52	16		20	40	30	37	59	40	11
22	22	39	32	42	67	48	20	22	17	39	32	42	75	56	20		22	42	32	39	62	43	14
25	25	42	35	45	67	48	20	25	20	42	35	45	75	56	20		25	45	35	42	62	43	14
28	28	45	38	48	69	50	22	28	22	45	38	48	77	58	22		28	48	38	45	63	44	15
30	30	52	40	50	75	56	22	30	25	52	40	50	84	65	22	3	30	50	40	52	68	49	15
35	35	57	45	55	79	56	26	35	28	57	45	55	89	70	26		35	55	45	57	70	51	17
40	40	62	50	60	83	64	30	40	34	62	50	60	93	74	30		40	60	50	62	73	54	20
45	45	67	55	65	90	71	36	45	38	67	55	65	100	81	36		45	65	55	67	79	60	25
50	50	72	60	70	94	75	40	50	44	72	60	70	104	83	40		50	70	60	72	82	63	28
55	55	77	65	75	96	77	42	55	48	77	65	75	106	87	42		55	75	65	77	84	65	30
60	60	82	70	80	96	77	42	60	52	82	70	80	106	87	42		60	80	70	82	84	65	30
65	65	92	80	90	111	89	50	65	58	92	80	90	118	96	50		65	90	80	92	96	74	35
70	70	97	85	97	116	91	52	70	62	97	85	97	126	101	52		70	97	85	97	101	76	37
75	75	102	90	102	116	91	52	75	66	102	90	102	126	101	52		75	102	90	102	101	76	37
80	80	107	95	107	123	98	59	80	72	107	95	107	133	108	59		80	107	95	107	106	81	42
85	85	112	100	112	125	100	59	85	76	112	100	112	135	110	59		85	112	100	112	107	82	42
90	90	117	105	117	126	101	60	90	82	117	105	117	136	111	60		90	117	105	117	108	83	43
95	95	122	110	122	126	101	60	95	85	122	110	122	136	111	60		95	122	110	122	108	83	43
100	100	127	115	127	126	101	60	100	90	127	115	127	136	111	60		100	127	115	127	108	83	43
110	110	141	130	142	153	126	80	110	100	141	130	142	165	138	80		110	142	130	141	132	105	60
120	120	151	140	152	153	126	80	120	110	151	140	152	165	138	80		120	152	140	151	132	105	60
简图	1—防转销；2，5—辅助密封圈；3—静止环；4—旋转环；6—推环；7—弹簧；8—弹簧座；9—紧定螺钉							1—防转销；2，5—辅助密封圈；3—静止环；4—旋转环；6—推环；7—弹簧；8—弹簧座；9—紧定螺钉									1—防转销；2，5—辅助密封圈；3—静止环；4—旋转环；6—推环；7—弹簧；8—弹簧座；9—紧定螺钉						

续表

规格	型号																												
	104a 型									B104 型										B104a 型									
	主要尺寸/mm																												
	d	D	D_1	D_2	L	L_1	L_2	L_3	L_4	d	d_0	D	D_1	D_2	L	L_1	L_2	L_3	e	d	d_0	D	D_1	D_2	L	L_1	L_2	L_3	L_4
16	16	34	26	33	39.5	24.5	8	36	3.5	16	11	33	25	33	61	45	8	57	2	16	10	28	20	33	48.5	33.5	8	44.5	3.5
18	18	36	28	35	40.5	25.5	9	37	3.5	18	13	36	28	35	64	48	11	60		18	12	30	22	35	49.5	34.5	9	45.5	3.5
20	20	38	30	37	41.5	26.5	10	38	3.5	20	15	40	30	37	67	48	11	62		20	14	32	24	37	50.5	35.5	10	46.5	3.5
22	22	40	32	39	43.5	28.5	12	40	3.5	22	17	42	32	39	70	51	14	65		22	16	34	26	39	52.5	37.5	12	48.5	3.5
25	25	43	35	42	43.5	28.5	12	40	3.5	25	20	45	35	42	70	51	14	65		25	19	38	30	42	52.5	37.5	12	48.5	3.5
28	28	46	38	45	46.5	31.5	15	43	3.5	28	22	48	38	45	71	52	15	66		28	22	40	32	45	55.5	40.5	15	51.5	3.5
30	30	50	40	52	53	35	15	48	6	30	25	50	40	52	77	58	15	72	3	30	23	46	38	52	60	45	15	56	6
35	35	55	45	57	55	37	17	50	6	35	28	55	45	57	80	61	17	75		35	28	50	40	57	65	47	17	60	6
40	40	60	50	62	53	40	20	53	6	40	34	60	50	62	83	64	20	78		40	32	55	45	62	68	50	20	63	6
45	45	65	55	67	63	45	25	58	6	5	38	65	55	67	89	70	25	84		45	37	60	50	67	73	55	25	68	6
50	50	70	60	72	68	48	28	63	6	50	44	70	60	72	92	73	28	87		50	42	65	55	72	76	58	28	71	6
55	55	75	65	77	70	50	30	65	6	55	48	75	65	77	94	75	30	89		55	45	70	60	77	80	60	30	75	6
60	60	80	70	82	70	50	30	65	6	60	52	80	70	82	94	75	30	89		60	51	75	65	82	80	60	30	75	6
65	65	90	78	92	78	55	35	72	8	65	58	90	80	92	108	81	35	98		65	55	85	75	92	87	67	35	82	8
70	70	95	83	97	80	57	37	74	8	70	62	97	85	97	111	86	37	105		70	60	90	78	97	92	69	37	86	8
75	75	100	88	102	80	57	37	74	8	75	66	102	90	102	111	86	37	105		75	65	95	83	102	92	69	37	86	8
80	80	105	93	107	87	62	42	81	8	80	72	107	95	107	116	91	42	110		80	70	100	88	107	97	74	42	91	8
85	85	110	98	112	87	62	42	81	8	85	76	112	100	112	117	92	42	111		85	75	105	93	112	99	74	42	93	8
90	90	115	103	117	88	63	43	82	8	90	82	117	105	117	118	93	43	112		90	80	110	98	117	100	75	43	94	8
95	95	120	108	122	88	63	43	82	8	95	85	122	110	122	118	93	43	112		95	85	115	103	122	100	75	43	94	8
100	100	125	113	127	88	63	43	82	8	100	90	127	115	127	118	93	43	112		100	89	120	108	127	100	75	43	94	8
110	—	—	—	—	—	—	—	—	—	110	100	142	130	141	144	117	60	138		—	—	—	—	—	—	—	—	—	—
120	—	—	—	—	—	—	—	—	—	120	110	152	140	151	144	117	60	138		—	—	—	—	—	—	—	—	—	—
简图	1—防转销;2,5—辅助密封圈;3—静止环;4—旋转环;6—密封垫圈;7—推环;8—弹簧;9—传动座									1—防转销;2,5—辅助密封圈;3—静止环;4—旋转环;6—推环;7—弹簧;8—弹簧座;9—紧定螺钉										1—防转销;2,5—辅助密封圈;3—静止环;4—旋转环;6—密封垫圈;7—推环;8—弹簧;9—传动座									

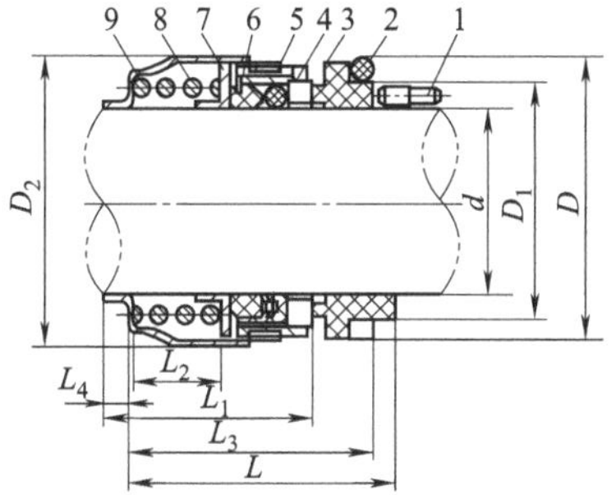

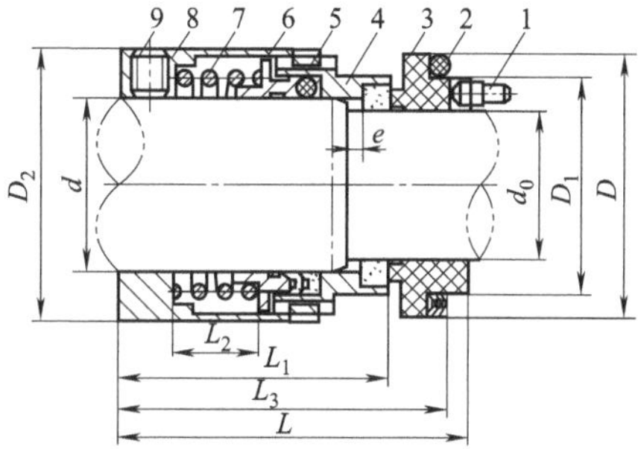

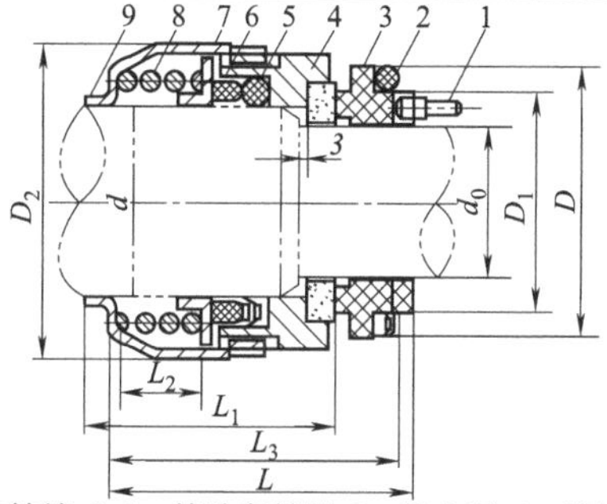

续表

规格	型号																								
	105 型						B105 型							114 型						114a 型					
	主要尺寸/mm																								
	d	D	D_1	D_2	L_1	L	d	d_0	D	D_1	D_2	L_1	L	d	D_1	D_2	L	L_1	L_2	d	D_1	D_2	L	L_1	L_2
16	—	—	—	—	—	—	—	—	—	—	—	—	—	16	34	40	55	44	11	—	—	—	—	—	—
18	—	—	—	—	—	—	—	—	—	—	—	—	—	18	36	42	55	44	11	—	—	—	—	—	—
20	—	—	—	—	—	—	—	—	—	—	—	—	—	20	38	44	58	47	14	—	—	—	—	—	—
22	—	—	—	—	—	—	—	—	—	—	—	—	—	22	40	46	60	49	16	—	—	—	—	—	—
25	—	—	—	—	—	—	—	—	—	—	—	—	—	25	43	49	64	53	20	—	—	—	—	—	—
28	—	—	—	—	—	—	—	—	—	—	—	—	—	28	46	52	64	53	20	—	—	—	—	—	—
30	—	—	—	—	—	—	—	—	—	—	—	—	—	30	53	64	73	62	22	—	—	—	—	—	—
35	35	55	45	57	38	57	35	28	55	45	57	48	67	35	58	69	76	65	25	35	55	62	83	65	20
40	40	60	50	62	38	57	40	34	60	50	62	48	67	40	63	74	81	70	30	40	60	67	90	72	25
45	45	65	55	67	39	58	45	38	65	55	67	49	68	45	68	79	89	75	34	45	65	72	93	75	28
50	50	70	60	72	39	58	50	44	70	60	72	49	68	50	73	84	89	75	34	50	70	77	95	77	30
55	55	75	65	77	39	58	55	48	75	65	77	49	68	55	78	89	89	75	34	55	75	82	95	77	30
60	60	80	70	82	39	58	60	52	80	70	82	49	68	60	83	94	97	83	42	60	80	87	104	82	35
65	65	90	80	91	44	66	65	58	90	80	91	51	75	65	92	103	100	86	42	65	89	96	108	86	37
70	70	97	85	96	44	69	70	62	97	85	96	54	79	70	97	110	100	86	42	70	98	101	108	86	37
75	75	102	90	101	44	69	75	66	102	90	101	54	79	—	—	—	—	—	—	—	—	—	—	—	—
80	80	107	95	106	44	69	80	72	107	95	106	54	79	—	—	—	—	—	—	—	—	—	—	—	—
85	85	112	100	111	46	71	85	76	112	100	111	56	81	—	—	—	—	—	—	—	—	—	—	—	—
90	90	117	105	116	46	71	90	82	117	105	116	56	81	—	—	—	—	—	—	—	—	—	—	—	—
95	95	122	110	121	46	71	95	85	122	110	121	56	81	—	—	—	—	—	—	—	—	—	—	—	—
100	100	127	115	126	46	71	100	90	127	115	126	56	81	—	—	—	—	—	—	—	—	—	—	—	—
110	110	142	130	140	51	78	110	100	142	130	140	73	100	—	—	—	—	—	—	—	—	—	—	—	—
120	120	152	140	150	51	78	120	110	152	140	150	73	100	—	—	—	—	—	—	—	—	—	—	—	—

简图

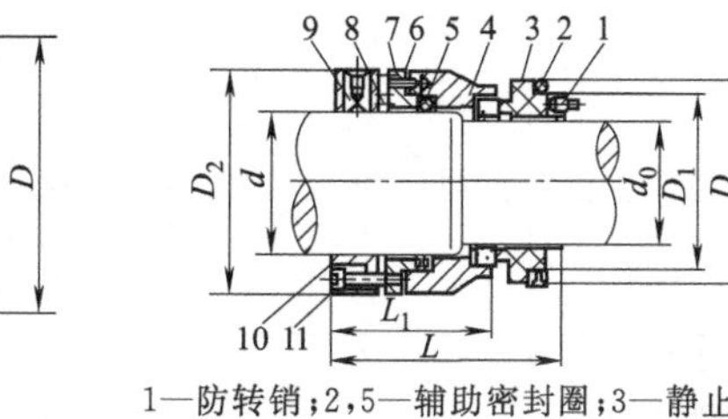

1—防转销；2，5—辅助密封圈；3—静止环；4—旋转环；6—传动销；7—推环；8—弹簧；9—紧定螺钉；10—弹簧座；11—传动螺钉

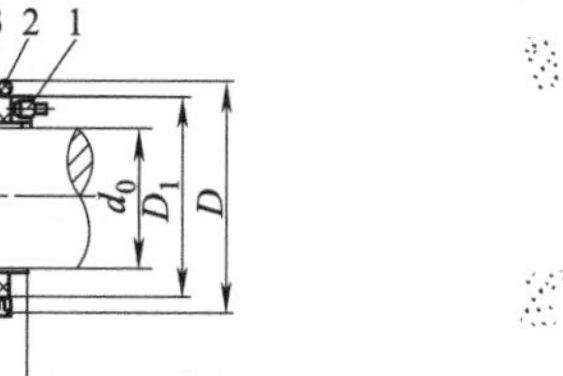

1—防转销；2，5—辅助密封圈；3—静止环；4—旋转环；6—传动销；7—推环；8—弹簧；9—紧定螺钉；10—弹簧座；11—传动螺钉

表 2-51　耐碱泵用机械密封的主要尺寸

规格	型号																			
	167 型								168 型							169 型				
	主要尺寸/mm																			
	d h6	D_1 H8/a11	D_2 A11/h8	D_3	D_4 H8/f8	L	L_1	L_2 ±0.5	d R7/h6	D_1 e8	D_2 H8/f9	D_3	D_4 H11/b11	L	L_1 ±1.0	d R7/h6	D	D_1	D_2 H9/f9	L ±1.0
28	28	50	44	42	54	118	18	36	—	—	—	—	—	—	—	—	—	—	—	—
30	30	52	46	44	56				30	44	47	67	55	64.5	26.5	30	65	54	44	74.5
32	32	54	48	46	58				32	46	49	69	57	64.5	26.5	—	—	—	—	—
33	33	55	49	47	59				—	—	—	—	—	—	—	—	—	—	—	—
35	35	57	51	49	61				35	49	52	72	60	64.5	29.5	35	70	59	49	74.5
38	38	64	58	54	68	122	20		38	54	55	75	63	65.5	31.5	38	75	63	54	74.5
40	40	66	60	56	70				40	56	57	77	65	65.5	31.5	40	75	66	56	74.5
43	43	69	63	59	73				—	—	—	—	—	—	—	—	—	—	—	—
45	45	71	65	61	75				45	61	62	82	70	65.5	31.5	45	82	71	61	74.5
48	48	74	68	64	78				—	—	—	—	—	—	—	—	—	—	—	—
50	50	76	70	67	80				—	—	—	—	—	—	—	50	87	76	66	74.5
53	53	79	73	70	83	126		37	—	—	—	—	—	—	—	—	—	—	—	—
55	55	81	75	72	85				—	—	—	—	—	—	—	55	92	81	71	74.5
58	58	89	83	78	93	130	22		—	—	—	—	—	—	—	—	—	—	—	—
60	60	91	85	80	95				—	—	—	—	—	—	—	60	97	90	80	74.5
63	63	94	88	83	98				—	—	—	—	—	—	—	—	—	—	—	—
65	65	96	90	85	100	134	24		—	—	—	—	—	—	—	—	—	—	—	—
68	68	99	93	88	103				—	—	—	—	—	—	—	—	—	—	—	—
70	70	101	95	90	105				—	—	—	—	—	—	—	—	—	—	—	—
75	75	110	104	99	114				—	—	—	—	—	—	—	—	—	—	—	—
80	80	115	109	104	119	136	25		—	—	—	—	—	—	—	—	—	—	—	—
85	85	120	114	109	124				—	—	—	—	—	—	—	—	—	—	—	—
简图																				

(b) 磨损量　以清水为介质进行试验，运转100h密封环磨损量均不大于0.02mm。

(c) 使用期　在合理选型、正确安装使用的情况下，使用期一般为一年。

② JB/T 7371—2011《耐碱泵用机械密封》　该标准适用于耐碱泵用机械密封，分为三种基本形式：

167（I105）型——双端面、多弹簧、非平衡型；

168型——外装、单端面、单弹簧、聚四氟乙烯波纹管式；

169型——外装、单端面、多弹簧、聚四氟乙烯波纹管式。

a. 工作参数与主要尺寸　工作参数为：密封介质压力0～0.5MPa；密封介质温度不高于130℃；转速不大于3000r/min；轴径，167型为28～85mm，168型为30～45mm，169型为30～60mm；介质为碱性液体，含量≤42%，固相颗粒含量10%～20%。

耐碱泵用机械密封的主要尺寸见表2-51。

b. 性能要求

(a) 泄漏量　当轴径（或轴套）不大于50mm时为3mL/h；当轴径（或轴套）大于50mm时，泄漏量不大于5mL/h。对于双端面机械密封，任一端面的泄漏量都应不超过上述值。

(b) 磨损量　磨损量的大小要满足机械密封使用期的要求。通常以清水为介质进行试验，运转100h，任一密封环的磨损量均不大于0.02mm。

(c) 使用期　在选型合理、密封腔温度不大于80℃、使用正确的条件下，使用期不少于4000h。条件苛刻时不受此限。

③ JB/T 7372—2011《耐酸泵用机械密封》　该标准适用于耐酸泵用机械密封，分为四种基本形式：

151型——外装、单端面、单弹簧、聚四氟乙烯波纹管型；

152型——外装、单端面、多弹簧、聚四氟乙烯波纹管型；

153型——内装、内流、单端面、多弹簧、聚四氟乙烯波纹管型；

154型——内装、内流、单端面、单弹簧、非平衡型。

除了四种基本形式外，还有152a、153a和154a三种派生形式。

a. 工作参数与主要尺寸　耐酸泵用机械密封的工作参数见表2-52，其主要尺寸见表2-53。

b. 性能要求

(a) 泄漏量　不大于3mL/h。

(b) 磨损量　磨损量的大小要满足机械密封使用期的要求。通常以清水为介质进行试验，运转100h，任一密封环磨损量均不大于0.03mm。

(c) 使用期　不少于4000h，条件苛刻时不受此限。

表2-52　耐酸泵用机械密封的工作参数

<table>
<tr><th>型号</th><th>压力/MPa</th><th>温度/℃</th><th>转速/(r/min)</th><th>轴径/mm</th><th>介　质</th></tr>
<tr><td>151</td><td rowspan="5">0～0.5</td><td rowspan="7">0～80</td><td rowspan="7">≤3000</td><td>30～60</td><td rowspan="3">酸性液体</td></tr>
<tr><td>152</td><td rowspan="6">30～70</td></tr>
<tr><td>152a</td></tr>
<tr><td>153</td><td rowspan="4">酸性液体（氢氟酸、发烟硝酸除外）</td></tr>
<tr><td>153a</td></tr>
<tr><td>154</td><td rowspan="2">0～0.6</td></tr>
<tr><td>154a</td></tr>
</table>

表 2-53 耐碱泵用机械密封主要尺寸

规格	151型						152型				152a型			
	主要尺寸/mm													
	d	D	D_1	L	L_1	L_2	d	D	D_1	L	d	D	D_1	L
30	30	65	53	31	63	74	30	75	53	59	30	75	53	59
35	35	70	58	34	66	77	35	80	58		35	80	58	
40	40	75	63	36	68	79	40	85	63		40	85	63	
45	45	80	68	37	69	83	45	90	68	62	45	90	68	62
50	50	88	73	44	76	90	50	95	73		50	95	73	
55	55	93	78	46	78	92	55	100	78		55	100	78	
60	60	98	83	47	79	93	60	105	83		60	105	83	
65	—	—	—	—	—	—	65	110	88		65	110	88	
70	—	—	—	—	—	—	70	115	93		70	115	93	
简图	1—静止环垫；2—静止环；3—波纹管密封环；4—弹簧前座；5—弹簧；6—弹簧后座；7—夹紧环；8—螺钉；9—垫圈						1——静止环密封垫；2—静止环；3—波纹管密封环；4—弹簧座；5—弹簧；6—内六角螺钉；7—分半夹紧环；8—紧定螺钉；9—固定环				1—静止环；2—静止环密封垫；3—防转销；4—波纹管密封环；5—弹簧座；6—弹簧；7—弹簧垫；8—L套；9—内六角螺钉；10—分半夹紧环			

续表

规格	型号														
	153 型						153a 型								
	主要尺寸/mm														
	d	d_0	d_1	D	L	L_1	d	d_0	d_1	d_2	D	L	L_1	L_2	L_3
35	35	25	70	60	88	48	35	20	25	61	51	85.5	44.5	14.0	10.5
40	40	30	75	65	91	51	40	25	30	70	60	86.5	44.0	14.5	10.5
45	45	35	80	70	91	51	45	30	35	75	65	94.5	48.5	15.0	11.5
50	50	40	85	75	91	51	50	30	35	80	70	97.5	48.5	18.0	11.5
55	55	45	90	80	91	51	55	35	40	85	75	104.5	55.0	17.0	12.5
60	—	—	—	—	—	—	60	40	45	95	85	108.5	55.0	21.0	12.5
70	—	—	—	—	—	—	70	50	55	105	95	112.5	55.0	25.0	12.5
简图	1—辅助密封圈；2—旋转环；3—填充聚四氯乙烯波纹管静止环；4—辅助密封圈；5—推套；6—弹簧						1，4—辅助密封圈；2—旋转环；3—波纹管静止密封环；5—推套；6—弹簧								

续表

规格	型号													
	154 型							154a 型						
	主要尺寸/mm													
	d	D	D_1	D_2	L_1	L_2	L	d	D	D_1	D_2	L_1	L_2	L
35	35	55	45	57	49	17	68	35	55	45	50	49	17.5	68
40	40	60	50	62	52	20	71	40	60	50	59	51.5	20	70.5
45	45	65	55	67	57	25	76	45	65	55	64	55.5	24	74.5
50	50	70	60	72	65	28	84	50	70	60	69	59.5	28	78.5
55	55	75	65	77	67	30	86	55	75	65	74	60.5	28.9	79.5
60	60	80	70	82	67	30	86	60	80	70	82	61.5	30	80.5
65	65	90	80	87	77	35	99	65	90	80	88	69.5	35	91.5
70	70	97	85	92	79	37	102	70	97	85	93	71.5	36	96.5

简图

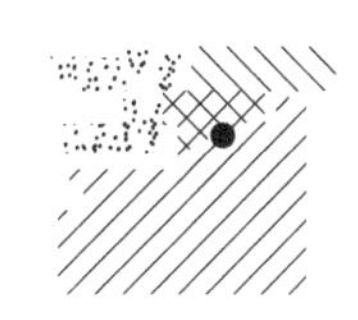

④ JB/T 8723—2008《焊接金属波纹管机械密封》 该标准适用于离心泵及类似机械旋转轴用焊接金属波管机械密封，适用范围为：轴径 ϕ20～120mm；密封腔温度－40～400℃；密封腔压力，单层波纹管≤2.2MPa，双层波纹管≤4.2MPa；速度，旋转型端面平均线速度≤25m/s，静止型端面平均线速度≤50m/s；介质为水、油、溶剂类及一般腐蚀性液体。

a. 基本形式

Ⅰ型密封：内装式、波纹管组件为旋转型，辅助密封为O形圈，如图2-131（a）所示。

Ⅱ型密封：内装式、波纹管组件为旋转型，辅助密封为柔性石墨，如图2-131（b）所示。

Ⅲ型密封：内装式、波纹管组件为静止型，辅助密封为O形圈，如图2-131（c）所示。

Ⅳ型密封：内装式、波纹管组件为静止型，辅助密封为柔性石墨，如图2-131（d）所示。

b. 形式代号

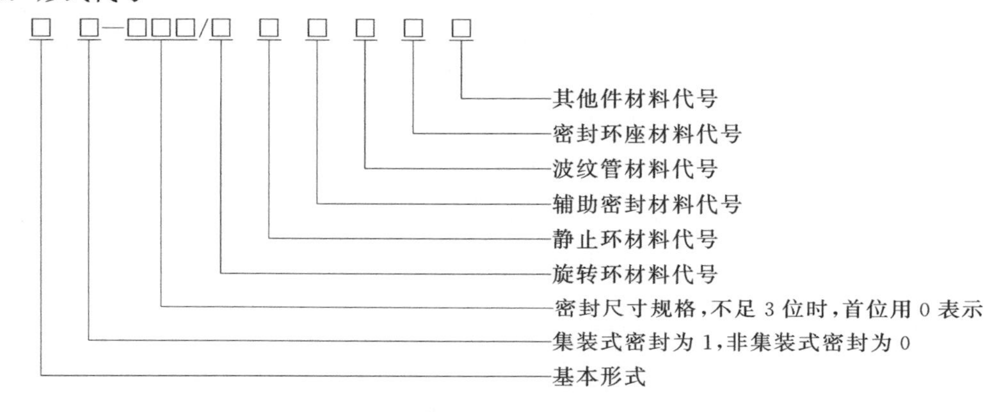

c. 材料代号 各零件材料代号及其种类按表2-54规定。

表2-54 各零件材料代号及种类

类别	本标准材料代号	材料名称	类别	本标准材料代号	材料名称
旋转环 静止环	A	浸锑石墨	金属波纹管	C	NS334(C-276)
	B	浸树脂石墨		H	GH4169(Inconel 718)
	W	钴基硬质合金		Y	沉淀硬化型不锈钢
	U	镍基硬质合金		T	钛合金
	Q	反应烧结碳化硅		M	NCu28-2.5-1.5(Monel)
	Z	无压烧结碳化硅		X	其他材料，使用时说明
	X	其他材料，使用时说明	金属结构件	C	NS334(C-276)
辅助密封件	V	氟橡胶		R	铬钢
	E	乙丙橡胶		N	铬镍钢
	S	硅橡胶		L	铬镍钼钢
	K	全氟醚橡胶		J	低膨胀合金
	G	柔性石墨		T	钛合金
	F	氟塑料全包覆橡胶O形圈		H	GH4169(Inconel 718)
	X	其他材料，使用时说明		X	其他材料，使用时说明

d. 布置方式

(a) 代号

CW——表示接触式湿密封：该种形式密封的端面间不产生使两端面间保持一定间隙的气膜或液膜动压力。

NC——表示非接触式密封：该种形式密封的端面间能够产生使两端面间保持一定间隙的气膜或液膜动压力。

CS——表示抑制密封（接触式或非接触式）：该种形式密封结构包括一个补偿元件和成对装在外部密封腔中的一对密封端面。

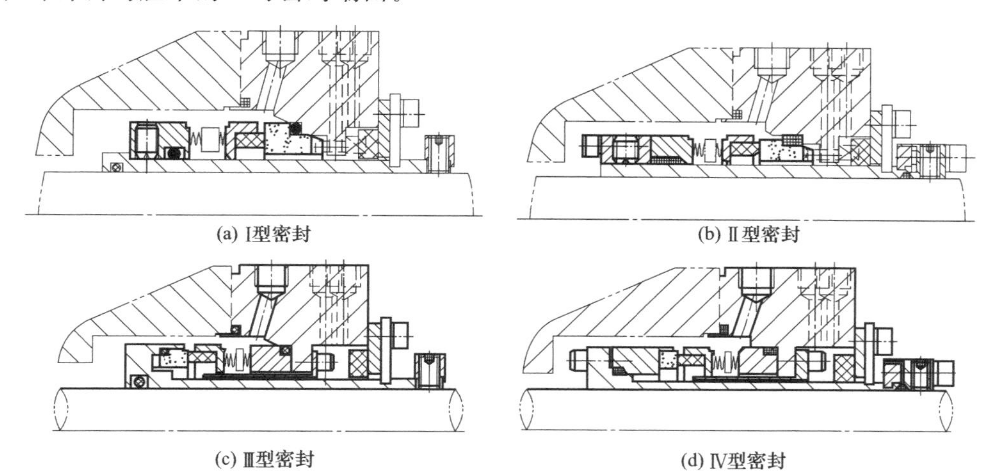

(a) Ⅰ型密封　(b) Ⅱ型密封

(c) Ⅲ型密封　(d) Ⅳ型密封

图 2-131　焊接金属波纹管机械密封基本形式

FB——表示面对背式双密封：其特征是在两个密封补偿元件之间安装一对密封端面，在两对密封端面之间装有一个密封补偿元件。

FF——表示面对面式双密封：其特征是两对密封端面均安装在两个密封补偿元件之间。

BB——表示背对背式双密封：其特征是两个密封弹性元件安装在两对密封端面之间。

（b）密封布置　密封布置框架图如图 2-132 所示，其具体布置方式如图 2-133 所示。

e. 性能要求

（a）泄漏量　焊接金属波纹管机械密封漏运转试验的平均泄漏量按表 2-55 的规定。

表 2-55　焊接金属波纹管机械密封运转试验的平均泄漏量

轴径 d/mm	转速 n/(r/min)	压力 p/MPa	运转试验平均泄漏量 Q/(mL/h)
≤50	≤3000	$p\leqslant2.2$	≤3
		$2.2<p\leqslant4.2$	≤5
	>3000	$p\leqslant2.2$	≤6
		$2.2<p\leqslant4.2$	≤8
>50	≤3000	$p\leqslant2.2$	≤5
		$2.2<p\leqslant4.2$	≤6
	>3000	$p\leqslant2.2$	≤8
		$2.2<p\leqslant4.2$	≤12

静压试验的最高压力为产品最高使用压力的 1.25 倍，静压试验的平均泄漏量不超过运转试验的 1/3。

（b）磨损量　以清水为介质进行试验，运转 100h，任一密封面磨损量不大于 0.02mm。

（c）使用期　在选型合理、安装使用正确、系统工作良好、设备运行稳定的情况下，焊接金属波管机械密封使用期不少于 8000h，特殊工况例外。

（2）集装式机械密封

我国目前的几类泵用机械密封标准形式大多数为“分离式”结构，即密封的动、静环以及与安装相关的轴套、密封腔端盖等各自为一体，在安装时才组装在一起。这种分离式结构不但安装不便，而且要求维修人员具有一定的安装经验和熟练的操作技能，即便如此，密封

的安装质量也不一定能得到保证。从我国石油、化工等行业的泵用机械密封使用情况统计资料来看，约 38%的机械密封失效是由于安装不当造成的。为克服分离式机械密封安装要求较高的缺点，可采用集装式结构。如图 2-134 所示为集装式机械密封的结构。集装式（也称为卡盘式）机械密封将轴套、端盖、主密封、辅助密封等集成为一个整体，并可预留冷却、冲洗等接口，出厂前已将各部位的配合及比压调整好。使用时只需将整个装置清洗干净，同时将密封腔及轴清洗干净，即可将整套密封装置装入密封腔内，拧紧密封端盖螺栓和轴套紧定螺钉，最后取下限位块就可使用。

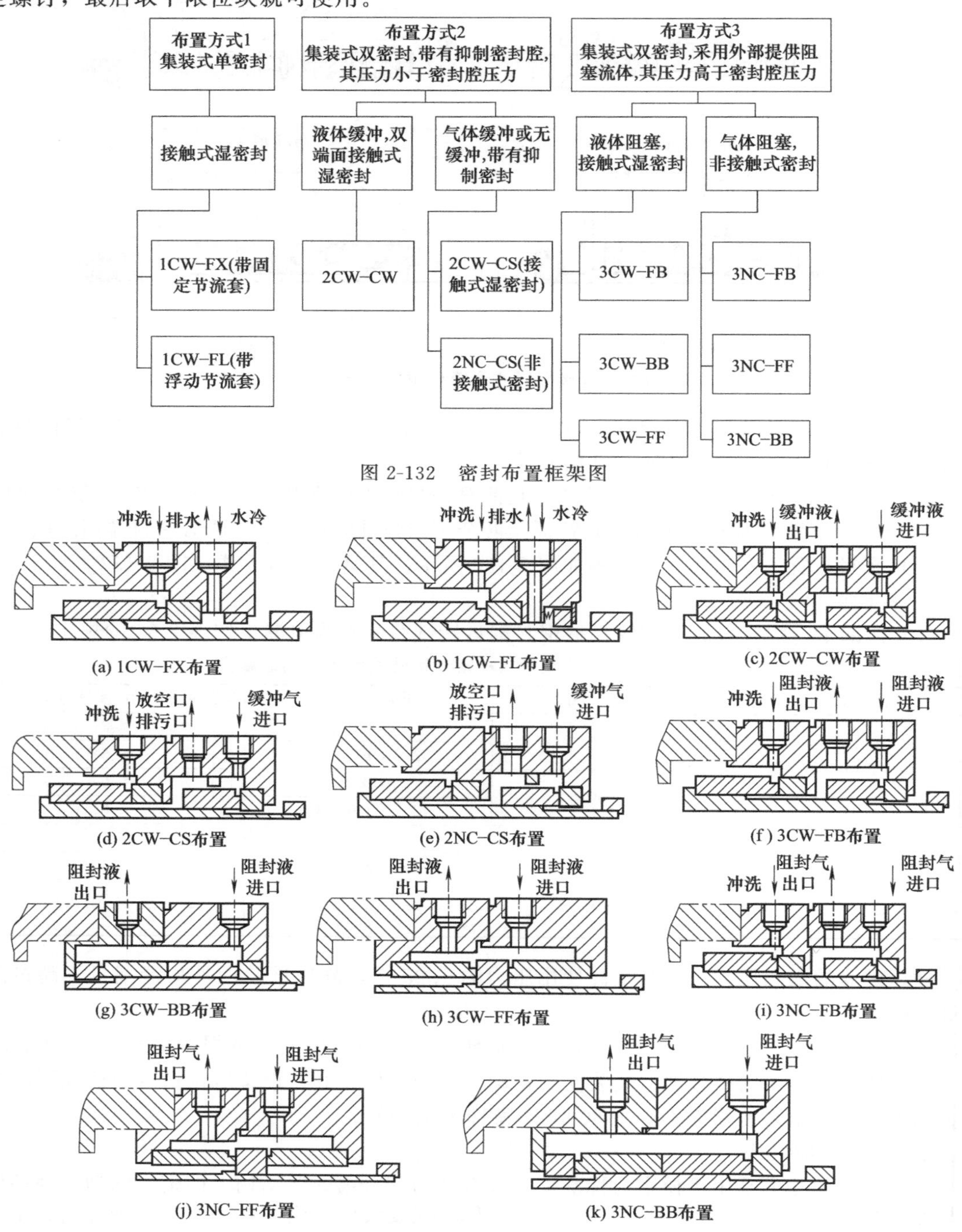

图 2-132　密封布置框架图

图 2-133　密封具体布置方式

集装式机械密封是一种结构新颖、性能可靠、安装维修方便的密封结构，尽管初始投资较高，但使用维护成本低，是很有发展前途的机械密封结构。美国石油学会标准 ANSI/API 682—2004《泵 离心泵和回转泵的轴封系统》要求机械密封全部采用集装式结构，并规定了 A、B 及 C 型三种基本形式的标准机械密封。

① A 型推环式机械密封 如图 2-135（a）所示为一种 A 型标准推环式机械密封。A 型为单级、内置、旋转、平衡式、集装式推环机械密封。标准密封的挠性元件为旋转式，摩擦副为反应烧结碳化硅对优质抗疱疤碳石墨，辅助密封为氟橡胶 O 形密封圈，弹性元件为多个圆柱形合金 C-276（耐蚀耐高温镍基合金）小弹簧，轴套、端盖、环座和其他金属零件用 316 型镍铬不锈钢制成。此外，端盖内还配有优质碳石墨浮环作为抑制密封，保证密封达到工艺流体零逸出。

② B 型金属波纹管式机械密封 如图 2-135（b）所示为一种 B 型标准金属波纹管机械密封。B 型为单级、内置、旋转（低温）、平衡式、集装式波纹管机械密封。标准密封的挠性元件为旋转式，摩擦副为反应烧结碳化硅对优质抗疱疤碳石墨，辅助密封为氟橡胶 O 形密封圈，弹性元件为多个边缘焊接合金 C-276 金属波纹管，轴套、端盖、环座和其他金属零件用 316 型镍铬不锈钢制成。此外，端盖内还配有优质碳石墨浮环作为抑制密封，保证密封，达到工艺流体零逸出。

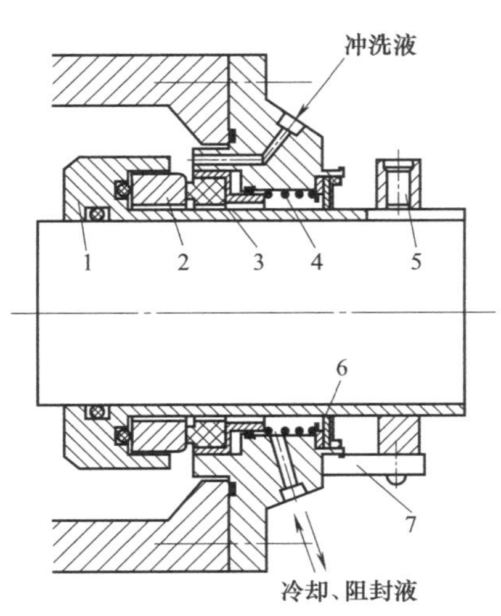

图 2-134 集装式机械密封的结构
1—轴套；2—动环；3—静环；4—弹簧；5—卡环；6—唇形密封；7—限位块

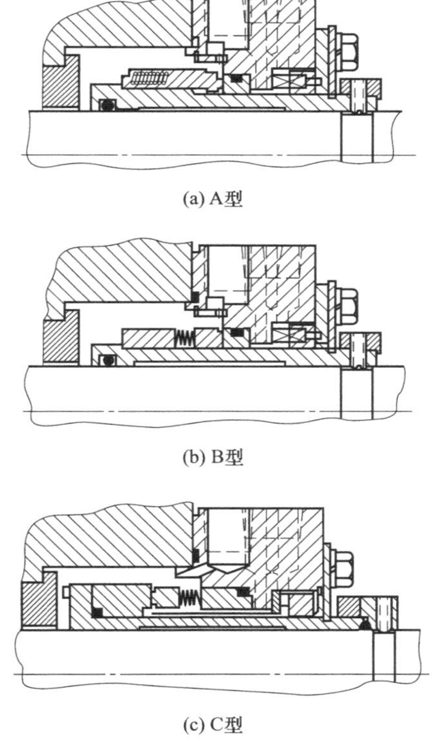

图 2-135 ANSI/API 682 标准机械密封

③ C 型金属波纹管式机械密封 如图 2-135（c）所示为一种 C 型标准金属波纹管机械密封。C 型为单级、内置、静止（高温）、平衡式、集装式波纹管机械密封。标准密封的挠性元件为静止式，摩擦副为反应烧结碳化硅对优质抗疱疤碳石墨，辅助密封为柔性

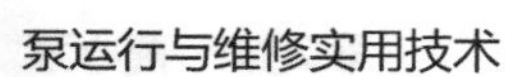

石墨密封，弹性元件为多个边缘焊接合金 718（耐蚀耐高温铬镍铁合金）金属波纹管，轴套、端盖、环座和其他金属零件用 316 型镍铬不锈钢制成。此外，端盖内还配有优质碳石墨浮环作为抑制密封，保证密封达到工艺流体零逸出。并装有供背冷蒸汽用的抗结焦青铜折流套。

对于大多数用途，可选用 A 型标准密封；对于高温情况，可选用 C 型标准密封；而 B 型密封可作为其他许多用途可以接受的任选标准密封。

（3）特殊工况的泵用机械密封

近年来随着石油、化工和其他工业部门工艺参数的不断提高，对于在高温、高压、高黏度、易挥发、低温、含固体颗粒的介质和高速下运转的机械密封及其辅助措施也有了更高的要求。

① 高温流体机械密封　在高温流体中，机械密封的主要问题有：密封端面间液体汽化；密封面随温度升高，摩擦系数增大，磨损严重；可能会出现密封环的热裂、变形，组合环配合松脱；辅助密封圈耐久性降低，或老化、分解；弹簧蠕变、疲劳；材料腐蚀加剧等。

为保证机械密封在高温下正常工作，最好的方法是采取有效的冷却措施，把高温条件局部地在密封部分转化为常温条件。

a. 热水泵用机械密封结构　在石油化工、炼油装置及热电厂中，锅炉给水泵和中、高压热水泵大多已采用机械密封。如图 2-136 所示为锅炉循环热水泵用机械密封。这种机械密封动、静环座均用钛金属制造，其热胀系数小，与碳化钨相近，易于固装动、静环。辅助密封圈采用聚四氟乙烯 V 形圈，从而保证了工作温度下辅助密封圈和动、静环的追随性。通过出口液体冷却器，冷却高压液体送至密封腔冲洗，保证了辅助密封处于聚四氟乙烯允许工作温度范围内，解决了高温辅助密封的问题。

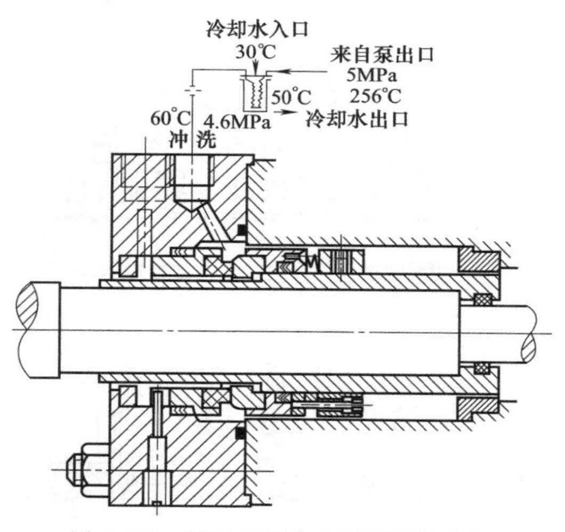

图 2-136　锅炉循环热水泵用机械密封

b. 高温油泵用机械密封结构　在石油化工和炼油装置中所应用的温度较高的热油泵有塔底热油泵、油浆泵、渣油泵、蜡油泵、沥青泵、熔融硫黄和增塑剂泵等，均采用机械密封。

如图 2-137 所示为减压塔底热油泵用静止式焊接金属波纹管机械密封。这种密封的特点是：(a) 采用金属波纹管代替了弹簧和辅助密封圈，兼作弹性元件和辅助密封元件，解决了高温下辅助密封难解决的问题，保证密封工作稳定性；(b) 波纹管密封本身就是部分平衡式密封，因此适用范围广，在低(负）压下有冲洗液，波纹管密封具有耐负压和抽空能力，在高压下波纹管在耐压限内可以工作；(c) 采用蒸汽急冷措施除了起到启动前起暖机和正常时起冷却作用，减少急剧温变和温差外，还可冲洗动、静环内部析出物，洗净凝聚物，以及防止泄漏严重时发生火灾；(d) 采用静止式结构对高黏度液体可以避免由于高速搅拌产生热量；(e) 采用双层金属波纹管，可以保持低弹性常数且能耐高压，在低压下外层磨损，内层仍然起作用（单层波纹管耐压 5MPa，而双层波纹管耐压达 3.0～7.0MPa）。采用双层金属波纹管弹性好，使用时必须注意由于操作条件变化，波纹管外围沉积或结焦会使波纹管密封失效。

如图 2-138 所示为热油泵机械密封，油温为 350℃。热油依靠小叶轮强制循环，经冷却后进行自冲洗，即采用局部循环冲洗的冷却方法，同时在压差处进行背冷冲洗。这样，使密封面附近温度不高于 150℃，为静环辅助密封圈长期工作创造了条件。

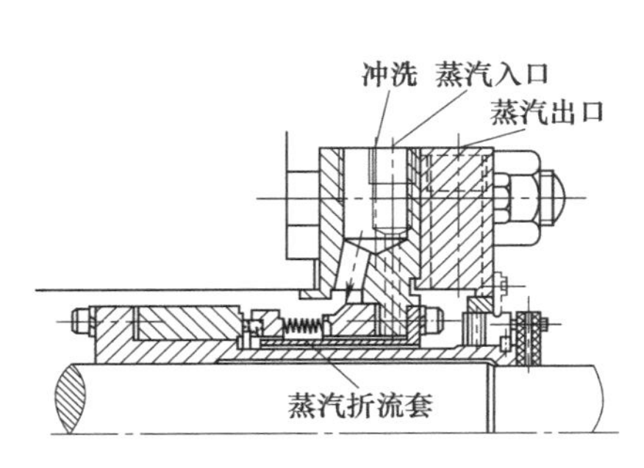

图 2-137 减压塔底热油泵用静止式焊接金属波纹管机械密封

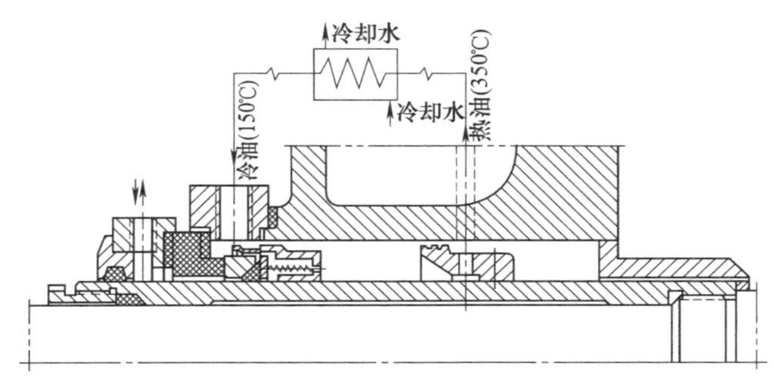

图 2-138 热油泵机械密封

寻求耐高温的材料是解决机械密封结构高温工况的又一措施。用作摩擦副的碳石墨要注意材料的允许工作温度上限：浸树脂碳石墨，为 170～200℃；浸巴氏合金碳石墨，低于 150℃；浸铜和浸铅碳石墨，低于 400℃；硅橡胶和氟橡胶为 200℃以下；聚四氟乙烯为 250℃以下；焊接不锈钢波纹管工作温度可达 450℃。

如图 2-139 所示为 104 型 WC-WC 摩擦副塔底热油泵机械密封。该泵的特点是温度高（370～380℃）、渣油黏度和密度大（压力不高）、塔底有机械杂质和生成物。利用系列产品 104 型单弹簧旋转式机械密封，将碳石墨静环改用碳化钨，采用碳化钨与碳化钨配对的摩擦副，其使用效果较好。只要其 pv 值在允许范围内，工作时间就较长。

② 高压机械密封结构　在高压条件下，可能由于密封端面比压值过大，而导致端面间液膜破坏，引起发热，造成异常磨损。高压还可能使摩擦副环产生变形或破裂。

图 2-139 104 型 WC-WC 摩擦副塔底热油泵机械密封

因此，设计高压用机械密封，应着重从结构设计和材料方面考虑如何控制合理的端面比压，以防止密封的变形。

虽然高压机械密封一定选用平衡型结构，考虑到密封的可靠性，载荷系数值不能过小。尤其是在高压、高速或介质润滑性差、端面比压要求低的场合，单靠一组平衡型结构是难以满足要求的，此时，可采用多端面或受控膜机械密封。对密封要求高的可采用多端面密封，允许泄漏量较大的用受控膜型密封。

摩擦副尽可能选择强度和刚度高的材料，如硬质合金、陶瓷（填充金属）等。并且在结构形状、支承方式上做到受力状态合理，避免端面变形和应力集中。

如图 2-140 为高压试验装置的受控膜机械密封，水压为 15.3MPa，转速为 1440r/min，轴径为 225mm。采用组合式密封结构，第一级为凹槽式自动加压流体静压密封，动环材料为 WC+Ni，静环材料为 CrC+TiC，水压经第一级密封降至 0.35MPa。第二级为流体动压密封，动环材料为浸酚醛树脂高强度石墨，端面宽度为 15mm，开 4 个 R6mm 半圆形动压槽，静环为 WC+Ni。第二级密封采用平衡型结构。发生偶然事故时有短期承受高压的能力，但泄漏量较大。

③ 高黏度液体用机械密封结构　在石油及石油化工工业中，有高黏度液体、易凝固的

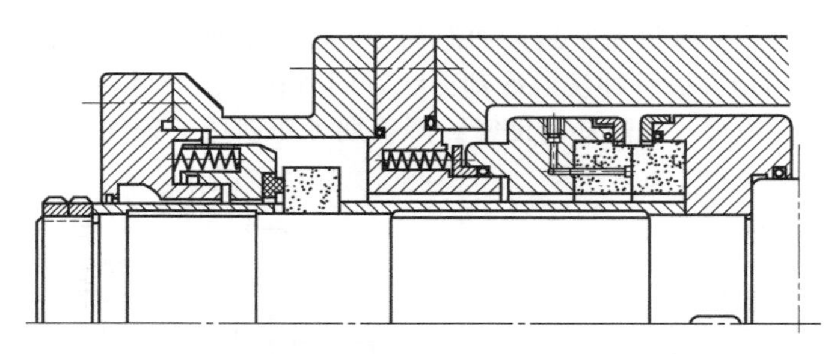

图 2-140　高压试验装置的受控膜机械密封

液体和附着性强的液体（如塑料、橡胶原液等），一般机械密封不能适应，因为密封面宽，这类液体易在密封面间生成凝固物，从而使密封丧失工作能力。如图 2-141 所示为密封面做成刀刃状的刃边机械密封。这种密封的特点是：a. 密封的非补偿环端面宽度极小，犹如刀刃一样；b. 弹簧比压为普通密封的 10～60 倍，可以把密封面间生成的凝聚物切断排除，以保证正常密封性能；c. 由于刃边窄，散热性好，内外侧温差小，受热变形和压力变形的影响较小，从而使密封性能稳定；d. 弹性元件采用液压成形 U 形波纹管，有较大的间距，避免凝聚物、沉淀物填塞间隙而失去弹性。刃边密封首先用于密封乳胶液，现在逐渐被广泛用于阳离子涂料工业以及沥青和食品等领域难于密封的高黏度液体。

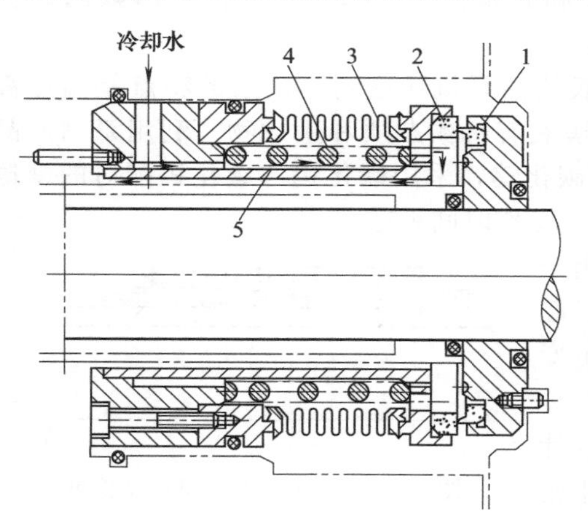

图 2-141　密封面做成刀刃状的刃边机械密封
1—刃边动环；2—平面静环；3—波纹管；4—弹簧；5—折流套

④ 易挥发液体机械密封结构　在石油化工及炼油厂中，有许多泵是在接近介质沸点下工作的，例如液化气泵、轻烃泵、丙烯泵、液氨泵、热水泵等。因此，这些泵的机械密封有可能在液相、汽（气）相或汽液混相状态下工作。因为这些介质的常压沸点均低于一般泵的周围环境，而且周围压力都是大气压力，因此，必须注意勿使这类密封干运转或不稳定工作，在结构、辅助措施和工作条件控制方面采取有力的措施，例如，加强冲洗，保证密封腔压力和温度，可使密封处于液相状态下工作或处于似液相状态下工作，采用流体动压密封可以使密封在良好的润滑状态下工作，采用加热方法可以使密封在稳定的气相状态下工作。此外还可以采用串级式机械密封。

如图 2-142 所示为液化石油气用机械密封。这种密封是采用多点冲洗的旋转式大弹簧平衡式机械密封。这种密封的特点是：a. 采用多点冲洗，要比一般单点冲洗沿圆周分布均匀、变形小、散热好、端面温度均匀稳定，有利于密封面润滑、冷却和相态稳定；b. 采用多点冲洗可以降低液体向周围液体的传热速率，增大传热系数，有利于液膜稳定；c. 一律采用平衡式密封，采用合适的载荷系数，使其处于合适的膜压系数变化范围内，不至于发生气震或气喷等问题；d. 为安全起见，除主密封外还装有起节流、减漏、保险作用的副密封。因为一旦轻烃等液体泄漏到大气中，在轴封处会结成冰霜，使轴封磨坏造成更大泄漏，甚至发生事故；e. 密封腔端盖处备有蒸汽放空孔，在启动前排放聚积在密封腔内的蒸汽，以免形成气囊造成机械密封干运转。

如图 2-143 所示为轻烃泵用热流体动压型机械密封。为了防止密封面间液膜汽化形成干摩擦，在一般机械密封中采用冲洗方法来提高密封腔压力、降低密封液温度以保持密封腔稳

定的运转条件。但由于近年来轻烃泵的介质趋向轻质、高蒸气压、高吸入压力方向发展，开发了动环密封面开半圆形槽的热流体动压密封，又称流体动压垫密封。流体动压垫使密封面承载能力提高，改善了密封面润滑状态，使其在稳定状态下长期运转。一般流体动压垫有六个到十几个。

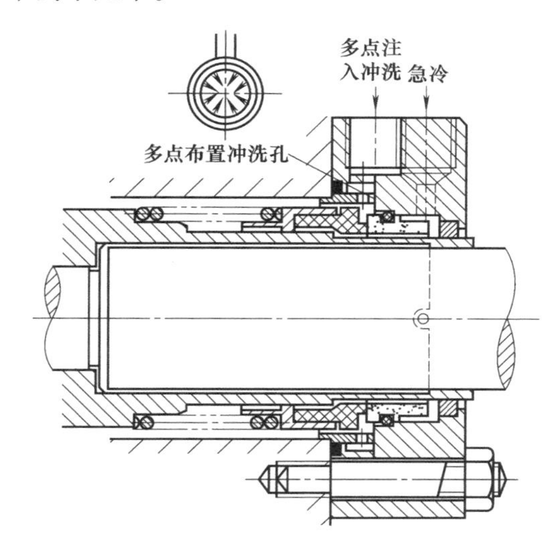

图 2-142　液化石油气用机械密封

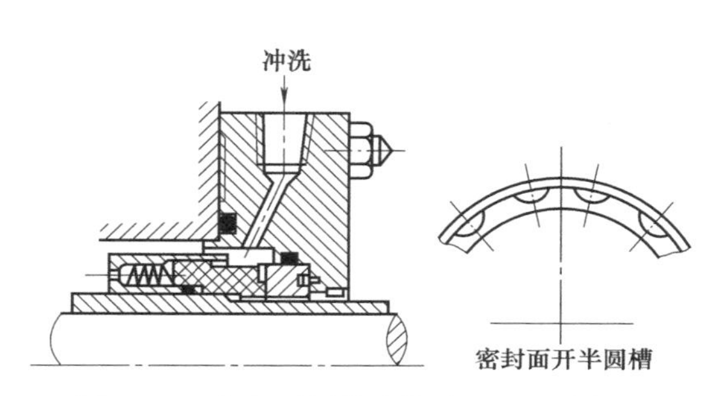

图 2-143　轻烃泵用热流体动压型机械密封

如图 2-144 所示为丙烯泵用气相机械密封。它是在一个普通的平衡型机械密封基础上改进的，除静环和端盖外，其他零件均是标准件。静环的尾部加长，通以蒸汽加热。其载荷系数 $K=0.8285$，弹簧比压 $p_s=0.133\text{MPa}$，摩擦副平均线速 $v=11.4\text{m/s}$。曾在距离密封端面 3mm 处测量其温度为 96～98℃。显然，密封端面间处于气相。

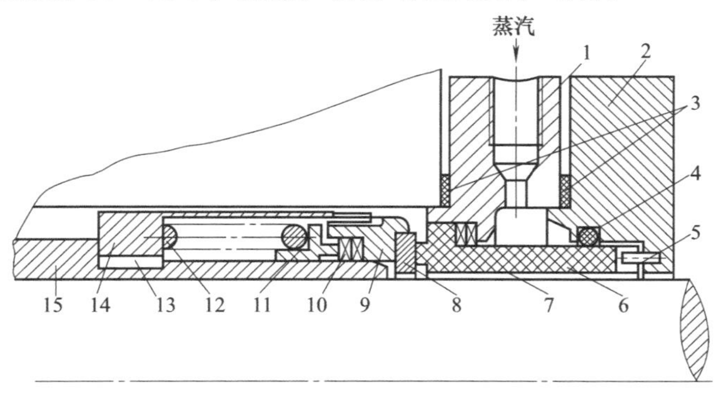

图 2-144　丙烯泵气相机械密封

1—加热环；2—端盖；3—垫；4—密封圈；5—防转销；6—静环；7—静环垫；8—碳化钨动环；9—动环座；10—动环垫；11—推环；12—弹簧；13—传动键；14—组装盒；15—轴套

⑤ 低温流体用机械密封结构　流体温度非常低的工况下使用的机械密封，密封件材料会出现冷脆性，低温密封装置若与大气接触，会使大气中的水蒸气冻结在密封面上，加速摩擦副的磨损，使密封恶化。另外，低温条件下密封面上的液膜汽化现象对密封特性也有重大的影响。尤其是当介质稍有泄漏，漏出的液态介质在大气侧立即汽化，带走大量的热，机械密封环境温度急剧下降，一般的密封材料，如橡胶或聚四氟乙烯普遍变脆，导致密封失效，泄漏增大。

如图 2-145 所示为介质工作温度为－196℃的液氧泵低温机械密封，采用静止式金属波纹管单端面结构；摩擦副材料组与为青铜与碳石墨；并引入干燥氮气保护，稀释泄漏的氧气，吹扫密封件周围的空气，避免空气中的水蒸气在密封件与轴上冻结。

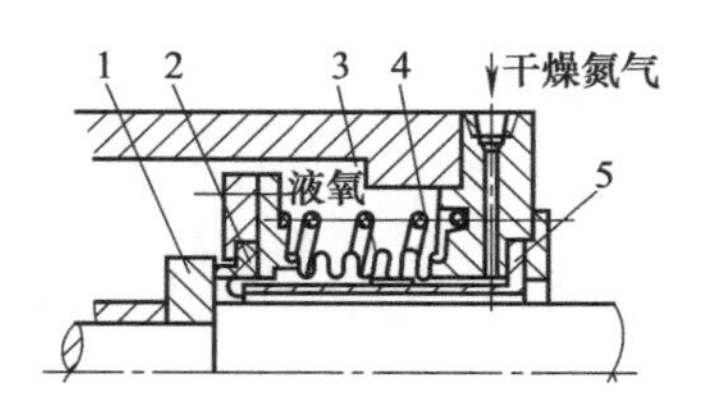

图 2-145 工作温度为－196℃的液氧泵低温机械密封

1—动环；2—静环；3—波纹管；4—弹簧；5—导流套

⑥ 含固体颗粒介质机械密封　介质含有固体颗粒及纤维对机械密封的工作十分不利。固体颗粒进入摩擦副，会使密封端面发生剧烈磨损而导致失效。同样纤维进入摩擦副也将引起密封严重的泄漏。因此，必须进行专门设计来解决含固体颗粒介质或溶解成分结晶或聚合等问题。解决这类问题要考虑结构（双端面，串级密封等）、冲洗、过滤以及材料的选择。另外解决结晶或聚合等问题可分别采用不同办法。加热密封腔中介质，使其高于结晶温度，待结晶物溶解后方可开车。背冷处腔内使用溶剂来溶解，也可采用水或蒸汽。加热时可采用带夹套的端盖。

如图 2-146 所示为含固体颗粒介质机械密封。这种密封的特点是：a. 采用静止式大弹簧机械密封，且使弹簧置于端盖内，不与固体颗粒接触，可以减少磨损和避免弹簧堵塞；b. 采用硬对硬材料摩擦副，减少材料磨损（密封面硬度应比固体颗粒大），并且密封面带锐边，防止固体颗粒进入密封面间；c. O 形圈放置于净液处可以防止结焦或堵塞。

⑦ 高速机械密封结构　在高速条件下，由于摩擦功率大，摩擦发热量大，磨损剧烈，并受到较大的离心力作用，不利于端面间液膜的形成和维持。高转速还易引起密封件的振动。

为减少摩擦磨损，高速机械密封应加强对摩擦副端面的润滑与冷却；选用高 pv 值的摩擦副材料，减少端面宽度；或采用受控模型机械密封。

为减少离心力和振动的影响，应尽量减少转动零件，采用弹簧静止式结构。必须转动的零件如动环和传动件，应力求形状对称，减少动不平衡因素。

如图 2-147 所示为高速液氨泵机械密封，转速为 11000r/min，轴径为 45mm，压力为 0.15MPa，温度为－33℃。采用静止式双端面结构，摩擦副材料组对为浸呋喃树脂石墨和碳化钨。选择乙醇作为密封液，并采用封液双罐循环系统，如图 2-148 所示。

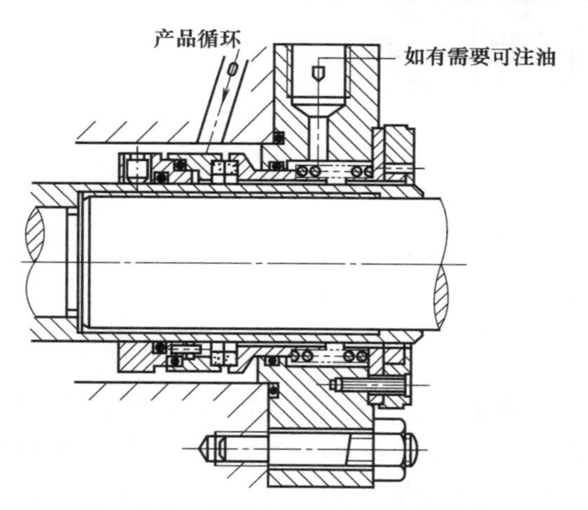

图 2-146 含固体颗粒介质机械密封

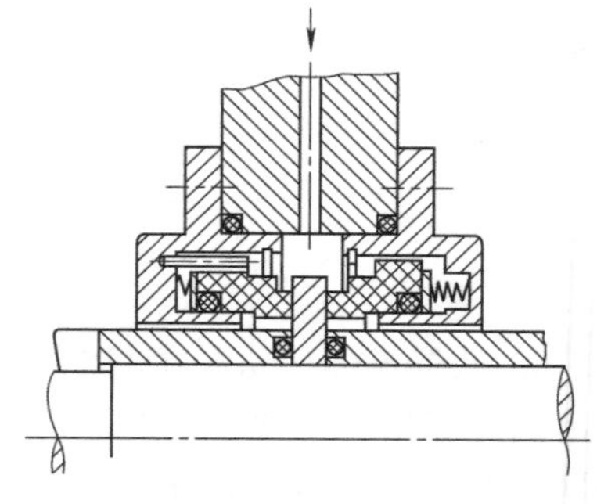

图 2-147 高速液氨泵机械密封

有些高速泵是立式的，靠齿轮传动增速达到高速，一般为 10000～20000r/min，有的超过 20000r/min，轴径不是很大，为 25～40mm，密封面线速度为 30～50m/s。如图 2-149 所

示为一种立式高速泵用机械密封，它是一种多弹簧、内流、静止式平衡型密封。静环为碳石墨，动环为硬质合金。泵体内设有旋液分离器，分离后用清洁的液体冲洗密封，含杂质的液体回到泵入口，用孔板控制冲洗量。

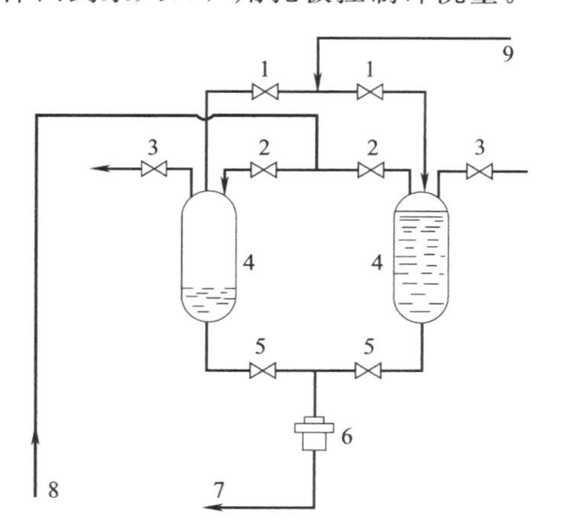

图 2-148 乙醇密封液系统

1—加压阀；2—回液阀；3—放气阀；4—乙醇罐；5—给液阀；6—过滤器；7—至密封腔入口；8—来自密封腔出口；9—来自氮气瓶

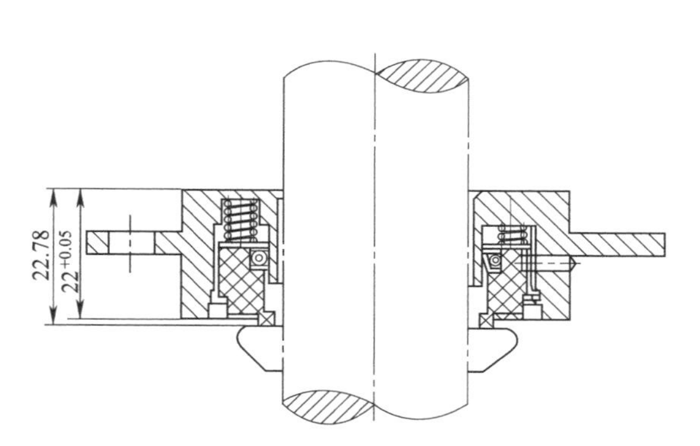

图 2-149 立式高速泵机械密封

高速条件下，也可以采用带浮动间隔环的机械密封，可把摩擦副线速度降低一半，如图 2-106（d）所示。

（4）上游泵送机械密封

接触式机械密封两密封端面直接接触，一般处于边界摩擦或混合摩擦状态，在润滑性能较差的工况下（如高速、高压、低黏度介质等）应用时，常因摩擦磨损严重而寿命很短，甚至根本无法正常工作。利用流体膜使两密封端面分开形成非接触，能有效地改善密封端面的润滑状态。上游泵送液膜润滑非接触式机械密封（简称上游泵送机械密封）是基于现代流体动压润滑理论的新型非接触式机械密封，国外已在各种转子泵上推广应用。

上游泵送机械密封的工作原理是依靠开设流体动压槽的一个端面与另一个平行端面在相对运动时产生的泵吸作用把低压侧的液体泵入密封端面之间，使液膜的压力增加并把两密封端面分开。上游泵送机械密封的端面流体动压槽是把由高压侧泄漏到低压侧的密封介质再反输至高压侧，或者把低压侧的隔离流体微量地泵送至高压密封介质侧，可以消除密封介质由高压侧向低压侧的泄漏。

如图 2-150 所示为上游泵送机械密封的基本结构与工作原理，由一个内装式机械密封和装于外端的唇形密封所组成，唇形密封作为隔离流体的屏障，将隔离流体限制在密封端盖内。机械密封的动环端面开有螺旋槽，根据密封工况的不同，其深度从 2μm 到十几微米不等。动环外径侧为高压被密封介质（规定为上游侧或高压侧），内径侧为低压隔离流体（规定为下游侧或低压侧）。当动环以图示方向旋转时，在螺旋槽黏性流体动压效应的作用下，动静环端面之间产生一层厚度极薄的液膜，这层液膜的厚度 h_0 一般在 3μm 左右。在内外径压力差的作用下，高压被密封介质产生由外径上游侧指向内径下游侧的压差流 Q_p，而端面螺旋槽流体动压效应所产生的黏性剪切流 Q_s 由内径下游侧指向外径上游侧，与压差流 Q_p 的方向相反，实现上游泵送功能。

当 $Q_s = Q_p$ 时，密封可以实现零泄漏。若低压侧无隔离流体，则可以实现被密封介质的零泄漏，但不能保证被密封介质以气态形式向外界逸出。当 $Q_s > Q_p$ 时，低压侧流体向高压侧泄漏。若低压侧有隔离流体，则有少量隔离流体从低压侧泵送至高压侧，不仅可以实现高压被密封介质的宏观零泄漏，而且可以达到被密封介质向外界的零逸出。

上游泵送机械密封通过端面螺旋槽的作用，在密封端面间建立了膜压分布，端面内径（R_1）处液体压力即为隔离流体系统压力，外径（R_2）处液体压力即为被密封介质压力。从图 2-150（d）中可知该膜压的最大值 p_E 发生在密封堰半径 R_E 处，此值稍高于被密封介质的压力（p_2），p_E 与 p_2 形成的差值就构成了液体上游泵送的推动力。在上游泵送机械密封中，由于端面间正的膜压分布，使两端面稍微分离，以便将下游流体泵送到上游，从而使端面间实现全液膜润滑，大大改善了端面间润滑状况及实现运转无磨损。

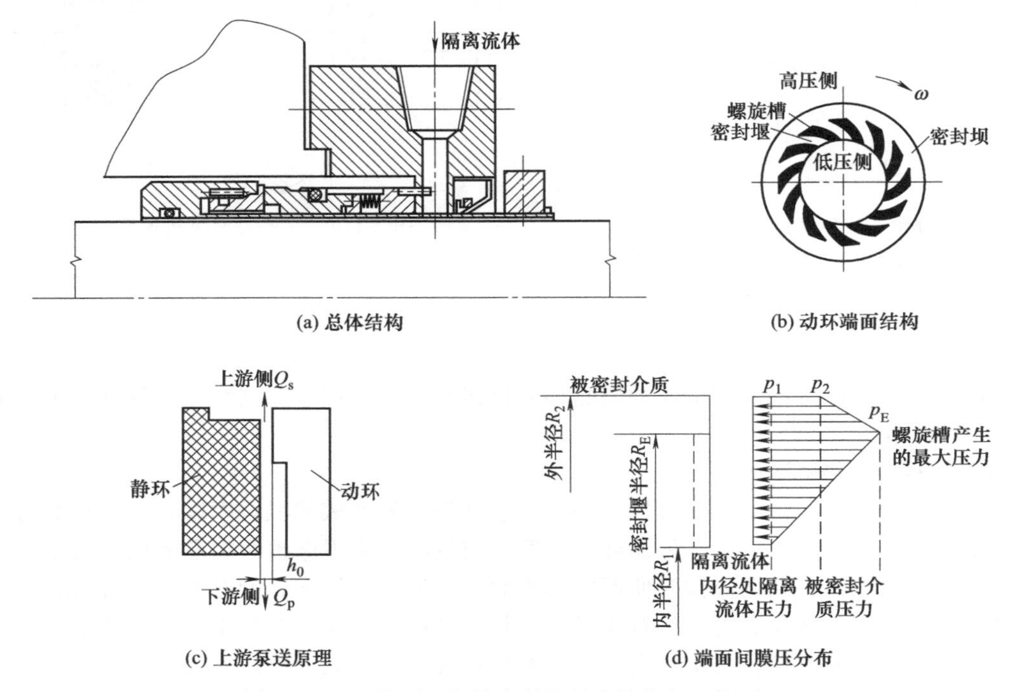

图 2-150　上游泵送机械密封的基本结构与工作原理

上游泵送概念是 20 世纪 80 年代中期才提出来的，进入 90 年代，对上游泵送机械密封的研究才逐渐增多。理论、试验研究和工业应用均表明，与普通的接触式机械密封相比，上游泵送机械密封具有以下明显的技术优势：①可以实现被密封介质的零泄漏或零逸出，消除环境污染；②由于密封摩擦副处于非接触状态，端面之间不存在直接的固体摩擦磨损，使用寿命大大延长；③能耗约降低 5/6，而且用于降低端面温升的密封冲洗液量和冷却水量大大减少，提高了运行效率；④无需复杂的封油供给、循环系统及与其相配的调控系统，对带隔离液的零逸出上游泵送机械密封，隔离液的压力远远低于被密封介质的压力，且无需循环，消耗量也小，因此，相对简单且对辅助系统可靠性的要求不高；⑤可以在更高 pv 值、高含固体颗粒介质等条件下使用。

上游泵送机械密封由于能通过低压隔离流体对高压的工艺介质流体实现密封，可以代替密封危险或有毒介质的普通双端面机械密封，从而使双端面机械密封的高压隔离流体系统变成极普通的低压或常压系统，降低了成本，提高设备运行的安全可靠性。上游泵送机械密封已在各种场合获得应用，如防止有害液体向外界环境的泄漏、防止被密封液体介质中的固体颗粒进入密封端面、用液体来密封气相过程流体，或者普通接触式机械密封难以胜任的高

速、高压密封工况等。此类密封应用的线速度已达 40m/s，泵送速率范围为 0.1～16 mL/min，将少量低压隔离流体泵送入的被密封介质压力可高达 10.34MPa。

2.6.6 机械密封的循环保护系统

为机械密封本身创建一个较理想的工作环境而设置的具有润滑、冲洗、调温、调压、除杂、更换介质、稀释和冲掉泄漏介质等功能的系统，称为机械密封循环保护系统，简称机械密封系统。机械密封系统由压力罐、增压罐、换热器、过滤器、旋液分离器、孔板等基本器件构成。广义的机械密封系统还包括密封腔、端盖、轴套、密封腔底衬套、端盖辅助密封件、泵送环、管件、阀件、仪表等。密封系统的基本器件、管件、阀件和仪表等，构成了集成化的密封液站。

机械密封系统也常被称为机械密封辅助设施（装置、系统）、机械密封冲洗、冷却及管线系统等。

(1)冲洗

① 冲洗的作用　冲洗是一种控制温度和延长机械密封寿命的最有效措施。机械密封端面冲洗的作用有两个：一是带走密封腔中机械密封的摩擦热、搅拌热等，以降低密封端面温度，保证密封端面上流体膜的稳定；二是阻止固体杂质和油焦淤积于密封腔中，使密封能在良好、稳定的工作环境中工作，并减少磨损和密封零件失效的可能。

实践证明，合适的端面冲洗是提高机械密封耐久性的重要辅助措施之一，对炼油厂中热油泵轴密封的效果更为明显。此外，对于那些润滑性差、易挥发的液态烃轴封，为迅速带走热量防止液膜汽化，则不得不采用冲洗措施。一般来说，当 $pv>7.0\text{MPa}\cdot\text{m/s}$ 时，就应采用冲洗措施。对于那些端面温度不高，辅助元件的温度又不超过耐热极限的，一般可不采用冲洗措施。近年来，从国外引进的一些生产装置来看，冲洗已经成为机械密封的组成部分，甚至把冲洗管路也系列化了。

② 冲洗方式　按冲洗液的来源和走向，冲洗可分为外冲洗、自冲洗和循环冲洗。按冲洗的入口布置可分有单点直冲洗、单点切向和多点冲洗。

a. 外冲洗　利用外来冲洗液注入密封腔，实现对密封的冲洗称为外冲洗［图 2-151 (a)］。冲洗液应是与被密封介质相容的洁净液体，冲洗液的压力应比密封腔内压力高 0.05～0.1MPa。这种冲洗方式用于被密封介质温度较高、容易汽化、腐蚀性强、杂质含量较高的场合。

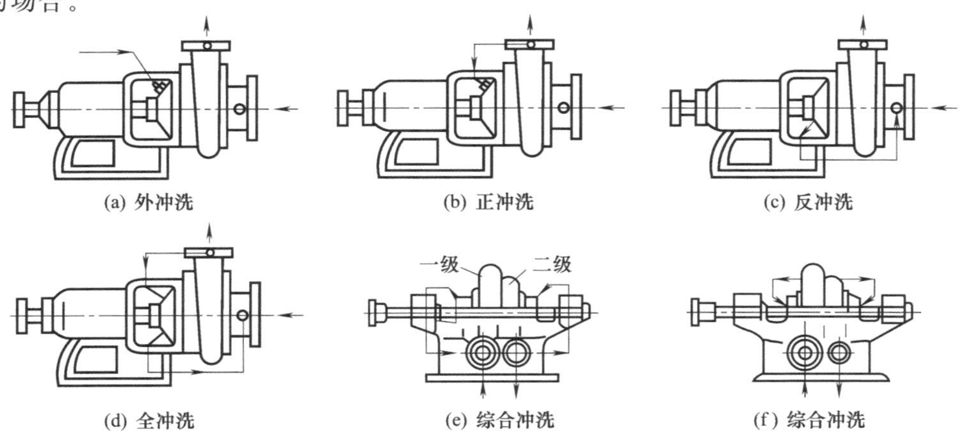

图 2-151　不同冲洗方式

b. 自冲洗　利用被密封介质本身来实现对密封的冲洗称为自冲洗，适用于密封腔内的压力小于泵出口压力、大于泵进口压力的场合。具体有正冲洗、反冲洗、全冲洗和综合冲洗。

(a) 正冲洗　利用泵内部压力较高处（通常是泵出口）的液体作为冲洗液来冲洗密封腔[图 2-151 (b)]。这是最常用的冲洗方法。为了控制冲洗量，要求密封腔底部有节流衬套，管路上装孔板。

(b) 反冲洗　从密封腔引出密封介质返回泵内压力较低处（通常是泵入口处），利用密封介质自身循环冲洗密封腔 [图 2-151 (c)]。这种方法常用于密封腔压力与排出压力差极小的场合。

(c) 全冲洗　从泵高压侧（泵出口）引入密封介质，又从密封腔引出密封介质返回泵的低压侧进行循环冲洗 [图 2-151 (d)]。这种冲洗又叫贯穿冲洗。对于低沸点液体要求在密封腔底部装节流衬套，控制并维持密封腔压力。

(d) 综合冲洗　利用上述几种基本冲洗方法，可以结合具体条件和要求采用不同的综合冲洗方法 [图 2-151 (e)、(f)]。从图 2-151 (e) 中可以看出，左侧是一级入口与一级轴封连接的一级反冲洗；右侧是二级出口与二级轴封箱连接的二级正冲洗。另一台二级泵的左侧是一级出口与一级轴封箱连接的一级正冲洗；右侧是二级出口与二级轴封箱连接的二级正冲洗 [图 2-151 (f)]。此外，还可以有其他不同的综合冲洗。

c. 循环冲洗　利用循环轮（套）、压力差、热虹吸等原理实现冲洗液循环使用的冲洗方式称为循环冲洗。如图 2-152 所示为利用装在轴（轴套）上的循环轮的泵送作用，使密封腔内介质进行循环，带走热量，此法适用于泵进、出口压差很小的场合，一般热水泵采用它，可以降低密封腔和轴封的温度。

d. 单点冲洗和多点冲洗　在冲洗系统中，冲洗液引入孔的位置很重要，这主要考虑到下列几个问题：石墨环冲蚀，密封环不均匀冷却产生的温度变形和杂质集积（包括结焦等）。

冲洗液进入密封腔的方式有两种：单点冲洗和多点冲洗。

(a) 单点冲洗　冲洗液由一个流出口冲洗密封，又可分为径向、轴向和切向三种方式，如图 2-153 所示。

ⓐ 径向冲洗　冲洗液沿径向垂直冲洗摩擦副 [图 2-153 (a)]，结构简单，是应用较多的一种方式。但冲洗液流量不可过大，以防止将石墨环冲出缺口。

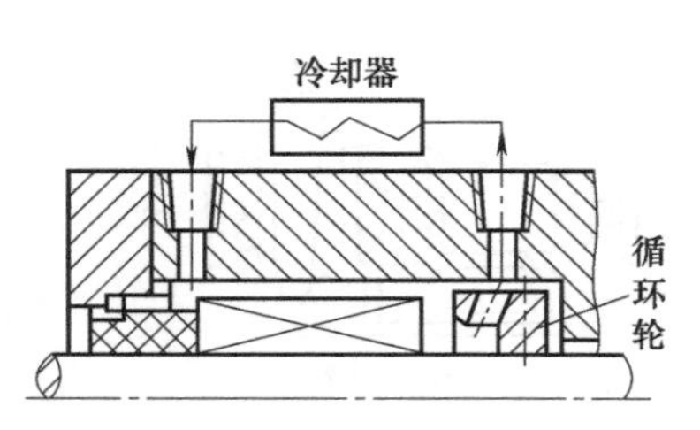

图 2-152　有冷却的闭式循环冲洗

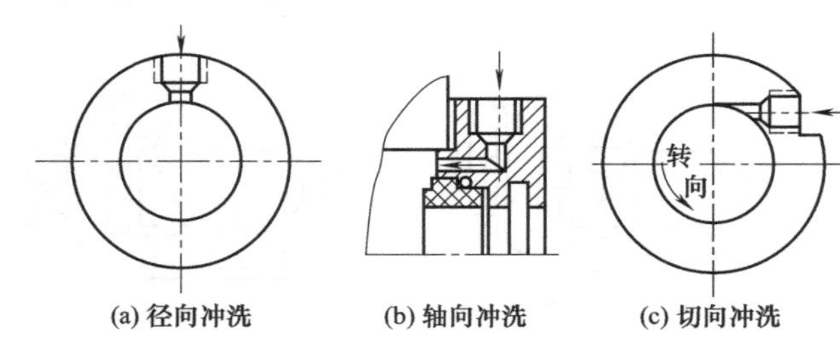

图 2-153　单点冲洗结构

ⓑ 轴向冲洗　冲洗液沿轴向进入密封腔 [图 2-153 (b)]，避免了对石墨环的冲蚀作用，可用于腐蚀介质的泵中。

ⓒ 切向冲洗　冲洗液沿切线方向冲洗摩擦副 [图 2-153 (b)]，是单点冲洗中较好的方式。

单点冲洗结构简单，但密封周围温度分布不均匀。为了避免冲蚀石墨环，径向冲洗液流入密封腔的流速不要高于 3m/s，冲洗孔的直径不要小于 5mm，为此要控制冲洗量。切向冲

洗使密封面圆周的温度趋于均匀，也减少了对石墨环的冲蚀，是一种较好的冲洗方式。轴向冲洗用在密封腔径向尺寸较大的地方，一般较少采用。

(b) 多点冲洗　如图2-154所示为多点冲洗结构，可以使冲洗液体沿圆周均匀分布，避免温度变化引起的变形，而且位置对着密封端面，动环转动也可避免形成冲蚀。但结构复杂，需增加一个冲洗环，内设6～8个小孔，孔径为3～6mm。多点冲洗用在易汽化的介质中，也可用在产生摩擦热较多的高 pv 值场合。

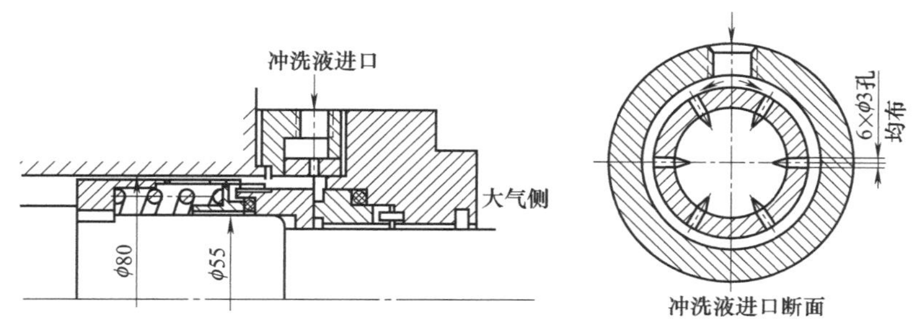

图2-154　多点冲洗结构

冲洗孔位置尽量开设在摩擦副处，以便更好地把热量带走。单点冲洗不能直接对准石墨环（静环），也不能远离摩擦副，使冲洗作用减弱。

③ 冲洗液流量　冲洗液流量是基于摩擦副产生的热量被冲洗液带走的热平衡原理确定的。摩擦副产生的热量 Q_1 可由式（2-75）确定。

$$Q_1 = f p_c v A \tag{2-75}$$

式中　p_c——端面比压，Pa；

f——密封端面摩擦系数，与摩擦状态、材料及介质有关，一般 $f=0.05\sim0.12$；

A——摩擦副名义接触面积，m^2；

v——摩擦副平均线速度，m/s。

冲洗液带走的热量 Q_2 为：

$$Q_2 = c\Delta t\rho g W \tag{2-76}$$

式中　c——冲洗液比热容，J/(kg·K)；

Δt——冲洗液温升，℃，对于油来说 $\Delta t=10$℃，水和液化气取 $\Delta t=2\sim3$℃；

ρ——冲洗液的密度，kg/m^3；

W——冲洗液流量，m^3/s。

由 $Q_1=Q_2$ 可得冲洗液流量的计算公式。

$$W=\frac{f p_c v A}{c\Delta t\rho g} \tag{2-77}$$

常规机械密封装置的冲洗液量可按密封件轴径规格确定，见表2-56。

表2-56　常规机械密封装置的冲洗液量

密封件轴径/mm	≤45	45～60	60～85	85～95	95～135	135～185	185～235	235～275	275～300
冲洗液量/(L/min)	3	4	6	8	11	15	19	26	34

④ 机械密封系统用孔板　在实际工作中一般用限流孔板来控制冲洗液流量。其大小取决于孔板的孔径、两端压差及孔板数量。一般孔板孔径为2.5～4.5mm，孔板数量为1～2个。

对于洁净的液体，流速应控制在5m/s以下；对于含固体颗粒的浆液，必须控制在3m/s

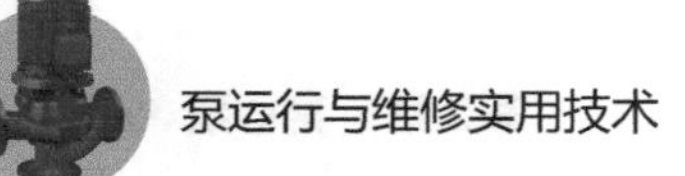

以下。

我国机械行业标准JB/T 6634—93《机械密封系统用孔板》适用的介质为：水、油、化工药剂液体，允许有少量固相杂质；基本工作参数为压力为0～6.3MPa，温度为－20～200℃，流量为3～30L/min。JB/T 6634规定的机械密封系统用孔板基本形式及主要尺寸见表2-57，其常用材料见表2-58。孔板表面粗糙度值应不大于Ra 6.3μm。

表2-57　机械密封系统用孔板基本形式及主要尺寸

形式		圆锥形		圆柱形		带芯圆柱形	
型号		MKⅠ		MKⅡ		MKⅢ	
简图							
规格		ZG1/2″	ZG3/4″	G1/2″	G3/4″	G1/2″	G3/4″
主要尺寸	D/mm	32	38	32	38	32	38
	D_1/mm	—	—	25	30	25	30
	M	ZG1/2″	ZG3/4″	G1/2″	G3/4″	G1/2″	G3/4″
	d_0/mm	1,1.2,1.5,1.8,2,2.2,2.5,2.8,3,3.2,3.5,3.8,4,4.4,4.8,5,5.4,5.8,6,6.5,7,8,9,10					
	l/mm	7.5	7.5	—	—	—	—
	L_0/mm	15	15	15	15	15	15

表2-58　机械密封系统用孔板常用材料

零件名称	材　料	零件名称	材　料
芯环压紧螺母	1Cr18Ni9Ti	孔　板	1Cr18Ni9Ti
芯　环	Si_3N_4	垫　片	聚四氟乙烯

(2)冷却

当密封装置依靠自然散热不能维持密封腔工作允许温度时，以及采用热介质进行自冲洗时，应进行强制冷却。冷却是温度调节设施中的重要组成部分，是经常采用的一种辅助设施，对及时导出机械密封的摩擦热及减少高温介质的影响有很大作用。冷却可分为直接冷却和间接冷却两种。前面介绍的冲洗实质上是一种直接冷却。

① 间接冷却　间接冷却的方式有夹套冷却和换热器冷却。夹套冷却有密封腔夹套冷却、端盖夹套、静环外周冷却和轴套夹套冷却等；换热器冷却中有密封腔内置式换热器和外置式冷却器、蛇（盘）管冷却器、套管冷却器、翅片冷却器以及缺水地带用的蒸发冷却器。常用的传热介质是水、蒸汽和空气。

如图2-155所示为常用间接冷却方式。如图2-155（a）所示为外置式冷却叶轮循环的冲洗液，其中静环做成空心，冷却后的冲洗液通过冷却空间冷却静环；如图2-155（b）为静环外周冷却和轴套夹套冷却，同时密封腔体中有固定冷却水夹套；如图2-155（c）所采用的为密封腔夹套（可拆卸夹套）冷却和静环冷却；如图2-155（d）所示为插入密封腔的蛇形管（盘管）冷却封液；如图2-155（e）所示为插入密封腔的底套套管冷却；如图2-155（f）所示为密封腔体和密封端盖外侧翅片冷却。

夹套冷却用的冷却水量一般可根据轴径大小来考虑：当轴径小于100mm时，流量为2～3L/min；当轴径大于100mm时，流量为3～5L/min。采用夹套冷却时，应注意冷却液的高温结垢将夹套堵死，使得夹套冷却方式失效，有条件的话应尽量采用软化水作为冷却水。

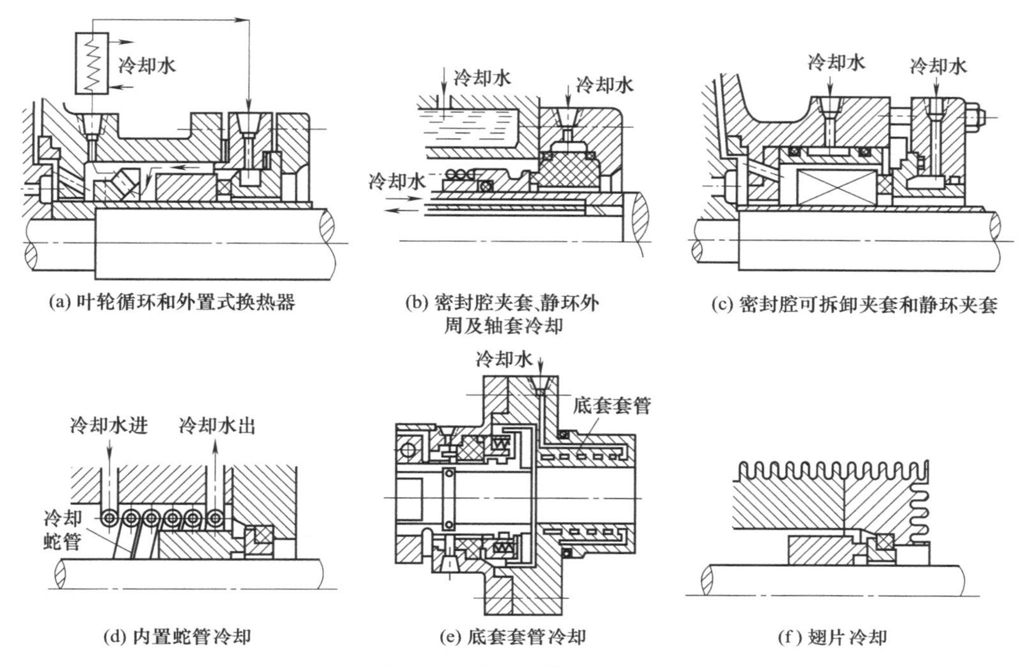

(a) 叶轮循环和外置式换热器　(b) 密封腔夹套、静环外周及轴套冷却　(c) 密封腔可拆卸夹套和静环夹套

(d) 内置蛇管冷却　(e) 底套套管冷却　(f) 翅片冷却

图 2-155 常用间接冷却方式

换热器冷却的优点是冷却液损失较少，换热效果良好，长期使用可以减少冷却管路的腐蚀和堵塞。缺点就是投入较大，需增设一台换热设备和铺设相关管线，但如果大量机泵均采用换热器冷却，增加的成本将微乎其微。ANSI/API 682《泵　离心泵和回转泵的轴封系统》中建议采用此方法。

间接冷却的效果比直接冷却要差一些，但冷却液不与介质接触，不会被介质污染，可以循环使用，同时也可以与其他冷却措施配合在一起，实现综合冷却。

对于密封易结晶、易凝固的液体介质，有时需要加热或保温。密封高黏度介质，在启动前需要预热，以便减少启动转矩。对于实现间接冷却的结构，同样可以用来实现加热或保温。

② 急冷或阻封　向密封端面的低压侧注入液体或气体被称为急冷（背冷）或阻封，具有冷却密封端面（注入蒸汽时则为保温），隔绝空气或湿气，防止或清除沉淀物，润滑辅助密封，熄灭火花，稀释和回收泄漏介质等功能。

为了防止注入流体的泄漏，需要采用辅助密封，如衬套密封、油封或填料密封。急冷或阻封流体一般用水、蒸汽或氮气。液体的压力通常为 0.02～0.05MPa，进出口的温差控制在 3～5℃为宜。如图 2-142 和图 2-155（b）所示为一般内装式机械密封常用的急冷方式。如图 2-156（a）所示为外装式机械密封常用的急冷方式，它不仅起到密封面冷却作用，同时也起到水封作用，防止泄漏液体外漏，例如，酸泵等有害、有危险性液体，使用它较合适。如图 2-156（b）所示为带套管的急冷方式，在密封结构上加一个套管作为折流用，它可以使冷却剂与密封件充分地接触，急冷效果更加显著。有的机械密封，如热油泵密封中用的蒸汽急冷（图 2-137），一方面可以冷却密封面；另一方面温降也不是非常大，可以减少静环的热变形。

用水做急冷液时，介质温度在 100℃以上，由于动静环间隙较小、密封腔内易结垢，应注意水的硬度，防止冷却水结垢造成的密封失效，建议使用软化水作急冷液。

急冷液的流量一般可根据轴径大小来考虑：当轴径小于 100mm 时，可取为 0.2～2

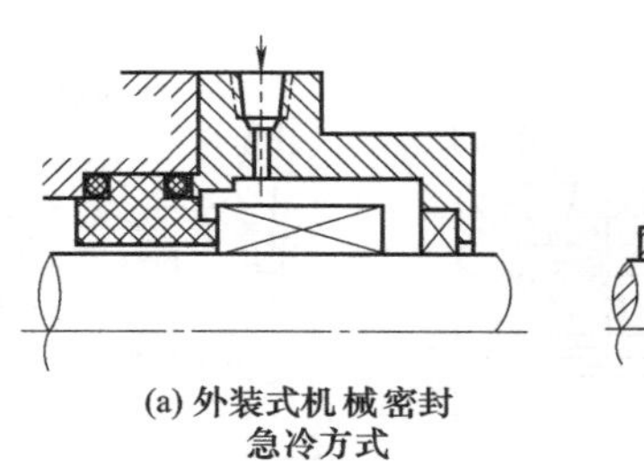

(a) 外装式机械密封急冷方式

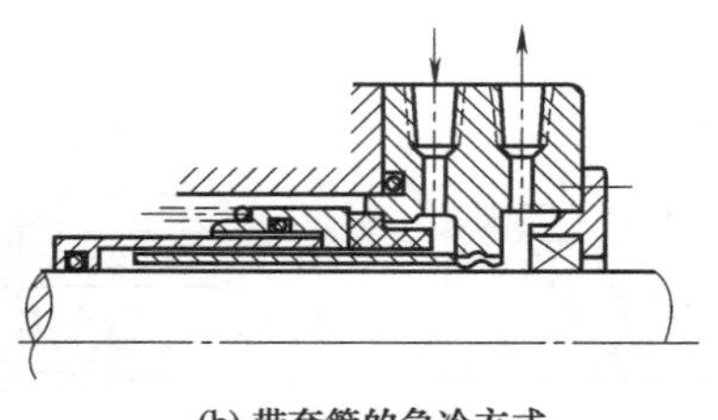

(b) 带套管的急冷方式

图 2-156　两种急冷方式

L/min；当轴径大于 100mm 时，可取为 0.5～3L/min。

如图 2-157 所示为典型机械密封系统配管接口，其中包含急冷（阻封）接口及密封急冷液的辅助密封。

（3）过滤

密封介质中往往会由于介质本身（如浆液、油浆等）含有固体颗粒、易结晶、结焦等性质，在一定工作条件下出现固体颗粒，还有一些特殊用途泵的密封（如塔底泵、釜底泵的密封）在系统中有残渣、铁锈、污垢，甚至安装时有残留杂物，都会给机械密封带来较大的危害。除去固体颗粒等杂质是机械密封系统的一种基本功能，可采用过滤器或旋液分离器来除去系统中的杂质。

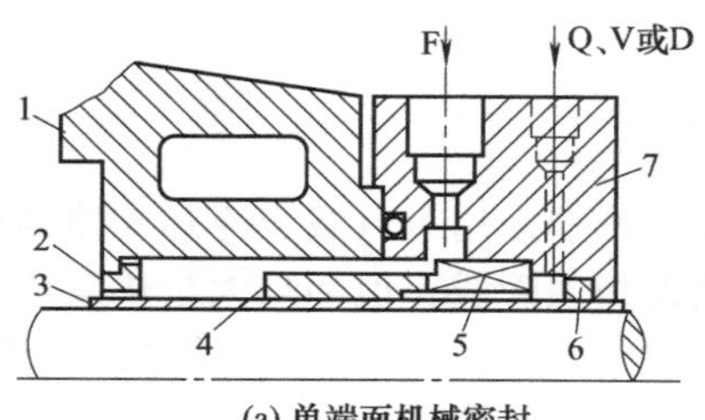

(a) 单端面机械密封

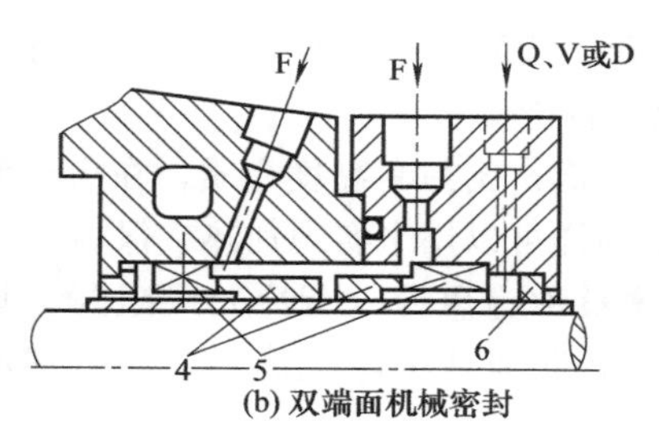

(b) 双端面机械密封

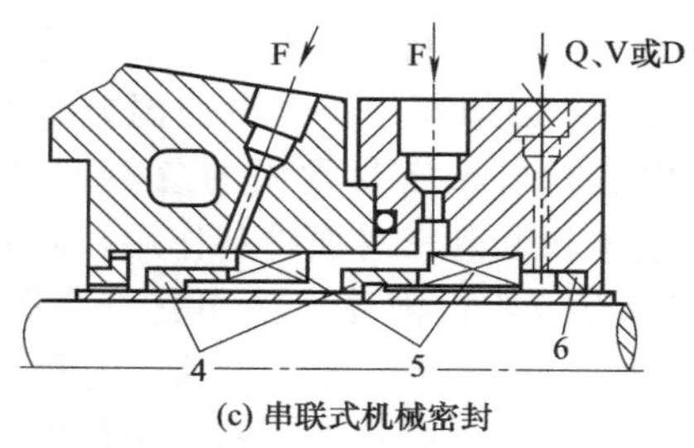

(c) 串联式机械密封

图 2-157　机械密封系统配管接口

1—密封腔；2—底衬套；3—轴套；4—补偿环组件；5—非补偿环组件；6—辅助密封装置或节流衬套；7—端盖

F—冲洗液接口；Q—急冷液接口；V—排气接口；D—排液接口

过滤器用于杂质浓度不高的场合（小于 2%），否则过滤器需经常清洁再生。旋液分离器要求介质中颗粒的质量分数低于 10%，固体颗粒的密度大于液体，液体的运动黏度应低于 20～25mm^2/s。

① 过滤器　我国机械行业标准 JB/T 6632—1993《机械密封系统用过滤器》规定的机械密封系统用过滤器分为两种形式：GL 型为滤网过滤（图 2-158）；GC 型为磁环加滤网过滤（图 2-159）。承压方向为单向和双向两种。基本参数为：额定压力 1.6MPa、6.3MPa；额定温度 150℃；过滤精度 50μm、100μm；接口尺寸 $R_p1/2$、$R_p3/4$。

滤网过滤器结构简单，通常在冲洗或循环管中串联使用。含固体杂质的密封介质由一端进入，通过滤网从另一端流出，杂质留在过滤网内，定时取出滤网清除杂质可重复使用。

磁性过滤器是由永久磁铁和滤网与其他元件组成的。过滤网孔为 25～100μm，以减少过滤器的阻力，其流量为 1～4m^3/h，通常成双并联安装在管路上，以便于交替切换使用。

过滤器在使用过程中与其前后压差超过 0.05MPa 时要进行清洗。

② 旋液分离器　旋液分离器（简称旋液器）是利用离心沉降原理来分离固体颗粒（颗粒密度大于密封

流体的密度）的器件，其分离精度可达微米级。旋液分离器的工作原理如图 2-160 所示，当含有固体颗粒的流体进入旋液分离器后，流体沿含杂质介质入口 1 进入锥形壁面，由于存在一定的压差，流体便沿切线方向在锥形腔中形成旋涡，从而产生离心力。在离心力的作用下，杂质与锥形腔壁面相撞而向下从杂质出口 3 排出，被澄清的流体挤向上方从清洁介质出口 2 进入密封腔。

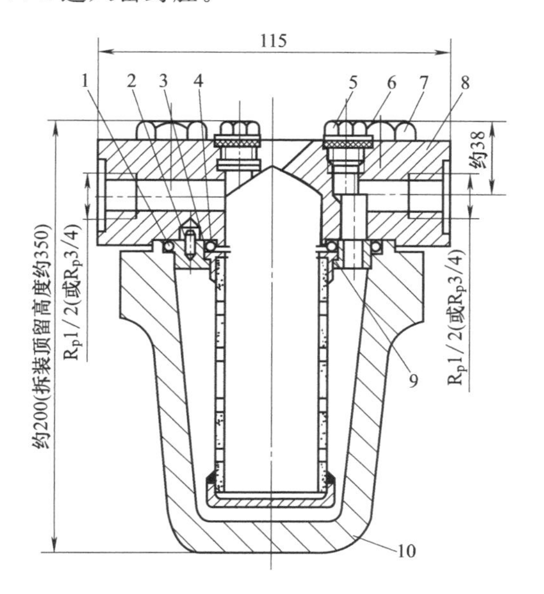

图 2-158 GL 型过滤器结构

1,4—O 形密封圈；2—圆柱销；3—过滤器网；5—排气螺栓；6—密封垫；7—螺钉；8—过滤器盖；9—中间环；10—过滤器体

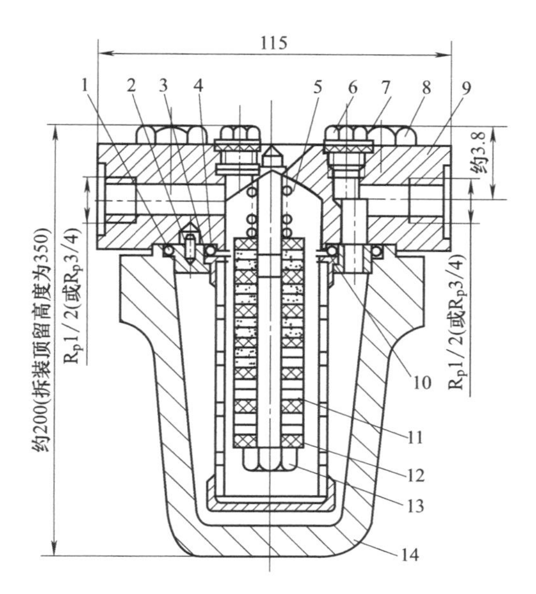

图 2-159 GC 型过滤器结构

1,4—O 形密封圈；2—圆柱销；3—过滤器网；5—弹簧；6—排气螺栓；7—密封垫；8,13—螺钉；9—过滤器盖；10—中间环；11—磁环；12—垫；14—过滤器体

我国机械行业标准 JB/T 6633—93《机械密封系统用旋液器》规定的机械密封系统用旋液器分为 ZSA 型与 ZSB 型两种形式（图 2-161），其工作参数为：压力范围 0.4～6.3MPa；工作温度－20～200℃；工作流量 2～8L/min；工作介质为含固相颗粒的液体。

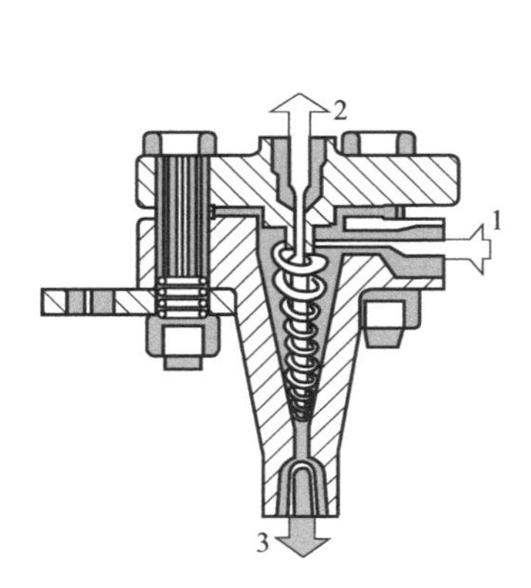

图 2-160 旋液分离器的工作原理

1—含杂质介质入口；2—清洁介质出口；3—杂质出口

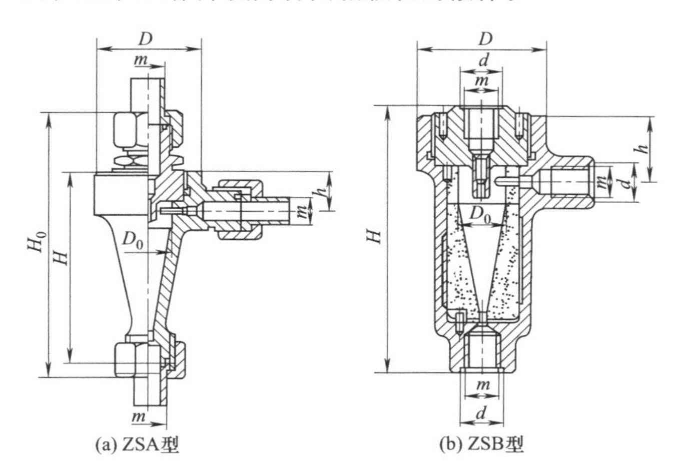

图 2-161 密封旋液器标准形式

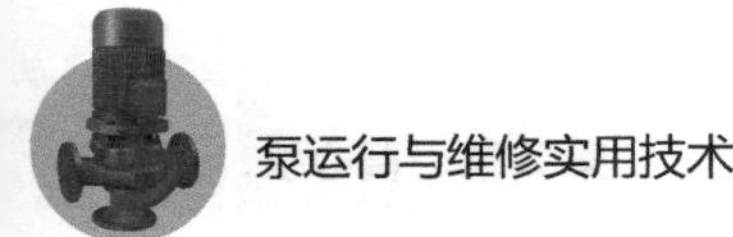

密封旋液器的安装尺寸应符合表 2-59 的规定。

表 2-59 密封旋液器的安装尺寸 单位：mm

型号	D	D_0	H	H_0	d	h	m
ZSA	64	30	152	205	—	34	G1/2
ZSB	80	30	190	—	27	47	$\phi22\times\delta$

注：ϕ 表示管子外径；δ 表示管子壁厚。

(4)封液系统

双端面机械密封需有封液，对大气侧端面进行冷却、润滑，对介质侧端面进行液封。封液的压力必须高于介质压力，一般高 0.05～0.2MPa。封液系统有以下几种。

① 利用虹吸的封液系统　如图 2-162 所示为利用热虹吸原理的封液供给系统。该系统利用密封腔的压力和虹吸罐的位差，保证封液与介质间具有稳定压差。由于温差相应地有了密度差而造成热虹吸封液循环供给系统。为了产生良好的封液循环，罐内液位可以比密封腔高出 1～2m（不允许管路上有局部阻力），系统循环液体量为 1.5～3L（即在密封腔和管路内的液体量），罐的容量通常为循环液体量的 5 倍。

② 封闭循环的封液系统　如图 2-163 所示为封闭循环的封液系统。内置泵送机构通常为螺旋轮，此外，冷却器和封液系统构成一个整体。利用虹吸自然循环的封液系统在功耗小于 1.5kW 时有效，而利用泵送机构的强制循环封液系统功率消耗可达 4kW 时有效。通过冷却器的水温为 20℃，出密封腔液温不超过 60℃。

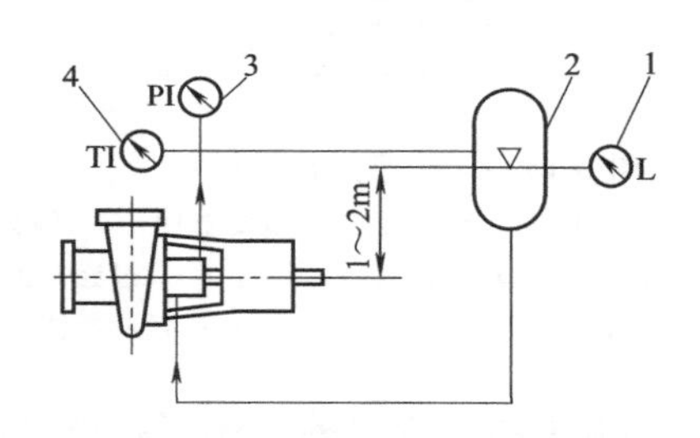

图 2-162　利用热虹吸原理的封液供给系统

1—液位计；2—虹吸罐（蓄压器）；3—压力表；4—温度计

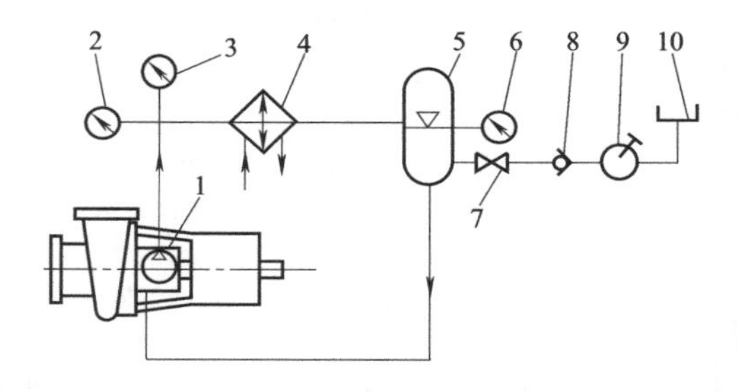

图 2-163　封闭循环的封液系统

1—内置泵送机构；2—压力表；3—温度计；4—冷却器；5—储液罐；6—液位计；7—截止阀；8—单向阀；9—手动泵；10—供液罐

③ 利用工作液体压力的封液系统　如图 2-164 所示为工业上广泛采用的利用工作液体压力的封液系统。其中差级活塞的面积比为 1∶1.15，缸下方由泵出口加压，依靠差级活塞将压力提高到要求值。当液位低于允许值时限位开关动作停泵。图 2-164（b）中采用与图 2-164（a）不同的带弹簧的液力蓄压器，最大压力可达 6MPa，容量为 6L。当泵出口无液压时，封液压力由弹簧保证。蓄压器中封液补给可以通过双位分配器自动地由加油站提供。

④ 循环集中供液系统　如图 2-165（a）所示为闭式循环集中供液系统；如图 2-165（b）所示为开式循环多用户供液系统。前者由集中系统提供相同压力，而后者分别由流量调节控制器控制不同用户的需要。

2.6.7 机械密封的保管、安装与运转

(1)机械密封的保管

① 仓库保管的环境　机械密封是精密的制品，因而要妥善保管。仓库的环境必须注意如下几点：a. 要避开高温或潮湿的场所；b. 要尽可能选择温度变化小的地方；c. 选择粉尘

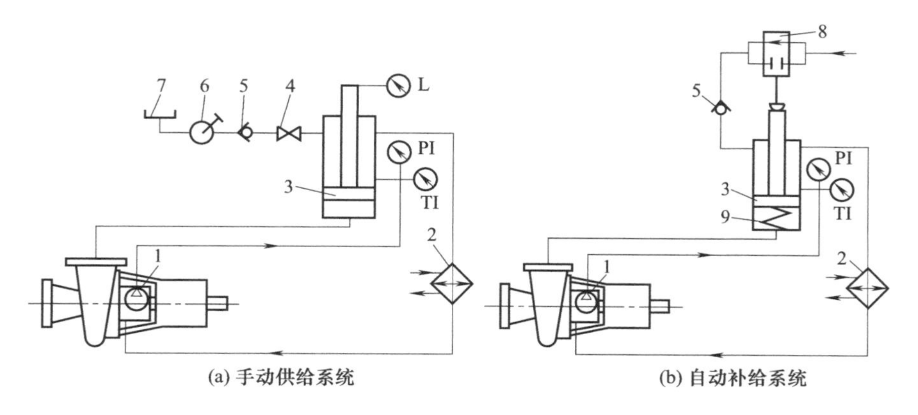

(a) 手动供给系统　(b) 自动补给系统

图 2-164　工业上广泛采用的利用工作液体压力的封液系统

1—内置泵送轮；2—冷却器；3—差级活塞；4—截止阀；
5—单向阀；6—手动泵；7—补给罐；8—双位分配器；9—弹簧
L—限位开关；PI,TI—压力及温度指示计

少的地方；d. 在海岸附近，不要直接受海风吹拂，如有可能需要加密闭；e. 选择没有阳光直射的地方。

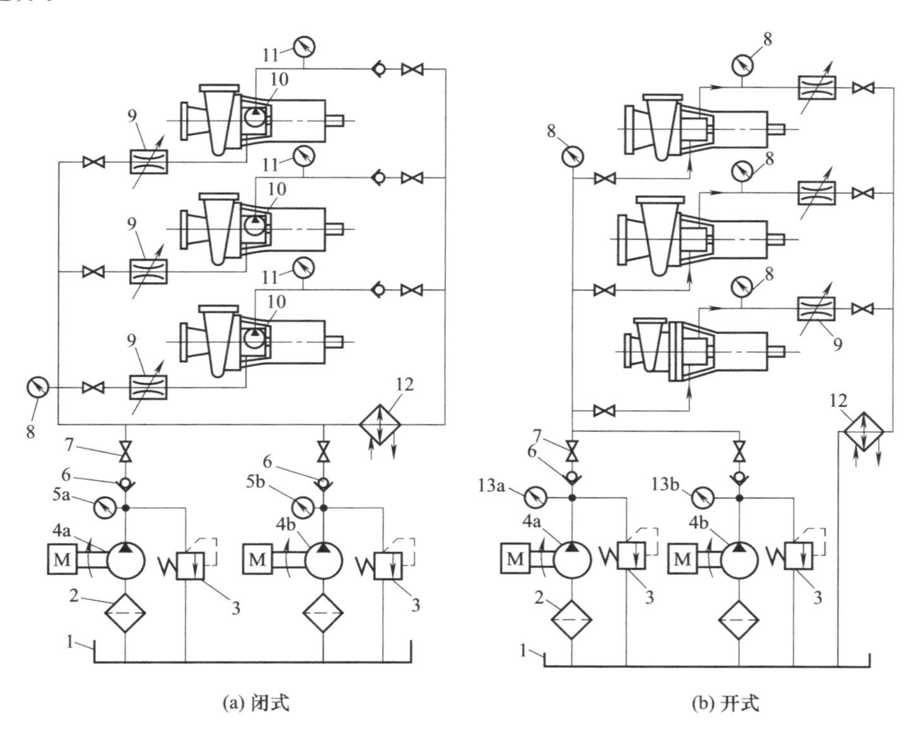

(a) 闭式　(b) 开式

图 2-165　双端面密封循环集中供液系统

1—容器；2—过滤器；3—安全阀；4a—主泵；4b—备用泵；5a—主泵电接触压力表；
5b—备用泵电接触压力表；6—单向阀；7—截止阀；8—压力表；9—流量调节器；
10—内置叶轮；11—封液低位压力降低跳闸电接触压力表；12—冷却器；
13a—最低压力电接触压力表；13b—最高压力电接触压力表

② 保管注意事项　机械密封保管中应注意以下事项：a. 在备品、备件的入库和出库中，

用先入库者先出库的方法进行保管；b. 尽可能不要用手去触摸摩擦副的工作端面，汗渍能造成硬质合金腐蚀；c. 橡胶件长期存放会老化，应储存在温度为－15～35℃、相对湿度不大于80%的环境中，储存期为一年。

（2）机械密封的安装

机械密封安装质量的好坏对其使用寿命有很大的影响。

机械密封本身是泵的一个部件，泵的安装及运转情况无疑要对密封产生较大影响。对安装机械密封的泵有一定的要求。

① 对安装机械密封的泵的技术要求

a. 转子　为使转子平衡和运转中不致产生较大的振动，应注意以下几点。

（a）对安装机械密封部位的轴或轴套的径向圆跳动公差、表面粗糙度、外径尺寸公差、运转时转子的轴向窜动量等都有一定的要求。我国机械行业标准JB/T 4127.1—1999《机械密封　技术条件》和JB/T 8723—2008《焊接金属波纹管机械密封》中对安装机械密封部位的轴或轴套的要求见表2-60。

表2-60　安装机械密封部位的轴或轴套的技术要求

项目	内容	数值		
		标准号	轴或轴套外径/mm	径向圆跳动公差/mm
对安装机械密封部位的轴（或轴套）的要求	径向圆跳动公差	JB/T 4127.1	10～50 50～120	0.04 0.06
		JB/T 8723	≤50 ＞50	0.04 0.06
	表面粗糙度 Ra/μm	JB/T 4127.1	≤3.2	
		JB/T 8723	≤1.6	
	外径尺寸公差	h6		
对转子轴向窜动量的要求	运转时的轴向窜动量/mm	≤0.3		
对安装旋转环辅助密封圈的轴（或轴套）的端部要求	圆滑连接 10° R1.6mm 3mm	—		

（b）叶轮应找静平衡。在3000r/min工作的叶轮，不衡量不得大于表2-61的规定。

表2-61　叶轮的静不平衡量

叶轮外径/mm	≤200	201～300	301～400	401～500
不平衡量/g·cm	3	5	8	10

（c）属于下列情况之一者还要检查转子的动平衡：单级泵的叶轮直径超过300mm时；两级泵的叶轮直径超过250mm时。

允许剩余不平衡量可用下式计算。

$$U_{\max}=635\frac{W}{n} \tag{2-78}$$

式中　$U_{\max}$——剩余不平衡量，g·cm；

W——轴颈的质量，kg；

n——泵的转速，r/min。

(d) 对于弹性柱销式及其他用铸铁制造的联轴器，当直径超过 ϕ125mm 而总长度超过 300mm 时也需进行动平衡校验。允许剩余不平衡值仍用式（2-78）计算，式中 W 应为联轴器的质量。

b. 密封腔体与密封端盖

(a) 密封腔与轴及端盖相对位置公差。密封腔与轴的同轴度公差为 0.1mm；密封腔与轴的垂直度公差为 0.05mm；密封腔配合止口与端盖同轴度公差为 0.1mm。

密封腔与轴同轴度的测量位置如图 2-166 所示。

密封腔端面与轴垂直度的测量方法如图 2-167 所示。将磁力表座（或其他专用工具）安装在密封腔端面附近的轴上，百分表端头与密封腔端面接触，轴旋转一周，百分表读数的最大和最小值之差即为所测量值。

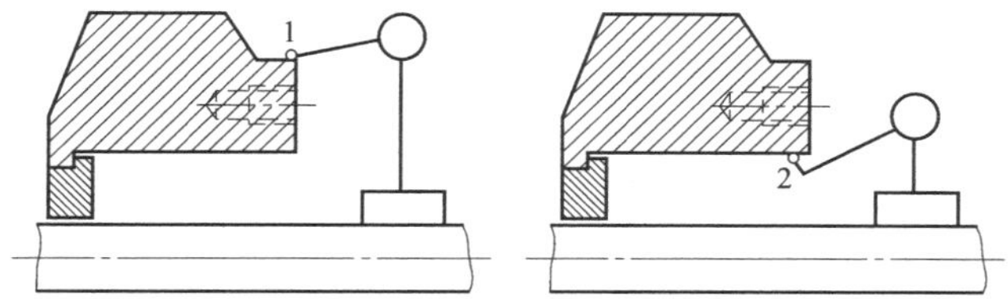

图 2-166　密封腔与轴同轴度的测量位置

1—外径测量的位置；2—内径测量的位置

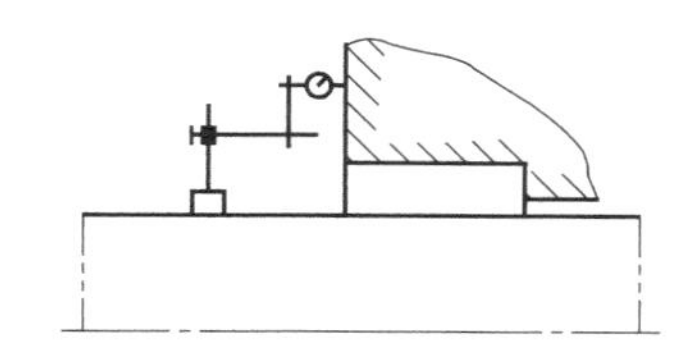

图 2-167　密封腔端面与轴垂直度的测量

(b) 对密封腔体与密封端盖结合的定位端面及安装静止环辅助密封圈的端盖（或壳体）的孔的要求。我国机械行业标准 JB/T 4127.1—1999《机械密封　技术条件》和 JB/T 8723—2008《焊接金属波纹管机械密封》中对安装机械密封的密封腔体与密封端盖的要求见表 2-62。

表 2-62　密封腔体与密封端盖的要求

项目	内容	数值		
对密封腔体与密封端盖结合的定位端面的要求	对轴或轴套的端面圆跳动公差	标准号	轴或轴套外径/mm	端面圆跳动公差/mm
		JB/T 4127.1	10～50 50～120	0.04 0.06
		JB/T 8723	≤50 >50	0.04 0.06
对安装静止环辅助密封圈的端盖(或壳体)的孔的要求	与辅助密封圈接触部位的表面粗糙度及端部尺寸 Ra 3.2　Ra 3.2　Ra 3.2　20°　C　Ra 6.3　圆滑连接	轴或轴套外径/mm		C/mm
		10～16		1.5
		16～48		2
		48～75		2.5
		75～120		3

c. 与电动机的同心度　电动机单独运转时其振幅不超过 0.03mm；工作温度下泵与电动机的同心度：轴向 0.08mm，径向 0.10mm；立式泵采用的刚性联轴器同心度：轴向 0.04mm，径向 0.05mm。

d. 泵运转时的振幅　最大不超过 0.06mm。

② 安装前的准备工作

a. 检查要进行安装的机械密封的型号、规格是否正确无误，零件是否完好，密封圈尺寸是否合适，动、静环表面是否光滑平整。若有缺陷，必须更换或修复。

b. 检查机械密封各零件的配合尺寸、粗糙度、平行度是否符合要求。

c. 使用小弹簧机械密封时，应检查小弹簧的长度和刚性是否相同。使用并圈弹簧传动时，必须注意其旋向是否与轴的旋向一致，其判别方法是：面向动环端面，视转轴为顺时针方向旋转者，用右旋弹簧；转轴为逆时针旋转者，用左旋弹簧。

d. 检查设备的精度是否满足安装机械密封的要求。

e. 清洗干净密封零件、轴表面、密封腔体，并保证密封液管路畅通。

f. 安装过程中应保持清洁，特别是动、静环的密封端面及辅助密封圈表面应无杂质、灰尘。不允许用不清洁的布擦拭密封端面。为防止启动瞬间产生干摩擦，动环和静环密封端面上可涂抹机油或黄油。

g. 在密封环就位时，应避免扭折 O 形辅助密封圈，不要将 O 形圈“滚入”静环座上，可以轻轻地将 O 形圈拉大（图 2-168）。在安装过程中，需要通过孔、台阶、键槽时，要注意避免一切可能的划伤。必要时可将聚四氟乙烯 O 形圈先放入开水中，使其膨胀一些再安装。在轴或轴套上可涂些润滑剂，但必须注意润滑剂是否与弹性材料相容。即：矿物油不能与 EP 橡胶（二元乙丙橡胶）配合使用。硅油对大多数材料是可用的，但不能用于硅橡胶。如果不便使用润滑油，可使用水或软性肥皂。注意，在辅助密封面上不要涂油。

③ 安装顺序　安装准备完成后，就可按一定顺序实施安装，完成静止部件在端盖内的安装和旋转部件在轴上的安装，最后完成密封的总体组合安装。以如图 2-169 所示的离心泵用单端面内装非平衡式机械密封为例，其安装顺序如下。

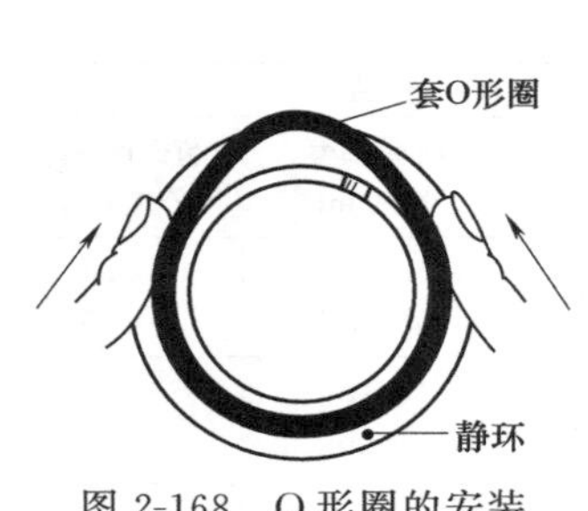

图 2-168　O 形圈的安装

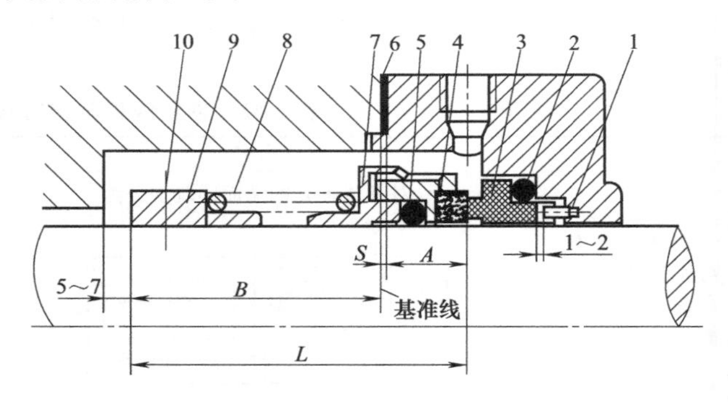

图 2-169　内装非平衡式机械密封的安装示例

1—防转销；2—静环辅助密封圈；3—静环；4—动环；5—动环辅助密封圈；6—密封端盖垫片；7—推环；8—弹簧；9—弹簧座；10—紧定螺钉

a. 静止部件的安装　将防转销 1 插入密封端盖相应的孔内，再将静环辅助密封圈 2 从静环 3 尾部套入，如采用 V 形圈，注意其安装方向，如是 O 形圈，则不要滚动。然后，使静环背面的防转销槽对准防转销装入密封端盖内。防转销的高度要合适，应与静环保留 1～2mm 的间隙，不要顶上静环。最后，测量出静环端面到密封端盖端面的距离 A。

静环装到端盖中去以后，还要检查密封端面与端盖中心线的垂直度及密封端面的平面度。对输送液态烃类介质的泵，垂直度误差不大于 0.02mm，油类等介质可控制在 0.04mm 以内。检查方法是用深度尺（精度 0.02mm）测量密封端面与端盖端面的高度，沿圆周方向对称测量4点，其差值应在上述范围内，如图2-170所示。

用光学平晶检查密封端面的平面度时，如发现变形，则用与其配对的动环研磨，注意此时不放任何研磨剂，保持清洁，直到沿圆周均匀接触为止，清洗干净待装。也可直接用光学平晶检查装配后的静环端面。

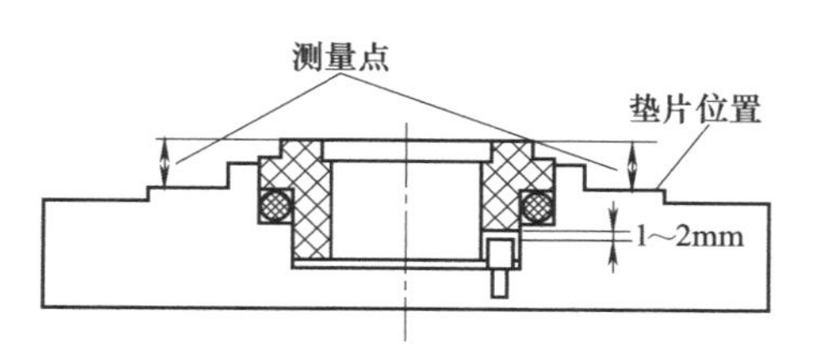

图2-170 静环端面垂直度测量

b. 确定弹簧座在轴上的安装位置 确定弹簧座的安装位置，应在调整定好转轴与密封腔壳体的相对位置的基础上进行。首先在沿密封腔端面的泵轴上正确地划一条基准线。然后，根据密封总装图上标记的密封工作长度，由弹簧座的定位尺寸调整弹簧的压缩量至设计规定值。弹簧座的定位尺寸（图2-169）可按下式得出。

$$B=L-(A+S) \tag{2-79}$$

式中 B——弹簧座背端面到基准线的距离；

L——旋转部件工作位置总高度，$L=L'-H$；

L'——旋转部件组装后的自由高度；

H——弹簧压缩量；

A——静环组装入密封端盖后，由静环端面到端盖端面的距离。

S——密封端盖垫片厚度。

c. 旋转部件的组装 将弹簧8两端分别套在弹簧座9和推环7上，并使磨平的弹簧两端部与弹簧座和推环上的平面靠紧。再将动环辅助密封圈5装入动环4中，并与推环组合成一体，然后将组装好的旋转部件套在轴（或轴套）上，使弹簧座背端面对准规定的位置，分几次均匀地拧紧紧定螺钉10，用手向后压迫动环，看是否能轴向浮动。

d. 将安装好静止部件的密封端盖安装到密封腔体上 将端盖均匀压紧，不得装偏。用塞尺检查端盖和密封腔端面的间隙，其误差不大于0.04mm。检查端盖和静环对轴的径向间隙，沿圆周各点的误差不大于0.1mm。

④ 安装检查 安装完毕后，应予以盘车，观察有无碰触之处，如感到盘车很重，必须检查轴是否碰到静环，密封件是否碰到密封腔，否则应采取措施予以消除。对十分重要设备的机械密封，必须进行静压试验和动压试验，试验合格后方可投入正式使用。

⑤ 安装注意事项 离心泵在过程工业中使用非常广泛，不同结构的离心泵在安装机械密封时有所不同，需要注意以下几方面的问题。

悬臂式离心泵的特点是轴已在轴承箱中安装好，而泵体和叶轮都没有安装。在拆卸时就要把压缩量和传动座的位置确定并在轴上做出标记。安装时首先把带静环端盖套入轴上，然后安装带传动座和动环的轴套，再安装叶轮并旋紧叶轮背帽，于泵体安装后才能安装端盖。

而双支承离心泵，安装密封时叶轮已经装在泵体内。将轴套及动环组件、带静环的端盖等零件套在轴上，两端轴承安装就位，此时转子已处于工作位置，方可安装两端的机械密封，旋紧端盖螺栓前要校核两端密封的压缩量是否合适。

对于带平衡盘的多级离心泵，即使是两端轴承固定，转子仍不能定位，必须将转子向入口端窜动，使平衡盘工作面接触，才能校核密封压缩量是否合适。

对于带平衡盘的多级高温离心泵，确定密封压缩量时，入口端的密封压缩量不可过大，要考虑升温期间转子和泵体的温差，转子向入口端的热伸长量。

(3) 机械密封的运转

① 启动前的注意事项及准备 启动前，应检查机械密封的辅助装置、冷却系统是否安

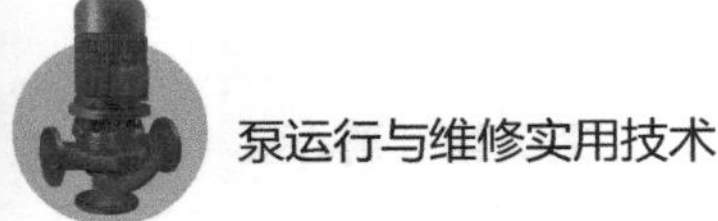

装无误；应清洗物料管线，以防铁锈、杂质进入密封腔内。最后，用手盘动联轴器，检查轴是否轻松旋转。如果盘动很重，应检查有关配合尺寸是否正确，设法找出原因并排除故障。

② 机械密封的试运转和正常运转　首先将封液系统启动，冷却水系统启动，密封腔内充满介质，然后就可以启动主密封进行试运转。如果一开始就发现有轻微泄漏现象，但经过1～3h后逐步减少，这是密封端面的磨合的正常过程。如果泄漏始终不减少，则需停车检查。如果机械密封发热、冒烟，一般为弹簧比压过大，可适当降低弹簧的压力。

经试运转考验后即可转入操作条件下的正常运转。升压、升温过程应缓慢进行，并密切注意有无异常现象发生。如果一切正常，则可正式投入生产运行。

③ 机械密封的停车　机械密封停车应先停主机，后停密封辅助系统及冷却系统。如果停车时间较长，应将主机内的介质排放干净。

2.6.8 机械密封的维护与检修

（1）机械密封运转维护内容

机械密封投入使用后也必须进行正确的维护，才能使它有较好的密封效果及长久的使用寿命。一般要注意以下几方面。

① 应避免因零件松动而发生泄漏，注意因杂质进入端面造成的发热现象及运转中有无异常响声等。对于连续运行的泵，不但开车时要注意防止发生干摩擦，运行中更要注意防止干摩擦。不要使泵抽空，必要时可设置自动装置以防止泵抽空。对于间歇运行的泵，应注意观察停泵后因物料干燥形成的结晶，或降温而析出的结晶，泵启动时应采取加热或冲洗措施，以避免结晶物划伤端面而影响密封效果。

② 冲洗冷却等循环保护系统及仪表是否正常稳定工作。要注意突然停水而使冷却不良，造成密封失效，或由于冷却管、冲洗管、均压管堵塞而发生事故。

③ 离心泵本身的振动、发热等因素也将影响密封性能，必须经常观察。当轴承部分破坏后，也会影响密封性能，因此要注意轴承是否发热，运行中声音是否异常，以便可及时修理。

（2）机械密封端面平面度检验方法

我国机械行业标准JB/T 7369—2011《机械密封端面平面度检验方法》规定了机械密封端面平面度的检验装置、检验程序、平面度测定值的判读等内容，它适用于采用单色光源的光学法检验机械密封环端面平面度。

① 检验装置确性　推荐使用的检验装置的结构如图2-171所示。光源应为单色光源，检验用光学平晶应为一级精度（其平面度应在0.02～0.10μm之间），光学平晶的直径应大于被检密封环端面的外径。

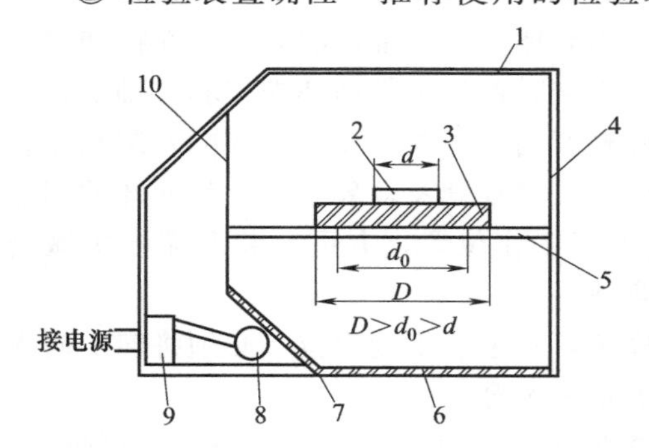

图2-171　机械密封端面平面度检验装置的结构
1—箱体；2—密封环；3—光学平晶；4—活动门；5—带孔活动板；6—玻璃镜；7—毛玻璃；8—钠光灯管；9—稳压元件；10—隔光板

装置放置在干燥、洁净、避免振动干扰的工作间内。装置要有一定的保护元件，避免光束直接照射到观察者的皮肤或眼睛。如果采用反光镜观察，应保证反光镜没有变形和失真。

② 检验程序　检验时，环境温度应控制在(20±5)℃。打开平面度检测仪的电源开关，预热至灯管充分发光。清除被检密封环端面和光学平晶表面上的纤维、颗粒、油渍、水汽等污物，且使密封环端面和光学平晶表面不受损伤，并且保

持这些表面在检验过程中不被再次污染。将被检密封环轻轻放置在光学平晶上（或将平晶轻轻放置在密封环上），使密封环端面和光学平晶紧密接触，出现干涉带，判读光谱带数时不应使其受到附加外力的作用。通过镜面观察密封端面的干涉图形（或透过光学平晶观察密封端面上的干涉图形），判读干涉光谱带。

③ 平面度测定值的判读

a. 平面度测定值的判读按图 2-172～图 2-175 的规定。每组图由左向右第 2、3 个为待测平面与平晶成楔形位干涉图，其余 4 个为待测平面与平晶平行接触位干涉图。光带条数为线段 AB 穿过暗带的条数。对于未包含的图形，判读者应在正确理解光干涉原理的基础上，参照图例进行判读。

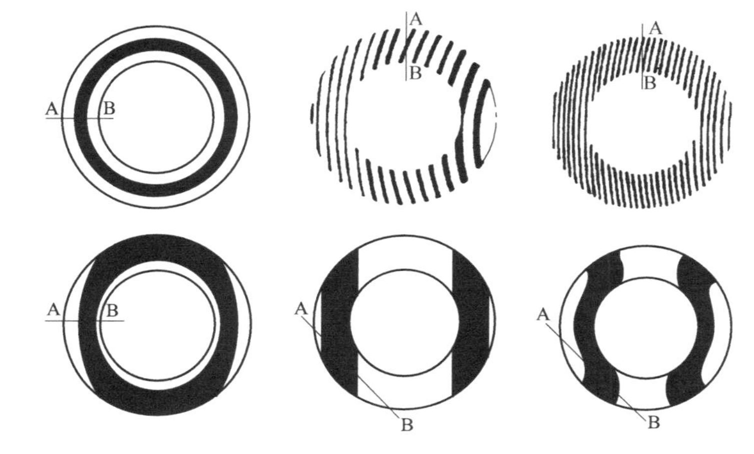

图 2-172　一条光带图例

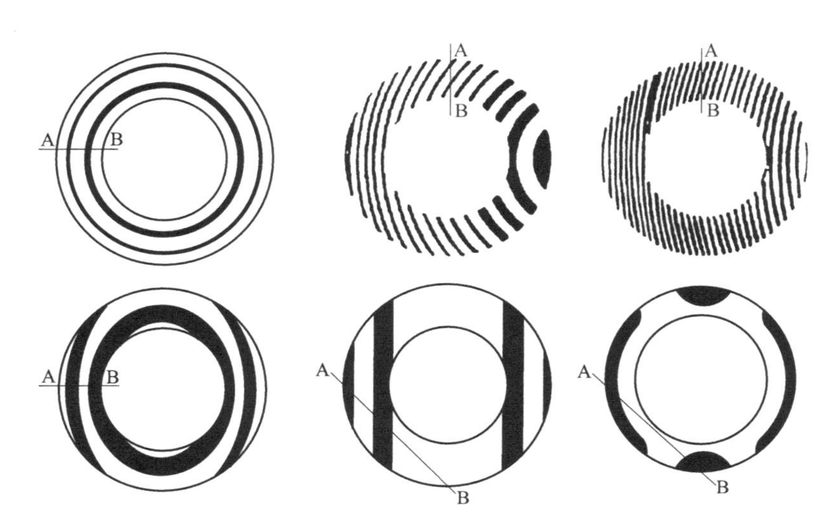

图 2-173　两条光带图例

b. 球形凸面和球形凹面确定方法如下。

(a) 观察干涉图时由上向下移动眼睛，若干涉光谱带向圆心移动，则为球形凹面；若干涉光谱带向外径移动，则为球形凸面。

(b) 用手指轻轻地在平晶或密封环外边上加压，若干涉光谱带围着手指弯曲，则为球形凸面；若干涉光谱带向手指外弯曲，则为球形凹面。

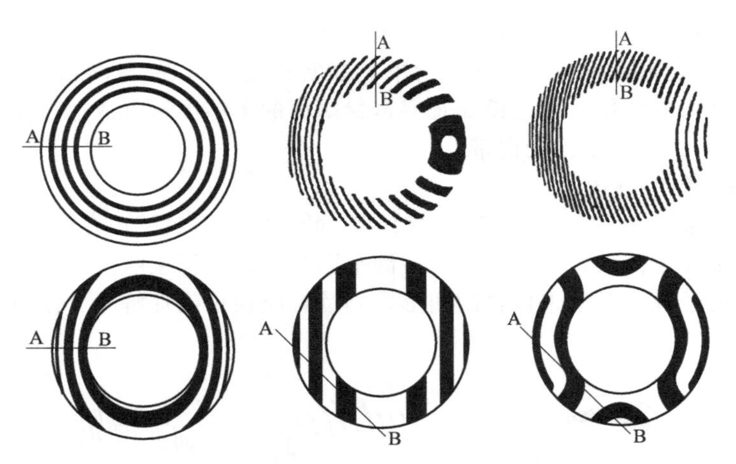

图 2-174　三条光带图例

c. 平面度测定值的计算公式为：

$$\Delta=0.5N\lambda \tag{2-80}$$

式中　Δ——平面度的测定值，μm；

N——干涉光谱带数；

λ——单色光波波长，μm。

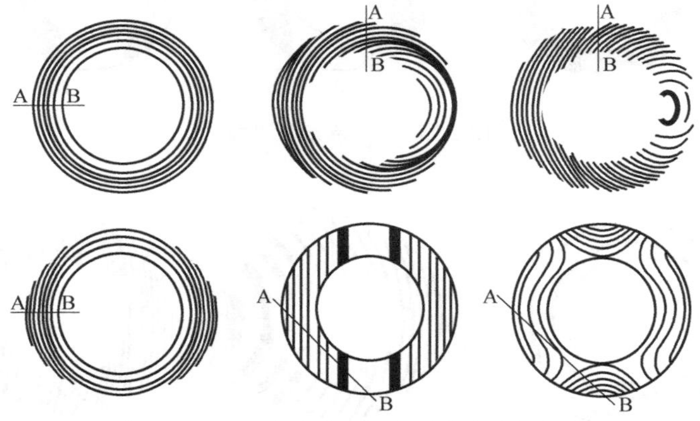

图 2-175　多条光带（多于三条光带）图例

比如，目前常用的单色光源——钠光光波，波长为 $\lambda=0.6\mu m$，一条光带时，Δ 为 $0.3\mu m$，即平面度为 $0.3\mu m$。

（3）机械密封检修中的几个误区

① 弹簧压量越大，密封效果越好　虽然在试运转过程不产生泄漏，但随着高速连续运转，弹簧压缩量过大，会导致摩擦副急剧磨损，甚至瞬间烧损，过度的压缩使弹簧失去调节动环端面的能力，导致密封失效或直接导致弹簧报废。

② 动环密封圈越紧越好　其实动环密封圈过紧有害无益，不但加剧密封圈与轴套（轴）间磨损，还增大了动环轴向调整移动的阻力，在工况变化频繁时无法适时进行调整，且易导致弹簧过度疲劳损坏，使动环密封圈变形，造成泄漏，影响密封效果。

③ 静环密封圈越紧越好　静环密封圈基本处于静止状态，相对较紧时密封效果会好些，但过紧也是有害的：一是引起静环密封因过度变形，影响密封效果；二是静环材质以石墨居多，一般较脆，过度受力极易引起碎裂；三是安装、拆卸困难，极易损坏静环。

④ 叶轮锁紧螺母越紧越好　轴套与轴之间有时也会出现泄漏（轴间泄漏）。一般认为轴间泄漏就是叶轮锁紧螺母没锁紧。其实造成轴间泄漏的因素很多，如轴间垫损坏、偏移，轴间有杂质，轴套与轴配合处有较大形位误差，接触面被损坏，轴上各部件间有间隙、轴头螺纹过长等，都会造成轴间泄漏。锁紧螺母锁紧过度只会导致轴间垫过早失效（老化、损坏等），相反，适度锁紧螺母，使轴间垫始终保持一定的压缩弹性，在运转中会自动适时锁紧，使轴间始终处于良好的密封状态。

⑤ 拆开检修优于不拆　一旦出现机械密封泄漏便急于拆修，其实，有时密封并没有损坏，只需调整工况或适当调整密封就可消除泄漏。这样既能避免浪费（拆时可能会导致静环损坏或造成密封圈失效），又能验证自己的故障判断能力，积累维修经验，提高检修质量，降低机械密封的检修费用。

⑥ 新的比旧的好　相对而言，使用新机械密封的效果好于旧的，但新机械密封的质量或材质选择不当时，配合尺寸误差较大会影响密封效果；在聚合性和渗透性介质中，静环如无过度磨损。还是不更换为好。因为静环在静环座中长时间处于静止状态，使聚合物和杂质沉积为一体，起到了较好的密封作用。

（4）机械密封零件的检修

① 摩擦副　机械密封的摩擦副环在每次检修时都应取下来进行认真检查，端面不得有划痕、沟槽，平面度要符合要求。否则应根据摩擦副环的技术要求进行重新研磨和抛光。不过，在修复时，通常还要遵循下面的一些具体规定。

a. 摩擦副环端面不得有内外缘相通的划痕和沟槽，否则不再进行修复。

b. 摩擦副端面发生热裂一般不予修复。

c. 摩擦副环有腐蚀斑痕一般不予修复。

d. 软质材料容易在使用安装中造成崩边、划伤，一般不允许有内外相通的划道，软材料密封环允许的崩边如图 2-176 所示，要求 $b/a \leqslant 1/5$。

e. 当摩擦副环的端面磨损量超过下面的数值时一般不予修复，而磨损量小于下面所示的数值时，则可进行重新研磨修复，当达到技术要求后可重新使用。

（a）堆焊司太立合金的端面磨损量为 0.8mm。

（b）堆焊超硬合金或哈氏合金的端面磨损量为 0.5mm。

（c）喷涂陶瓷的端面磨损量为 1.0mm。

（d）硬质合金或陶瓷的端面磨损量为 1.8mm。

（e）石墨环的凸台为 3mm 的端面磨损量为 1.0mm，石墨环的凸台为 4mm 的端面磨损量为 1.5mm。

图 2-176　软材料密封环允许的崩边

修复摩擦副环端面时，可先在平面磨床上磨削，然后在平板上研磨和抛光来修复。不同的动、静环材料应采用不同的磨料和研磨工具。

a. 粗磨硬质合金、陶瓷环时，用 100～200 号碳化硅金刚砂研磨粉加煤油搅拌均匀；精磨时用 M20 碳化硼或 240～300 号碳化硅金刚砂加煤油拌匀。研磨时将环放在平板上，把磨料放在环孔内，然后用手按着以“8”字形的运动轨迹进行研磨（图 2-177），这样可以避免环面上纹路的方向性，直至看不出划痕为止。波纹管式轴封研磨密封面和底板时要用工具定位。研磨后以汽油洗净，用布擦干，再进行抛光。抛光时用 M2～M3 金刚砂研磨膏加工业甘油（约 1∶18）搅拌均匀后，将少量磨料刷在研磨盘上，仍按“8”字形研磨，其表面粗糙度可达 $Ra0.1\mu m$。

b. 粗磨不锈钢、铸铁及聚四氟乙烯时，用 M20 白刚玉粉加混合润滑剂（煤油 2 份和汽

图 2-177　轴封研磨方法

油、锭子油各 1 份），混合拌匀，放在平板上研磨；精磨时用 M10 白刚玉粉加上述混合润滑剂，放在具有一定硬度（240～280HB）的平板上研磨；抛光时用 M1～M3 白刚玉粉或 M10 氧化铬加同样混合润滑剂，放在衬有白纺绸布的平板上进行研磨。在研磨过程中，如润滑剂干涸，只需补充汽油即可。

c. 粗、精磨石墨环时，不用磨料，只需用航空汽油作润滑剂在平板上进行研磨，抛光时干磨即可。

经修复后的动、静环表面粗糙度 Ra 值在 0.1～0.2μm 之间。表面平面度要求不大于 1μm，平面对中心线的垂直度允许偏差为 0.04mm，动环与弹簧接触的端面对中心线的垂直度允许偏差为 0.04mm。检验动环、静环的研磨质量，可用简便方法，即使动环、静环两摩擦面紧贴，如吸住不掉，即表明研磨合格。

现场检修时，若无平板或研磨机，对于软质材料环可用反应釜上的“视镜”玻璃作研磨平板，然后用刀口尺检查。或用涂色法把密封环互相对研，对研时，接触轨迹必须闭合、连续，要求接触面积大于密封环带面积的 80%方可使用。

② 密封圈　使用一定时间后，密封圈常常溶胀或老化，因此检修时一般要更换新的密封圈。

③ 弹簧　弹簧损坏多半因腐蚀或使用过久，使弹簧失去弹力而影响密封。弹簧损坏后应更换新弹簧。检修时将弹簧清洗干净后，要测其弹力，弹力变化应小于 20%。

a. 永久变形　将弹簧用试验负荷压缩三次，测量第二次与第三次压缩后的自由高度变化值，以此值作为弹簧的永久变形。其永久变形不应大于自由高度的 0.3%。

b. 弹簧特性　弹簧特性的测量在精度不低于 1%的弹簧试验机上进行。弹簧特性的测定是将弹簧压缩一次到试验负荷后进行的。试验负荷根据表 2-63 规定的试验应力计算，当计算出的负荷比压并负荷大时，以压并负荷作为试验负荷。试验负荷用式（2-81）计算。

表 2-63　试验应力　　单位：MPa

材　料	不锈钢丝	青铜线
试验应力 τ_s	抗拉强度×0.45	抗拉强度×0.4

$$P_s=\frac{\pi d^3\tau_s}{8D} \tag{2-81}$$

式中　P_s——试验负荷，N；

τ_s——试验应力，MPa；

d——丝径，mm；

D——弹簧中径，mm。

c. 外径（或内径）、自由高度、垂直度　外径（或内径）用通用或专用量具测量。自由高度用通用或专用量具测量，测量弹簧最高点。垂直度用平板和宽座角尺测量，如图 2-178 所示。在无负荷状态下，将被测弹簧竖直放在平板上，贴靠宽座角尺，自转一周，测量端头缝隙的最大值 Δ；再按此法测量弹簧的另一端面（端头至 1/2 圈处考核相邻第二圈），将两个测量值的较大值作为弹簧的垂直度误差。

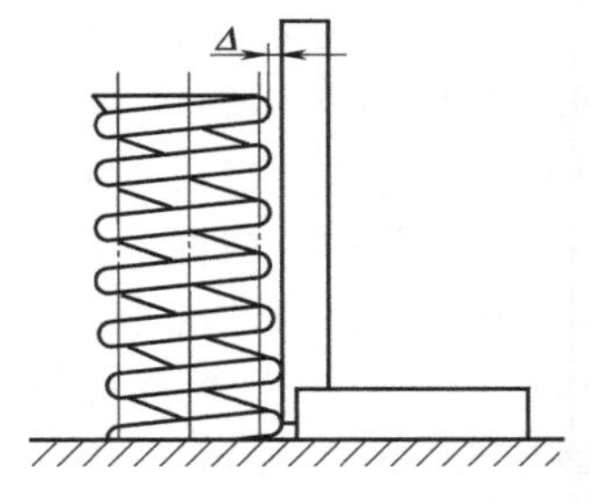

图 2-178　弹簧垂直度的测量

d. 节距、端面粗糙度、外观　在相应的弹簧试验机上将弹簧压至全变形量的80%，弹簧在正常节距圈范围内不应接触。

端面粗糙度采用与粗糙度样块对比的方法。

弹簧外观质量的检查采用目测或用5倍放大镜进行。

④ 轴或轴套 轴或轴套运转一段时间后，其表面会因腐蚀或磨损而产生沟槽，这时应将轴或轴套表面磨光，恢复原来的表面粗糙度。如果经磨光后，其直径尺寸减小，造成与弹簧座、动环、静环间的配合间隙太大时，应更换轴套或对泵轴进行补焊或车削镶套。

2.6.9 机械密封的失效及分析

一般来说，轴封是泵的薄弱环节，它的失效是造成泵维修的主要原因。对机械密封的失效原因进行认真分析，常常能找到排除故障的最佳方案，从而提高密封的使用寿命。

（1）密封失效的定义及外部症状

① 密封失效的定义 被密封的介质通过密封部件并造成下列情况之一者，则认为密封失效。

a. 从密封系统中泄漏出的介质量超标。

b. 密封系统的压力降低的值超标。

c. 加入密封系统的阻塞流体或缓冲流体（如双端面机械密封的封液）的量超标。

② 密封失效的外部症状 在密封件处于正常工作位置，仅从外界可以观察和发现到的密封失效或即将失效前的常见症状有以下几种。

a. 密封持续泄漏 泄漏是密封最易发现和判断的失效症状。机械实际工作中总会有一定程度的泄漏，但泄漏率可以很低，采用了先进材料和先进技术的单端面机械密封，其典型的质量泄漏率可以低于1g/h。所谓“零泄漏”一般是指“用现有仪器测量不到的泄漏率”，采用带封液的双端面机械密封可以实现对被密封介质的零泄漏，但封液向系统内的泄漏和向外界环境的泄漏总是不可避免的。

不同结构形式的机械密封判断泄漏失效的准则可以不同，但在实践中，往往还依赖于工厂操作人员的目测。就比较典型的滴漏频率来说，对于有毒、有害介质的场合，即使滴漏频率降低到很低的程度，也是不允许的；同样，如果预计密封滴漏频率会迅速加大，也应该判定密封失效。对于非关键性场合（如水），即使滴漏频率大一些，也常常是允许的。目前生产实践中判定密封失效，既依赖于技术，也依赖于操作人员的经验。

机械密封出现持续泄漏的原因主要有：密封端面问题，如端面不平、端面出现裂纹、破碎、端面发生严重的热变形或机械变形；辅助密封问题，如安装时辅助密封被压伤或擦伤、介质从轴套间隙中漏出、O形圈老化、辅助密封屈服变形（变硬或变脆）、辅助密封出现化学腐蚀（变软或变黏）；密封零件问题，如弹簧失效、零件发生腐蚀破坏、传动机构发生腐蚀破坏。

b. 工作时密封发出尖叫声 密封端面润滑状态不佳时，可能产生尖叫声，在这种状态下运行，将导致密封端面磨损严重，并可能导致密封环裂、碎等更为严重的失效。此时应设法改善密封端面的润滑状态，如设置或加大旁路冲洗等。

c. 密封面外侧有石墨粉尘积聚 可能是密封端面润滑状态不佳，或者密封端面间液膜汽化或闪蒸，此时应考虑改善润滑或尽量避免闪蒸出现。某些情况下可能是留下残渣造成石墨环的磨损。也可能是密封腔内压力超过该密封和密封流体允许的范围，此时必须纠正密封腔压力。

d. 工作时密封发出爆鸣声 有时可以听到密封在工作时发出爆鸣声，这可能是由于密封端面间介质产生汽化或闪蒸。改善的措施主要是为介质提供可靠的工作条件，包括在密封

的许可范围内提高密封腔压力；安装或改善旁路冲洗系统，降低介质温度，加强密封端面的冷却等。

e. 密封泄漏和密封环结冰　某些场合，观察到密封周围结有冰层，这是由于密封端面间的介质汽化或闪蒸。改善的措施同上。应注意结冰可能会擦伤密封端面（尤其是石墨材料），汽化问题解决后应将密封端面重新研磨或予以更换新。

f. 泵和（或）轴振动　原因是未对中或叶轮和（或）轴不平衡、汽蚀或轴承问题。此问题虽然可能不会立刻使密封失效，但会降低密封的使用寿命。可以根据维护修理标准来纠正上述问题。

g. 密封寿命短　在目前技术水平情况下，一般要求机械密封的寿命在普通介质中不低于1年，在腐蚀介质中不低于半年，但比较先进的密封标准，如ANSI/API682，要求密封寿命不低于25000h。某些情况下，即使是1年或半年的寿命都难以达到，形成了机械密封的过早失效。造成机械密封过早失效的原因是多方面的，常见的有：设备整体布置不合理，在极端情况下，可能造成密封与轴的直接摩擦；密封介质中含有固体悬浮颗粒，而又未采取消除固体悬浮颗粒的有效措施或未选用抗颗粒磨损机械密封，结果导致密封端面的严重磨损；密封运行时因介质温度过高或润滑不充分而过热；密封所选形式或密封材料与密封工况不相适应。

（2）机械密封的失效分析方法

通常失效原因最好的、最重要的标志从目测检查开始，一旦失效原因判明，有效解决办法通常也就清楚了。

必须注意：若征兆或迹象在拆卸时丢掉，就无法追回。失效分析主要是通过诊断（经验的和检测的）确定故障的部位，再经过调整或修换进行排除。

正确的诊断是预防和排除故障的基础。诊断是维修人员将通过现场观察、询问、检查及必要测试所收集的资料进行综合、分析、推理和判断，对设备的故障做出合乎实际的结论的过程，也是透过故障的现象去探索故障的本质，从感性认识提高到理性认识，又从理性认识再回到维修实践中去的反复认识的过程。

一般失效分析过程大致可分为四个步骤。

① 资料收集　正确的诊断来源于周密的调查研究。这个调查过程就是通过对现场状况的询问、观察、检查及必要的测试，即收集现场资料（情况）的过程（包括对历史的维修记录及设备档案资料的了解和研究），还要注意资料的真实性和完整性，必须有认真、实事求是的态度，深入细致地进行现场观察、询问及各项检测工作，防止主观臆断和片面性。

② 综合分析　要完全反映故障的原因及其发生、发展规律，就必须将调查所得的资料进行归纳整理，去粗取精，去伪存真，抓住主要问题加以综合、分析和推论，排除那些数据不足的表面现象，抓住一个或两个最符合实质的症状，做出初步诊断（同时也要注意那些看来与现时故障无密切关系的潜伏故障）。

③ 初步诊断　从全面研究所得的资料出发，抓住各种故障现象的共性和特殊性进行归纳、分析，找出其相互间的内在联系和发生、发展的规律，得出故障原因的分析结论，就是故障的初步诊断。初步诊断要列举已确定的故障部位和进行故障机理分析，包括对故障零件的材料、故障系统的诊断。排除故障时，如同时发生多种故障，则应分清主次，顺序排列。对设备精度、性能或安全影响最大的故障是主要故障，列在最前；在故障机理上与主要故障有密切关系的其他故障，称为并发故障，列于主要故障之后，视生产形势随机排除；与主要故障无关而同时存在的其他故障，称为伴发故障，排列在最后，视生产情况随机排除或列入计划排除。

④ 在维修实践中验证诊断　对故障的认识，需要经过“实践、认识、再实践、再认识”的过程。在建立初步诊断之后，欲肯定其是否正确，必须在维修实践中和其他有关检查中验证，最后确定诊断。由于维修人员的主观性和片面性，或由于客观条件所限，或由于故障本身的内在问题还没有充分表现出来等，初步诊断可能不够完善（甚至还会有错误）。所以，做出初步诊断以后，在修理过程中还需注意故障的变化和其波及面的演变，如发现新的情况与初步诊断不符，应及时做出补充或更正，使诊断更符合于客观实际。现场维修人员只有通过反复的维修实践，在技术上精益求精，不断地提高对故障的认识，才能尽快地排除故障，提高维修效率，更好地为企业生产服务。

在对机械密封进行失效分析时，应注意正确和全面地反映出故障的现象（做好记录、保存好损坏的密封元件，这点往往被忽视），应注意解体前后有的放矢地拆开密封腔检验和判断，切忌急于拆卸而造成不必要的元件损坏和人力浪费。

表 2-64 为机械密封失效记录，用以记录密封失效的细节。显然这将有助于减少遗漏任何有关失效的重要信息。

表 2-64　机械密封失效记录

公司名称		公司地址		时间	
装置名称		维修性质		装置编号	
设备名称		密封制造厂		密封型号	
拆卸密封原因				有毒/危险介质	是/否*
失效密封的寿命(小时、天、启动次数)					
操作工况	①密封流体				
	②轴封处压力				
	③轴封处流体温度				
	④密封腔内流体的流速				
	⑤特殊操作条件(工况变化等)				
	⑥密封腔内流体的沸点				
	⑦轴转速				
	⑧机器振动				
	⑨机器图号				
	⑩密封图号				
密封泄漏状态					
静压试验结果					
可能的泄漏途径					
尺寸检查	①密封工作长度				
	②密封端面与轴线的垂直度				
	③密封端面与轴线的同轴度				
	④轴端窜量				
	⑤轴的径向跳动及挠度				
	⑥其他装配尺寸				
沉积物和碎片					
密封是否被卡住					
密封端面是否有可见损伤					是/否*
是否将密封件返回生产厂家					是/否*
直观检查的详细情况	①静环端面材质				
	②动环端面材质				
	③静环端面浮动				
	④动环端面浮动				
	⑤接触形式				

续表

直观检查的详细情况	⑥破裂、擦伤、破碎情况		
	⑦磨损、沟槽、冲蚀情况		
	⑧磨损量	动环	
		静环	
	⑨热疲劳		
	⑩化学磨蚀		
	其他		

		漏装或误装	物理损伤	热疲劳	化学腐蚀	其他
辅助密封	静环辅助密封					
	动环辅助密封					
	轴套辅助密封					
	端盖辅助密封					
密封件	轴套					
	弹簧					
	旋转体					

注：1. 请逐项填写此表，其中“√”表示是；“×”表示否；“—”表示情况不明。
2. 表内“*”表示如不适用可以删去。
3. 专项特殊检查要求还可进行：压力试验检查；石蜡油处理试验检查；光学试检查。

(3)机械密封失效的诊断检查

机械密封失效的诊断与其他零部件的失效分析非常相似。如果在拆卸过程中，一旦忽视了某些失效症状，那么就很难再追溯复原了。为了尽量减少这种可能性，建议采用下列步骤进行检查：密封失效的外部症状；拆卸前检查；拆卸中检查；密封的直观检查，其中包括密封端面、辅助密封和密封零件。

① 拆卸前检查　分析密封失效现象对解决故障是十分有价值的，而拆卸前的检查，无论对直接分析还是事后诊断都很有意义。这种检查多数是由现场工程师进行的，检查内容见表2-65。

表2-65　拆卸前检查

检查项目	检 查 内 容
有毒/有害介质	在这种情况下，应在拆卸前及拆卸中做好各种必要的防范保护措施
密封工作时间	工作小时数、工作周期、停车/启动等
工况条件变化	任何变化都应辨别出来，这常常是解决问题的主要线索，如：按照理论工况要求选择的密封，有可能与实际工况不相符；介质的压力、温度或组分发生变化；工况条件发生变化或产生波动
所需背景材料	① 被密封介质(包括污染物质)的情况 ② 密封流体压力及系统压力 ③ 密封流体温度及系统温度 ④ 密封腔内流体的流速 ⑤ 被密封流体的汽化压力及温度等数据 ⑥ 轴的转速 ⑦ 特殊操作条件 ⑧ 机器装配图 ⑨ 密封装配图 ⑩ 密封设计数据
机器振动	即使还未立刻出现振动问题，但此项内容很重要，如轴承座或轴的轴向及径向振动 可以对不平衡、不同心等问题进行频谱分析，直到设备停车进行全面检查为止
密封泄漏状态	在进行泄漏检查时，应采取各种必要的防范措施，特别是对有毒有害介质更应如此。应注意： ① 异常泄漏的性质及数量； ② 泄漏状况是否稳定； ③ 停车时是否有泄漏； ④ 开车时是否有泄漏； ⑤ 泄漏是否与轴的转速、介质压力和温度变化有关

续表

检查项目	检查内容
可能的泄漏途径	装配图有助于寻找泄漏途径。如有可能，应在设备运行时辨别出异常泄漏源 从设备的外露表面查找泄漏途径，例如沿轴/轴套、密封环/密封座等查找 检查应按装配次序依次进行。在密封拆卸过程中仍需逐项检查，直到泄漏途径全部找到为止 典型的泄漏途径为： ① 端面泄漏； ② 密封环的辅助密封泄漏； ③ 密封座的辅助密封泄漏； ④ 密封组件上的密封垫泄漏； ⑤ 轴套密封垫泄漏； ⑥ 密封腔内元件发生裂纹或损伤产生泄漏
水压试验	如有可能，对双端面密封可利用台架试验确定泄漏途径，对其他密封形式的大批量密封进行检查，则可采用适合压力试验的简单试验装置

② 拆卸中检查　拆卸检查分为总体检查、早期失效检查和中期失效检查，其检查内容及要点见表2-66～表2-68。

表 2-66　总体检查

检查项目	检查内容
密封端面	应避免改变密封端面的原状。在安全拆卸的情况下，应避免对密封端面进行不必要的清洗或冲洗。对密封面进行直观检查
尺寸检查	做必要的标记和测量以便确定： ① 密封工作长度； ② 密封端面对轴线的垂直度； ③ 密封端面对轴线的同轴度； ④ 轴向窜量； ⑤ 轴的径向跳动、晃动及挠度
可能的泄漏途径	对零件表面进行检查，可找出全部可能产生异常泄漏的原因
沉积物及碎片	清洗前应检查： ① 外来的杂质污物； ② 磨损颗粒、屑、片等； ③ 破损元件产生的小碎片或碎渣等； ④ 腐蚀产物； ⑤ 其他碎片/沉积物
密封浮动性	沿密封安装长度的方向上，在上部和下部轻轻掀动密封，检查是否可以浮动
密封部件的清洗	清洗时应避免清除任何有助于对密封失效机理进行分析的重要证据（特别是密封端面） 避免使用硬刷子、尖硬工具、有研磨料的清洗剂或强力溶剂（它们有可能损坏弹性元件）
包装	返回密封生产厂家进行检查或修理 许多密封生产厂家收集非正常失效的密封，以进行失效分析和诊断 应用高标准要求进行包装（就像对待新密封一样） 避免使用铁丝捆扎，以防在运输过程中损坏零件

表 2-67　早期失效检查

检查项目	检查内容
密封端面	密封端面检查咬伤、擦痕及裂纹，使用低倍数放大镜进行检查 检查端面的接触状况： ① 外来物卡在端面之间； ② 一个或两个端面变形； ③ 端面抛光不良（参见光学平晶检查） 检查热疲劳： ① 干摩擦状态下运行； ② 龟裂/热裂纹； ③ 点蚀、开槽、撕脱、脱皮、疱疤等

续表

检查项目	检查内容
辅助密封	应检查： ① 是否漏装辅助密封； ② 咬伤、擦痕、硬切伤及撕裂等； ③ 静密封是否扭曲、挤压或畸变； ④ 辅助密封与配合表面之间由于旋转运动而引起的擦伤痕迹； ⑤ 过量的体积变化或压缩屈服变形； ⑥ 与辅助密封接触的密封件表面的磨损
传动机构	应检查： ① 装配是否正确； ② 错误的标定； ③ 是否有遗漏件 检查同时还起传动作用的辅助密封件的损伤，例如静密封件和波纹管
端面加载附件	应检查： ① 型号是否正确； ② 装配是否正确； ③ 错误的标定； ④ 是否有遗漏件

表 2-68　中期失效检查

检查项目	检查内容
密封端面	应检查： ① 总体腐蚀状况； ② 是否有析出物； ⑧ 异常沟槽； ④ 腐蚀磨损； ⑤ 点蚀、撕脱及裂纹； ⑥ 热损伤，如热变形、热裂、龟裂、疱疤、固体物质沉积及热变色(或出现色斑) 用下列方法检查磨损状态： ① 肉眼检查； ② 利用低入射角光线仔细检查外形； ③ 先用 10 倍放大镜，然后用 50 倍放大镜进行检查； ④ 测量磨损量
辅助密封	应检查： ① 挤压情况； ② 对密封配合表面的化学腐蚀； ③ 过量的体积变化； ④ 过量的压缩屈服变形； ⑤ 变硬或开裂
传动机构	应检查： ① 是否失效； ② 过量磨损 检查同时还起传动作用的辅助密封件的损伤，例如静密封件和波纹管

(4) 根据密封端面磨损痕迹分析失效原因

磨损痕迹可以反映运动件的运动情况和磨损情况，每一个磨损痕迹都可以为失效分析提供有用线索。当密封端面完全磨损时机械密封的运转寿命就告结束。当机械密封失效时，应认真细致检查密封端面磨损痕迹来确定失效的原因。如果密封端面完全磨损，失效原因很明显，就无必要做进一步检查，除非在很短时间内完全磨损。如果两个密封端面都完整无缺，那么就应该利用失效分析方法对整个部件做进一步检查。

根据密封端面磨损痕迹分析失效原因见表 2-69。

表 2-69 根据密封端面磨损痕迹分析失效原因

磨损痕迹	特征	图例	原因/检查/解决方法
正确磨损痕迹	无泄漏密封的典型磨损痕迹。密封端面 360°全面接触，硬环密封端面上的磨损痕迹宽度与软(窄)环宽度相等，一个环上有轻微磨损或无明显磨损 如果发生泄漏，泄漏的原因不在密封端面上，就应该检查辅助密封。有的情况是无论轴旋转还是静止，密封都呈持续泄漏状态，则泄漏原因可能均出自辅助密封	硬环 软环 接触痕迹	原因：主要是辅助密封造成的泄漏 检查： ① 辅助密封在安装时是否被压伤或擦伤。如果有的话，则检查安装倒角是否正常，在去除毛刺后换上新辅助密封 ② 辅助密封是否有损伤、气孔、热损伤或化学腐蚀 ③ O 形密封圈的压缩变形 ④ 辅助密封材料是否合适 ⑤ O 形密封圈的浮动性 ⑥ 管路变形
无接触磨损痕迹	动环与静环紧贴，无相对转动或动环与静环没有接触		原因： ① 传动装置打滑。有的传动座有定位螺钉固定在轴套上，这种传动方式常温下尚可使用，对热油泵，在温度和离心力的作用下定位螺钉打滑，传动失效 ② 安装失误，如动环与静环没接触，动环与密封腔体接触面卡住，静环防转销松脱或未装上 ③ 在采用镶嵌式动环时，碳化钨环松脱 解决方法：传动座由定位螺钉传动改为键传动，或其他可靠的传动方式；为解决安装失误，应仔细复查压缩量；采用热膨胀系数小的材料制造环座，并适当加大镶装的过盈值
硬环密封面外径处接触较重的磨损痕迹	动、静环端面在外侧接触，半径越小，接触痕迹越淡，直到不能分辨。软环外侧可能有切边 在低压下持续泄漏，而在高压下少量泄漏或无泄漏	可能切边 不接触 由重度到轻度接触 与硬环痕迹一致	原因：通常是过大的密封压紧力造成密封端面变形(负锥度或负转角)所致 检查： ① 密封面研磨是否不正常而造成密封端面不平 ② 辅助密封有无过度膨胀而造成锥面 ③ 密封环支承面是否正确 ④ 密封面间是否侵入外来杂质 ⑤ 是否由机械效应形成力变形

续表

磨损痕迹	特　征	图　例	原因/检查/解决方法
硬环密封面内径处接触较重的磨损痕迹	动、静环端面在内侧接触力很大，半径越大，接触痕迹越淡，直到不能分辨。软环内缘可能有切边 轴旋转时，密封持续泄漏；轴静止时，通常无泄漏	可能切边 不接触 由重度到轻度接触 与硬环痕迹一致	原因：密封面热变形造成密封端面不平 检查：与上述外径处接触较重的磨损痕迹的内容相同，只是第⑤项是热效应形成热变形 解决方法： ① 改善密封的冷却系统 ② 更换密封环材料
密封端面的磨损痕迹大于软环宽度	这表明一种硬环宽带磨损。动环上若有传动凹槽，可能磨损 轴静止时密封不漏，但轴旋转时则出现泄漏	带宽比软环宽度大 传动凹槽可能磨损	原因： ① 泵振动大。使动环运转中产生径向和轴向振摆，液膜厚度变化较大，有时密封端面被推开，造成泄漏增大 ② 动、静环不同心。在一般的旋转型密封中，静环安装在端盖上。端盖和密封腔配合时的同心度靠止口保证。实际上止口间隙往往过大，使静环下沉，造成动、静环不同心。在静止式波纹管密封中，由于静环组件重量引起静环“下沉”，也造成动、静环不同心。此外，轴承箱的配合间隙过大，轴弯曲等都能使摩擦痕迹过宽 解决方法： ① 要消除泵的振动，将转子做动平衡 ② 采用不易引起振动的联轴器 ③ 校正泵和电动机的同心度 ④ 调整泵各止口间隙致合适值 ⑤ 在静止式波纹管中，采取在静环下方加支承的方法防止“下沉”
偏心接触磨损痕迹	静(硬)环端面接触痕迹呈现偏心状态，而沿圆周360°的痕迹宽度与动环端面宽度相等。静环的内孔表面可能与轴摩擦，从而产生磨痕或局部裂纹。如果静环无损伤，动环端面往往无异常磨损。如果轴未与静环内孔接触，则无泄漏现象。如果静环损坏，则无论轴静止还是旋转都会产生泄漏	与轴接触处发生开裂	原因：通常是由于静环与轴不同心所致 检查： ① 静环的结构设计及其配合间隙是否正确 ② 端盖与密封腔的间隙是否正确 ③ 轴套外径与密封腔内径的同轴度是否超差

续表

磨损痕迹	特征	图例	原因/检查/解决方法
具有一处外凸区的接触磨损痕迹	静(硬)环端面在 360°圆周上的接触宽度略大于动环端面宽度。在静环上可能出现一个外凸区(例如防转销没有很好插入销孔的位置) 静环座在密封腔中能够多移动,动环传动凹槽可能出现磨损现象 轴静止时,密封不泄漏,但在轴旋转时,则出现泄漏	传动凹槽磨损 1—磨损严重的区域可能正对着防转销孔; 2—摩擦带略宽	原因:相互配合的密封面互相不平行 检查: ① 密封端盖与静环接触表面有无槽纹及毛刺,并做涂蓝着色检验,以说明与静环接触是否良好。若静环发蓝,可见整圈痕迹 ② 防转销是否正确插入静环中 ③ 防转销是否插到静环销孔的底部 ④ 防转销的外伸长度是否正确 ⑤ 轴是否对中(避免轴呈倾斜角度通过密封腔) ⑥ 泵体在管路应力作用下是否变形
具有两处或两处以上外凸区的接触磨损痕迹	静(硬)环的机械变形造成几个外凸接触区,磨损痕迹在两个外凸区之间逐渐消失。 动(软)环在短时间动、静态试验后状况良好。如轴静止,则动环可能出现扇状侵蚀;如果动环旋转,则可能出现钢丝刷式的磨痕。因为密封端面不平直,有尘粒进入密封区 无论轴旋还是静止,密封均有持续性泄漏	凸出区 不接触 1—如果保持带压静止,动环可能会产生扇状磨损; 2—如果运转,由于外部颗粒进入密封端面,会使动环端面产生钢丝刷式磨损; 3—在短时间动、静态试验后状况良好	原因:密封端面不平直 检查: ① 是否由于螺栓力矩过大,造成密封端盖变形 ② 用光学平晶检查密封面平直度 ③ 固定静环的静环座与轴的垂直度 ④ 水平剖分式泵体中开面密封腔端面的平直度 ⑤ 密封端盖与静环接触表面有无槽纹及毛刺,并做涂蓝着色检验,以说明与静环接触是否良好
270°接触磨损痕迹	密封环由于机械变形造成圆周上约 270°接触,磨损痕迹在低凹区逐渐减弱 密封环的失效症状与上述机械变形的情况相同 无论轴旋转还是静止,密封均有持续漏泄	不接触 接触痕迹 1—如果保持带压静止,动环可能会产生扇状磨损; 2—如果运转,由于外部颗粒进入密封端面,会使动环端面产生钢丝刷式磨损; 3—在短时间动、静态试验后状况良好	原因:密封端面不平直 检查: ① 如上述"具有两处或两处以上外凸区的接触磨损痕迹"内容 ② 密封腔内是否压力超高

续表

磨损痕迹	特　征	图　例	原因/检查/解决方法
端盖螺栓处密封面接触磨损痕迹	在每个端盖螺栓位置，静环端面因机械变形产生外凸区 由于初始泄漏量大，不可能长期运行。无论轴静止还是旋转，密封均有持续泄漏	不接触 仅在外凸区接触	原因：密封端面不平直 检查：是否由于螺栓力矩过大而造成密封端盖变形 解决方法： ① 在密封腔和密封端盖之间改用较软的垫片材料 ② 应保证垫片表面整体接触，并保证在螺栓的中心线上接触良好，以防止密封端盖变形
磨出深槽的磨损痕迹	静(硬)环磨损严重，动环使静环磨出 360°的均匀深槽。金属密封环由于摩擦过热可能呈现蓝色 动环在 360°圆周上均有严重磨损，并带有唱片状的刻槽。较软的石墨环可能出现切边现象，对于硬质密封环，如碳化钨环，则边缘被磨圆。传动机构或传动凹槽均可能磨损，也可能出现其他过热现象，如 O 形圈硬化或出现裂纹 这种情况下，密封将持续泄漏	槽深 全面接触痕迹 传动凹槽可能磨损 软石墨环可能切边，硬环边缘可能磨圆	原因：密封端面的干摩擦状态所致 检查： ① 输入密封腔的液体是否充足，密封腔的输出通道是否通畅 ② 泵所吸入的介质的流动情况和过滤器 ③ 循环冲洗管路是否堵塞 解决方法： ① 如果无循环管路，应考虑予以安装 ② 增大密封的循环流量 ③ 检查操作程序是否有误
表面热裂或严重磨损痕迹	硬环沿 360°圆周严重磨损，或产生热裂。其表现形式为径向裂纹，有时带有环向擦伤或过热产生的变色现象。如有必要，采用浸润染色法可有助于显示表面裂纹 石墨环磨损严重，有时会出现凹坑并带有扫帚状痕迹。端面的开启与闭合容易造成环内、外缘切边其他现象，如密封靠大气侧有碳石墨粉末堆积，辅助密封处的轴或轴套表面产生磨损或腐蚀 无论轴静止还是旋转，密封均有持续泄漏。运转时常伴有端面闪蒸所产生的爆鸣声	外径和内径处切边 传动凹槽可能磨损	原因：密封环未能导走热量，产品温度高、摩擦或产品间歇地汽化与液体产品大量地冷却密封相偶合 解决方法：利用密封面冲洗和冷却，降低温度，改变材质或改变密封结构

(5)机械密封的失效形式

对失效的机械密封进行拆卸、解体，可以发现密封失效的具体形式多种多样。常见的有腐蚀失效、热损伤失效和磨损失效。

① 腐蚀失效 机械密封因腐蚀引起的失效为数不少，而构成腐蚀的原因错综复杂。机械密封常遇到的腐蚀形态及需考虑的影响因素有以下几种。

a. 表面腐蚀 如果金属表面接触腐蚀介质，而金属本身不耐蚀，就会产生表面腐蚀，严重时也可发生腐蚀穿透，弹簧件更为明显，采用不锈钢材料，可减轻表面腐蚀。金属表面腐蚀产生的现象是泄漏、早期磨损、破坏、发声等。

金属表面腐蚀分成膜腐蚀和无膜腐蚀两种形态。无膜的全面腐蚀很危险，因为它保持一定速度全面进行。除非选材发生严重错误，否则，现实中一般不会遇到这种情况。成膜的腐蚀，即使是极薄的钝化膜，通常情况下也有非常优越的保护性。但机械密封中的密封环，例如不锈钢、钴、铬、钨合金等易钝化的金属环，其表面钝化膜在端面磨损中破坏后，端面在缺氧条件下，新膜又很难生成，因而金属裸露，电位差加大，使电偶腐蚀加剧。同时因金属裸露，其他腐蚀也会相继发生。

b. 点蚀 金属材料表面各处产生的剧烈腐蚀点叫做点蚀。通常有整个面出现点蚀和局部出现深坑点蚀两种。采用不锈钢时，钝化了的氧化铬保护膜局部破坏时就会产生点蚀。防止的办法是金属成分中限制铬的含量而增添镍和铜。弹簧套常出现大面积点蚀或区域性点蚀，有的导致穿孔。点蚀的作用要比表面均匀腐蚀更危险。

c. 应力腐蚀 应力腐蚀是金属材料在承受应力状态下处于腐蚀环境中产生的腐蚀现象。一般应力腐蚀都是在高拉应力下产生的，先表现为沟痕、裂纹，最后完全断裂。这种金属和合金在腐蚀与拉应力共同作用下产生的破裂，称为应力腐蚀破裂（SCC）。选用堆焊硬质合金以及采用铸铁、碳化钨、碳化钛等的密封环，容易出现应力腐蚀破裂。密封环裂纹一般是径向发散形的，可以是一条或多条，如图2-179所示。这些裂纹沟通了整个密封端面，加强了端面的磨损，使泄漏量大大增加。

目前应力腐蚀破裂的机理还没有完全弄清楚。可以将裂缝的发生和发展区分三个阶段：第一阶段，金属表面生成钝化膜或保护膜；第二阶段，膜局部破裂，形成蚀孔或裂缝源；第三阶段，裂缝向纵深发展。

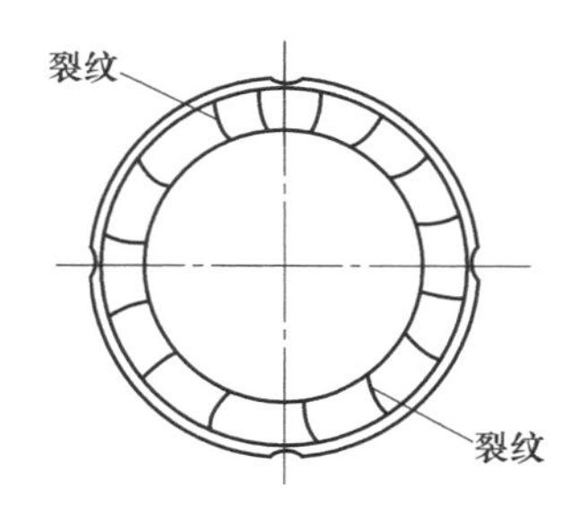

图2-179 金属环端面应力腐蚀破裂

非金属环如聚乙烯、有机玻璃、不透性石墨在化学介质和应力的同时作用下，也会产生应力腐蚀破裂。

弹簧及金属波纹管在H_2S、盐水、碱液等介质中极易产生应力腐蚀破裂。如果这些弹性元件强度、硬度指标偏高、应力腐蚀临界应力场强度因子K_{Iscc}偏低、对应力腐蚀破裂敏感，则很容易破裂，往往在较短时间内就可发生。加上压缩扭转应力以及离心力引起的应力作用，更缩短了发生应力腐蚀破裂的时间。解决的方法是正确选材；热处理消除内应力；选择合适的弹簧比压。

应力腐蚀破裂的典型实例还有104型机械密封的传动套，它的材料为1Cr18Ni9Ti，当用于氨水泵上时，传动套的传动耳环最容易出观应力腐蚀裂纹，使耳环损坏。为此，将其凹形耳环改力实心凸耳，即可防止产生这种应力腐蚀。

d. 晶间腐蚀 晶间腐蚀是仅在金属的晶界面上产生的剧烈腐蚀现象。尽管其重量腐蚀率很小，但却能深深地腐蚀到金属的内部，而且还会由于缺口效应而引起切断损坏。对于奥氏体不锈钢，晶间腐蚀在450～850℃之间发生，在晶界处有碳化铬析出，使材料丧失其惰性而产生晶间腐蚀。为了防止这种腐蚀，材料要在1050℃下进行热处理，使铬固熔化而均匀地分布在奥氏体基体中。碳化钨环不锈钢环座以铜焊连接，使用中不锈钢座易发生晶间腐蚀。

e. 缝隙腐蚀　当介质处于金属与金属或非金属之间狭小缝隙内而呈停滞状态时，会引起缝隙内金属的腐蚀加剧，这种腐蚀形态称为缝隙腐蚀。机械密封弹簧座与轴之间，补偿环辅助密封圈与轴之间（当然此处还存在摩振腐蚀），螺钉与螺孔之间，以及陶瓷镶环与金属环座间均易产生缝隙腐蚀。补偿环辅助密封圈与轴之间出现的腐蚀沟槽，将可能导致补偿环不能做轴向移动而使其丧失追随性，使端面分离而泄漏。一般在轴（或轴套）表面喷涂陶瓷，镶环处表面涂以黏结剂可以减轻缝隙腐蚀。

f. 磨损腐蚀　磨损与腐蚀交替作用而造成的材料破坏，即为磨损腐蚀，简称称磨蚀。密封环端面磨蚀如图2-180所示。磨损的产生可源于密封件与流体间的高速运动，冲洗液对密封件的冲刷，介质中的悬浮固体颗粒对密封件的磨粒磨损。腐蚀的产生源于介质对材料的化学及电化学的破坏作用。磨损促进腐蚀，腐蚀又加速磨损，彼此交替作用，使得材料的破坏比单纯的磨损或单纯腐蚀更为迅速。

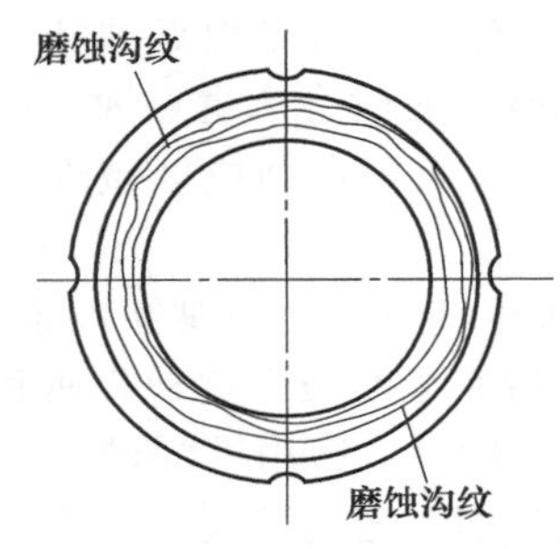

图2-180　密封环端面磨蚀

浸渍树脂的碳石墨环的磨蚀分三种情况：一是石墨浸渍后耐磨性能提高，耐温性能下降，当端面过热，温度超过180℃时，浸渍的树脂一般会析出，使耐磨性能下降；二是浸渍树脂选择不当，不耐蚀，在介质中发生化学变化，也使耐磨性能下降；三是浸渍层深度不够，当浸渍层磨去后，纯碳石墨很快就磨光了。所以密封冷却系统的建立，选择耐蚀的浸渍树脂，采用高压浸渍，增加浸渍深度是非常必要的。

磨损腐蚀对密封摩擦副的损害最为巨大，常是造成密封过早失效的主要原因。用于化工过程装备中的机械密封就经常会遇到这种工况。

g. 电化学腐蚀　实际上，机械密封的各种腐蚀形态，或多或少都同电化学腐蚀有关。就机械密封摩擦副而言，常常会受到电化学腐蚀的危害，因为摩擦副组对常用不同种材料，当它们处于电解质溶液中，由于材料固有的腐蚀电位不同，接触时就会出现不同材料之间的电偶效应，即一种材料的腐蚀会受到促进，另一种材料的腐蚀会受到抑制。如图2-181所示为机械密封的密封环银焊料与镍铬钢之间电位差产生的电化学腐蚀。

石墨是一种导电非金属，广泛用作静环，与金属配对时，由于石墨电位比金属电位高得多，金属环腐蚀速率很快。当碳钢和石墨接触时，在含氧的中性溶液中，由于石墨上氧的超电位（极化）比在铁上高得多，石墨成为阴极，使钢的腐蚀加剧。而在还原酸中，石墨上超电位较高，因而对钢的影响不太大。在运动摩擦中，还由于石墨细片被磨掉，并吸附在金属环上，与金属本体形成微电池，会加速金属密封环的腐蚀。另外，两种金属在电解质溶液中，有电位差而产生电偶效应，也会发生电化学腐蚀。

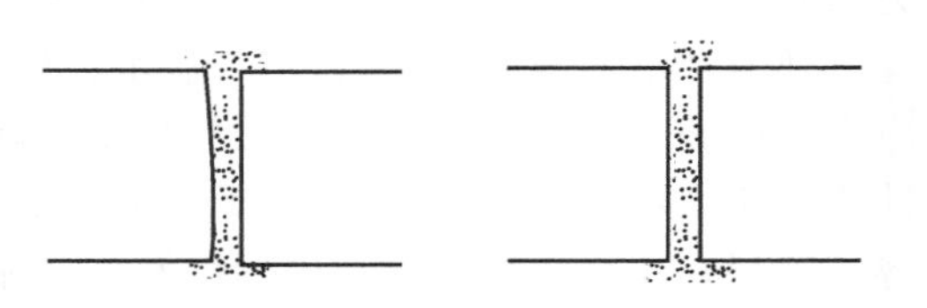
图2-181　机械密封的密封环银焊料与镍铬钢之间电位差产生的电化学腐蚀

盐水、海水、稀盐酸、稀硫酸都是典型电解质溶液，密封件易于产生电化学腐蚀，因而最好是选择电位相近的材料或陶瓷与填充玻璃纤维聚四氟乙烯组对。

部分金属的腐蚀电位顺序如图2-182所示。

h. 摩振腐蚀　摩振腐蚀是指在加有载荷的两种材料相互接触的表面上，由于振动和滑动所产生的腐蚀。摩振腐蚀的机理是由于振动和滑动摩擦破坏了金属保护膜后在介质和氧的作用下迅速腐蚀的结果。磨损与腐蚀相互促进，加速了腐蚀和腐蚀区域的扩大。机械密封中产生摩振腐蚀的部位主要是轴套外表面和静环座内表面与辅助密封圈接触处，如图 2-183 所示。金属与辅助密封圈接触处有一定的接触比压（大于介质压力），存在微小的振动和滑移，具有摩振腐蚀的现象。其不同于一般摩振腐蚀现象的地方是腐蚀下来的金属微粒及腐蚀产物很容易镶嵌在辅助密封圈上，并反过来揉搓磨削金属，就好像不断地添加磨料似的。所以机械密封的摩振腐蚀比一般摩振腐蚀要厉害一些。

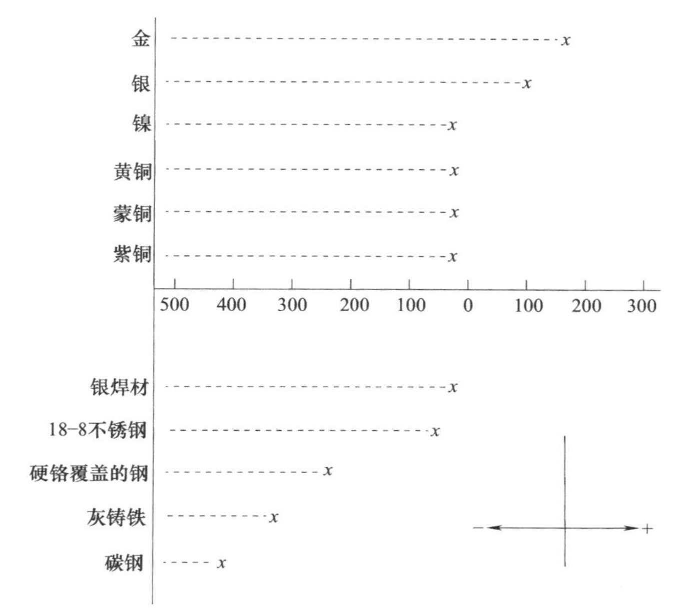

图 2-182　部分金属的腐蚀电位顺序

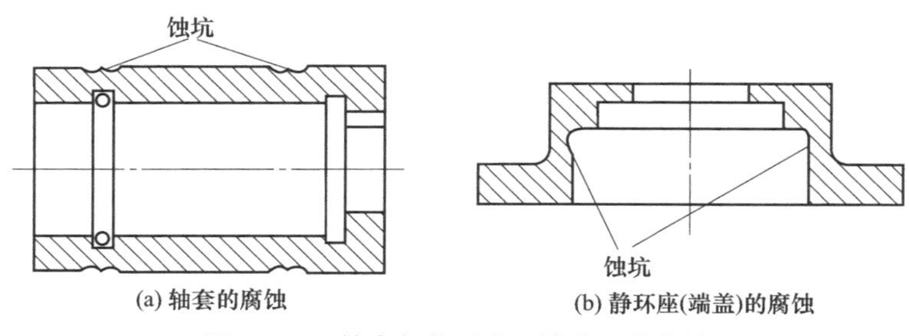

图 2-183　轴套与静环座（端盖）的腐蚀

i. 接触腐蚀　金属与非金属接触，在介质中还会产生接触腐蚀。即有些靠氧化物保护的金属，如不锈钢、铝等，在被非金属遮盖的表面上，由于极度缺氧，生成保护膜很困难，从而产生腐蚀。辅助密封圈与不锈钢的接触表面，由于接触腐蚀也对密封性能有影响。

j. 冲刷腐蚀　在旋转式机械密封中，弹簧及波纹管受到介质的冲刷腐蚀，造成弹簧丝变细，波纹管壁减薄，从而使密封作用受到影响。使用不锈钢材料，由于冲刷作用导致钝化膜破坏，腐蚀加速，从而使密封寿命缩短。

防止机械密封腐蚀失效的方法一般可以从以下三方面考虑。

a. 选材　化工生产中涉及的介质繁多，密封情况千差万别，密封零件最佳选材绝非易

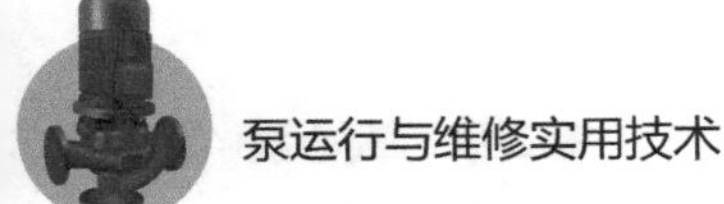

事。对腐蚀问题的深入了解，大量的试验，针对性的选材非常重要。

(a) 环境不同，选材不同。既要照顾选材的一致性，又要照顾环境腐蚀的差异。

(b) 温度、浓度、压力不同，选材不同。同一介质温度、浓度、压力不同，腐蚀情况各异，要对腐蚀性有所了解，酌情选材。

(c) 腐蚀形态不同，选材不同

ⓐ 端面磨蚀环境的选材　活化-钝化体系的金属，如不锈钢、钴、铬、钨合金等，在对该金属具有电化学腐蚀、电偶腐蚀和生成硬脆腐蚀产物的环境要慎用。磨蚀速率不仅取决于腐蚀，还取决于摩擦件的耐磨性，因此提高活化-钝化金属的硬度，往往使磨蚀速率下降。

ⓑ 应力腐蚀环境的选材　在应力腐蚀环境中，密封材料断裂韧性 K_{1c} 比较高。但 K_{1c} 高的材料硬度往往偏低，不能满足密封性要求。要同时满足韧性和硬度的指标很困难。有些材质可通过表面热处理的方式来满足这两个要求。对于具体介质选用何种材质，才能抗应力腐蚀破裂，需进行大量的实验研究工作。

ⓒ 电化学腐蚀环境的选材　动静环接触，电化学腐蚀不可避免。为了减小腐蚀速率，应尽量选用电位差小的材料。铸铁与碳钢电位差小，在碱性溶液中使用较合适。选用硬对硬摩擦时，尽量选用同种金属。非金属材料如陶瓷可以避免电化学腐蚀，在电解质中应首先选用，但应注意陶瓷不耐碱、氢氟酸和氟硅酸。

ⓓ 缝隙腐蚀环境的选材　适当提高缝隙部位的硬度，如表面镀硬铬、喷涂陶瓷等。

b. 结构设计　正确的结构设计，能使密封零件避免介质的腐蚀，减缓腐蚀速率，增强耐蚀能力。

(a) 避免与介质接触的设计。如果介质腐蚀性很强，没有合适的耐蚀材料，则可从结构上想办法，使密封件不与介质接触。内装式、外装式、隔离液等机械密封，均属此类。另外，涂层、保护套，如聚四氟乙烯套等，也可起到与介质隔离的作用。

(b) 端面设计。电化学腐蚀速率与阴极和阳极的面积比有关，面积比大，阳极电流密度就大，腐蚀加快。所以作为阳极的金属环和石墨配对，金属环应是宽面的。另外，密封端面为堆焊形式，因存在堆焊残余拉应力，可产生应力腐蚀破裂。而镶嵌结构的端面是压应力，因而避免了应力腐蚀破裂。

(c) 弹簧防腐设计。从结构上使弹簧不与介质接触是较好的方法，如外装机械密封；在弹簧上喷涂保护层、加保护套；采用波纹管结构等。另外，在应力腐蚀环境中，为了降低应力，可改小弹簧为大弹簧结构。在 H_2S-H_2O 系统中，大弹簧比小弹簧发生应力腐蚀破裂少。在低压力情况下，还可以采用隔离膜机械密封，如图 2-184 所示。

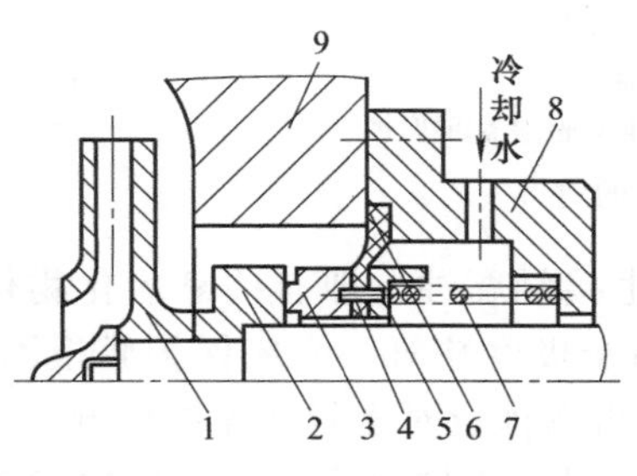

图 2-184　隔离膜机械密封

1—叶轮；2—动环；3—静环；4—销；5—推环；6—隔离膜；7—弹簧；8—端盖；9—密封腔体

(d) 改旋转型为静止型结构。

(e) 辅助密封圈。只要缝隙足够小，所有材料都可能产生缝隙腐蚀。波纹管与轴套接触面宽且取消了辅助密封圈，是一种比较好的密封结构。

c. 维护与使用

(a) 建立封液及冷却液系统并经常更换封液及冷却液，加强对端面的冷却。

(b) 检修与安装机械密封件时，严禁敲击密封件，以防止局部地区相变而为应力腐蚀提供条件。

(c) 密封件安装前，应严格地清洗干净。

② 热损伤失效　机械密封件因过热而导致的失效，即为热损伤失效，最常见的热损伤失效有端面热变形、热裂、疱疤、炭化、弹性元件的

失弹，橡胶件的老化、永久变形、龟裂等。

密封端面的热变形有局部热变形和整体热变形。密封端面上有时会发现许多细小的热斑点和孤立的变色区，这说明密封件在高压和热影响下发生了局部变形扭曲；有时会发现密封端面上有对称不连续的亮带，这主要是由于不规则的冷却，引起了端面局部热变形。有时会发现密封端面在内侧磨损很严重，半径越大接触痕迹越浅，直至不可分辨。密封环的内侧棱边可能会出现掉屑和蹦边现象。轴旋转时，密封持续泄漏，而轴静止时，不泄漏。这是因为密封在工作时，外侧冷却充分，而内侧摩擦发热严重，从而内侧热变形大于外侧热变形，形成了热变形引起的内侧接触型（正锥角）端面。

硬质合金、工程陶瓷、碳石墨等脆性材料密封环，有时端面上会出现径向裂纹，从而使密封面泄漏量迅速增加，对偶件急剧磨损，这大多是由于密封面处于干摩擦、冷却突然中断等原因引起端面摩擦热迅速积累形成的一种热损害失效。

在高温环境下的机械密封，常会发现石墨环表面出现凹坑、疤块。这是因为当浸渍树脂石墨环超过其许用温度时，树脂会炭化分解形成硬粒和析出挥发物，形成疤痕，从而极大地增加摩擦力，并使表面损伤出现高泄漏。

高温环境可能使弹性元件弹性降低，从而使密封端面的闭合力不足而导致密封端面泄漏严重。金属波纹管的高温失弹即是该类机械密封的一种普遍而典型的失效形式。避免出现该类失效的有效方法是选择合理的波纹管材料及对其进行恰当的热处理。

高温是橡胶密封件老化、龟裂和永久变形的一个重要原因。橡胶老化，表现为橡胶变硬、强度和弹性降低，严重时还会出现开裂，致使密封性能丧失。过热还会使橡胶组分分解，甚至炭化。在高温流体中，橡胶圈有继续硫化的危险，最终使其失去弹性而泄漏。橡胶密封件的永久变形通常比其他材料更为严重。密封圈长期处于高温之中，会变成与沟槽一样的形状，当温度保持不变时，还可起密封作用；但当温度降低后，密封圈便很快收缩，形成泄漏通道而产生泄漏。因此，应注意各种胶种的使用温度，并应避免长时间在极限温度下使用。

③ 磨损失效　虽然机械密封纯粹因端面的长期磨损而失效的比例不高，但碳石墨环的高磨损情况也较常见。这主要是由于选材不当而造成的。目前，在机械密封端面选材时普遍认为硬度越高越耐磨，无论何种工况，软环材料均选择硬质碳石墨，然而，有些工况却并非如此。在介质润滑性能差、易产生干摩擦的场合，如轻烃介质，采用硬质碳石墨，会导致其磨损速率高，而采用软质的高纯电化石墨，其磨损速率会很小。这是因为由石墨晶体构成的软质石墨在运转期间会有一层极薄的石墨膜向对偶件表面转移，使其摩擦面得到良好润滑而具有优良的低摩擦性能。

值得注意的是，若介质中固体颗粒含量超过5%时，碳石墨不宜作单端面密封的组对材料，也不宜作串联布置的主密封环。否则，密封端面会出现高磨损。在含固体颗粒介质中工作的机械密封，组对材料均采用硬质材料，如硬质合金与硬质合金或与碳化硅组对，是解决密封端面高磨损的一种有效办法，因为固体颗粒无法嵌入任何一个端面，而是被磨碎后从两端面之间通过。

另外，根据端面的摩擦磨损痕迹，可以判断出密封的运行情况。当端面摩擦副磨损痕迹均匀正常，各零件的配合良好时，这说明机器具有良好的同轴度，如果密封仍发生泄漏，则可能不是由密封本身问题引起的。当端面出现过宽的磨损，表明机器的同轴度很差。当出现的磨损痕迹宽度小于窄环端面宽度时，这意味着密封受到过大的压力，使密封面呈现弓形。在密封面上有光点而没有磨痕，这表明端面已产生较大的翘曲变形，这是由于流体压力过大，密封环刚度差，以及安装不良等原因所致。如果硬质环端面出现较深的环状纹路沟槽，其原因主要是联轴器对中不良，或密封的追随性不好，当振动引起端面分离时，两者之间有较大颗粒物质入侵，颗粒嵌入较软的碳石墨环端面内，软质环就像砂轮一样磨削硬质环端面，造成硬质端面的过度磨损。

机械密封运转一段时间后，若摩擦端面没有磨损痕迹，表明密封开始时就泄漏，泄漏介质被氧化并沉积在补偿环密封圈附近，阻碍补偿环作补偿位移，这是产生泄漏的原因。黏度较高的高温流体，若不断地泄漏，最易出现这种情况。端面无磨损痕迹的另一种可能就是摩擦端面已经压合在一起，而无相对运动，相对运动发生在另外的部位。

（6）安装、运转等引起的故障分析

① 加水或静压试验时发生泄漏　由于安装不良，机械密封加水或静压试验时会发生泄漏。安装不良主要包括以下几方面。

a. 动、静环接触表面不平，安装时碰伤、损坏。

b. 动、静环密封圈尺寸有误、损坏或未被压紧。

c. 动、静环表面有异物夹入。

d. 动、静环 V 形密封圈方向装反，或安装时反边。

e. 紧定螺钉未拧紧，弹簧座后退。

f. 轴套处泄漏，密封圈未装或压紧力不够

g. 如用手转动轴时泄漏有方向性，则有以下 2 方面原因：弹簧力不均匀，单弹簧不垂直，多弹簧长短不一或个数少；密封腔端面与轴垂直度不够。

h. 静环压紧不均匀。

② 由安装、运转等引起的周期性泄漏　运转中如泵叶轮轴向窜动量超过标准、转轴发生周期性振动及工艺操作不稳定，密封腔内压力经常变化均会导致密封周期性泄漏。

③ 经常性泄漏　泵密封发生经常性泄漏其原因如下。

a. 动、静环接触端面变形会引起经常性泄漏。如端面比压过大，摩擦热引起动、静环的热变形；密封零件结构不合理，强度不够产生变形；由于材料及加工原因产生的残余变形；安装时零件受力不均等，以上均是密封端面发生变形的主要原因。

b. 镶装或粘接的动、静环接缝处泄漏造成泵的经常性泄漏。由于镶装工艺不合理引起残余变形、用材不当、过盈量不合要求、黏结剂变质均会引起接缝泄漏。

c. 摩擦副损伤或变形而不能跑合引起泄漏。

d. 摩擦副夹入颗粒杂质。

e. 弹簧比压过小。

f. 密封圈选材不正确，溶胀失弹。

g. V 形密封圈装反。

h. 动、静环密封面对轴线不垂直度误差过大。

i. 密封圈压紧后，传动销、防转销顶住零件。

j. 大弹簧旋向不对。

k. 转轴振动。

l. 动、静环与轴套间形成水垢不能补偿磨损位移。

m. 安装密封圈处轴套部位有沟槽或凹坑腐蚀。

n. 端面比压过大，动环表面龟裂。

o. 静环浮动性差。

p. 循环保护系统有问题。

④ 突发性泄漏　由于以下原因，泵密封会出现突然的泄漏。

a. 泵强烈振动、抽空破坏了摩擦副。

b. 弹簧断裂。

c. 防转销脱落或传动销断裂而失去作用。

d. 循环保护系统有故障使动、静环冷热骤变导致密封面变形或产生裂纹。

e. 由于温度变化，摩擦副周围介质发生冷凝、结晶影响密封。

⑤ 停泵一段时间再启动时发生泄漏　摩擦副附近介质的凝固、结晶；摩擦副上有水垢；弹簧锈蚀、堵塞而丧失弹性，这些均可引起泵重新启动时发生泄漏。

(7)机械密封失效典型实例分析

机械密封的失效实例中，以摩擦副、辅助密封圈引起的失效所占比例最高，以下列举一些典型的实例。

① 闪蒸引起的密封端面破坏　在液化石油气密封中容易出现这种情况。所谓闪蒸，即端面间的液膜发生局部沸腾，变成汽液混合相，瞬时逸出大量蒸汽，同时产生大量泄漏并损坏密封面。出现这种情况是密封面过热，密封的工作压力低于介质的饱和蒸汽压造成的。这一现象可以通过密封环发声或冒气（间歇振荡）表现出来。有时（在密封水时）轴封被吹开并保持开启状态。

闪蒸引起的密封端面破坏如图2-185所示。静环（碳石墨密封面）被轻微地咬蚀，产生彗星状纹理。液体转变成蒸汽后使密封面倾斜并形成了碳石墨环外缘切边。动环硬密封面上产生径向裂纹（热裂），是由于密封面间稳定液膜转变为蒸汽状态的温差所形成。这就使两密封面分开，然后冷却器的液体进入密封面间使其合拢。在密封端盖背面或其周围有炭灰集积（由于碳石墨密封面的咬蚀和爆裂所形成）。这些炭灰随蒸汽被吹出。水和水溶液的这些症状表现严重，而烃的标志不是很清晰，特别是在边缘情况下。

纠正措施：a. 根据原始条件校核被密封产品条件；b. 采用窄密封面的碳石墨环；c. 检查循环线是否畅通，并查明有无堵塞现象；d. 检查循环液量是否足够，如有需要可增大循环液量。

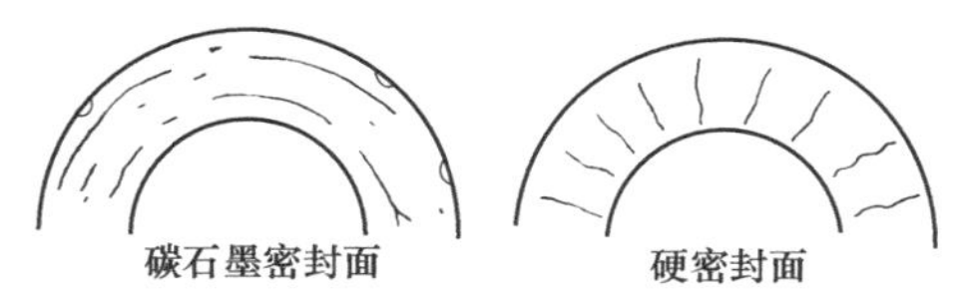

图2-185　闪蒸引起的密封端面破坏

② 干运转　当密封面间液体不足或无液体时就会发生干运转。症状如图2-186所示。静环有严重的磨损和凹槽。金属密封环表面有擦亮的伤痕，有的有径向裂纹（热裂）和变色。其他过热症状有：O形圈硬化和开裂等。碳石墨环密封面上有“唱片”条纹般的同心圆纹理。

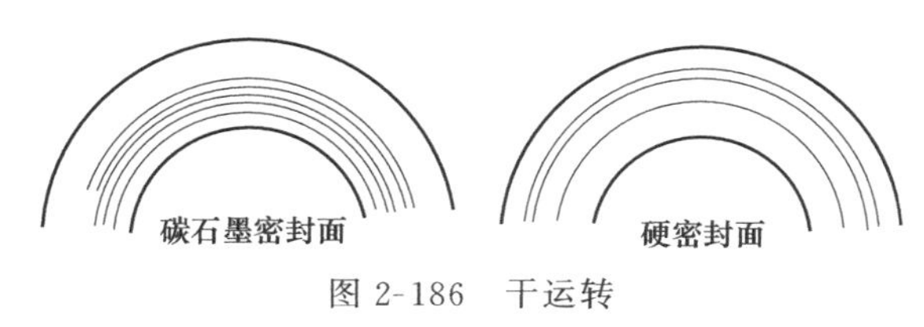

图2-186　干运转

纠正措施：a. 检查冲洗液入口和过滤器；b. 检查循环线，勿使其堵塞。如果无循环线，就检查抽送情况并设置循环线（根据需要而定）；c. 增大循环液量。

③ 疱疤　在高黏度液体的轴封中会发生疱疤的问题。密封面间的剪切应力超过碳石墨的破坏强度，而且有颗粒从静环的密封面上剥落下来。实际上在温度超出周围环境温度时，疱疤问题会影响液态烃泵的轴封。停车时，由于温度下降，液体黏度增大，使液膜厚度增大，给重新启动泵时带来问题。此外，由于过热产生密封面间液膜部分炭化也可能是形成疱疤的另一种的原因。

疱疤和黏结如图2-187所示。碳石墨颗粒从密封面脱落；在金属密封面上有抛光的磨痕或微小的擦痕；传动弹簧可能变形，其他传动机构也可能磨损或损坏。

纠正措施：a. 检查产品的黏度是否在密封能力范围之内；b. 检查泵是否能产生足够的压头

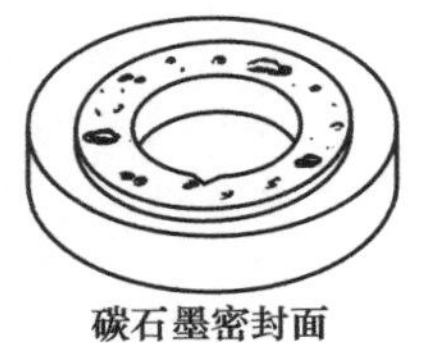

图 2-187　疱疤和黏结

使循环液进入密封腔内；c. 为了克服启动时阻力，需要用蒸汽伴热来预热循环线、密封腔和密封面。另外，也可用通过急冷接头、密封腔夹套和密封面的低压蒸汽来预热。在开车前所需的预热时间为 15～30min。

④ 黏结　黏结是与疱疤相类似的一种现象（图 2-187）。通常是在泵长时间停用时在两密封面上结晶而形成黏结。在启动时，颗粒从碳石墨密封面脱出而发生泄漏。黏结在密封面表现的现象与疱疤相似。

原因及纠正措施：黏结的一个主要原因是泵或设备采用了不同的产品做试验性运转，而在运转时试验液体与工作产品在膜层中起反应。可能发生这种故障的设备应注意用合适的试验液体或在试验后用中性介质运转一下。另一个原因是周围环境造成的，例如氟里昂气体压缩机，在其轴封中的液膜是被氟里昂气体污染过的。在备用时油变质，油膜将会使密封面粘住。

⑤ 磨粒磨损　在输送介质中如果含有磨削性颗粒，则运转时就会渗透到密封面间，导致密封面迅速磨损造成密封失效。

磨粒磨损如图 2-188 所示。若颗粒嵌入软环，则磨损往往出现在硬环端面上，表现为同心分布的圆周沟槽呈抛光状。若颗粒夹在端面间，则碳石墨环往往被磨损，表现出不均匀磨损的形状。另外也可发现固体颗粒集积在密封面上、孔中和动环的 O 形圈槽中。

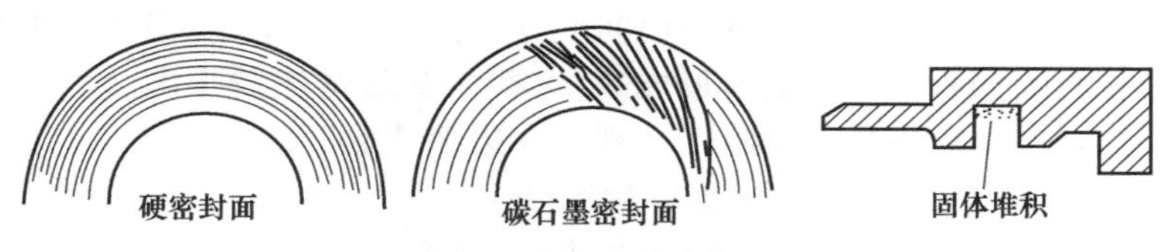

图 2-188　磨粒磨损

纠正措施：采用更耐磨损的材料作密封面，如碳化钨、碳化硅等。利用旋流分离器过滤密封液或单独注入洁净液流。在某些使用场合下，可用双端面密封。

⑥ 冲刷磨损　在碳石墨环上最容易产生冲刷磨损。在苛刻条件下，其他材料也可能产生冲刷磨损。冲洗液过高的冲洗速度或冲洗孔的位置不当，以及冲洗液中含有磨削性颗粒都可能使密封件受到冲刷磨损。冲洗结构和种类很多，这类缺陷主要发生在径向、单点冲洗中。

冲刷磨损如图 2-189 所示。如果碳石墨环为静环，在冲洗液入口处，其表面会冲刷出一条沟槽。情况严重时，硬质环端面（如氧化铝）也会出现类似的现象。如果碳石墨环为动环，其表面会呈现出凹凸不平的冲蚀伤痕，而原配面依然可见。

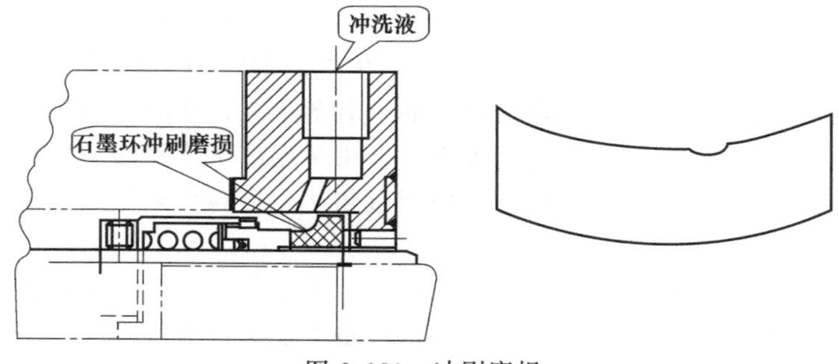

图 2-189　冲刷磨损

纠正措施：在循环线上装置流量调节器，控制径向、单点冲洗进入密封腔的液流速度不高于 3m/s，或将径向、单点冲洗改为多点冲洗。如果含有磨削性颗粒，可配置旋液分离器或增设折流板，如图 2-190 所示。

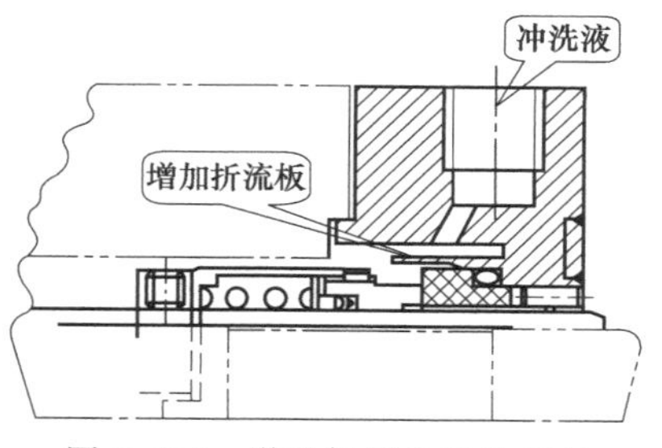

图 2-190　增设折流板后的密封

⑦ 密封面变形　在某些场合下，泄漏是因密封面变形所造成的。

密封面变形如图 2-191 所示。如果在启动时密封就发生泄漏，而拆开检查密封件时，又看不到有损坏之处，此时应该在平台上轻轻擦拭或着（蓝）色检查其变形情况；如果发生变形，就会显示出亮点或不均匀磨合的痕迹。这种变形是由于传动弹簧、端盖和密封腔中静环装配不当所造成的，有时也可能是储存不当或配件不好所造成的。另外，由于轴未对中或轴承损坏等引起轴位移或压力超高也会带来相似的症状。

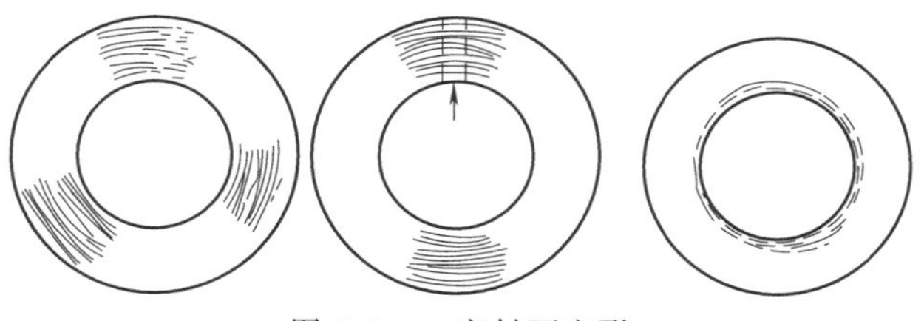
图 2-191　密封面变形

纠正措施：带上弹簧就地重新研磨动环。在现场利用平直的动环或类似元件。重新研磨碳石墨环。检查碳石墨环的安装误差。

⑧ 结焦　高温烃常出现结焦故障。只要有少量的泄漏量就会在密封靠近大气一侧发生炭化，这不仅使滑动件（动环）发生阻塞，而且在密封面磨损时还阻碍动环的补偿。拆开端盖后可看到动环已不能滑动了，且焦油及炭粒聚集在浮动元件旁边，有时甚至使拆卸都很困难。

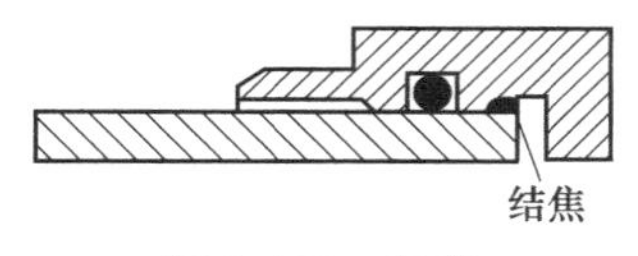

图 2-192　结焦

结焦如图 2-192 所示。固体颗粒积聚在滑动件靠大气侧内部并延伸到难于去除之处。

纠正措施：利用永久性的蒸汽抑制（急冷），保持密封附近或靠大气侧有足够高的温度，以减少结焦的危险性。如果未配置蒸汽，就可以在端盖背面装唇状密封，这有助于提高急冷效果，并减少端盖与轴之间蒸汽的泄漏量。

⑨ 结晶　结晶的许多症状与结焦相类似，只是结晶发生的密封介质和条件不同。密封介质产生结晶会造成严重的磨粒磨损，并使密封丧失浮动补偿功能。结晶可在许多种介质及工况条件下出现，有时结晶物会附着在软质环上，并迅速把硬质环磨坏。应注意，结晶物不仅来自介质，也可能来自大气中（如冰晶）或封液（如硬质水垢）。

纠正措施：根据密封介质的情况，可用热水、溶剂或蒸汽等不同的永久性急冷措施，并在端盖背面装唇状密封，以改进其效率。

⑩ 碳石墨环表面中间有一条深沟　这种沟纹经常发生在温度较高的柴油泵密封上，尤以无冲洗的非平衡型密封为多。

碳石墨环表面的深沟如图 2-193 所示。碳石墨环表面被“撕裂”下来一小片，在压力和温度的作用下“黏结”在动环表面上。这种黏结的凸起物运转时磨损碳石墨环，表面出现深沟。

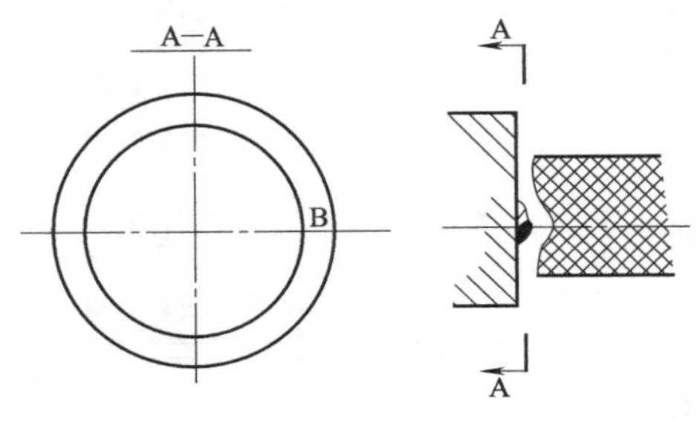

图 2-193　碳石墨环表面的深沟

纠正措施：改为平衡型密封；采用冷却和冲洗，降低温度。

⑪ 碳石墨环的承磨台被磨掉　作为软环的碳石墨环，有一个承磨台和动环接触，其高度为 2～3mm，在没有达到预计的使用寿命时，承磨台有时就被磨掉了。

石墨环承磨台被磨掉如图 2-194 所示（虚线部位）。一般情况下，其表面较为光洁。如果弹簧还能补偿，那么动静环还处于贴合状态。由于此时接触面积扩大，同时弹簧力减小，端面比压则大大减小，泄漏量增大。当碳石墨环磨损到弹簧不能补偿时密封性丧失。

这种情况多发生在丁烯等润滑性较差的介质中，密封腔压力为 0.4～0.5MPa，采用非平衡型密封，且没有冲洗和冷却水。产生这类失效的另一个原因是石墨质量差、质地粗、不耐磨。

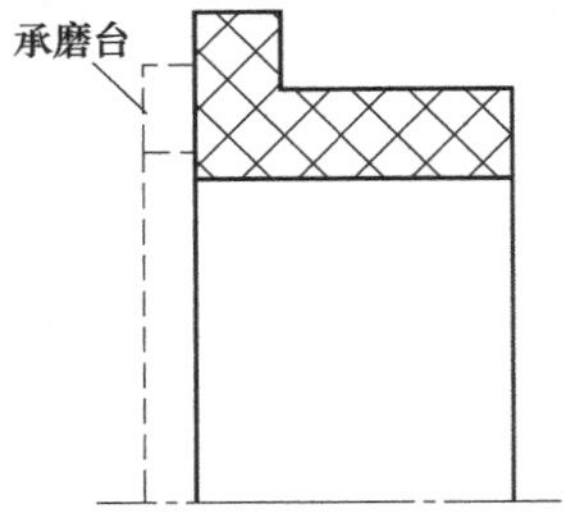

承磨台

图 2-194　石墨环承磨台被磨掉

纠正措施：选用优质碳石墨制造静环；将非平衡型密封改为平衡型密封；增设自冲洗。

⑫ 碳石墨环断裂　在重新组装聚四氟乙烯 O 形圈轴封时，如果忘了装销钉套，就会发生碳石墨环断裂事故。原因是聚四氟乙烯 O 形圈的摩擦系数低，会随之旋转，当靠销钉槽一侧的碳石墨一旦与销钉突然接触时，碳石墨环就会断裂。橡胶 O 形圈用于高黏度轴封时也会发生这种情况。

碳石墨环如图 2-195 所示。在销钉槽处的碳石墨环有开裂或打断一块的现象。销钉槽和销钉使碳石墨环裂开而不能复原。

纠正措施：配以聚四氟乙烯制作的销钉套，它可在密封箱压盖上起缓冲作用，装配时应使套筒高出销钉。此外，因产品精度高，对碳石墨环旋转时的这部分密封区，还需要在密封箱周围设夹套给予预热或用带预热室的压盖。

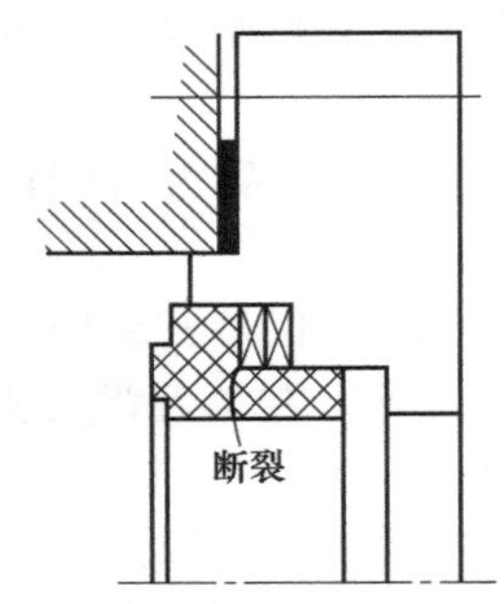

图 2-195　碳石墨环断裂

在某些密封中轴径小于 ϕ45mm 时选用橡胶 O 形圈并不配置销钉槽（碳石墨环）。只有工作要求时才配置，在用聚四氟乙烯 O 形圈时碳石墨环具有销钉槽并配置销钉套。

另外，在平衡型密封中，由于安装失误，使轴套的台阶和动环接触（顶上），此时轴向力已大到无法估量，也会造成碳石墨环断裂，如图 2-196 所示。

⑬ 阻碍滑动件补偿的轴套损坏　首先应调查有无结焦的起因，否则滑动件不能轴向随动进行补偿可能是轴套本身损坏所致。轴套损坏的主要原因是振动和腐蚀。

a. 振动　轴或泵一旦发生严重的振动，就会使轴套凸肩处间隙变窄，在动环与 O 形圈槽的两侧都与轴套的前缘接触，形成麻点和微振磨损，其中杂物积聚，就阻碍滑动件移动。

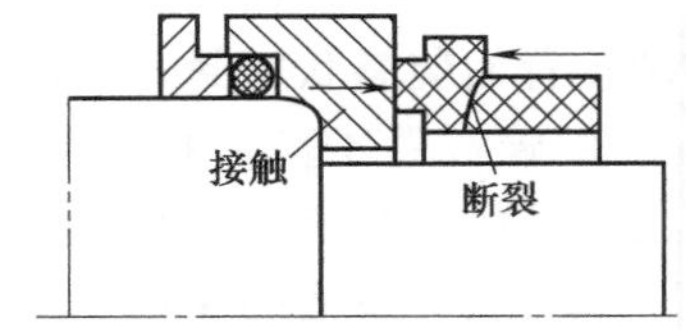

图 2-196　安装失误引起的碳石墨环断裂

轴套损坏如图 2-197 所示。轴或轴套表面有严重的麻点。滑动件上 O 形圈槽两侧突肩磨损，O 形圈可能被挤出。

纠正措施：检查泵和驱动机的对中性，消除振动和轴承故障。检查轴的弯曲程度，将轴或轴套前缘表面淬硬。

b. 摩振腐蚀 摩振腐蚀尽管可在任何电解液中产生，但通常是在有海水的场合才会出现这种问题。一般情况下，在泄漏量很小时，在滑动件下方积累了许多碳石墨尘粒，于是形成电偶，构成了电化学腐蚀。所形成的腐蚀产物本来可起保护轴套的作用，使其不至于进一步受腐蚀。但是，滑动件的微小移动却会把腐蚀产物挤掉，使洁净表面继续外露受腐蚀。

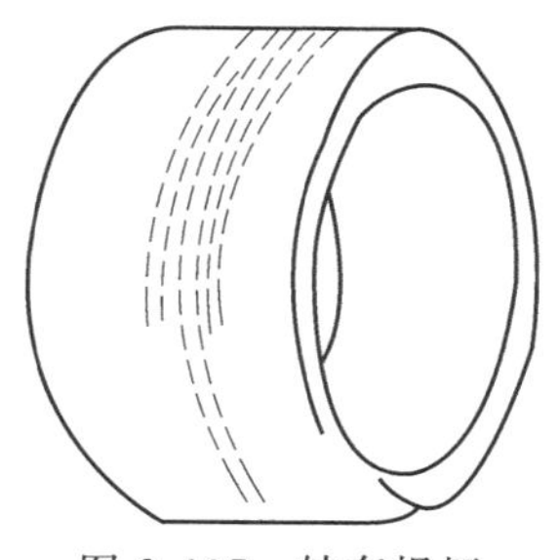

图 2-197 轴套损坏

摩振腐蚀如图 2-198 所示。在辅助密封圈工作区的轴套被腐蚀成沟槽。

纠正措施：把轴套与密封环的接触区段的表面淬硬，最好覆盖以陶瓷层。还可以把靠大气一侧的密封室充满油或其他合适的液体，并在端盖背面使用唇状密封一类的辅助密封装置后就能得到良好效果。

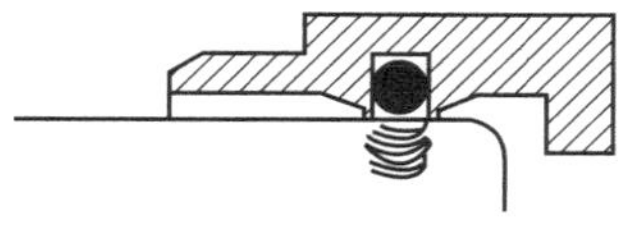

图 2-198 摩振腐蚀

⑭ 弹簧变形和断裂 在许多场合下，弹簧传动除高速用多点布置小弹簧外，大都是单向旋转的大弹簧（正反转双向旋转密封除外）。单向弹簧总是夹紧轴套或动环的，如果弹簧旋向及轴的转向有误以及某些其他理由而把泵变成透平反转时，弹簧就会松开、打滑、变形、开裂直至断裂。在高黏度液体中工作的弹簧如果配置不当，则会发生这类故障，这是由于密封面的摩擦力矩过大、疱疤或黏结等造成的。对于多弹簧密封，在弹簧周围的固体沉积物会使弹簧降低弹性，从而引起其他弹簧过载而失效。

弹簧损坏如图 2-199 所示。弹簧剖面出现径向裂纹（特别是内径）和断裂，弹簧端部、轴套和转动轴颈磨损以及弹簧周围存在固体物质沉积。

图 2-199 弹簧损坏

纠正措施：检查弹簧旋向和泵的转向是否正确，轴封是否失灵。如果泵可能逆转成透平，那么在管线上应装上单向阀。对于多弹簧密封，可改变介质循环，使其在弹簧所占的空间内流动，以减少固体物质的沉积。

⑮ O 形圈过热 O 形圈的过热通常是由于密封面产生过度热量的不利条件所形成的。

O 形圈过热如图 2-200 所示。聚四氟乙烯 O 形圈变蓝或变黑，橡胶制 O 形圈硬化和开裂。靠近密封面部位的情况总是最严重。

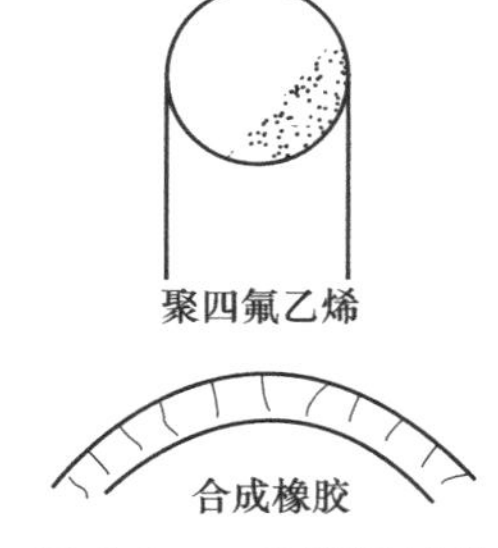

图 2-200 O 形圈过热

纠正措施：检查密封腔的循环情况（若装有冷却器也应同时检查），看看是否有堵塞现象等。检查泵是否有吸入能力降低、干运转、成渣等故障。根据原始规定检查产品情况。

⑯ O 形圈挤出 O 形圈的一部分被强制通过很小的缝隙时，将会发生挤出现象。在装配或组装元件时如果用力过大，或在运转压力和温度过高时，都会发生这种挤出现象。当就地调整轴封元件时，如果尺寸超出极限，致使元件之间形成了很大间隙的情况也会发生 O 形圈挤出。

O 形圈挤出如图 2-201 所示。聚四氟乙烯 O 形圈有卷边现象，橡胶制 O 形圈被剥皮或撕破。

纠正措施：检查装配方法和操作条件。确保密封各部分调整到原设计要求或由制造厂重新调整。

⑰ O形圈不合格　O形圈不合格如图2-202所示。O形圈选用不合适时将会发生胀大、咬边等永久性变形，其后果不仅使O形圈本身丧失其原有性能而断裂，而且还会阻止滑动件移动。

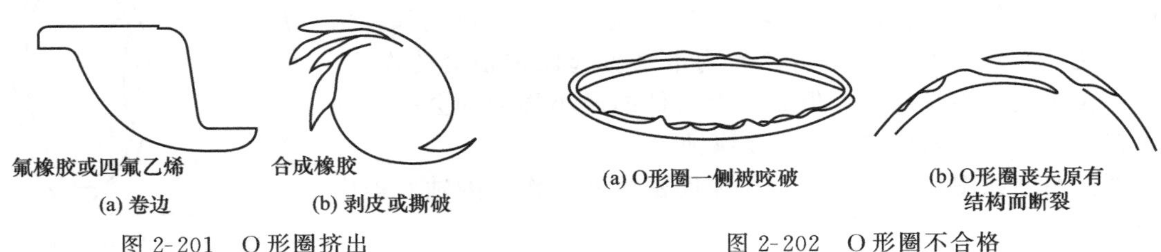

图2-201　O形圈挤出

图2-202　O形圈不合格

纠正措施：检查轴封的原始产品工作条件，看其材料是否合适，如果不合适，则应对O形圈的材料及尺寸等重新选配。

⑱ 传动座易出现的故障　传动座常见的故障有两种：一种是传动座内弹簧周围被机械杂质淤塞，杂质沉淀在传动座内，严重时堵塞弹簧不能补偿，这种情况发生在没有冲洗的104型密封中；另一种故障是传动突耳磨穿（图2-203），使传动失效。这种情况发生在104、B104型密封中，轴径大于ϕ70mm时发生概率较大，尤其是轴径大于ϕ90mm时磨损严重，使用不到一个生产周期，几个月就报废。当动环用整体碳化钨环时，磨损更严重。如动环改用碳石墨环制造，则可根除这种故障。英国克朗109和109B型密封就是用碳石墨制造动环，由于重量轻，磨损传动座的概率几乎没有。此外，腐蚀和振动也加剧了这种磨损。

与传动座突耳接触的动环圆弧槽也产生相应的磨损，如图2-204所示，原因同上。

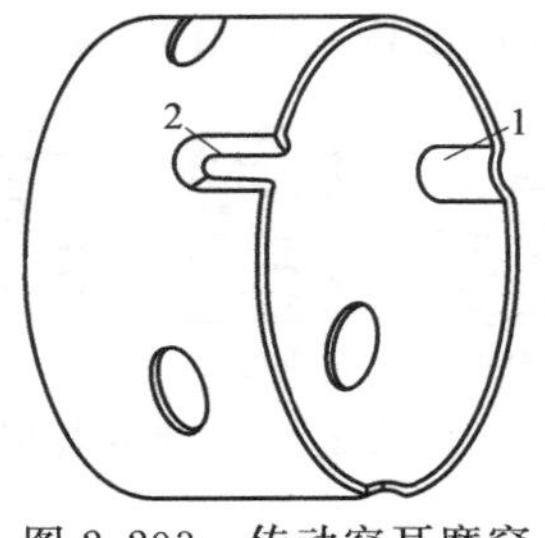

图2-203　传动突耳磨穿

1—完好的；2—磨穿的

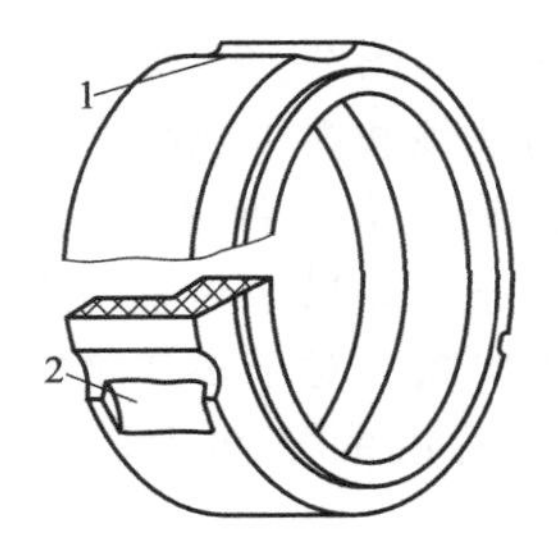

图2-204　动环圆弧槽磨损

1—完好的；2—磨损的

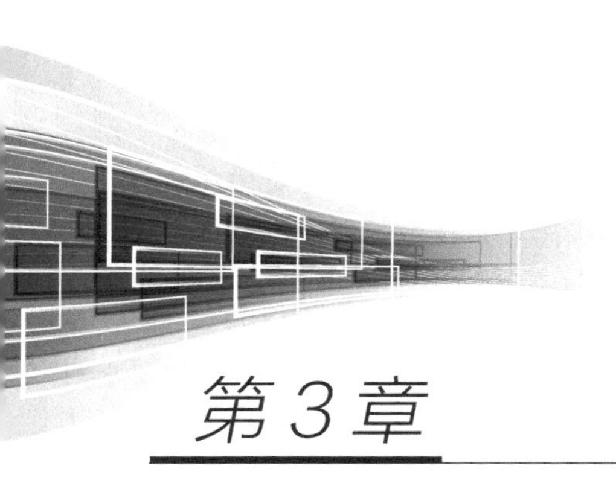

第3章 往复泵

往复泵是容积泵的一种，它依靠工作腔内元件（活塞、柱塞、隔膜、波纹管等）的往复位移来改变工作腔内容积，从而使被输送流体按确定的流量排出。元件往复位移的能量来源于各种原动机。工作腔的进、出口及与大气相通的部位，由隔离元件来控制。

3.1 往复泵的工作原理、分类和适用范围

3.1.1 往复泵的工作原理与特点

(1)工作原理

往复泵通常由两个基本部分组成：一端是实现机械能转换成压力能，并直接输送液体的部分，称液缸部分或液力端；另一端是动力和传动部分，称传动端，如图 3-1 所示。

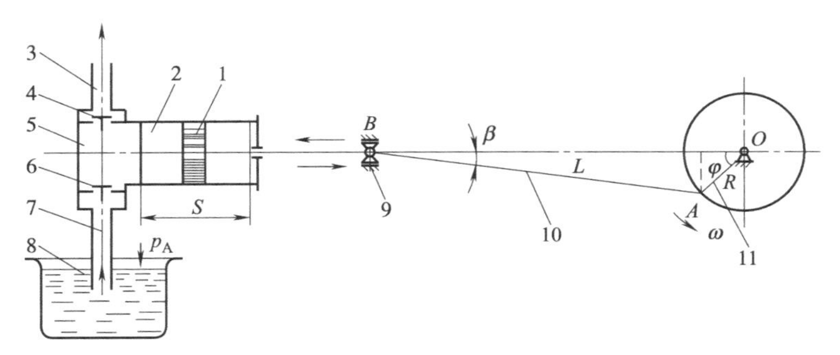

图 3-1 单作用往复泵示意图

1—往复运动件（活塞）；2—泵体；3—排出管；4—排出阀；5—工作室；6—吸入阀；7—吸入管；8—容器；9—十字头；10—连杆；11—曲轴

往复泵的液力端由活塞（或柱塞）、缸体（泵缸）、吸入阀、排出阀、填料函和缸盖等组成。传动端主要由曲轴、连杆、十字头、轴承和机架等组成。

往复泵以其缸体内往复运动件的往复运动，周期性地改变密闭液缸的工作容积，经吸入液单向阀周期性地将被送液体吸入工作腔内，在密闭状态下以往复运动件的位移将原动机的能量传递给被送液体，并使被送液体的压力直接升高，达到需要的压力值后，再通过排液单向阀排到泵的输出管路。重复循环上述过程，即完成输送液体。

往复泵的流量不均匀（由于吸入过程无液体输出，曲柄连杆机构的往复运动不等速等原因），同时，往复泵的体积大、质量重（受往复惯性力的限制，往复次数小于等于 400 次/

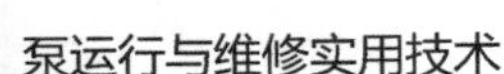

min)，且结构复杂、易损件多、运行周期较短、维修工作量较大、价格较高，因此，在化工生产中，长期以来都是在其他旋转泵（如离心泵）尚不能达到的工况下才应用往复泵，故应用数量远远低于离心泵，且随着部分流泵的出现、多级离心泵技术的发展以及高速旋转密封技术的提高，以旋转泵代替往复泵的范围越来越大。目前，排出压力小于40MPa的往复泵，均有以旋转泵代替往复泵的趋向，以前应用往复泵的铜液泵（13MPa）、液氨泵（20MPa）和甲铵泵（15～26MPa）均已被旋转泵所代替。但是在小流量、高排压和要求自吸能力的很高工况下，仍必须应用往复泵。另外往复泵的效率比离心泵高10%～30%，比部分流泵高10%～20%，在需要节能的情况下，应使用往复泵。

(2) 特点

① 往复泵的流量只与液力端的几何尺寸（往复泵活塞的直径 D 和活塞行程 S）、泵速有关，而与泵的扬程无关。所以往复泵不能用排出阀来调节流量。

② 往复泵的扬程取决于泵在其中工作的装置特性。在装置中不管对活塞产生多大的压力，只要原动机有足够的功率，填料密封有相应的密封性能，以及往复泵有足够的强度，就可以推动活塞把液体推出。因此，在额定排出压力下，同一台往复泵在不同的装置中可以产生不同的扬程。

③ 往复泵不能像离心泵那样在关闭点运转，且在往复泵装置中必须安装安全阀或其他安全装置。

从上述特点可知，往复泵的性能曲线是一条垂直线。但是在高压时，由于泄漏损失增加，流量稍有减少。

3.1.2 往复泵的分类

往复泵的种类很多（图3-2），常用的分类方法有以下几种。

(1) 按往复运动件的形式分类

按往复运动件的形式，往复泵分为如图3-3所示的三类。

① 活塞式往复泵　其往复运动件为圆盘（或圆柱）形的活塞，以活塞环（胀圈）与液缸内壁贴合构成密闭的工作腔，以活塞在液缸内的位移，周期性地改变泵工作腔的容积，完成输送液体，如图3-3（a）所示。

这类活塞泵适用于中、低压工况，最高排出压力小于等于7.0MPa，主要用于小型锅炉给水，矿山排水，化工、石油化工及炼油生产输送化工物料和石油与石油制品，可输送运动黏度小于等于850mm²/s的液体或物理化学性质接近清水的其他液体。

蒸汽（包括气压、液压）往复活塞泵具有较好的防爆性能，常用于化工、石油化工及炼油生产中输送丙烷、丁烷、汽油（<200℃）和热油（<400℃）等易燃、易爆、易挥发的液体，不宜输送腐蚀性液体。

② 柱塞式往复泵　其往复运动件为表面经精加工的圆柱体，柱塞圆柱表面与液缸之间的往复密封构成密闭的工作腔，以柱塞进入泵工作腔内的长度周期地改变工作腔的容积，完成输送液体，如图3-3（b）所示。

柱塞泵的排出压力很高，最高排出压力可达1000MPa，甚至更高。主要用于液压动力（水压机高压水泵）油田注水，化工液体物料增压和输送等。在化工生产中主要用作合成氨生产的铜液泵、碱液泵，尿素生产的液氨泵、甲铵泵；生产乳化液的高压乳化器的高压泵（或称高压均质乳化泵）等。

③ 隔膜式往复泵　其往复运动件为膜片，以膜片与液缸之间的静密封构成密闭的工作腔，以膜片的变形，周期性地改变泵工作腔的容积，完成输送液体，如图3-3（c）所示。

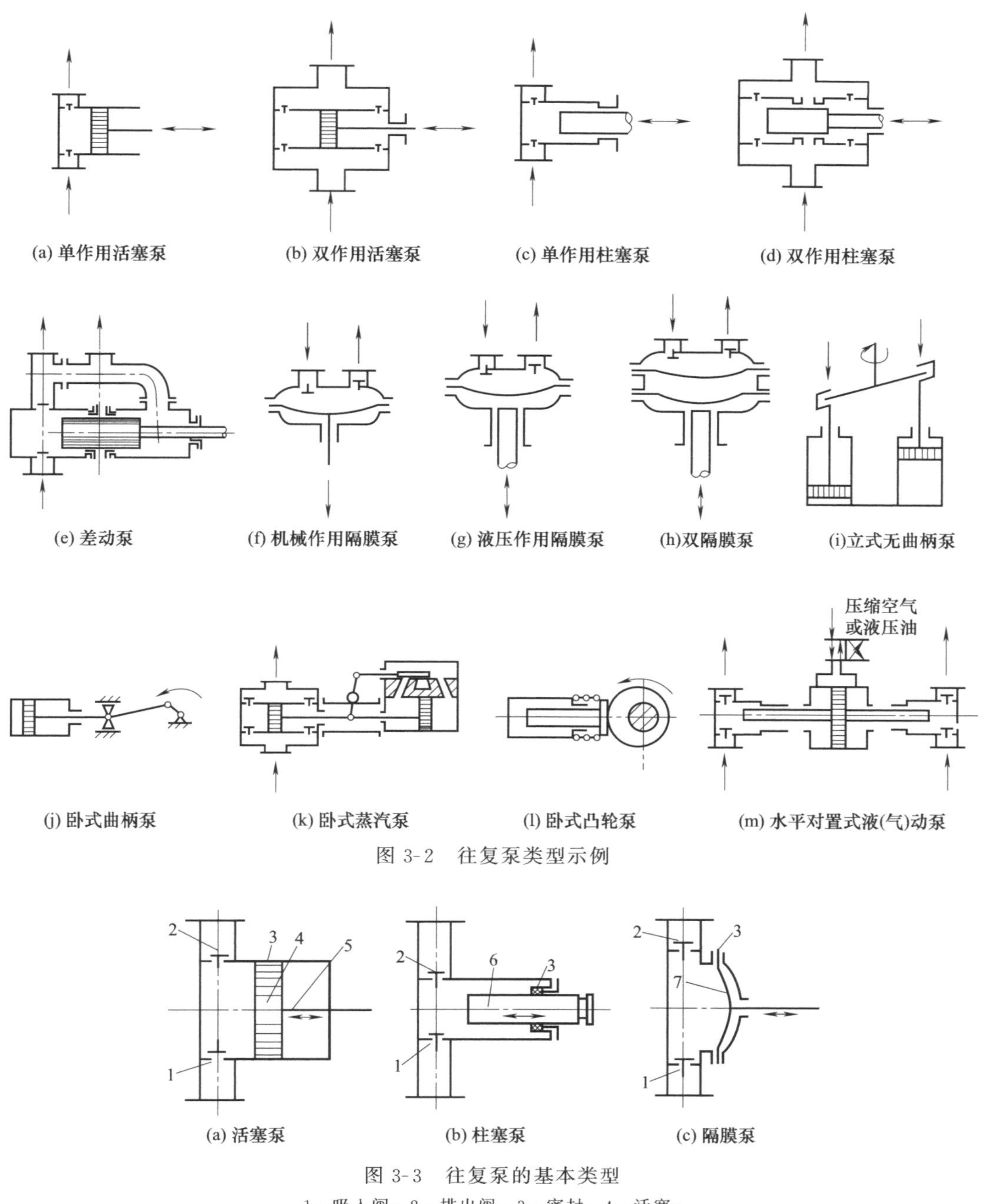

(a) 单作用活塞泵　(b) 双作用活塞泵　(c) 单作用柱塞泵　(d) 双作用柱塞泵

(e) 差动泵　(f) 机械作用隔膜泵　(g) 液压作用隔膜泵　(h)双隔膜泵　(i)立式无曲柄泵

(j) 卧式曲柄泵　(k) 卧式蒸汽泵　(l) 卧式凸轮泵　(m) 水平对置式液(气)动泵

图 3-2　往复泵类型示例

(a) 活塞泵　(b) 柱塞泵　(c) 隔膜泵

图 3-3　往复泵的基本类型

1—吸入阀；2—排出阀；3—密封；4—活塞；
5—活塞杆；6—柱塞；7—隔膜

隔膜式往复泵的排出压力可达400MPa。由于隔膜泵没有泄漏，适用于输送强腐性、易燃易爆、易挥发、贵重以及含有固体颗粒的液体和浆状物料，故隔膜式往复泵多用于化工生产，如煤浆输送泵、煤浆循环泵等。

(2) 接活塞（柱塞）数目分类

① 单联泵　只有一个或相当于一个活塞（柱塞）的泵。

② 双联泵　有两个或相当于两个活塞（柱塞）的泵。

③ 三联泵　有三个或相当于三个活塞（柱塞）的泵。

④ 多联泵　有四个以上或相当于四个以上活塞（柱塞）的泵。

多联泵也可按实际活塞（柱塞）数目分别命名为四联泵、五联泵、六联泵、七联泵、九联泵。

（3）按作用特点分类

按往复泵的作用特点可分为单作用泵、双作用泵和差动泵。

① 单作用泵　如图3-2（a）、（c）所示，吸入阀和排出阀装在活塞（或柱塞）的一侧，活塞（或柱塞）往复运动一次，只有一个吸入过程和一个排出过程。单作用泵主要采用柱塞泵，而活塞泵应用较少。

② 双作用泵　如图3-2（b）、（d）所示，活塞（或柱塞）两侧均装有吸入阀和排出阀，活塞（或柱塞）每往复运动一次，有两个吸入和排出过程。双作用泵主要采用活塞泵，而柱塞泵应用较少。

③ 差动泵　如图3-2（e）所示，吸入阀和排出阀装在活塞的一侧，泵的排出管与活塞的另一侧（没有吸入阀和排出阀）相通。活塞往复运动一次有一个吸入过程和两个排出过程。通常差动泵的活塞面积为活塞杆面积的两倍，这样可使吸入的液体分为两次均匀地排出。

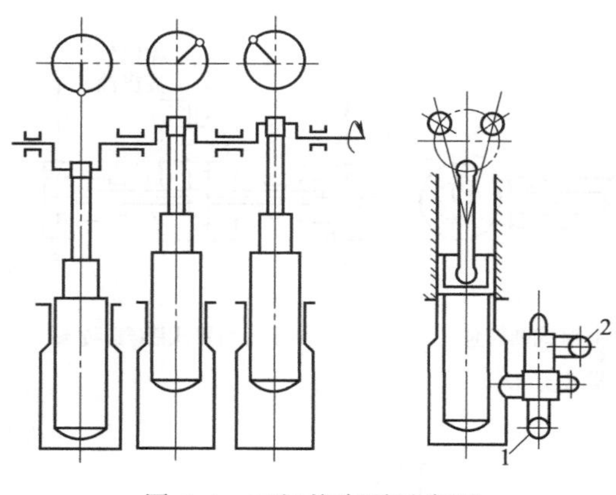

图3-4　三缸柱塞泵示意图
1—吸入；2—排出

（4）按液缸数分类

按液缸数可分为单缸泵、双缸泵、三缸泵和多缸泵等。多缸泵相当于多台单缸泵并联工作，流量和压力都比较均匀，但缸数过多，结构就复杂。如图3-4所示为三缸柱塞泵示意图，瞬时流量和压力均匀稳定，应用广泛。这种泵的一个连杆装在同根曲轴上，对应于每一个泵缸的曲柄方位相差120°角。曲柄每旋转一周，泵依次有三个吸液过程和三个排液过程。

（5）按传动端结构分类

① 曲柄泵　传动端为曲柄连杆机构的泵。

② 无曲柄泵　传动端为摆盘机构的泵。

③ 偏心轴泵　传动端主轴为偏心轴（轮）的泵。

（6）按驱动方式分类

① 机动泵　用独立的旋转式原动机（包括电动机、内燃机、汽轮机等）驱动的泵，其中由电动机驱动的泵又称为电动泵。

② 直动泵　液力端活塞（或柱塞）与动力端（气缸）活塞用同一个活塞杆连接，轴线在同一直线上，并经此活塞杆把动力端工作介质的能量直接传递给液力端被输送流体的泵。动力端工作介质可以是蒸汽、压缩气体（通常是空气）或有压液体。其中以蒸汽为动力端工作介质的直动泵又称为蒸汽泵。

③ 手动泵　是依靠人力通过杠杆来驱动活塞（或柱塞）做往复运动。这种泵一般用在工作间断时间较长的场合，如某种压力设备试车时的加压。

（7）按泵的排出压力分类

按泵的排出压力p_d的大小分为低压泵（$p_d<2.5$MPa）、中压泵（$2.5\text{MPa}\leqslant p_d\leqslant 10$MPa）、高压泵（$10\text{MPa}<p_d\leqslant 100$MPa）、超高压泵（$p_d>100$MPa）。

(8) 按泵速分

位移元件（活塞、柱塞等）每分钟往复（双行程）次数称为泵速。对机动泵，泵速数值上等于主轴的每分钟转数（r/min）。按泵速 n 可分为低速泵（$n<100$r/min）、中速泵（100r/min$\leqslant n \leqslant$550r/min）、高速泵（$n>550$r/min）。

此外，往复泵还可以按主要用途分为计量泵、试压泵、船用泵、清洗机用泵和注水泵等。

3.1.3　往复泵的适用范围

往复泵适合输送流量较小、压力较高的各种介质。如低黏度、高黏度、腐蚀性、易燃、易爆、剧毒等各种液体。特别是当流量小于 100m³/h、排出压力大于 10MPa 时，更加显示出它有较高的效率和良好的运行性能。因此广泛地应用于各个领域。如年产 30 万吨合成氨设备中的高压甲胺泵是尿素生产中的关键设备之一，甲胺泵的工作压力达 20MPa，所输送的甲胺液对金属材料有很强的腐蚀作用，甲胺液在低温时容易析出结晶，从而引起管路堵塞，因而必须在高温下工作，甲胺泵大都采用柱塞泵。

往复泵的性能曲线如图 3-5 所示。理论上，往复泵的流量和排出压力无关，因此，使用往复式计量泵可以精确地、可调节地输送各种介质。在石油化工行业中，计量泵可以代替物料配比仪表，实现连续操作、自动控制等，这对提高产品质量、降低成本、实现自动化运行创造了条件。

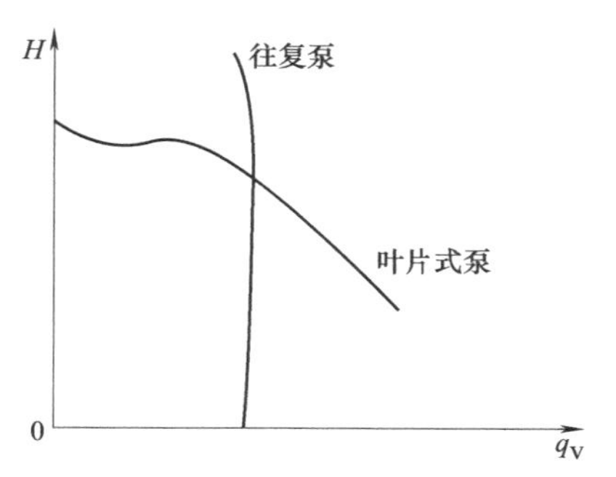

图 3-5　往复泵的性能曲线

3.2　往复泵的结构

3.2.1　往复泵主要零部件的结构

(1) 空气室

往复泵由于结构与工作特点必然产生流量和压力的脉动，从而降低泵的吸入性能，缩短泵和管路的使用寿命，特别是在排出管路的管径较小、管路较长、系统中没有足够大的背压时，可能因惯性水头过大而冲开泵阀造成实际流量大于理论流量的“过流量现象”。因此，为了改善往复泵的工作条件，尽可能减少不稳定现象对往复泵工作的影响，通常采用在泵上装置空气室的办法来减少流量和压力的脉动。

空气室应尽可能安装在靠近泵的进出口管路处或液力端上，装在靠近进口的称吸入空气室，装在出口的称为排出空气室。

空气室分为常压式和预压式两种，常压空气室是在密闭容器中充常压空气，预压空气室是在密闭容器中加一个弹性元件（如橡胶囊），其内充有压缩空气。

① 排出空气室　如图 3-6 所示，空气室内有一定体积的气体，当往复泵的瞬时流量大于平均流量时，排出管路内的阻力增加，泵内压力上升，空气室内的气体被压缩，从而储存了一部分液体，这就减少了在排出管路中的流量。同样，当泵的瞬时流量小于平均流量时，管路内的阻力也相应减少，泵内压力下降，这时空气室内气体就膨胀，把储存的一部分液体排到管路中去，增加了管路中的流量，从而减少了管路中流量和压力的脉动。因此，在整个工作过程中虽然活塞排出的流量按正弦规律变化，但是在空气室的作用下排出管路中的流量仍较均匀。从上述分析可知，在工作过程中空气室中气体的体积是变化的，因此，压力也是变化的，管路中的流量不可能是绝对均匀的，如果把排出空气室做得足够大，则空气室中气

体体积的变化就相对减少，可使流量脉动或压力脉动降低到允许的范围以内。

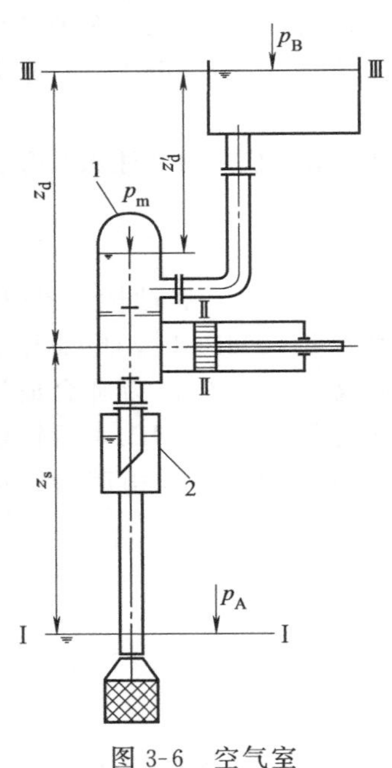

图 3-6　空气室

1—排出空气室；2—吸入空气室

最早采用的空气室是立式厚壁圆筒，在工作前容器中充以常压空气，在泵工作时，空气室内液面随液缸体内的压力变化而变化，这样可以减少排出管路中流量的脉动。但是这种结构体积庞大，并且被压缩了的空气容积过小，如在10MPa时，压缩空气的容积只占空气室容积的1%。此外，由于液体与空气室内的气体直接相接触，气体在高压下易溶于液体中而被不断带出，在连续工作时，空气室中气体的量会逐渐减少，甚至会失去空气室的作用，为了减小空气室的体积，提高其工作效能和可靠性，近年来普遍采用隔膜式预压空气室。

采用预压空气室后，由于空气室中充入一定压力的气体，从而可以减少进出空气室的液体量，预压空气室中一般充空气，但对于易燃、易爆的液体应充惰性气体。因此，在同样工作条件下可以减小空气室的容积、减轻重量。目前应用较多的有两种型式。

a. 球形空气室　如图 3-7 所示，它由壳体 1、稳定片 2、气囊 3、顶盖 4、压力表 5、充气阀 6 等主要零件组成。壳体下部与排出管路相连，上部通过充气阀充气，压力表指示气囊中的压力，工作时随着排出压力的变化，气囊上下移动，起到减小排出管路中流量脉动的作用。

这种空气室的结构简单、外形尺寸小、缓冲量较大、检查和更换方便，但由于气囊变形容易产生疲劳破坏，所以对其材料及制造工艺的要求较高，这种球形空气室的结构在石油和矿场得到广泛应用。

b. 筒式预压空气室　由于球形空气室气囊的材料容易因变形而产生疲劳破坏，寿命较短，所以在石油和矿场的钻井泵上采用多筒式预压空气室，当某一个空气室失效时，其他空气室仍可继续起作用。如图 3-8 所示为三筒式预压空气室，每个空气室的壳体 1 内装有带孔衬管 2，外面套上皮囊 3，在壳体与皮囊间充入压缩气体。当泵工作时液体经衬管诸孔将皮囊胀开，使空气室内的空气进一步压缩，而停泵时气体压力把皮囊与衬管间的液体排出，皮囊收缩到衬管外壁上。这种空气室的结构简单，当某个空气室失效时其他空气室仍可继续使用。但是在拆卸时需要提出较重的外壳，且皮囊容易被挤入衬管的小孔中。

② 吸入空气室　为了减少在吸入过程中由于惯性水头所造成的活塞表面的压力降低，在吸入管路上靠近泵的进口处装置空气室，如图 3-6 所示，空气室把吸入管路分成两段，空气室前的一段较低，而从空气室到泵进口的一段较短。在吸入过程中，随着流量增加，吸入管路中的阻力也增加，这时液缸体内的真空值也随之增大，当空气室中的真空值低于液缸体中的真空值时，也即空气室的压力高于液缸体中的压力时，空气室中的气体膨胀，把空气室中的一部分液体排到液缸体中，从而减小了吸入管路中的流量。

当泵的吸入量减少时或者在排出过程时，由于空气室中的真空值增大，在这一真空值的作用下，液体沿吸入管路进入空气室中。

空气室在储存和排出液体的过程中，气体的体积要发生变化，空气室中的真空值也随着发生变化，吸入管路中的流量也不会绝对均匀。把吸入空气室做得足够大时，空气室中气体体积的变化相对减小，真空值的变化也可以减小，使吸入管路中液体的流动趋于均匀。

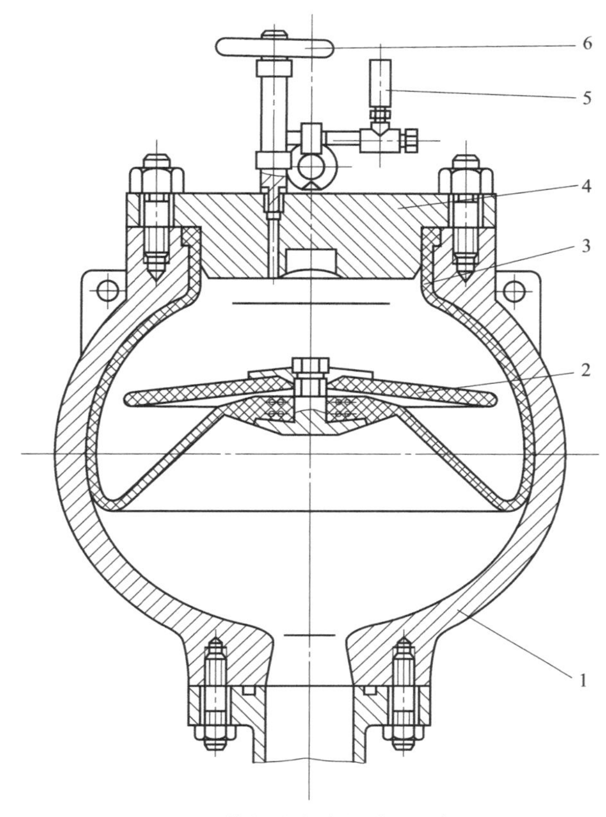

图 3-7　带有稳定片的球形空气室

1—壳体；2—稳定片；3—气囊；4—顶盖；5—压力表；6—充气阀

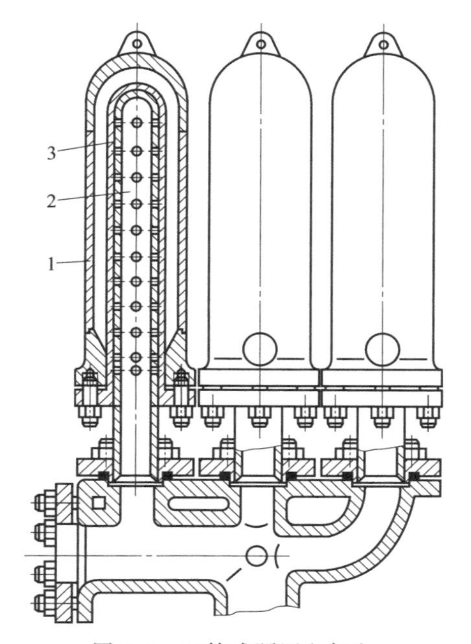

图 3-8　三筒式预压空气室

1—壳体；2—衬管；3—皮囊

最简单的吸入空气室是一个空筒或空腔，里面是常压气体。若泵的吸入采用自然灌注的情况时，由于空气室内具有较高的压力，空气室的一部分容积被液体所占据，气体所占的容积减少，这样若采用上述常压吸入空气室则往往不能有效地起到缓冲作用，这种情况可采用预压吸入空气室，如图 3-9 所示，在泵工作之前先从充气阀 1 充入气体，通过观察孔 2 可以看到橡胶隔膜 4 的工作情况，消振板 3 由树脂做成，板上有许多小孔，为了使结构紧凑，可以把空气室直接装在泵体下面。此外，还有用带有弹簧的隔膜式预压吸入空气室。

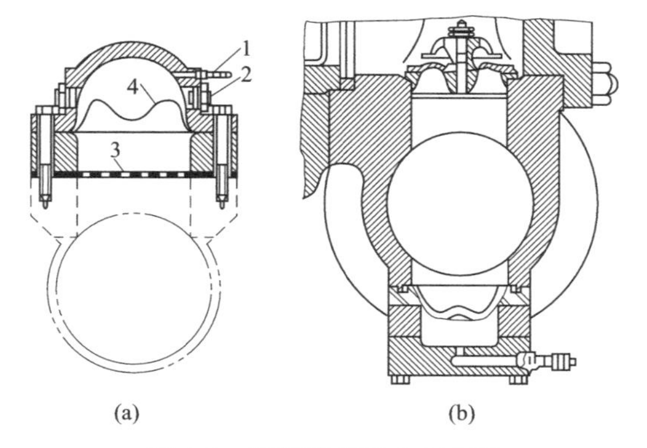

图 3-9　隔膜预压吸入空气室

1—充气阀；2—观察孔；3—消振板；4—橡胶隔膜

（2）液缸

① 分体式液缸　多缸往复泵，每一个柱塞（活塞）对应一个单独的液缸，称作分体式液缸，如图 3-10 所示。其优点是每个液缸的尺寸和质量均比较小，高压往复泵液缸的锻件也较小，机械加工较为方便；多缸泵中如有一个液缸损坏，只需更换其中一个，经济性较好。其主要缺点是泵的吸、排液总管（或联箱）需同时与各液缸的吸、排液口相连接，吸、排液总管（或联箱）与各液缸吸、排液口的接触面同时保持密封的难度较大，在高排出压力下容易产生泄漏；同时吸、排液总管（联箱）还承受了附加载荷，易于疲劳损坏，在高排压

及输送腐蚀性介质时损坏更为严重。

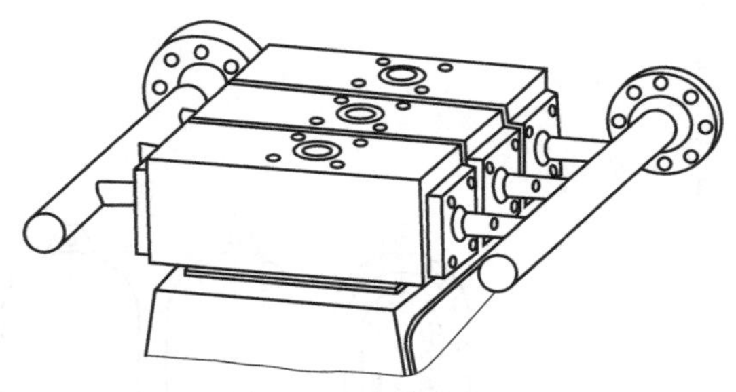
图 3-10 分体式液缸

② 整体式液缸 将多缸往复泵的各液缸合于一体，为整体式液缸，如图 3-11 所示。其优点是各液缸的间隔仅为一个缸壁所需厚度，所用的总材料较少，当输送强腐蚀性介质时可节省昂贵的高合金钢；吸、排液总管置于缸体内，为分别与吸、排液阀阀腔相连的通孔，故没有泄漏，也不会承受附加载荷，没有吸、排液总管易损坏的问题，用于高排压和输送腐蚀性介质时，有利于提高泵的寿命。缺点是高排压泵缸的锻件较大、要求较高，机械加工的难度也大，更主要的是其中一个液缸损坏时，需更换整个缸体，经济性较差。

一般情况下，排出压力较低，输送非腐蚀性介质时，多用分体式液缸；高排出压力、输送腐蚀性介质时，多用整体式液缸。

往复泵液缸的结构直接影响着液缸的强度和耐疲劳性能，主要是合理地安排吸、排液阀的位置。

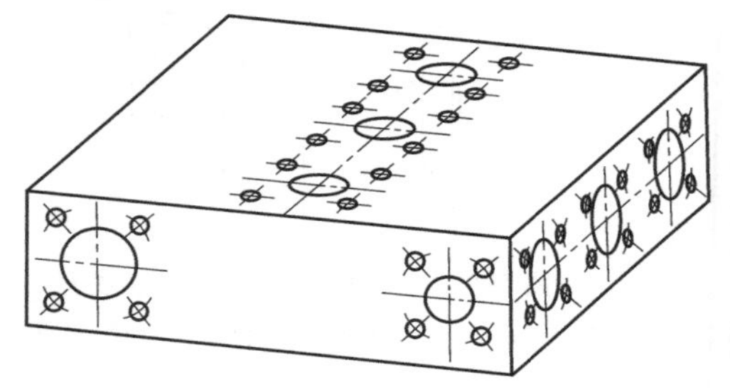
图 3-11 整体式液缸

如图 3-12（a）所示为吸、排液阀置于液缸的两侧，吸、排液阀阀腔与液缸工作腔呈“四通”状时，液缸的工作应力最大，吸排液阀阀腔与液缸相贯部位存在应力集中，并承受脉动载荷，此种结构的耐疲劳性能较差。

如图 3-12（b）所示为吸、排液阀沿液缸轴线错开布置，液缸的轴向承力截面面积增大，工作应力降低，但阀腔与工作腔相贯部位仍存在应力集中，仍承受脉动载荷，液缸的受力状态有所改变，但改变不大，未能从根本上解决疲劳损坏的问题。

如图 3-12（c）所示为吸、排液阀合为一体的组合阀置于液缸的端头，因而在液缸的工作腔缸壁没有阀腔，消除了阀腔开孔引起的应力集中，受力状态得到改善，有利于提高液缸的抗疲劳性能。

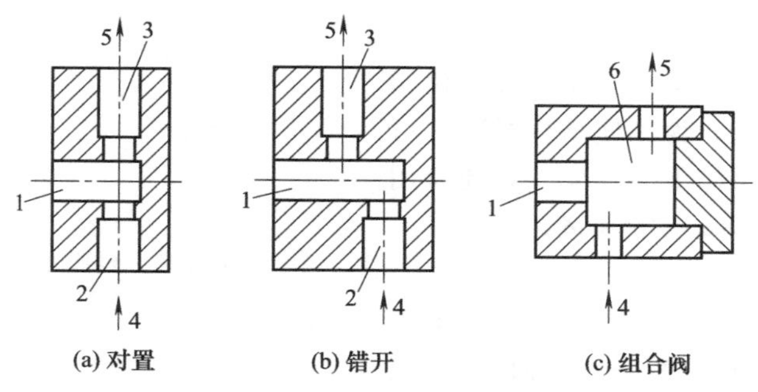

图 3-12 吸、排液阀布置示意

1—液缸；2—吸液阀腔；3—排液阀腔；4—与吸液总管或联箱连通；5—与排液总管或联箱连通；6—组合阀阀腔

目前，柱塞式高压往复泵已趋向应用整体式液缸和组合式吸、排液阀，因为此种液缸结构简单，具有良好的耐疲劳性能和较长的运行周期，用于尿素生产用高压甲铵泵，取得良好的效果。

(3)吸、排液阀

往复泵的吸、排液阀有自动阀和强制阀两种。

① 自动阀　自动阀依靠阀两侧的液体的压力差开启，依靠阀弹簧力或开闭运动元件的自重关闭。

自动阀包括平板阀［图 3-13（b)］，适于排压较低和清洁的介质；环形阀，适于低排压、大流量和清洁的介质；锥形阀［图 3-13（c)］，适于高排压、大流量，可用于输送含有颗粒物的液体及黏度较高的液体；球形阀［图 3-13（d)］，适于小流量，可用于输送含有颗粒和悬浮物的液体。

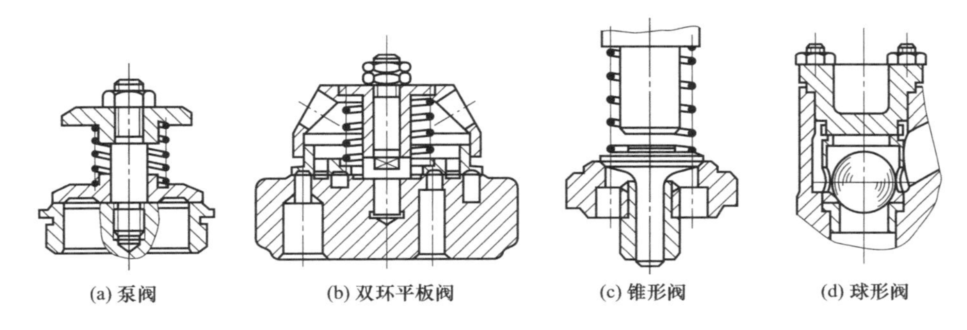

图 3-13　往复泵自动阀的种类

平板阀、环形阀和锥形阀依靠弹簧力关闭，球形阀可依靠自重关闭。

自动阀有吸、排液阀体的组合阀，吸、排液阀可以用相同的阀型，也可以用不相同的阀型，通常吸液阀多用环形平板阀置于组合阀的外圈，排液阀多用锥形阀，置于组合阀的中间(图 3-14)。

组合阀安装于液缸的端头，液缸壁不需要为吸、排液而开孔，提高了耐疲劳性能，用于任何工况、输送任何介质都可以提高液缸的使用寿命，在高排压、输送强腐蚀性介质时，效果最为明显。目前往复泵已开始广泛应用组合阀。

② 强制阀　强制阀有两种：一种是仅在阀关闭时，依靠气压作用强制关闭；另一种是依靠气压或机械控制机构，依据柱塞（活塞）往复运动的位置强制开启和关闭吸、排液阀，强制阀主要用于输送高黏度介质。

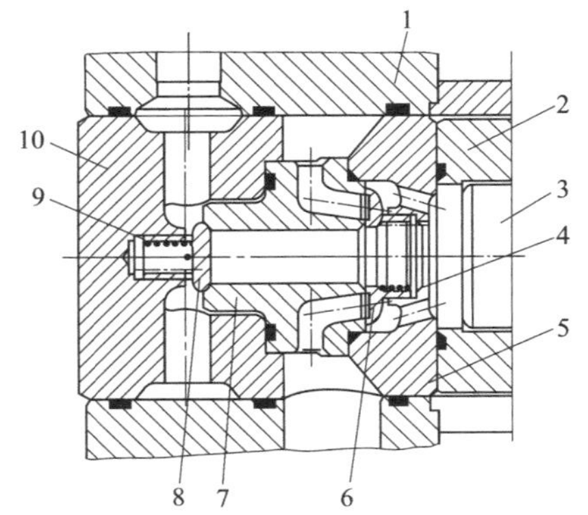

图 3-14　往复泵组合阀

1—泵头；2—泵缸；3—柱塞；4,9—弹簧；5—吸液阀芯升程限制器；6—吸液阀芯；7—阀座；8—排液阀芯；10—排液阀芯升程限制器

(4)活塞(柱塞)

往复泵的活塞（柱塞）是对被送液体传递能量的部件，如图 3-15 所示。

① 活塞　活塞有盘形［图 3-15（a)］和柱形［图 3-15（b)］。盘形活塞用于低排压工况，可用铸造或钢板焊成形；柱形活塞用于中、高压工况，一般以锻钢制成，活塞外缘开有环形槽，内装活塞环，以活塞环的弹性与液缸壁构成密封。双作用往复泵的活塞杆表面需进行精加工，并与填函构成液缸的密封。

② 柱塞　柱塞为光滑的圆柱体，圆柱表面与填料函构成密封，要求精加工达到 $Ra0.06\mu m$，柱塞可以用于各压力工况，但多用于高压或超高压往复泵。

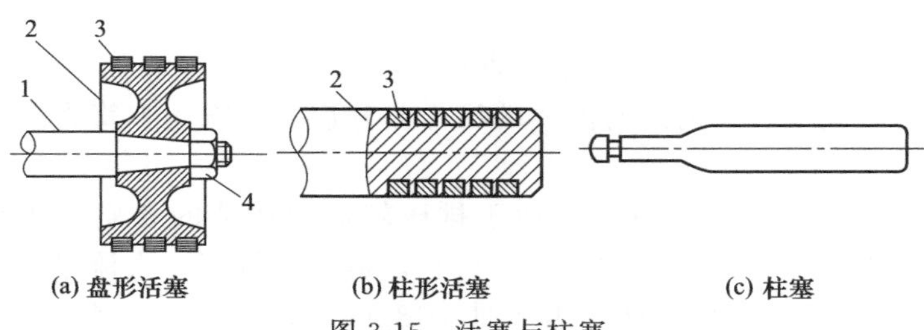

(a) 盘形活塞　　(b) 柱形活塞　　(c) 柱塞

图 3-15　活塞与柱塞

1—活塞杆；2—活塞；3—活塞环；4—螺母

3.2.2　常用往复泵的总体结构

（1）电动泵

如图 3-16 所示为卧式柱塞泵的结构。该泵由曲轴、连杆、十字头、柱塞、泵缸、进口阀、出口阀等组成。工作时，曲轴 4 通过连杆 5 带动十字头 8 做往复运动，十字头再带动柱塞 10 在泵缸内做往复运动，从而周期性地改变泵缸工作室的容积。当柱塞向左运动时，进口单向阀 17 打开，液体进入泵缸；柱塞向右运动时，出口单向阀 15 打开，液体排出泵外，达到液体加压及输送的目的。

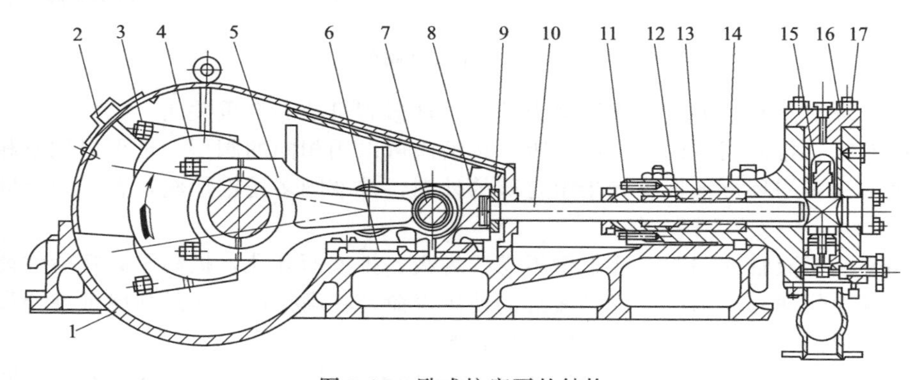

图 3-16　卧式柱塞泵的结构

1—机座；2—罩壳；3—连接螺栓；4—曲轴；5—连杆；6—十字头压板；7—十字头销；8—十字头；9—十字头法兰；10—柱塞；11—调节螺母；12—填料；13—填料套；14—导向套；15—出口单向阀；16—缸盖；17—进口单向阀

由于曲轴不像一般离心泵轴，它的重心离轴中心线较远，动静平衡较差，因而柱塞泵的转速不能太高，电动机带动曲轴运转时，要经过减速装置减速。

国产卧式三柱塞泵的十字头部分，有些采用活塞形式，有些采用滑块形式，它们的检修方法和质量大体相同，如图 3-16 所示是十字头为滑块形式的柱塞泵结构。一般在主、副密封之间设有冲洗水腔，注入密封水进行冲洗，以防止泄漏介质在密封与柱塞之间沉积而使柱塞磨损。有的还在主、副密封中间设有注油杯，用高压注油器注入润滑油，以延长密封的寿命。

如图 3-17 所示为水平对置式六缸单作用电动柱塞泵，电动机与泵直连，采用偏心轮连杆传动。如图 3-18 所示为立式双缸双作用电动活塞泵，齿轮减速机构装在泵的内部，电动机与小齿轮相连。

如图 3-19 所示的立式柱塞泵与一般的立式柱塞泵不同，柱塞不是由曲轴箱中的十字头直接带动，由上而下进入缸体，而是通过十字头，由上十字头带动柱塞，由上而下地进入缸

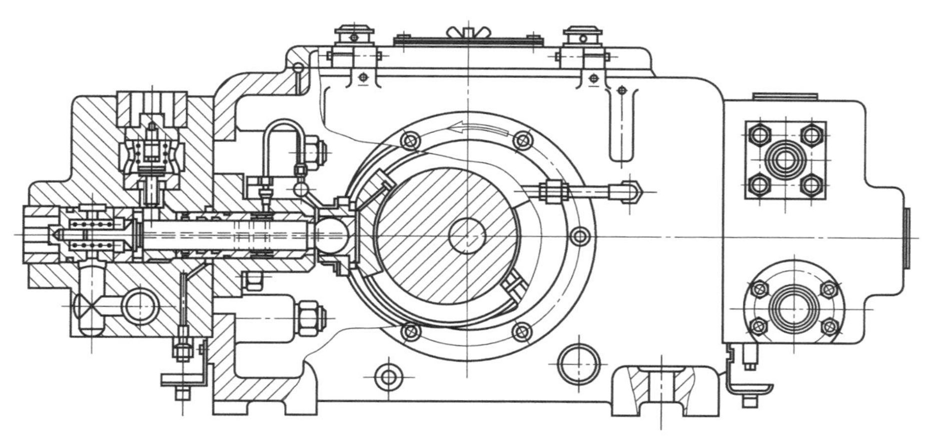

图 3-17 水平对置式六缸单作用电动柱塞泵

体。每个十字头上垂直连接有两根侧柱，侧柱穿过曲轴箱，跨过缸体和上十字头相连。这样的布置，当泵在运行时，钢质运动零件受到拉应力，铸铁机座受压应力，这比卧式柱塞泵或一般立式柱塞泵的运动零件受压应力、铸铁机座受拉应力要合理得多。和卧式柱塞泵相比，如图 3-19 所示的立式柱塞泵还有如下优点。

① 缸体用螺栓固定在曲轴箱顶上，两者完全分开。填料箱用螺栓固定在缸体上端，侧柱外面有保护套筒，填料箱内漏出的液体既不会直接进入曲轴箱，也不会沿侧柱流入曲轴箱，从而保证了曲轴箱内的润滑油不受输送液体的污染。

② 卧式柱塞泵的填料箱处于曲轴和缸体之间，空间狭窄，而这种立式柱塞泵的填料箱

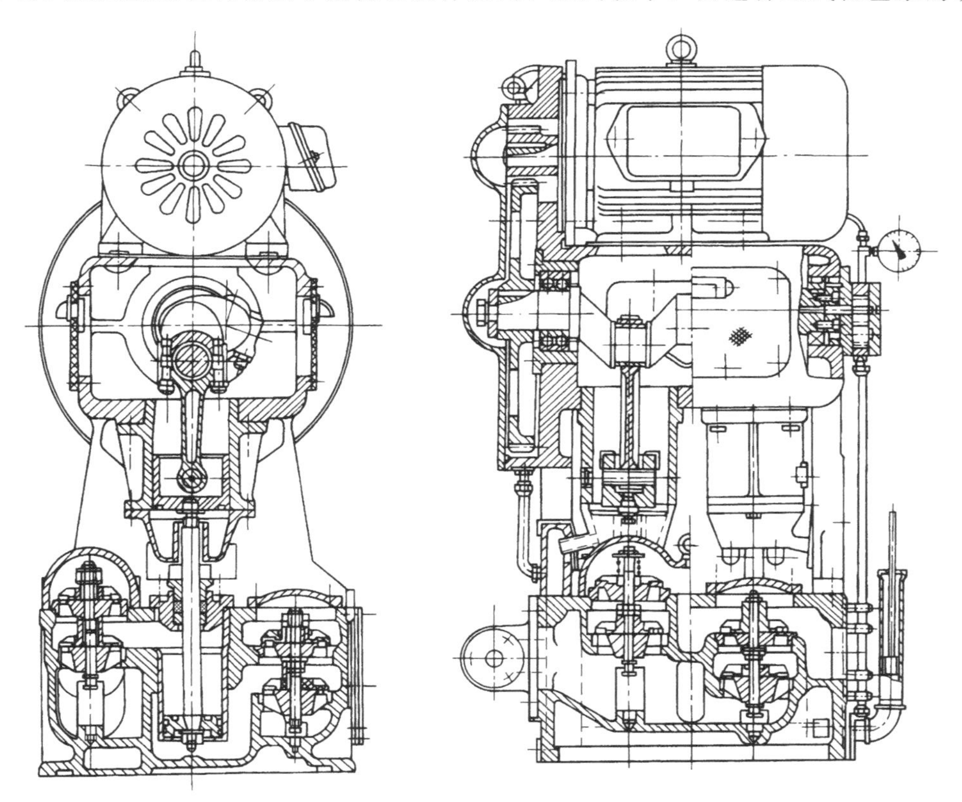

图 3-18 立式双缸双作用电动活塞泵

处于缸体上方，空间开阔，维修方便。

③ 立式柱塞泵机组紧凑，占地面积小。

④ 卧式柱塞泵的柱塞做水平运动，对中要求高，并且柱塞及连杆本身的重量使得密封填料受力不均匀，产生偏磨损。立式柱塞泵则不存在这类问题。

⑤ 卧式柱塞泵吸入阀、吸入管在缸体下部离地面很近，安装、拆卸不方便，这种立式柱塞泵的出、入口布置在水平的缸体两端，维修方便。

⑥ 卧式柱塞泵最多制成三柱塞，而这种立式柱塞泵可制成五柱塞、七柱塞和九柱塞。这样，压力、流量更趋均匀，且在相同的流量下，柱塞越多，柱塞、缸、阀门的直径就越小，密封性能得到改善，缸体及阀门的使用寿命也可以延长。

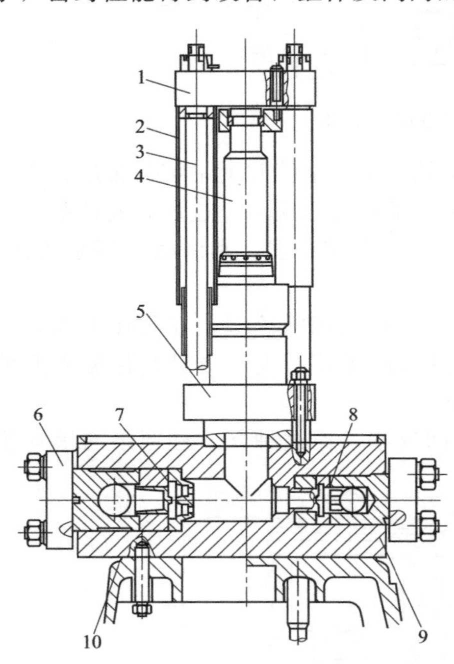

图 3-19　立式柱塞泵

1—上十字头；2—套筒；3—侧柱；4—柱塞；5—填料箱；6—缸体端盖；7—吸入阀；8—排出阀；9—缸体；10—曲轴箱

⑦ 卧式三柱塞泵中，曲轴由两个轴承支承，跨度大，曲轴承受的弯矩大。立式柱塞泵的每个曲拐的两边都有支承，n 个柱塞就有 $n+1$ 个轴承。曲轴刚度大、变形小、工作稳定、磨损件使用寿命长。立式五柱塞泵的传动机构如图 3-20 所示。

但立式柱塞泵同卧式柱塞泵相比，也存在如下不足之处。

① 立式柱塞泵的吸入阀和排出阀为水平安装，不如卧式柱塞泵那样垂直安装好，阀口密封性差，阀座与阀板更易磨损。

② 曲拐支承多，机身曲轴瓦孔和滑道孔的加工难度大，要求高。

(2) 蒸汽直接作用泵

蒸汽直接作用泵是往复泵中比较完善的，并独立存在的一个大类。它与机动往复泵不同，没有曲柄连杆传动机构，其液缸活塞直接与气缸活塞连接在一起，活塞的运动没有固定不变的规律。它的运动规律取决于每个瞬时作用在活塞上的蒸汽压力、液体压力和作用在活塞上的其他力的合力。

尽管蒸汽直接作用泵的经济性较差，但是，它在国民经济各部门仍然得到了广泛的应用。尤其是在石油炼制工业中，用该泵输送易燃、易爆介质十分适用。

QY 型泵主要用于输送±40℃范围的丙烷、丁烷等液态烃，或 150℃以下的油品。QYR 型泵主要用于炼油厂输送无腐蚀、无固体颗粒、温度在 250～400℃的热油、热沥青等。

蒸汽往复泵有单缸与双缸两类，它们在结构上的区别主要是在配气机构上。

① 单缸蒸汽往复泵　如图 3-21 所示为 1QY 型蒸汽直接驱动油泵。该泵是卧式单缸双作用蒸汽直接驱动往复泵。在炼油厂内用来输送液化气体（丙烷、丁烷和丙烷丁烷的混合物），也可用来输送 105℃以下的石油产品。其性能范围是：流量 1.2～44m^3/h，工作压力 0.3～6.4MPa。

1QY 型泵主要由气缸、连接体与油缸三个部分组成。铸铁制成的气缸 1 和铸钢制成的油缸 5，通过铸铁制成的连接体 3 用双头螺栓连接为一个整体。

② 双缸蒸汽往复泵　如图 3-22 所示为 2QYR25 型蒸汽直接驱动热油泵。该泵为卧式双缸双作用蒸汽直接驱动活塞式热油泵。用于炼油厂内输送 250℃以下的原油及其重石油产

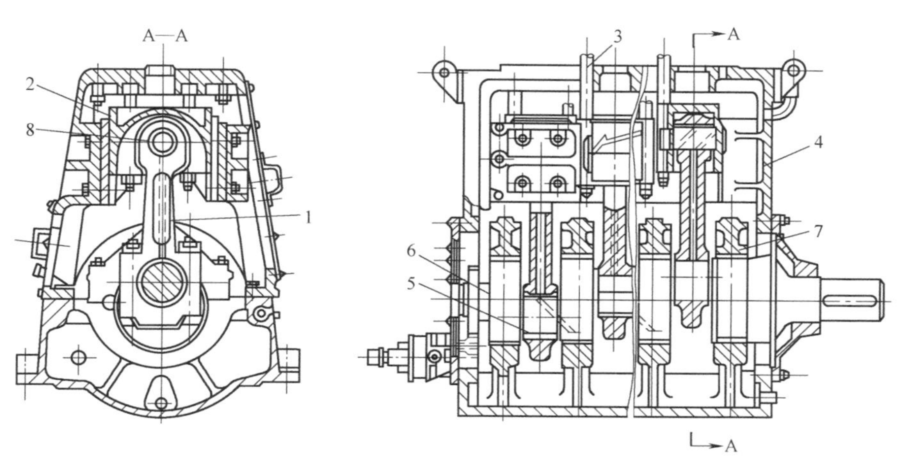

图 3-20 立式五柱塞泵的传动机构

1—连杆；2—十字头；3—侧柱；4—曲轴箱；5—曲拐；6—曲轴；7—滑动轴承；8—十字头销

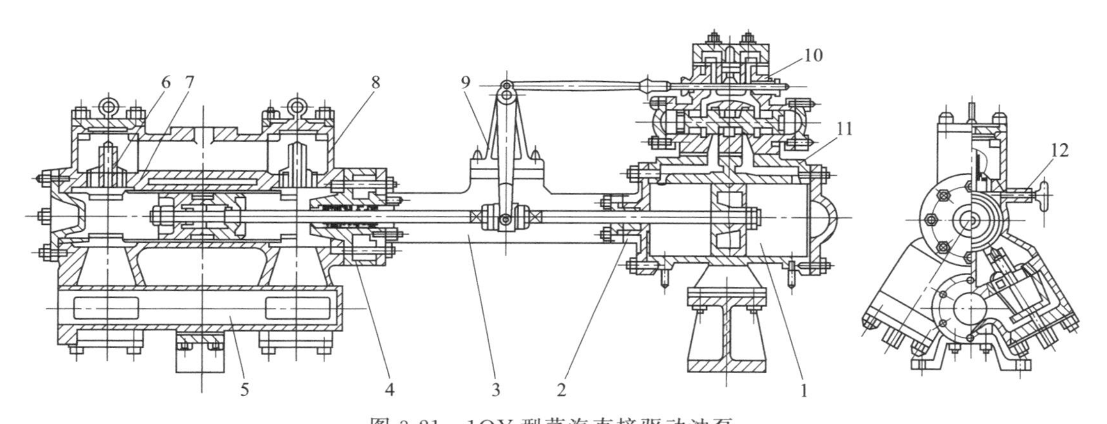

图 3-21 1QY 型蒸汽直接驱动油泵

1—气缸；2—气缸填料箱；3—连接体；4—液缸填料箱；5—油缸；6—泵阀；7—缸套；8—阀室；9—中心架；10—配汽阀；11—进汽道；12—旁路阀门

品。设计压力为 4.0MPa，流量可通过每秒钟往复的次数进行调节，其范围为 5～10m^3/h。

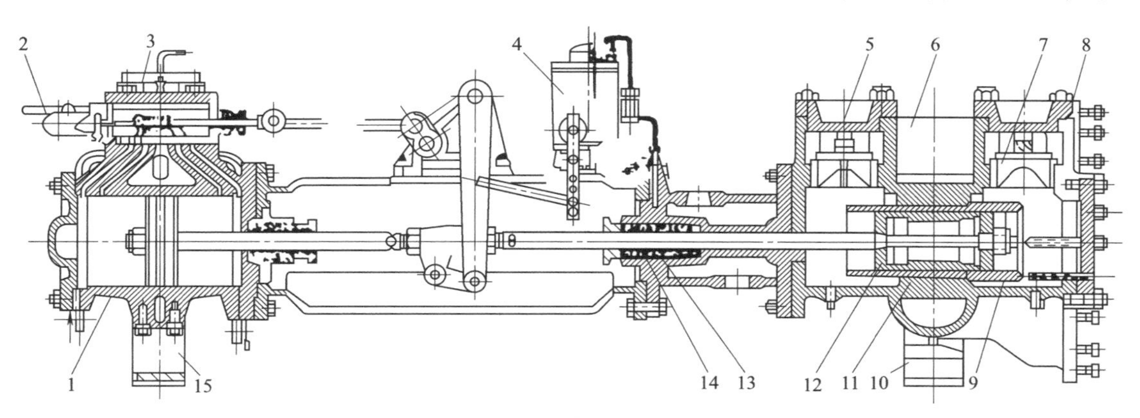

图 3-22 2QYR25 型蒸汽直接驱动热油泵

1—气缸体；2—进气口；3—排气口；4—注油器；5—弹簧；6—油缸；7—泵阀；8—阀盖；9—缸套；10,15—支座；11—活塞环；12—活塞；13—填料；14—密封环

2QYR25 型泵主要由气缸、连接体、填料箱及油缸四部分组成。

气缸 1 和连接体均用铸铁制成，填料箱和油缸 6 均用铸钢制成。

气缸活塞用铸铁制成，并在活塞上装有铸铁活塞环。活塞用带槽螺母固定在优质钢制成的活塞杆上。气缸活塞杆与油缸活塞杆分开制成，用螺纹连接器连接在一起。在连接体上为了配气，设置了中心架。

用循环水冷却的填料箱内填有浸油石棉填料 13。

铸铁制成的油缸活塞 12 上装有铸铁活塞环 11，并用带槽螺母固定在合金钢制成的油缸活塞杆上。油缸内分别装有四组合金钢制成的吸入阀和排出阀。油缸内缸套 9 用合金钢制成，并用顶丝固定于油缸内。

泵的各部件的润滑靠安装在连接体上的注油器 4 供给润滑油。

泵整体由铸铁制成的支架支承，并借此支架把泵固定在混凝土的基础上。

双缸配气机构是依靠一个液缸的活塞杆带动另一个液缸的配气室配气阀来相互交叉进行的，配气室中共有四道气孔，靠外侧两道分别为气缸左右侧进入新鲜蒸汽的孔道。靠里面两道分别为气缸左右侧排出乏汽的孔道。当一个液缸活塞走到终点时，通过摇臂将另一个液缸的配气阀拉杆向左推去，新蒸汽则由配汽室右侧通入，将活塞向左推去，使另一个液缸向左运动，以此类推，双缸活塞就可以连续地左右往复运动。而且双缸的动作几乎相差半个行程，所以流量也较均匀。

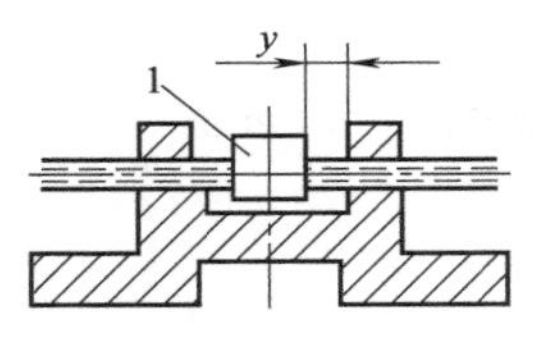

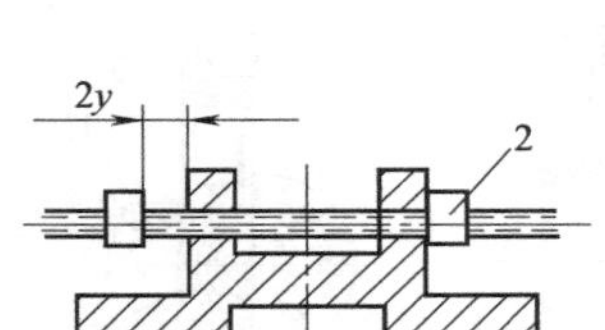

图 3-23 双缸配气室

1—螺块；2—调节螺母

同时，如图 3-23 所示，配气阀杆不是紧紧地和滑阀相连的，而是靠“螺块”或者由两个调节螺母来带动的。因此当滑阀抵达死点后，不是立刻就开始进行反方向运动，而是当阀杆走了一段间隙等于“$2y$”的路程后才开始的。间隙 y 有时称为“休歇”，这种“休歇”有时延续到 0.1～0.3s，以保证两个活塞能够真正相差半个行程。

由于配气阀室最外侧气体在缸内不能排尽，所以起到气垫作用，使活塞可以比较平稳地停下来。又因为有调节螺母 $2y$ 的间隙存在，活塞不是马上就反向运动，要经过 $2y$ 时间才开始反向运动，所以有利于吸、排阀从容地关闭。

蒸汽活塞泵的流量可通过蒸汽压力与蒸汽量来控制行程数，以及通过调整配气机构中的游隙止动螺母来控制行程长短。两者都可以调节流量大小。

往复泵的压力，铭牌所指只是说明由于强度、密封等所允许的最高压力。操作时具体的压力则取决于工艺装置所需的背压。

3.3 往复泵的运行特性

3.3.1 工作过程

(1)理想工作过程

往复泵的工作过程包括交替进行的吸入和排出两过程，如图 3-24 所示。活塞从最左位置（外死点）开始向右移动的瞬间，排出阀关闭，吸入阀开启，工作腔容积（图中阴影线部分）随着活塞的向右移动而增大，吸入容器内液体在吸入液面压力的作用下进入工作腔，直至活塞移动到最右位置（内死点），吸入过程完结。活塞从内死点开始向左移动的瞬间，吸

入阀关闭，排出阀开启，工作腔容积随着活塞的向左移动而减小，腔内液体在活塞的挤压下被排出，直至活塞移动到外死点，排出过程结束，然后开始另一次的吸入过程。活塞往复一次完成一个工作循环。

如图 3-25 所示，工作腔内的液体压力在整个吸入过程中保持不变，等于吸入压力 p_s，而在排出开始的瞬间，骤增至排出压力 p_d，并在整个排出过程中保持不变，直至吸入开始的瞬间，又骤降至 p_s。

示功图（图 3-25）表示工作腔内的液体压力随活塞位移变化的图形，$abcd$ 为理想工作过程示功图，a 为排出终点；b 为吸入始点；c 为吸入终点；d 为排出始点。$abcd$ 所包围的示功图面积 A_i 相当于活塞往复一次过程中对液体所做的功。

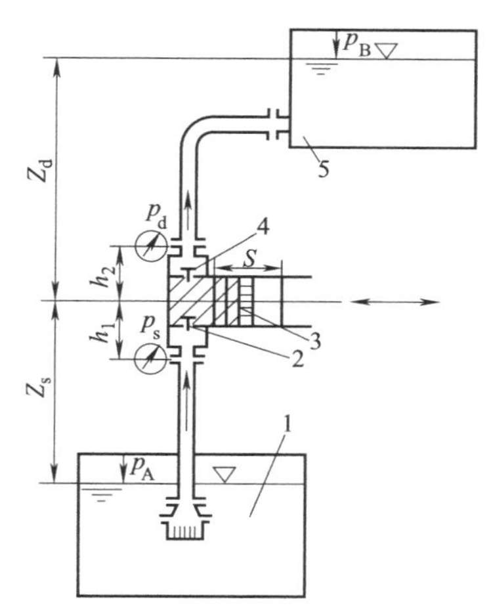

图 3-24 单作用活塞泵装置示意图

1—吸入容器；2—吸入阀；3—活塞；4—排出阀；5—排出容器

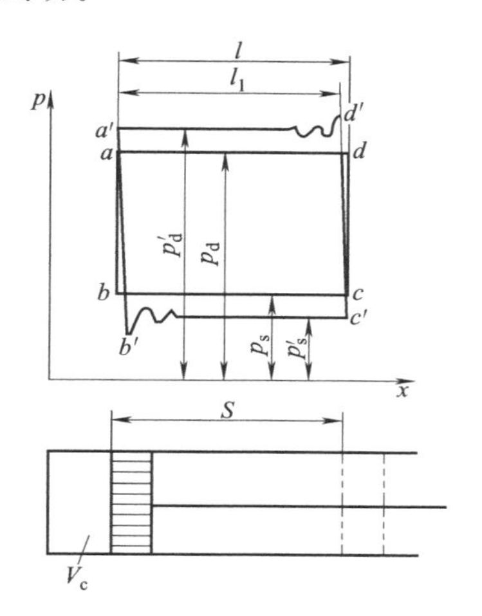

图 3-25 往复泵示功图

(2) 实际工作过程

实际工作过程与理想工作过程有一定的差异，图 3-25 中 $a'b'c'd'$ 是泵的实际工作过程示功图。

在实际过程中，由于阀的滞后现象（即泵阀在活塞行至内、外死点位置时不能及时关闭，面要落后一段时间的现象叫滞后现象）、液体在泵阀密封面及活塞与液缸密封面上的泄漏、外界空气通过密封不严密处进入工作腔、溶解在液体中的气体因工作腔中压力降低而析出等原因，活塞从外死点右移时工作腔中压力不可能骤降，而沿 $a'b'$ 斜线下降，缸内压力 $p_s' < p_s$，吸入过程沿 $b'c'$ 进行。同样，在排出过程开始的瞬间，吸入阀由于滞后也不能及时关闭以及液体高压下的可压缩性（当液体含有气体时更为明显）使工作腔内的液体压力不可能骤增，而是沿斜线 $c'd'$ 升高，直至吸入阀关闭，缸内压力 $p_d' > p_d$ 时，排出阀才开启（相对于 d' 点），排出过程沿 $d'a'$ 进行。在 b'、d' 点出现小的峰值及脉动，这是由于水力阻力、泵阀惯性及开启过程中的其他阻力所造成的。$a'b'c'd'$ 的面积 A_i' 大于 $abcd$ 的面积 A_i，表明实际过程中活塞对液体所做的功大于理想过程中活塞对液体所做的功。

3.3.2 主要性能参数

往复的泵的性能参数包括流量、排出压力、扬程、功率、效率及转速等。

(1) 流量

在曲柄连杆机构的往复泵中，当曲柄以不变的角速度旋转时，活塞做变速运动，所以往

复泵的流量也是随时间而变化的。但是，对于使用者来说，往往要知道在一定时间内往复泵所输送液体的体积。活塞在一个往复行程中所排出液体的体积在理论上应该等于活塞在一个行程中所扫过的体积。因此，理论流量 q_{Vth} 为：

$$q_{Vth}=\frac{1}{60}ASnZ\left(K-\frac{A_r}{A}\right) \quad (m^3/s) \tag{3-1}$$

式中 A——活塞（柱塞）截面积，m^2，$A=\frac{\pi}{4}D^2$；

D——活塞（柱塞）直径，m；

A_r——活塞杆截面积，m^2，$A_r=\frac{\pi}{4}d^2$；

d——活塞杆直径，m；

S——活塞（柱塞）行程，m；

n——活塞（柱塞）每分钟的往复次数，min^{-1}；

Z——活塞（柱塞）个数；

K——作用数。

对单作用泵：$K=1$，$A_r=0$，$q_{Vth}=\frac{1}{60}ASnZ$，m^3/s。对双作用泵：$K=2$，$A_r>0$，$q_{Vth}=\frac{1}{60}ASnZ\left(2-\frac{A_r}{A}\right)$，$m^3/s$。

实际上泵内有流量损失 Δq_V 存在，泵的实际流量 q_V 与理论流量 q_{Vth} 之比称为流量系数 α。

$$\alpha=\frac{q_V}{q_{Vth}}=\frac{q_V}{q_V+\Delta q_V} \tag{3-2}$$

Δq_V 由两部分组成，一部分是液体通过各密封点由高压侧向低压侧的泄漏，以 Δq_{V1} 表示，这部分流量损失也要消耗能量。因此将泵的实际流量 q_V 与泵内接受能量的液体量（$q_V+\Delta q_{V1}$）之比称为泵的容积效率 η_V。

$$\eta_V=\frac{q_V}{q_V+\Delta q_{V1}} \tag{3-3}$$

另一部分流量损失是由于缸内有少量气体（漏入缸内或由液体带入缸内），占去了泵缸容积：在高压下液体的可压缩性及泵缸的弹性变形等原因，使泵的流量减少，以 Δq_{V2} 表示。这部分流量损失几乎没有能量损失，用充满系数 β 表示。

$$\beta=\frac{q_V+\Delta q_{V1}}{q_V+\Delta q_{V1}+\Delta q_{V2}}=\frac{q_V+\Delta q_{V1}}{q_{Vth}} \tag{3-4}$$

流量系数 α 即可表示为：

$$\alpha=\eta_V\beta \tag{3-5}$$

流量系数 α 值一般在 0.8～0.99 之间。

（2）排出压力和扬程

往复泵的排出压力是指泵出口法兰处的液体压力（表压），单位为 Pa，如图 3-24 所示。排出压力是指往复泵允许的最大排出压力。

排出压力 p_d 可用下式计算。

$$\frac{p_d}{\rho g}=\frac{p_B}{\rho g}+(z_d-h_2)+\sum\Delta h_{L2}-\frac{c_2^2}{2g} \tag{3-6}$$

式中 p_B——排出液面上的压力，Pa；

z_d——通过泵缸中心线的基准面到排出液面的高度，m；

h_2——泵出口法兰至基准面的高度，m；

$\sum \Delta h_{L2}$——排出管路中的水力损失和液体惯性损失，m；

c_2——泵出口法兰处管路中的液体流速，m/s；

ρ——液体的密度，kg/m³；

g——重力加速度，其值取 9.81m/s²

在实际应用时，必须使排出压力小于额定的排出压力。

泵的扬程是指单位质量液体通过泵以后能量的增值，用符号 H 表示，单位为 m 液柱。往复泵的扬程可用下式计算。

$$H=\frac{p_d-p_s}{\rho g}+h+\frac{c_2^2-c_1^2}{2g} \tag{3-7}$$

式中 p_s——泵进口法兰处的表压，Pa，当 $p_s < p_A$ 时，p_s 取负值，当 $p_1 > p_A$ 时，p_s 取正值；

h——泵进、出口法兰之间的高度，m，$h=h_1+h_2$；

c_1——吸入管中液体的流速，m/s。

由于在往复泵中 h 和 $\frac{c_2^2-c_1^2}{2g}$ 的值很小，因此，往复泵的扬程 H 近似可用下式表示。

$$H=\frac{p_d-p_s}{\rho g} \tag{3-8}$$

当 $p_d \gg p_s$ 时：

$$H=\frac{p_d}{\rho g} \tag{3-9}$$

（3）功率与效率

① 有效功率 有效功率是指单位时间内通过泵的液体所获得的能量，用 P 表示。

$$P=\rho g q_V H \quad (\text{W}) \tag{3-10}$$

当 $p_d \gg p_s$ 时，$H=\frac{p_d}{\rho g}$，则：

$$P=q_V p_d \quad (\text{W}) \tag{3-11}$$

或

$$P=q_V \frac{p_d}{1000} \quad (\text{kW}) \tag{3-12}$$

② 轴功率 轴功率是指输入到泵轴上的功率，用 P_e 表示。

$$P_e=\frac{P}{\eta} \quad (\text{W}) \tag{3-13}$$

式中 η——往复泵的总效率。

③ 指示功率 指示功率是指单位时间内活塞对液体所做的功，用 P_i 表示。它可从示功图求得。

$$P_i=\rho g q_{Vi} H_i \quad (\text{W}) \tag{3-14}$$

式中 q_{Vi}——单位时间内从活塞得到能量的液体量，m³/s；

H_i——单位质量液体从活塞获得的能量，m。

④ 容积效率 η_V 表示泵的实际流量和进入到泵内液体体积的比值，它只考虑到液体的泄漏造成的损失。

$$\eta_V=\frac{q_V}{q_{Vi}}=\frac{q_V}{q_V+\Delta q_V} \tag{3-15}$$

⑤ 水利效率 η_h　每千克液体通过泵后所获得的能量和活塞对每千克液体所做的功之比。考虑到当液体在泵内流动时，由于沿程摩擦阻力损失和局部阻力损失所造成的压力损失，则水力效率为：

$$\eta_h=\frac{H}{H_i}=\frac{H}{H+\sum\Delta h_L} \tag{3-16}$$

⑥ 指示效率 η_i　有效功率 P 与指示功率 P_i 之比。

$$\eta_i=\frac{P}{P_i}=\frac{\rho g q_V H}{\rho g q_{Vi} H_i}=\eta_V \eta_h \tag{3-17}$$

⑦ 机械效率 η_m　输入到泵轴上的功率要经过曲柄连杆机构、填料箱等各种传动机构及摩擦副，要消耗一部分功率。因此，泵的指示功率 P_i 总是要比轴功率 P_e 小一些，其比值称为机械效率。

$$\eta_m=\frac{P_i}{P_e} \tag{3-18}$$

⑧ 总效率 η　泵的总效率等于有效功率 P 与轴功率 P_e 之比，用 η 表示。

$$\eta=\frac{P}{P_e}=\frac{P}{P_i}\times\frac{P_i}{P_e}=\eta_V \eta_h \eta_m \tag{3-19}$$

泵的总效率可以由实验测得，一般对于机械往复泵，$\eta=0.60\sim0.90$。

⑨ 配套功率 P_m　配套功率是指原动机的功率，用 P_m 表示，当原动机和泵直接连接时，原动机的输出功率就等于输入到泵轴上的功率。当原动机通过传动装置与泵连接时，要考虑传动效率。一般原动机的功率选择要比实际输出功率大。

$$P_m=K_m P_e \tag{3-20}$$

式中　K_m——功率储备系数。

机动泵 $P_e\leqslant4$kW 时，$K_m=1.2\sim1.5$；$P_e>4$kW 时，$K_m=1.05\sim1.2$。计量泵 $K_m=1.7\sim2.5$。

3.3.3 往复泵的流量调节

往复泵在运转中常用的流量调节方法有旁路回流法、改变活塞行程法和改变活塞往复次数法等。

(1) 旁路回流法

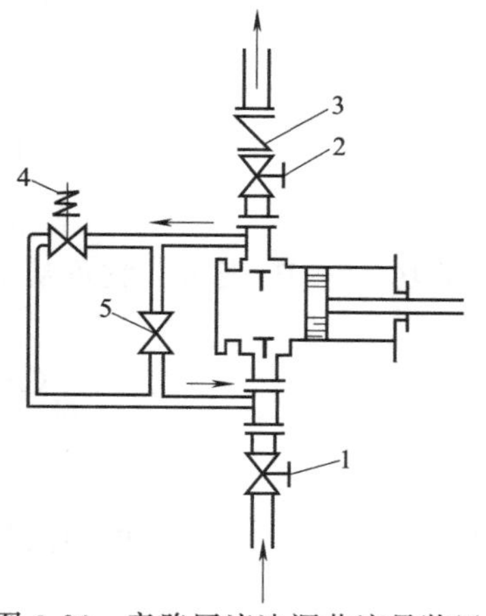

图 3-26　旁路回流法调节流量装置
1—吸入阀；2—排出阀；3—单向阀；4—安全阀；5—旁通阀

如图 3-26 所示，利用旁通管路将排出管路与吸入管路接通，使排出的液体部分回流到吸入管路进行流量调节。在旁通管路上设有旁路调节阀，利用它可以简单地调节回流的量，以达到调节流量的目的。这种调节方法有功耗损失，所以经济性差。

(2) 改变活塞行程法

由往复泵流量计算公式［式（3-1）］可如，改变活塞行程 S 的大小可以改变往复泵的流量。常用的方法是通过改变曲柄销的位置，调节活塞与十字头连接处的间隙或采用活塞行程大小调节机构来改变活塞的行程。活塞行程调节机构可进行无级调节，行程可调至零，使泵的流量在最大和零之间任意调节。目前广泛应用在计量泵中流量的无级调节和正确计量。

（3）改变活塞往复次数法

对于动力泵可以采用塔轮或变速箱改变泵轴转速。使活塞的往复次数改变。但应注意当转速变大时，原动机功率、泵的零件强度和极限转速应符合要求。对于蒸汽直接作用的往复泵，只要控制进气阀的开度便可改变活塞的行程，从而调节泵的流量。

3.4　往复泵的日常运行与维护

3.4.1　运行中的注意事项

往复泵根据液缸的形式、动力及传动方式、缸数及液缸的布置方式等可分为若干种类型，所以它的日常运行和操作也略有不同。但以下几条是各种往复泵在运行中部必须注意的。

① 开车前要严格检查往复泵进出口管线及阀门、盲板等，如有异物堵塞管路的情况一定要予以清除。

② 清洁泵体，决不允许机体内有杂质或其他任何脏物。

③ 机体内加入清洁润滑油至油窗上指示刻度。

④ 油杯内加入清洁润滑油脂，并微微开启其针形阀，使润滑油脂匀速地滴入气缸中。

⑤ 运转前先打开液缸冷却水阀门，确保液缸在运转时冷却状态良好。

⑥ 运转中应无冲击声，否则应立即停车，找出原因，进行修理成调整。

⑦ 在严寒冬季，水套内的冷却水停车时必须放尽，以免水在静止时结冰、凉裂液缸。

3.4.2　维护与保养

① 每日检查机体内及油杯内润滑油液面，如需加油即应补足。

② 经常检查进出口阀及冷却水阀，如有泄漏应立即修换。

③ 轴承、十字头等部位应经常检查，如有过热现象应及时检修。

④ 检查活塞杆填料，如遇太松或损坏应及时更换新填料。

⑤ 运转1000～1500h后应予更换润滑油，并对泵的各个摩擦部位进行全面检查，遇有磨损不平时应予以修整，并对缸体进行一次全面清洗。

3.4.3　常见故障及其处理方法

蒸汽往复泵的常见故障、故障原因分析及处理方法见表3-1，电动往复泵的常见故障、故障原因分析及处理方法见表3-2。

表3-1　蒸汽往复泵的常见故障、故障原因及处理方法

常见故障	故障原因	处理方法
突然停泵	①供汽中断或不足 ②摇臂轴销脱落 ③气、液缸活塞环损坏	①检查供气系统 ②装好摇臂轴销 ③更换气、液缸活塞环
泵打不上量	①进口温度太高，产生汽化，或液面过低，吸入气体 ②液阀夹板垫片破坏 ③液缸套损坏，活塞环损坏 ④阀不严密 ⑤活塞运行慢，行程太短	①降低进口温度，保证一定液面，或调整往复次数 ②更换垫片 ③更换缸套或活塞环 ④研磨或更换阀 ⑤调节活塞运行次数和调节活塞行程

续表

故障现象	故障原因	处理方法
异常响声和振动增大	①活塞运行速度快 ②活塞杆背母松动 ③缸套松动 ④缸内进入异物 ⑤地肢螺栓松动	①调节活塞运行速度 ②拧紧背母 ③拧紧缸套顶丝 ④清除缸内异物 ⑤坚固地肢螺栓
填料密封漏	①活塞杆磨损严重 ②填料损坏 ③填料压盖没上紧或填料不足	①更换活塞杆 ②更换填料 ③加填料或拧紧压盖
压力波动过大	①阀关不严或弹力不一样 ②活塞环在槽内不灵活	①研磨阀或更换弹簧 ②调整活塞环与槽的配合

表 3-2　电动往复泵的常见故障、故障原因及处理方法

常见故障	故障原因	处理方法
流量不足或输出压力太低	①吸入管道阀门稍有关闭或阻塞，过滤器堵塞 ②阀接触面损坏或阀面上有杂物使阀面密合不严 ③柱塞填料泄漏	①打开阀门，检查吸入管和过滤器 ②检查阀的严密性，必要时更换阀门 ③更换填料或拧紧填料压盖
阀有剧烈敲击声	阀的升程过高	检查并清洗阀门升程高度
压力波动	①安全阀或导向阀工作不正常 ②管道系统漏气	①调校安全阀，检查、清理导向阀 ②处理漏点
异常响声或振动	①原轴与驱动机同心度不太好 ②轴弯曲 ③轴承损坏或间隙过大 ④地脚螺栓松动	①重新找正 ②校直轴或更换新轴 ③更换轴承 ④紧固地脚螺栓
轴承温度过高	①轴承内有杂物 ②润滑油质量或油量不符合要求 ③轴承装配质量不好 ④泵与驱动机对中不好	①清除杂物 ②更换润滑油，调整油量 ③重新装配 ④重新找正
密封泄漏	①填料磨损严重 ②填料老化 ③柱塞磨损	①更换填料 ②更换填料 ③更换柱塞

3.5　往复泵的检修

3.5.1　蒸汽往复泵的检修

（1）检修周期与内容

① 检修周期　蒸汽往复泵的检修周期见表 3-3，根据状态监测及机组运行的实际情况，可适当调整检修周期。

② 检修内容

a. 小修项目

(a) 更换填料，检查修理注油器、气缸切水阀。

表 3-3 蒸汽往复泵的检修周期 月

检修类型	小 修	大 修
检修日期	3～6	12～24

(b) 检查及紧固各部螺栓。

(c) 检查和修理配气机构（校正错气），更换传动机构的销轴。

(d) 检查液缸进、出口阀的弹簧、阀座和阀盖。

(e) 检查气、液缸活塞及其他运动部件的磨损情况。

(f) 检查更换活塞环、活塞杆及压盖衬套和填料底套。

(g) 清洗填料箱水套。

b. 大修项目

(a) 包括小修项目。

(b) 检查更换配气活塞、配气拉杆和错气板。

(c) 检查气、液缸和牵动机构。

(d) 测量及调整气、液缸的同轴度。

(e) 检查基础、地脚螺栓，校验压力表及安全阀调校。

(2)拆卸

① 拆卸前的准备工作 蒸汽往复泵拆卸前做好以下准备工作。

a. 掌握蒸汽往复泵的运行情况，备齐必要的图纸资料。

b. 备齐检修工具、量具、配件及材料。

c. 关闭冷却水及蒸汽进、出口阀，放净泵内介质，办理检修作业票，符合安全检修条件。

② 拆卸与检查步骤

a. 拆卸冷却水管，检查腐蚀情况。

b. 拆卸检查注油器、油管路及附件。

c. 拆卸牵动机构，检查各传动件的磨损情况。

d. 拆卸气、液缸，检查缸、活塞、活塞杆、活塞环等磨损情况。

e. 拆卸检查填料。

f. 拆卸液缸进、出口阀，检查阀座、阀盖、阀杆等磨损情况。

g. 拆卸配气机构，检查缸、活塞、活塞环、配气板等磨损情况。

(3)零部件质量标准及检修

① 气缸与液缸 气、液缸内表面应光滑、无裂纹、砂眼、沟槽等缺陷。气、液缸同轴度公差值为 0.15mm。

气缸圆柱度公差值见表 3-4，如圆柱度超过极限值时应修理或镗缸，但气缸内径增大值不应超过表 3-4 的要求。

表 3-4 气缸圆柱度公差值及气缸内径增大值 单位：mm

气缸内径	气缸内径增大值≤	圆柱度	
		公差值	极限值
≤100	1.50	0.03	0.30
100～150	2.00	0.04	0.35
150～300	3.00		0.40
300～400	4.00	0.05	0.45
400～500	5.00	0.06	0.50

液缸套磨损沟槽深度若超过表 3-5 规定时应进行镗缸或修理。

表 3-5　液缸套磨损沟槽极限深度　　单位：mm

液缸内径	沟槽极限深度	液缸内径	沟槽极限深度	液缸内径	沟槽极限深度
≤100	0.20	200～300	0.50	400～500	1.10
100～200	0.30	300～400	0.80		

活塞表面应光滑，无裂纹、砂眼、伤痕等缺陷。液缸活塞在缸内两端死点余隙应符合技术要求。活塞的圆柱度公差值见表 3-6，超过极限值时应修理或更换。

表 3-6　活塞的圆柱度公差值　　单位：mm

气、液缸活塞直径	圆柱度		气、液缸活塞直径	圆柱度		气、液缸活塞直径	圆柱度	
	公差值	极限值		公差值	极限值		公差值	极限值
≤200	0.02	0.10	200～400	0.025	0.15	400～500	0.03	0.20

气、液缸与活塞安装间隙应符合表 3-7 的规定。

表 3-7　气、液缸与活塞安装间隙　　单位：mm

气、液缸直径	气缸与活塞安装间隙	液缸与活塞安装间隙	
		<200℃	200～400℃
≤75	0.25～0.45	0.45～0.50	0.50～0.70
75～100	0.30～0.50		
100～125	0.35～0.55	0.50～0.65	0.70～1.05
125～150	0.40～0.80		
150～200	0.45～0.90	0.65～0.75	1.05～1.45
200～250	0.50～1.00		
250～300	0.55～1.10	0.75～0.90	1.45～1.85
300～350	0.60～1.20		
350～400	0.70～1.40	0.90～1.00	1.85～2.30
400～500	0.80～1.60		

活塞环安装在活塞上，其开口应互相错开 120°。活塞环应无砂眼、气孔，具有足够的弹力。气缸活塞环的厚度应小于活塞槽深 0.50～1.00mm，液缸活塞环的厚度应小于活塞槽深 0.50～1.50mm。活塞环表面不允许有严重纵向沟槽，其圆周与缸壁接触良好，用 0.05mm 塞尺不允许塞入。气、液缸活塞环安装间隙应符合表 3-8 规定。当介质温度小于 200℃时，液缸活塞环安装间隙按表 3-8 中气缸活塞环要求执行。

表 3-8　气、液缸活塞环安装间隙　　单位：mm

气、液缸直径	气缸活塞环安装间隙		液缸活塞环安装间隙 200～400℃	
	对口	槽侧	对口	槽侧
≤100	0.60～0.70	0.04～0.06	1.00～1.60	0.06～0.08
100～125	0.80～0.90		1.00～1.90	
125～150	1.00～1.10	0.05～0.0	1.20～2.40	
150～200	1.20～1.30		1.60～3.10	0.07～0.10
200～250	1.40～1.50	0.06～0.09	2.00～3.80	
250～300	1.60～1.70		2.50～4.50	
300～350	1.80～1.90	0.07～0.10	2.60～5.30	0.10～0.12
350～400	2.00～2.10		3.00～6.00	
400～450	2.20～2.30	0.07～0.12	3.40～6.80	
450～500	2.50～2.60		3.80～7.50	

活塞杆最大磨损量和圆度公差值见表3-9。活塞杆表面不允许有严重纵向沟槽，其直线度公差值见表3-10。活塞与活塞杆装配后，活塞端面与活塞杆垂直度公差值见表3-11。活塞杆与填料压盖的直径间隙应符合表3-12的规定。填料压盖外径与填料箱内孔配合为H9/d9。

表3-9　活塞杆最大磨损量和圆度公差值　　单位：mm

活塞杆直径	最大磨损量	圆度	活塞杆直径	最大磨损量	圆度
≤30	0.15	0.06	50～60	0.25	0.10
30～50	0.20	0.08	>60	0.30	0.12

表3-10　活塞杆表面直线度公差值　　单位：mm

活塞杆长度	直线度	活塞杆长度	直线度
≤1000	0.10	>1000	0.15

表3-11　活塞端面与活塞杆垂直度公差值　　单位：mm

活塞直径	垂直度	活塞直径	垂直度	活塞直径	垂直度
63～100	0.06	160～250	0.10	400～630	0.15
100～160	0.08	250～400	0.12		

表3-12　活塞杆与填料压盖的直径间隙　　单位：mm

气、液缸直径	间隙	气、液缸直径	间隙	气、液缸直径	间隙
≤100	0.05～1.00	200～250	0.70～1.75	350～400	0.85～2.50
100～150	0.55～1.25	250～300	0.75～2.00	400～450	0.95～2.75
150～200	0.65～1.50	300～350	0.80～2.25	400～500	1.10～3.00

② 液缸进口阀与出口阀　进、出口阀盖与阀座的接触面应光滑严密。用涂色检查应呈环状接触，不允许有间断。当阀盖质量与原质量相差超过表3-13规定时，应进行更换。

表3-13　阀盖质量与原质量之允差　　单位：mm

阀盖原质量/kg	相差百分比/%　≤	阀盖原质量/kg	相差百分比/%　≤
≤0.5	8.00	0.85～1.30	5.50
0.5～0.85	6.50	>1.30	5.00

阀盖与阀座不得有腐蚀、坑痕、损坏、严重径向沟槽等。阀座有固定螺钉者，检查完后要重点检查是否拧紧和牢靠。阀座上弹簧的圈数、高度和弹力均应符合该泵的技术要求。阀盖起落高度应相等，其偏差不大于5%。阀杆与阀座孔同心，阀杆与阀盖孔配合为H9/c9或H9/d9

③ 配气机构

a. 平板式配气阀　在正常生产过程中，由于蒸汽夹带杂质或平板之间的相互摩擦而使阀平面接触不严密。检修时应进行研磨，使阀板和阀座平面平滑，用涂色法检查接触点，每平方厘米不少于2～3点印痕。

配气拉杆的圆度、最大磨损量应符合表3-9规定。配气拉杆表面和螺纹部分应无损坏，螺母结合良好不松动。

b. 活塞式配汽阀

(a) 无活塞环式配气阀　活塞、配气缸的圆柱度公差值为0.05mm。活塞与配气缸装配间隙为0.08～0.15mm。

(b) 带活塞环式配气阀　活塞和配气缸的圆柱度公差值参见表3-4和表3-6；活塞与配

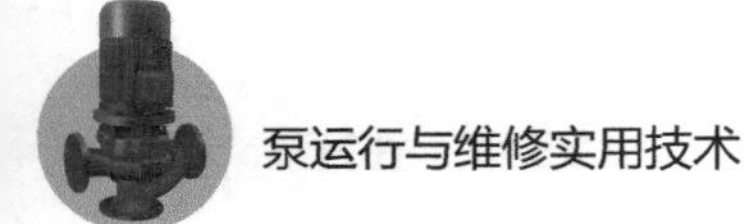

气缸装配间隙参见表3-8；活塞环的技术要求与气缸部分相同。

(c) 配汽活塞与配气缸表面应光滑、无裂纹 其磨损沟深不大于0.20mm。

④ 密封 填料切口应平行、整齐、不松散，切口角度成30°。装填料时接头相互错开120°。填料压盖压入填料箱深度一般为一圈填料的高度，最小不得少于5mm。填料压盖螺栓均匀拧紧，保证填料压盖端面与填料端面平行。填料底套外径与填料箱内孔配合为H7/k6。填料底套内孔与轴配合间隙为0.30～0.50mm。注油器应清扫干净，无杂物，油管畅通，单向阀工作正常。

(4) 试车与验收

① 试车前准备 往复泵检修完毕后，在试车前应做好以下准备工作。

a. 检查检修记录，确认检修数据正确。

b. 注油器滴油正常。

c. 往复搬动活塞几次，无卡涩现象。

d. 启动前对气缸进行预热及排除冷凝水。

e. 热油泵液缸预热。

② 试车

a. 打开进、出口管线阀门。

b. 逐渐开启蒸气控制阀，使泵启动。检查泵在运行中有无异常响声和摩擦现象。

c. 调整压力、流量达到规定值。

d. 冷却水和注油畅通，温度正常，无渗漏。

e. 活塞杆往复行程符合规定要求，速度均匀。

f. 润滑系统好用。

g. 填料密封渗漏不得超过下列要求：轻质油不得超过每分钟20滴，重质油不得超过每分钟10滴。

③ 验收

a. 连续运转24h后，各项技术指示达到设计要求或能满足生产需要。

b. 设备达到完好标准。

c. 检修记录齐全、准确。按规定办理验收手续。

3.5.2 卧式三柱塞泵的检修

(1) 卧式三柱塞泵的拆卸

拆卸三柱塞往复泵时，在已停车的情况下，应通知化工操作人员切断化工介质，进行必要的工艺处理，落实各项安全措施后，可按下述步骤进行。

① 拆下联轴器罩，断开泵和减速箱、减速箱和电动机的联轴器。

② 拆除齿轮油泵、所有油管线及泵进出口管道。

③ 拆除罩壳。

④ 拆除十字头法兰，使十字头与柱塞分开，取出球面垫。

⑤ 拆除十字头压板；冲出十字头销，要仔细拆卸，切莫将机件碰坏。

⑥ 盘动曲轴，使连杆和十字头分开，取出十字头；将连杆大头盘到上方，测量连杆螺栓长度，并做记录；松掉连杆螺栓的螺母，抽出连杆螺栓，再测量连杆螺栓长度，记录两次测量结果，比较螺母上紧后螺栓长度的绝对伸长值，从而使螺栓紧力有度；取出连杆，将连杆大头轴瓦及小头衬套取下；吊出曲轴，拆除曲轴两端轴承。

⑦ 松开调节螺母，抽出柱塞；取出填料、填料套、导向套。

⑧ 拆除缸盖螺栓，拆下缸盖；取出上垫圈、上缸套、中垫圈、出口单向阀；取出下缸套、下垫圈、进口单向阀。

在拆卸过程中，对拆下的零件要不磕、不碰、不落地，做好标记，摆放有序。拆卸完毕后，应及时清洗，并按零件质量标准仔细检查，以便决定修复或更换新的备件。

（2）卧式三柱塞泵零件质量标准及检修

① 曲轴　清洗曲轴，吹净润滑油孔，用放大镜检查有无裂纹，必要时进行无损探伤检查，在车床上检查两端主轴颈的径向跳动量，允许偏差0.03mm，两主轴颈同心度误差应在0.03mm以内，直线度偏差小于0.03mm，用水平尺测量曲拐轴中心线与主轴中心线平行度偏差，允许偏差0.15～0.20mm/m。主轴颈的圆柱度、圆度偏差不允许超过主轴颈公差之半，如果超过此值，在安装滚动轴承时，需喷镀后磨削加工；在安装滑动轴承时，可直接磨削加工。曲拐轴颈的圆柱度、圆度偏差不允许超过曲拐轴颈公差之半，如果超过此值，应进行磨削加工。轴上有不深的划痕，可用油石打磨消除；划痕深达0.10mm以上，油石打磨消除不了时，应进行磨削加工。轴颈的直径减少量达到原直径的3%时，应更换新的曲轴。

② 连杆　连杆不得有裂纹等缺陷，必要时可进行无损探伤检查。连杆大头与小头两孔中心线的平行度偏差应在0.30mm/m以内。检查连杆螺栓孔，若孔损坏，应用铰刀进行铰孔修理。铰孔后，应配以新的连杆螺栓。

③ 连杆螺栓　连杆螺栓应进行无损探伤检查，不允许有裂纹等缺陷；根据历次检修记录，检查连杆螺栓长度，长度伸长量超过规定值时，就不能继续使用。

④ 十字头组件　十字头体用放大镜检查，不允许有裂纹等缺陷；十字头销进行无损探伤检查，不允许有裂纹等缺陷，并测量其圆柱度和圆度偏差；十字头销和连杆孔的接触面用涂色法检查，应接触良好。如果连杆孔呈椭圆形，可用铰刀修理，再配以新的销、套；检查球面垫的球面，不允许有凹痕等缺陷；检查十字头与滑板接触磨损情况，检查滑板螺栓。

⑤ 柱塞　柱塞端部的球面不允许有凹痕等缺陷，柱塞表面硬度要求为45～55HRC，柱塞表面粗糙度值不大于$Ra0.8\mu m$。柱塞不应弯曲变形，表面不应有凹痕、裂纹，如果有拉毛、凹痕等缺陷，可进行磨削加工。柱塞圆柱度偏差不超过0.15～0.20mm，圆度偏差不超过0.08～0.10mm。

⑥ 轴封　大修时，填料应用事先制成的填料环进行全部更换。填料函上有密封液系统的，密封液管道必须通畅。导向套内孔巴氏合金如有拉毛、磨损等严重缺陷，则需更换新的导向套。调节螺母应进行探伤检查，不允许有裂纹等缺陷。

⑦ 缸体　对缸体进行着色探伤检查，若发现裂纹，原则上要更换新备件，但如尿素装置中的氨基甲酸铵泵等，因缸体用材贵重，不宜轻易报废，为防止裂纹延伸，可用砂轮打磨，继续使用。凡经这样处理的，以后的每次拆修均需详细检查，观察缺陷有无再生或发展。

大修时对缸体进行水压试验，试验压力为操作压力的1.25倍。缸体的圆度、圆柱度偏差不应超过0.50mm，否则，进行光刀，光刀后配以新的缸套。

⑧ 进出口单向阀　阀口、阀座，视损坏轻重程度，进行研磨或光刀。弹簧、丝杆如有裂纹等缺陷，必须更换新备件。上下阀套的外圆及端面，不允许有拉毛、凹痕等缺陷。若垫圈有断裂、压痕或变形等缺陷，则更换新备件。

⑨ 轴承　主轴承外圈应与上盖、机座紧密贴合，用涂色法进行检查，接触面积不少于表面积的70%～75%，且斑点应分布均匀。主轴承盖与机座接触的平面应处理干净，轴瓦的刮研应符合质量要求。连杆轴瓦瓦背应紧密贴在座上，用涂色法检查，接触面积不少于表面积的70%～75%，且斑点应分布均匀。

(3)三柱塞泵的组装及调整

各零部件经检查、修复或更换，并且达到质量要求后，可进行组装。组装过程中应注意以下事项。

① 组装的顺序与拆卸的顺序基本相反，即最后拆卸的要最先安装，最先拆卸的要最后安装。

② 检查、复紧机座的地脚螺栓后，用方水平尺分别放在主轴孔及十字头滑道处，检查机座横向及纵向水平度偏差，横向允许偏差为0.05mm/m，纵向允许偏差为0.10mm/m，超出此范围，需进行调整。

③ 检查、调整各部配合间隙应符合表3-14的要求。

表3-14 卧式三柱塞泵各部配合间隙

项目	参数	项目	参数
连杆轴承与曲轴两侧面的轴向间隙/mm	0.20～0.40	滑道侧面量轨道间隙/mm	0.20～0.25
曲轴颈与曲轴瓦	$d/1000$	十字头滑板与导轨	$(1\sim2)d/1000$
十字头瓦间/mm	0.05～0.10	滚动轴承与轴	H7/k6
十字头压板与十字头间隙/mm	0.15～0.25	滚动轴承与轴承座	Js7/h6

④ 测量紧固后的连接螺栓长度，并做记录。

⑤ 按拆卸时所做的标记将零部件各就各位，不要互换。

⑥ 组装时，十字头球面垫的球面与柱塞球面要稍有间隙，不能压死，其目的在于，运转时，柱塞与十字头中心在安装时若有微小的偏差能得到一定的补偿。

3.5.3 立式五柱塞泵的检修

(1)拆卸

立式五柱塞高压甲胺泵拆卸时，在做好各项准备的情况下，应按下述步骤及要求进行。

① 将十字头转落到下死点，然后拧开侧柱螺母，拧螺母时要使用两把扳手，且错开180°对称使劲，以防侧柱弯曲。

② 将上十字头连同侧柱和柱塞垂直向上吊离填料箱。

③ 使用柱塞托架将吊出的柱塞托住。

④ 拧开上十字头和柱塞之间的连接螺栓，卸下侧柱、上十字头、柱塞头以及柱塞环，如图3-27所示为柱塞头组件。

⑤ 拆开连杆大头的连接螺栓，使连杆从曲拐上松开，然后从曲轴箱内逐个吊出十字头和连杆。

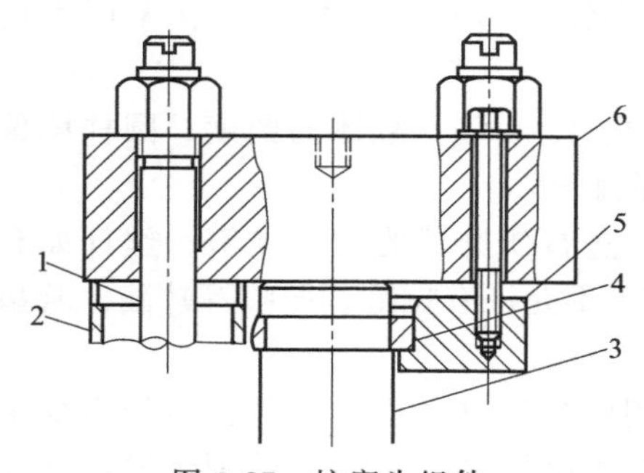

图3-27 柱塞头组件

1—侧柱；2—套筒；3—柱塞；4—柱塞头环；5—柱塞头；6—上十字头

⑥ 卸开十字头销轴上的扣环和定位销，将十字头销轴从十字头内压出，连杆即可与十字头分开。

⑦ 松开与减速箱连接的联轴器，拧开各曲轴轴承的固定螺母，并取出主轴承盖，取下半联轴器。

⑧ 取下曲轴箱两端的曲轴箱盖，将曲轴从曲轴箱中轴向吊出。

⑨ 卸下缸体端盖，用端部带有丝扣的拉杆、钩子等专用工具，将排出阀门和吸入阀门的阀门套筒、弹簧座、弹簧、阀板等取出。

⑩ 将填料箱从缸体上卸下来，拆除填料压盖、填料盒压盖和主填料压盖，掏出石墨环、填料环、液封

环、导向环。

⑪ 将缸体从曲轴箱上卸下。

(2)零部件质量标准及检修

① 缸体　尿素高压甲胺泵的缸体，在使用中容易开裂。因此，每次检修时都要对其进行肉眼检查、放大镜检查或着色检查。当发现有轻微裂纹时，可用砂轮将裂纹磨去，打磨的沟槽应圆滑过渡，防止产生应力集中。当裂纹较深时，缸体就报废。

缸体的上下平面是加工、装配的测量基准，上下平面平行度允差为0.015mm/100mm；表面粗糙度值不大于$Ra3.2\mu m$。缸体要进行水压试验，试验压力为操作压力的1.25倍。

安装吸入阀和排出阀的内孔的圆柱度、圆度允差均为0.05mm，粗糙度值不大于$Ra12.5\mu m$。

② 曲轴箱　滑道孔与上端面要求垂直，垂直度允差为0.015mm/100mm。曲轴箱内各曲轴瓦座凸台两侧面平行度允差为0.01mm/100mm，各凸台内圆同心度允差为0.05mm。

③ 曲轴瓦　曲轴瓦内外圆同心度允差为0.05mm。轴瓦上的巴氏合金不应有裂纹、起亮等缺陷。止推瓦的止推面与瓦背槽侧面的平行度、瓦背槽两侧面的平行度允差为0.01mm/100mm。

④ 曲轴颈　曲轴颈圆柱度、圆度允差为0.015mm/100mm。曲轴颈表面粗糙度值为$Ra1.6\sim0.4\mu m$。

⑤ 连杆　连杆应无变形、裂纹等缺陷，如有，更换新备件。连杆大小头瓦孔中心线的平行度允差为0.017mm/100mm。连杆螺栓孔内表面粗糙度值为$Ra12.5\sim3.2\mu m$。连杆大小头瓦的内外圆的平行度偏差在0.03mm以下。

⑥ 十字头　销孔与端面的平行度允差为0.015mm/100mm，两侧柱孔与端面垂直度允许偏差为0.015mm/100mm。十字头销表面硬度为(60±2)HRC。侧柱与十字头、上十字头孔的配合段表面粗糙度值为$Ra1.6\sim0.4\mu m$，中间段的轴肩端面与轴线的垂直度允许偏差为0.01mm。

⑦ 填料箱　填料箱中填料内孔圆柱面与端平面的垂直度允许偏差为0.03mm/100mm。填料箱的导向环内外圆同轴度允许偏差为0.05mm；两端面的平行度允差为0.05mm。

⑧ 柱塞　柱塞表面镀铬层厚度为0.05～0.20mm，柱塞表面与上端面垂直度允许偏差为0.01mm，表面粗糙度值为$Ra1.6\sim0.4\mu m$，表面硬度为(475±25)HB。

⑨ 进出口阀　进出口阀座密封面表面的粗糙度值为$Ra1.6\sim0.4\mu m$；硬度不低于(475±25)HB。进出口阀板密封面表面粗糙度值为$Ra1.6\sim0.4\mu m$，密封面必须十分平滑，不得有任何划痕或由于疲劳而剥皮。必要时应将阀门座在磨床上重新磨过，并经过精密抛光。如零件表面有微裂纹，则应更换。

(3)组装及调整

机器在组装之前，所有零部件的质量均要符合图纸要求，表面清洗干净，油路通畅，然后按一定程序组装。组装程序大体为拆卸过程的逆过程。但在某些细节上也不能完全按“逆过程”来操作。组装质量的好坏直接影响到机器的运行。因此，组装时应特别精心。

尿素装置中高压甲胺泵各主要螺栓紧力矩见表3-15，在组装中可参照使用。如果泵所附的“安装使用说明书”中规定有紧力矩，应按“说明书”规定进行。

表 3-15　尿素装置中高压甲胺泵各主要螺栓紧力矩　　单位：N·m

螺栓名称	紧力矩
曲轴轴承螺栓	343
连杆大头瓦螺栓	1128
缸体进出口阀压盖螺栓	1177
填料箱固定螺栓	343
侧柱螺母	981

在组装时，应严格控制各部件之间的间隙，表 3-16 列出了立式五柱塞泵各运动部件之间的配合间隙，在安装时可参照执行。

表 3-16　立式五柱塞泵各运动部件之间的配合间隙　　单位：mm

配合部件名称	配合间隙	配合部件名称		配合间隙
曲轴与支承轴承	0.18～0.30	十字头与十字头滑板间隙		0.35～0.60
各曲轴瓦相互间的间隙差	≤0.04	连杆小头瓦与连杆小头过盈		0.03～0.05
曲轴的轴向总窜动量	0.12～0.80	填料箱	石墨环与柱塞间隙	0.15～0.155
连杆大头瓦与曲拐间隙	0.20～0.24		青铜环与柱塞间隙	0.10～0.15
连杆小头瓦与十字头销间隙	0.10～0.12		聚四氟乙烯环与柱塞间隙	0.20～0.25

组装中，除保证上述技术参数之外，还要按下述操作步骤及技术要求进行。

① 曲轴的组装　将所有曲轴瓦窝上的定位销装上；将所有曲轴瓦的下瓦装到各曲轴瓦窝上，应注意对准销子，检查瓦背的贴紧情况，不能太紧或太松；将曲轴吊放在下瓦上，然后放上上瓦，对准销子；将所有上轴承盖放上，注意对准销子，将曲轴轴承螺母用手拧紧；用规定的预紧力（表 3-14）将所有的螺栓拧紧。应注意，在拧紧时应对角均匀地拧紧。用塞尺检查所有曲轴瓦与曲轴之间的间隙，止推瓦处用压铅法检查。将曲轴轴向窜动，从轴端的百分表上的读数检查曲轴的轴向窜动量，如窜动量不符合要求，应加工止推瓦的止推面。

② 连杆及十字头的组装　将小头瓦用冷装的方法装入连杆小头瓦孔内。即根据小头瓦和瓦孔的配合尺寸，将小头瓦冷到一定的温度（一般为－70℃左右），然后迅速放入瓦孔内，再打上定位销。将十字头销孔和连杆小头瓦孔对准，把一头已装好弹簧挡圈的十字头销用冷装法装入，再将十字头销另一头的弹簧挡圈装上；将连杆大头瓦的上瓦对准销子装在连杆上，大头瓦的下瓦对准销子装在下瓦窝上；吊起组装好的十字头和连杆，对准曲轴颈放上，然后将穿上连杆螺栓的连杆下轴承对准上瓦装上，用规定的力矩拧紧连杆螺栓；在曲轴颈上每装完一组连杆大头瓦，必须用专用工具将其固定，以免十字头倒下。

③ 上曲轴箱的组装　将不受力面的活动滑道取下，装上滑板；在上曲轴箱与下曲轴箱之间，加 1mm 厚的石棉橡胶垫片；将上曲轴箱吊起，准确地放在已装好十字头的下曲轴箱上，装上定位销，拧紧连接螺栓；将不受力面的活动滑道装上，并装上垫片，取掉固定连杆的工具。

④ 缸体与填料箱的组装　将填料箱装到缸体上，固定圈上的螺栓按要求的拧紧力拧紧（固定圈与缸体之间装有 O 形橡胶圈），并注意所有密封液接头能否对上；将十字头侧柱的保护套装上；在曲轴箱平面上加一层 1mm 厚的石棉橡胶垫片，将缸体吊起，对准曲轴箱上的两个定位环装上，拧紧螺栓。

⑤ 填料组装　装入填料箱之前，每个填料环和导向环的内外圆都要涂上一浅层二硫化钼等类型的润滑脂；将填料环、导向环依次放入填料箱中，要放正、放平。用专用工具将放

入的填料环、导向环压实，放一个，压实一次，用力要适度、均匀，不能使劲敲打；装填料时，要防止脏物落入填料箱，并防止纤维粘在壁上；把液封环装在冲洗液通口处。

装完高压段的填料密封零件之后，将填料盒压盖装进填料筒体并拧上主填料压盖，以便装低压段的填料密封零件。最后拧上低压段填料压盖，并检查压盖与箱体的同心度，所有压盖此时只能少许拧上劲，待装入柱塞后才能根据需要加大紧力。

⑥ 柱塞的安装　将柱塞头从柱塞上面套入，并在柱塞上面的槽内嵌入柱塞头环，然后用手拧紧上十字头和柱塞头之间的连接螺栓；将侧柱外保护套与侧柱垫圈装好，每副垫圈厚度必须一致；将所有侧柱从内保护套插入，对准十字头侧柱孔装入，并上好螺栓，按一定力矩拧紧，将侧柱的外保护套装到侧柱上；将吊环螺栓拧入上十字头吊环螺栓孔，将柱塞吊到填料箱的上面，起吊时要小心，不要碰坏柱塞的圆柱面；在柱塞上涂以少量二硫化钼或润滑脂，然后将柱塞慢慢推入填料箱中，推入时，柱塞要垂直对中，当心填料环损坏；十字头在滑道上运动时，在泵的吸入和排出的整个周期内，几乎都是靠在十字头滑道的一个面上的。因此，柱塞找正时首先应将十字头压在该受力面上。为此，可用一个螺旋千斤顶放在滑道与连杆之间，轻轻旋动千斤顶，使十字头平稳地压到十字头滑道受力面。如图 3-28 所示为十字头施压装置。

检查十字头是否与受力面滑板均匀贴合，必要时通过调整上十字头与柱塞之间的连接重新找正。找正的要求：十字头与滑板受力面之间各处的间隙为零，十字头与滑板非受力面之间的间隙为 0.35～0.60mm。

十字头找正后，将两个侧柱与上十字头连接起来，螺栓紧力矩符合要求。

拧紧上十字头与柱塞头之间的连接螺栓，拧紧螺栓时，要对称进行，并用塞尺检查上十字头与柱塞头之间的间隙，要求间隙均匀，以保证柱塞的垂直对中。

⑦ 排出阀的安装　如图 3-29 所示为立式柱塞泵缸体及吸入、排出阀门。其安装步骤如下：将阀座连同阀板一起推入缸体内，阀座与阀板配合的密封表面应成 45°角，接触表面必须十分平滑，不得有任何划痕或由于疲劳而剥皮；将阀门弹簧装在弹簧座内，然后将弹簧座推入缸体，并使阀门弹簧顶在阀板的适当部位上。

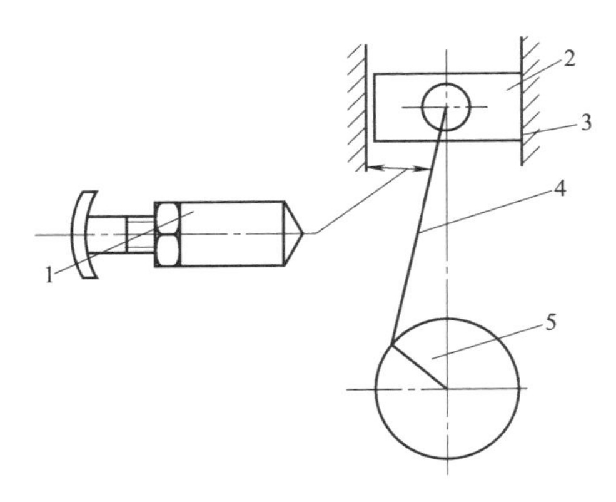

图 3-28　十字头施压装置
1—施压装置；2—十字头；3—滑道受力面；
4—连杆；5—曲轴

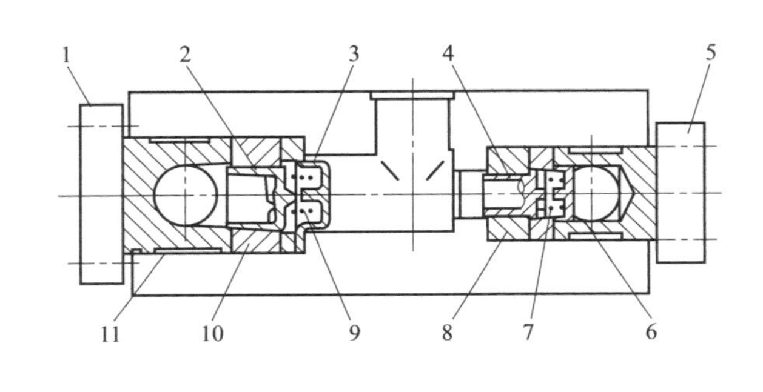

图 3-29　立式柱塞泵缸体及吸入、排出阀门
1,5—缸体端盖；2—吸入阀板；3—吸入阀弹簧座；
4—排出阀板；6—排出阀套筒；7—排出阀弹簧；8—排出阀座；
9—吸入阀弹簧；10—吸入阀座；11—吸入阀套筒

装入阀门套筒，要注意使套筒外端面的定位销位于下方；装上缸体端盖，使端盖上的定位销孔与阀门套筒上的定位销配合；均匀地拧紧缸体端盖螺母，拧紧力矩见表3-14。

⑧ 吸入阀门的安装　将弹簧座连同弹簧一起装入缸体；将阀座连同阀板一起装入缸体，应使弹簧顶在阀板的适当位置上（阀座与阀板配合要求同排出阀门）；装入阀门套筒，使其外端面上的定位销位于下方；装上缸体端盖，使其定位销孔与阀门套筒上的定位销配合。

均匀地上紧缸体端盖螺母，拧紧力矩见表3-15。最后，安装连接管路，检查各部情况，盘车无异常，清理现场，填写检修记录，联系化工操作人员试车。

第4章 转子泵

4.1 螺杆泵

螺杆泵是依靠螺杆相互啮合空间的容积变化来输送液体的转子容积式泵。根据互相啮合的螺杆数目，通常可分为单螺杆泵、双螺杆泵、三螺杆泵和五螺杆泵等几种。按照螺杆轴向安装位置还可以分为卧式和立式。

4.1.1 螺杆泵的工作原理与特点

(1)单螺杆泵

如图 4-1 所示，单螺杆泵由螺杆（转子）、泵套（定子）、万向联轴器、泵壳及轴封等组成。

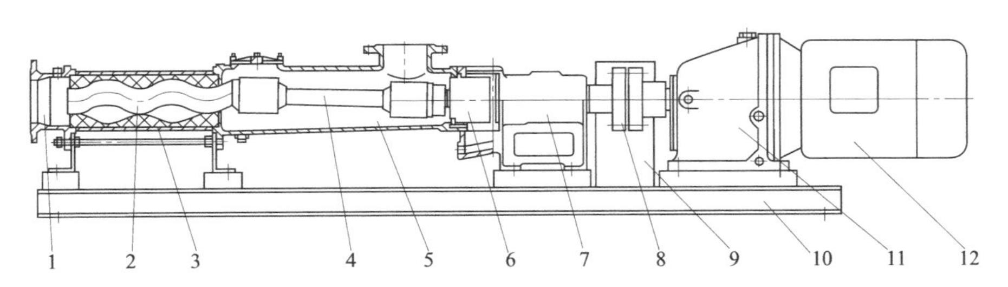

图 4-1 单螺杆泵的结构组成

1—排出体；2—转子；3—定子；4—万向联轴器；5—吸入室；6—轴封；7—轴承架；8—联轴器；9—联轴器罩；10—底座；11—减速机；12—电动机

一般单螺杆泵的螺杆是圆形截面，以其圆心与轴线的偏心距 e 为半径，以 t 为螺距，绕其轴线做螺旋运动而成的圆形截面螺旋形曲杆，如图 4-2 所示。其定子（泵套）的内孔是以长圆形截面绕轴线转动，同时以 2 倍转子螺距为导程（$T=2e$），轴向移动而成的双头螺旋孔（图 4-3）。

单螺杆泵工作时，转子（螺杆）在泵套的螺旋孔内做自转和公转的行星运动。螺杆的外表面与泵套的螺旋孔内表面相贴合构成密封线，在螺杆和泵套的螺旋槽之间形成数个互不相通的工作腔，当螺杆在定子螺旋孔内转动时，工作腔随螺杆的转动（自转和公转），以螺旋运动从泵的吸液端移向泵的排液端，同时其容积由小变大、再由大变小，完成输液过程。单螺杆泵输液过程中工作腔容积和位置的变化情况如图 4-4 所示。

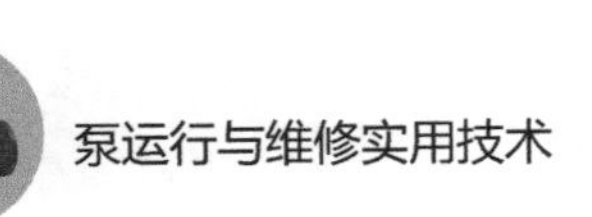

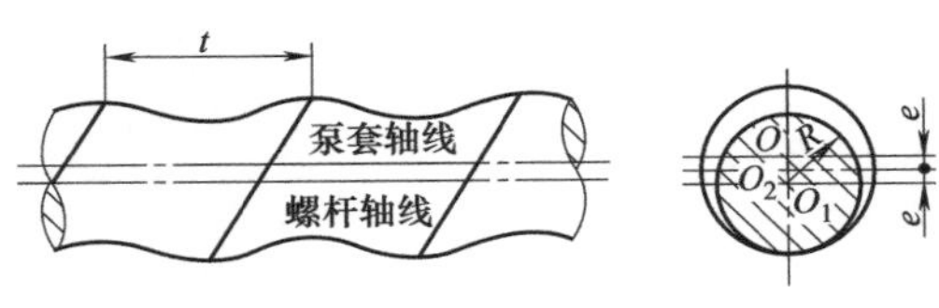

图 4-2　螺杆的几何形状

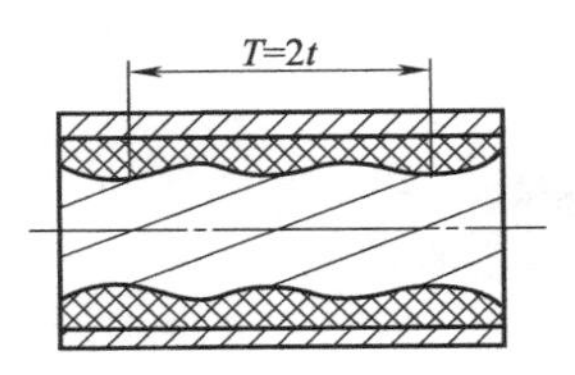

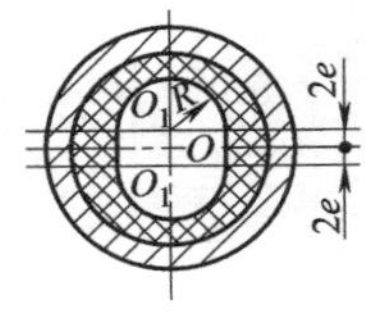

图 4-3　泵套的几何形状

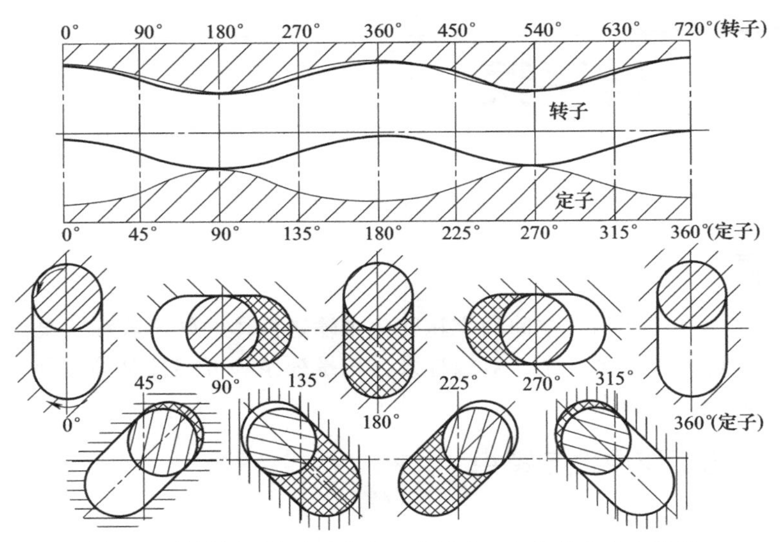

图 4-4　单螺杆泵输液过程中工作腔容积和位置的变化情况

单螺杆泵的工作腔是连续地由泵吸入端移向排出端，连续地将被送液体由泵吸液端送至排液端并连续地排出，因此单螺杆泵流量均匀平稳、没有湍流、搅动和脉动；由转子和定子内壁贴合构成密封，可以有较长的密封线，密封性能较好，泵可以达到较高的排出压力和良好的自吸能力，可液、气、固多相混输；单螺杆泵转子形状和用橡胶等软质材料制成的定子，可不破坏液体所含的固体颗粒。

单螺杆泵适于输送清水或类似清水的液体；含有固体颗粒、浆状（糊状）的液体；含有纤维和其他悬浮物的液体；高黏度液体以及腐蚀性液体等。其适用范围为：流量 0.03～450m^3/h；排出压力＜20MPa；操作温度－20～150℃；介质黏度≤1000Pa·s；固体含量从颗粒到粉末的体积含量比 40%～70%；颗粒尺寸＜e（螺杆截面圆心与轴线的偏心距）；纤维长度＜0.4t（螺杆的螺距）。

单螺杆泵广泛应用于化工、石油、造纸、纺织、建筑、食品、日用化工、污水处理等行业。

（2）双螺杆泵

双螺杆泵由两根螺杆、泵体及轴封等组成。一般所指的双螺杆泵是由分别为左旋和右旋的两根单头螺纹的螺杆同置于一个泵体中，主动螺杆通过一对同步齿轮，驱动从动螺杆共同旋转。两螺杆的螺纹齿相互置于对方的螺纹槽中，两螺杆螺纹的螺旋面之间、螺纹顶部与根部之间以及螺纹顶部与泵体内壁之间均有很小的间隙，以此间隙构成的密封，在螺杆和泵体内壁之间形成一个或数个密闭的工作腔。

在泵工作时，随着螺杆的转动，在吸入端，工作腔的容积逐渐变大，吸入液体，并将其密闭于工作腔内送向泵排出端；在排出端，工作容积逐渐缩小，将被送液体挤出工作腔，排至泵的输出管路中完成输液过程。双螺杆泵的组成和工作原理如图 4-5 所示。双螺杆泵有如下特点。

① 双螺杆泵连续地吸入和排出液体，泵的流量和压力波动很小。

② 两螺杆之间存在一定的间隙（一般为 0.05～0.15mm），互相不接触。

③ 允许输送含有微小颗粒物的液体和腐蚀性介质，且噪声小、寿命长。

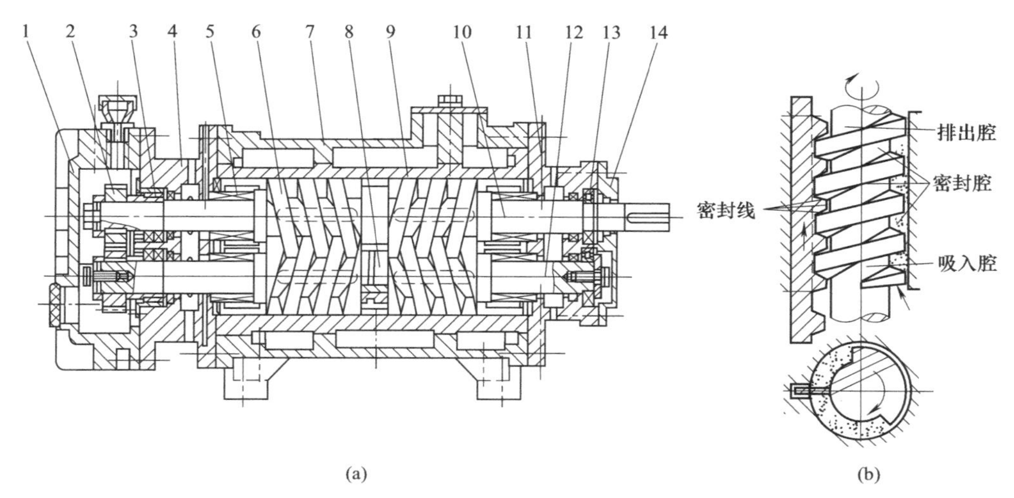

图 4-5　双螺杆泵的组成和工作原理

1—齿轮箱盖；2—齿轮；3,13—滚动轴承；4—后支承；5—机械密封；6—螺杆；7—泵体；8—调节螺栓；9—衬套；10—主动轴；11—前支架；12—从动轴；14—压盖

④ 泵的排出压力取决于输出管路系统的压力，可能达到的排出压力取决于密封线条数，即螺杆螺纹的螺距数。

⑤ 具有自吸能力，启动前无需灌泵。

⑥ 双螺杆泵结构简单、运行可靠、操作维护方便，可通过改变转速调节泵的流量。

⑦ 适于输送具有一定黏度的液体，并可气、液两相混输。

双螺杆泵的适用范围为：流量 0.3～2000m^3/h；排出压力 ≤4MPa，非对称曲线齿形可达 8MPa；工作温度 ≤250℃；介质黏度 1～1500mm^2/s，降低转速后可达 $10^5mm^2/s$。

(3)三螺杆泵

三螺杆泵主要由一根主动螺杆、两根从动螺杆和包容三根螺杆的泵套组成，如图 4-6 所示。主动螺杆螺纹为凸形双头，从动螺杆为凹形双头，两者螺旋方向相反。螺杆的螺纹的法向截面齿廓型线为摆线。

自润滑低压三螺杆泵如图 4-7 所示，主动螺杆为悬臂式，剩余轴向力由热装在主动螺杆上的推力轴承承受，从动螺杆端部为自然润滑式，其轴向力由端部的推力块承受。

中、高压三螺杆泵多为高压平衡式，参见图 4-6，高压液体经泵套上的深孔到主动螺杆和从动螺杆的端部。平衡螺杆上的轴向力，也可以采用低压平衡式，参见图 4-8，使位于排出腔一端的从动螺杆平衡活塞的端面与低压腔连通，从动螺杆的剩余轴向力应指向排出腔。

主动螺杆和从动螺杆的螺纹相互啮合形成数条密封线（图 4-9）。这些密封线同螺杆与泵套孔壁之间的间隙密封构成数个密闭的工作腔，并将泵的吸入室和排出室隔开。使得泵吸入端的工作腔能在螺杆转动中，容积逐渐增大，吸入液体，随螺杆继续转动，将液体密闭于工作腔内，并送向泵的排出端；在排出端工作腔随螺杆的转动，容积逐渐缩小，将被送液体挤出工作腔，排至泵的输出管路中去，完成输送液体。

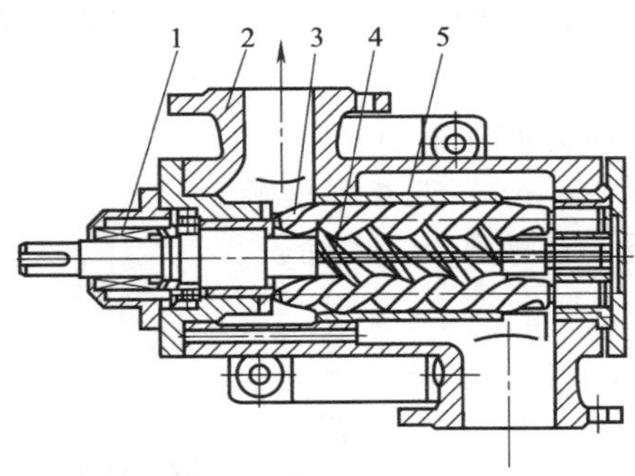

图 4-6 高压平衡式螺杆泵

1—机械密封；2—泵体；3—从动螺杆；4—主动螺杆；5—泵套

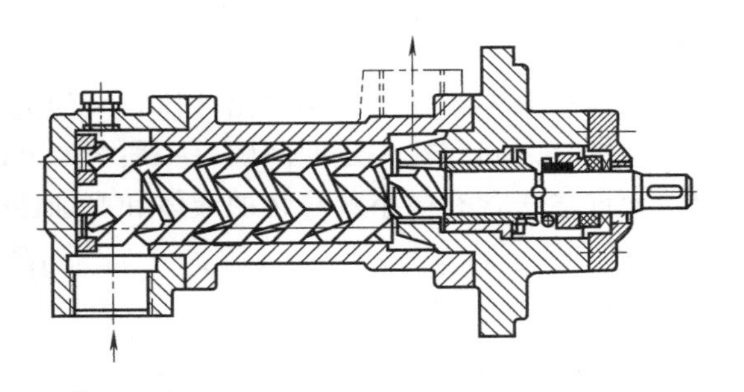

图 4-7 自润滑低压三螺杆泵

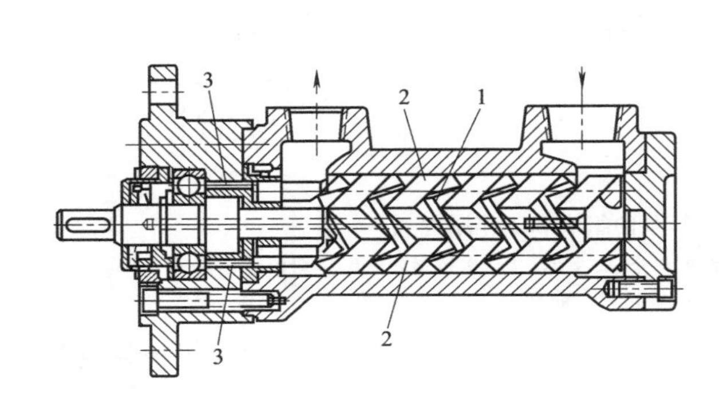

图 4-8 低压平衡式三螺杆泵

1—主动螺杆；2—从动螺杆；3—平衡孔

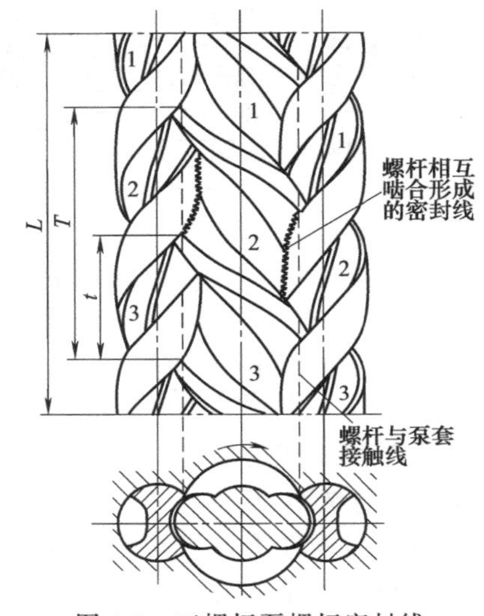

图 4-9 三螺杆泵螺杆密封线

1—吸入腔；2—密封腔；3—排出腔

三螺杆泵中，主动螺杆直径和截面面积都较大，在泵工作时承受主要的负荷。从动螺杆的主要作用是阻止液体从排出室漏回吸入室，同时主动螺杆和从动螺杆的啮合也阻止了被送液体随螺杆转动，被送液体相当于被限制转动的螺母。当螺杆每转一转，被送液体沿螺杆的轴向由泵吸入端向出口端移动一个导程。螺杆连续地旋转，泵连续地输送液体。

三螺杆泵的排出压力取决于泵输出管路系统的特性。泵能达到的排出压力与螺杆的导程数（密封线数）、螺杆与泵套孔壁的间隙有关，排出压力越高，需要导程数越多；螺杆越长，要求螺杆与孔壁间隙越小。

三螺杆泵的特点是：流量和排出压力平稳无脉动；对被送液体的搅动很小，泵运行平稳、振动小、寿命长；有自吸能力，并能气、液混输；泵的转速较高，体积小，重量轻，结构简单紧凑，操作维护方便。但三螺杆泵的螺杆之间存在啮合关系，螺杆与孔壁的间隙较小，对液体的黏度和含有的颗粒物较为敏感，故适合输送润滑性较好、无颗粒的清洁液体。其适用范围为：流量，一般为 0.25～1000m^3/h，最大可达 2000m^3/h；排出压力，一般为≤25MPa，最大可达 70MPa；操作温度≤280℃；液体黏度，一般为 5～500mm^2/s，降低转速可达 2400mm^2/s；允许最大颗粒在 600μm 以下。

三螺杆泵主要用于输送润滑油、液压油、重油、燃料、柴油、汽油、液体蜡以及黏度较

小的合成树脂等。在化工生产装置中主要用于离心压缩机、大型泵等机组的润滑油泵、密封油泵等。

4.1.2　常用螺杆泵的性能与结构

(1)单螺杆泵

① 主要性能参数

a. 流量　单螺杆泵的流量决定其转子和定子的尺寸以及泵的转速。单螺杆泵每一个横截面内（图4-2和图4-3），定子孔的截面面积为$\frac{\pi}{4}D_R^2+4eD_R$；螺杆的截面面积为$\frac{\pi}{4}D_R^2$。

泵的过流面积为定子孔与螺杆截面面积之差，即为$4eD_R$。

(a) 螺杆每转一次的理论排液量V_{th}为过流面积与定子导程T的乘积，即：

$$V_{th}=4eD_RT \tag{4-1}$$

(b) 理论流量q_{Vth}为螺杆每转一转的理论排液量与转速的乘积，即：

$$q_{Vth}=\frac{240eD_RTn}{10^9}\quad (m^3/h) \tag{4-2}$$

或

$$q_{Vth}=\frac{eD_RTn}{15\times10^6}\quad (L/s) \tag{4-3}$$

式中　e——螺杆截面圆心与轴线的偏心距，mm；

D_R——螺杆圆形截面的直径，$D_R=2R$，mm；

T——泵套内孔螺旋槽的导程，mm；

n——泵的转速（表5-1），r/min。

(c) 实际流量q_V

$$q_V=\frac{240eD_RTn}{10^9}\eta_V\quad (m^3/h) \tag{4-4}$$

或

$$q_V=\frac{eD_RTn}{15\times10^6}\eta_V\quad (L/s) \tag{4-5}$$

式中　η_V——泵的容积效率，$\eta_V=0.65\sim0.85$，当排压力较低、螺杆截面直径D_R较大时，取大值。

b. 转速n　当按液体黏度确定单螺杆泵转速n时，可参见表4-1。

表4-1　单螺杆泵适用的转速范围和被送液体黏度

黏度/Pa·s		适用的转速范围/(r/min)
牛顿液体	非牛顿液体	
$10^{-3}\sim1$	$10^{-3}\sim10$	1500～800
1～10	10～100	800～300
10～700	100～1000	300～100
>700	>1000	<100

单螺杆泵的转速，还可以根据被送液体在泵工作腔内的轴向流动速度v_{gm}（亦称转子、定子间的相对平均滑动速度）来确定，特别是在输送含有固体颗粒物的液体，且可能对泵的转子或定子产生磨损时，必须以v_{gm}值确定泵的转速，详见JB/T 8644—2007《单螺杆泵》附录A。

c. 排出压力　单螺杆泵的排出压力取决于泵的排出管路系统的特性，泵的螺杆直径和转速不能改变泵的排出压力。单螺杆泵的排出压力为每个定子导程长度 T 能达到的压力与导程的乘积。一般每一个定子导程长度能达到的排出压力为 0.3～0.6MPa。为了尽量减小泵的轴向尺寸，通常取泵能达到的排出压力 p_2 为：

$$p_2=0.6i_T \quad (\mathrm{MPa})$$

式中　i_T——泵的定子导程数，也可称为泵的级数。

d. 效率 η　单螺杆泵工作时，其转子（螺杆）和定子（泵套）相接触，并存在相对滑移，因此，单螺杆泵的机械损失较大，泵的效率较低，一般为 $\eta=50\%\sim80\%$。每一转排液量较大的泵效率较高。

e. 使用寿命　单螺杆泵的转子和定子的相对滑移，将引起转子和定子的磨损，主要是定子磨损，因此，单螺杆泵的使用寿命较低。一般要求：在输送清水或类似清水的液体时，定子的使用寿命不低于 2000h。

f. 流量调节　单螺杆泵可在保持排出压力不变的工况下，通过改变泵的转速调节流量，泵的流量与转速成正比，故在一定范围内可用作定量泵或计量泵。

② 结构　单螺杆泵有卧式和立式两种结构形式。

a. 卧式单螺杆泵　卧式结构应用较多，其结构布局合理（图 4-1），泵的吸液管口和吸入室在泵的轴封端，此时，泵轴封的密封压力为吸入压力，密封压力较低，可减少泄漏的可能性。当被输送液体的流动性较差时，可采用尺寸较大的矩形吸液口，并在吸入室内增设螺旋进料器（图 4-10），用以将被送液体推入泵工作腔，帮助泵吸入液体。

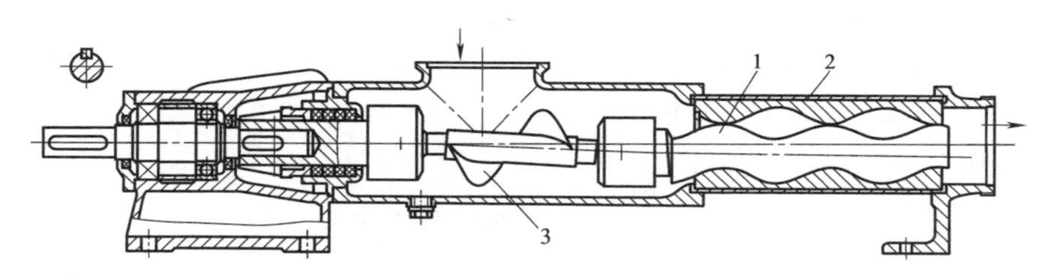

图 4-10　带进料器的单螺杆泵

1—定子；2—螺杆（转子）；3—螺旋进料器

b. 立式单螺杆泵　立式结构多用于液下和潜水单螺杆泵。

(a) 液下泵　浸没于液体中，电动机、减速机、轴承箱等泵驱动系统置于液面上方，其吸液管口和吸入室在螺杆的下端。泵工作时，吸液管口位于泵的最下端，适于输送罐（池）底部的沉淀物，但排液室和排液管位于泵轴封端，轴封的密封压力为泵的排出压力，增加了密封难度（特别是泵的排出压力较高时）。液下泵浸入深度，一般为泵的自身长度。当排出压力为 2.4MPa 时，浸入深度为 3～3.5m；当需要增加浸入深度时，需用长轴传动，浸入深度 80m 以内可用刚性轴传动，深度再增大（可达数百米）需用柔性轴传动。

(b) 单螺杆潜液泵　泵体与电动机、万向联轴器均潜于被送液体中，电动机置于泵的下面，电动机与泵直联，泵转速与电动机转速相同，泵直接由螺杆靠万向联轴器端吸入液体，由螺杆上端向上排出液体，因此，潜液泵没有长轴，可节省钢材，也不需用轴封，更没有泄漏问题，但需应用特殊的潜液电动机。

潜液泵的潜入深度取决于泵的排出压力（扬程），潜液泵不适于抽送沉淀物，一般多用于油田抽送黏性原油，下潜深度可达 1000m。

c. 螺杆　一般为圆形截面的单头螺旋杆，定子孔为双头螺旋孔，称作 1-2 型（或 1/2 型）。另一种为 2-3 型（或 2/3 型），其螺杆截面为椭圆形的双头螺旋杆、定子孔为三头螺旋

孔。2-3 型的工作容积比 1-2 型增大 45%，在相同的转速下流量增大 45%，在相同的流量下可减小定子的磨损，提高使用寿命。目前应用较多的仍是 1-2 型螺杆和泵套。

螺杆材料为碳钢、合金钢和不锈钢，可用机械加工方法制造，大直径的螺杆采用空心结构。定子多为橡胶制成，常用的有：天然橡胶（用于输送污水、泥浆、有机涂料等）；丁腈橡胶（用于输送油类、医药、食品、化妆品等）；氟橡胶（用于输送烃、苯、烷溶剂等）；氯磺化聚乙烯橡胶（用于输送酸、碱、油化纤浆液等）及聚氨酯橡胶等。

③ 主要几何参数

a. 单螺杆泵螺杆的圆形截面直径 D_R、偏心距 e、螺距 t 及定子螺旋孔截面尺寸和导程 T（图 4-2 和图 4-3）是根据需要的流量确定的。当已知被送液体及所需的流量后，根据被送液体的性质选取适合的转速（参照表 4-1）；根据需要的流量和泵的容积效率确定每一转的设计排液量；按以下的关系确定 D_R、e、T 值，代入式（4-1）核算泵的每一转的设计排液量。

$$10 \leqslant \frac{t}{e} \leqslant 17.5 \quad （初算时可取\frac{t}{e}=13 \sim 14）$$

$$3 \leqslant \frac{2t}{D_R} \leqslant 10 \quad （初算时可取\frac{2t}{D_R}=4 \sim 5）$$

当每一转的排液量为 0.016L～16L 时

$$e=3 \sim 30 \text{（大泵取大值）}$$

$$T=2t$$

b. 单螺杆泵的螺杆和泵套的长度 L 根据需要达到的排出压力确定。螺杆和泵套的最小长度应大于螺杆形成的两条密封线（即一个密封腔）所占据的轴向长度，以保证在任一瞬间至少有一条密封线将吸、排液口隔开。螺杆和泵套的最小长度 L_{min} 应为：

$$L_{min}=(1.2 \sim 1.5)T$$

螺杆和泵套的长度 L 为：

$$L=i_T T+(0.2 \sim 0.5)T \tag{4-6}$$

式中 i_T——级数（定子导程数），$i_T=p_2/0.6$。

④ 性能换算　当单螺杆泵、双螺杆泵、三螺杆泵及五螺杆泵的试验转速、黏度与规定值的不同时，泵的流量和功率可按下式换算。

a. 流量

$$q_V=\left[q_{V0}-(q_{V0}-q_{Vi})\left(\frac{\nu_i}{\nu}\right)^k\right]\frac{n}{n_i} \quad (\mathrm{L/s}) \tag{4-7}$$

式中 q_{V0}——排出压力为 0 时的实测流量；

q_{Vi}——所测定的排出压力下的实测流量；

n——规定的转速；

n_i——所测定的排出压力下的实测转速；

ν——规定的介质黏度，一般为 $75\mathrm{mm^2/s}$；

ν_i——实测黏度，$\mathrm{mm^2/s}$；

k——换算指数，当 $\nu_i \geqslant \nu$ 时，$k=0.25$，当 $\nu_i<\nu$ 时，$k=0.5$。

b. 功率

$$P_{in}=\left[(P_i+P_0)+P_0\left(\frac{\nu}{\nu_i}\right)^{0.3}\right]\frac{n}{n_i} \quad (\mathrm{kW}) \tag{4-8}$$

式中　P_i——所测定排出压力下的实测功率值，kW；

P_0——排出压力为 0 时的实测功率值，kW。

（2）双螺杆泵

① 结构　双螺杆泵一般是从螺杆的两端吸入被送液体，由螺杆中部排出，可自动平衡螺杆工作时的轴向力。轴封的压力较低，密封效果较好，此种布局的螺杆泵，每根螺杆都有左旋和右旋两段螺纹，两段螺纹的直径、螺距、齿形和螺距数相同，而两根螺杆对应的螺纹旋向相反（图 4-11）。

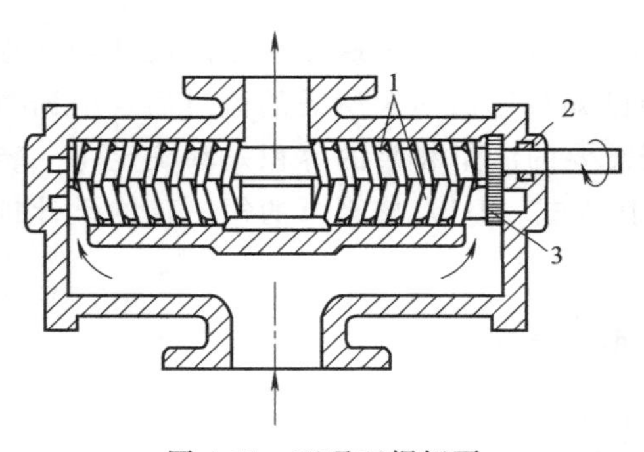

图 4-11　双吸双螺杆泵

1—螺杆；2—轴封；3—同步齿轮

当要求的排出压力较高时，由于需要较多的螺距数，螺杆较长，为减小泵的轴向尺寸，可应用单吸双螺杆泵。螺杆工作时的轴向力，小型泵多采用止推轴承承担、大型泵用平衡鼓（盘），以液体压力进行平衡。

主动螺杆带动从动螺杆的同步齿轮，一般置于泵外（图 4-5），同步齿轮和轴承以润滑油进行润滑；当输送液体的黏度适宜且润滑性较好的液体时，同步齿轮和轴承均可置于泵内（图 4-11），以被送液体进行润滑，其结构简单、紧凑，操作维护方便并仅需用一个轴封（前者需用 4 个轴封），将泄漏的可能降到了最低。

双螺杆泵有卧式、立式和液下式等结构形式，以满足不同的用途。

螺杆的齿形有矩形线型、梯形线型、对称曲线型和非对称曲线型等，如图 4-12 所示。矩形和梯形齿形的线型为直线，两螺杆的齿形不存在共轭关系，容积效率较低，但加工制造方便；对称和非对称曲线齿形的线型有摆线、不对称摆线渐开线、次摆线包络线以及我国还应用的复合摆线等曲线，两螺杆的齿间存在共轭关系，容积效率较高，但加工制造需要专用的成型刀具和工装。

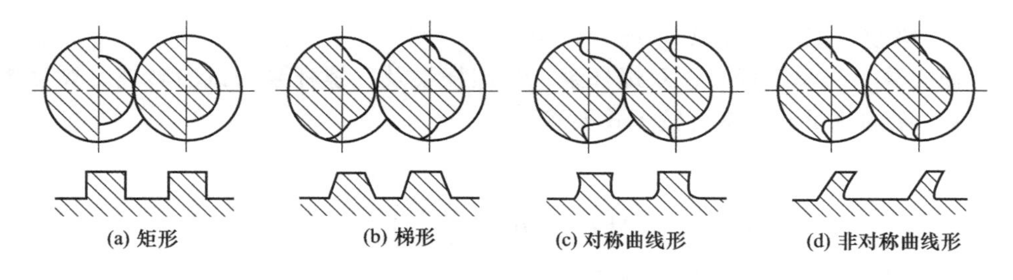

图 4-12　双螺杆泵螺杆齿形

两根螺杆之间，螺杆与泵体内壁之间的间隙依靠同步齿轮和轴承保持，其间隙值在 0.05～0.15mm 范围内。

② 主要性能参数　如图 4-13 所示为 2LBF 16/30 双螺杆泵性能曲线。双螺杆泵的螺杆转一转，被输送液体沿螺杆的轴向，排出端移动一个螺距。其排液量为泵的过流面积与螺杆螺距的乘积，而泵的流量为螺杆每一转的排液量与转速的乘积。不同齿形螺杆的过流面积不同，螺距也不相同，故其排液量和流量都不相同。

a. 流量

(a) 矩形和梯形齿形的双螺杆泵

ⓐ 理论流量 q_{Vth}

$$q_{Vth}=\frac{60\lambda R_s^2 tn}{10^9} \quad (m^3/h) \quad (4\text{-}9)$$

或

$$q_{Vth}=\frac{\lambda R_s^2 tn}{60\times10^6} \quad (m^3/s) \quad (4\text{-}10)$$

式中 R_s——螺杆齿顶圆半径，mm；

t——螺杆螺距，mm；

n——泵的转速，双螺杆泵多为电动机直联驱动，且多用于输送黏度≤1500mm²/s的液体，转速一般为 $n=960\sim1450$r/min；

λ——有效过流面积系数（λR_s^2 即为有效过流面积），λ 值与 R_s、t、螺杆齿根圆半径 R_f 以及齿形有关。

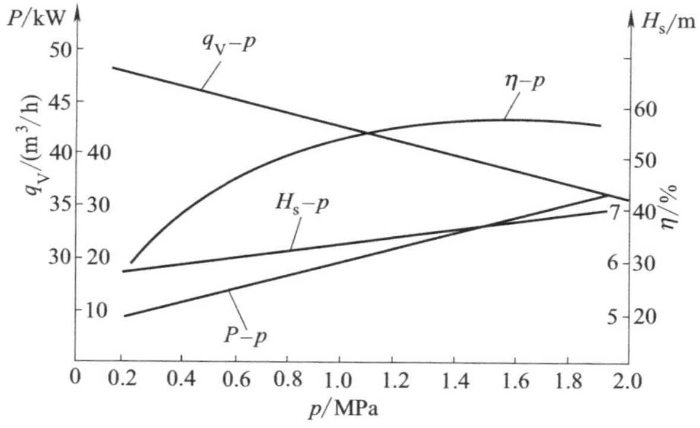

图 4-13 2LBF 16/30 双螺杆泵性能曲线

ⓑ 实际流量 q_V

$$q_V=q_{Vth}\eta_V \quad (4\text{-}11)$$

式中 η_V——泵的容积效率，$\eta_V=0.6\sim0.8$。

(b) 齿形为非对称曲线型的双螺杆泵

ⓐ 理论流量 q_{Vth}

$$q_{Vth}=\frac{26.4nD_j^3}{10^9} \quad (m^3/h) \quad (4\text{-}12)$$

或

$$q_{Vth}=\frac{0.14nD_j^3}{10^6} \quad (L/s) \quad (4\text{-}13)$$

式中 D_j——螺杆节圆直径，mm。

ⓑ 实际流量 q_V

$$q_V=q_{Vth}\eta_V$$
$$\eta_V=0.6\sim0.85$$

b. 螺杆长度

(a) 螺杆和泵体的最小长度 $L_{min}=3t$，L_{min} 可保证泵在任一瞬间都至少有一条密封线，将泵的吸入端和排出端隔开。

(b) 螺杆和泵体的长度 $L=i_t t$，式中，i_t 为螺杆的螺距数，取决于要求达到的排出压力和每一螺距能达到的排出压力。

泵的运转间隙值（即为两螺杆之间、螺杆与泵体之间的间隙）越小，每一个螺距能达到的排出压力越高。因此，对排出压力较高的泵，应取较小的运转间隙，以减小所需的螺距数、螺杆长度和泵的轴向尺寸。

在双螺杆泵的排出压力范围内，每一个螺距能达到的排出压力 $p_2/i_t=0.4\sim1.1$MPa，排出压力高时，取大值。

双螺杆泵的两螺杆之间及螺杆与泵体之间的间隙，一般为 0.05～0.15mm，当被送物料黏度较大时，取大值；当排出压力较高时，取小值。

c. 效率 η 双螺杆泵的效率 $\eta=\eta_V\eta_m$，式中 η_m 为泵的机械效率，$\eta_m=0.65\sim0.95$，排出压力低，转速高时取小值。

d. 性能换算　当双螺杆泵测试的介质黏度、泵的转速与规定的不同时，可按式（4-7）和式（4-8）进行流量和输入功率的换算。

（3）三螺杆泵

① 结构　三螺杆泵主动螺杆与从动螺杆之间，不用同步齿轮传动，在正常工作过程中，从动螺杆依靠被送液体的压力作用（液膜传动）随主动螺杆同步转动，故三螺杆泵一般为内置结构，泵体（套）孔即作为螺杆的轴承支撑螺杆，不必在螺杆两端设置径向轴承，使结构简化，减少了零件，同时，螺杆不承受弯曲载荷，稳定性较好，可应用很长的螺杆（增加螺距数），泵能达到的排出压力较高。

三螺杆泵有双吸和单吸两种结构形式。

双吸式泵是由螺杆两端吸入液体，中间排出液体。相当两台对称布置的流量和排出压力相同的三螺杆泵并联运行，输送液体的轴向力可自行平衡，泵结构简单、运行平稳，但螺杆的螺距数较少，能达到的排出压力较低，多用于大流量、低排压的工况。

单吸式泵由螺杆的一端吸入液体，另一端排出液体，在同样长度的螺杆上，可以有较多的螺距数，能获得较高的排出压力，但螺杆输液时的轴向力不能自行平衡，需设置轴向力平衡机构，因此，单吸泵结构较双吸泵复杂。

螺杆的输液轴向力平衡机构有两种：机械支撑式，以止推轴承或推力块、环、垫承担轴向力；液体压力平衡式，以平衡活塞（平衡盘）两面的压力差平衡轴向力。液体压力平衡式有高压平衡和低压平衡两种形式。高压平衡式是将泵排出室的高压液体引至从动螺杆吸入端的端面，用以平衡从动螺杆的轴向力（图 4-14）。低压平衡式则是在从动螺杆的排出端装有平衡活塞，平衡活塞的外端面与密封腔（密封腔与吸入室相连通为低压区）相连通，从而平衡从动螺杆的轴向力（图 4-8）。一般当排出压力≤1MPa 的小型泵，可应用机械支撑式平衡机构，排出压力超出上述范围，需应用液体压力平衡式机构。

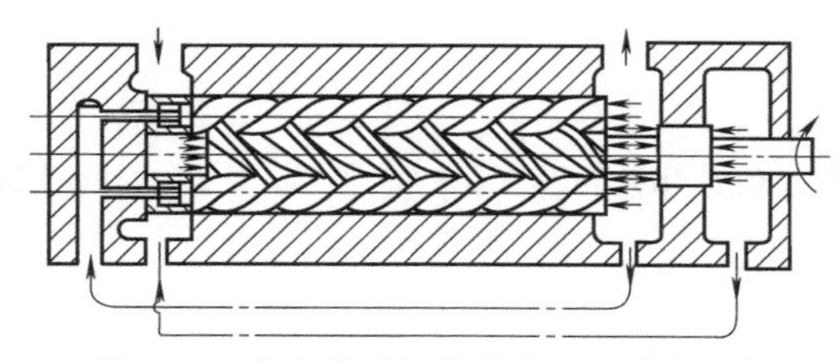

图 4-14　主动转子与从动转子的轴向平衡

三螺杆泵有卧式、立式和液下三螺杆泵等结构形式。其泵体分为整体式和分体式两种。整体式泵体，即泵体和泵套合为一体，在泵体加工出螺杆孔，结构较为简单，但磨损后，需更换整个泵体。分体式泵体的泵套为一个单独零件，制成后装入泵体内，当磨损后，只需更换泵套，结构合理，但较为复杂，制造成本较高，多用于高压三螺杆泵。

② 性能参数

a. 流量　在三螺杆泵的螺杆直径、导程和转速已确定的情况下，泵的流量随排出压力（或压力差）的增大而减小，是因排出压力增大，引起泵泄漏增大所致；在适合的液体黏度范围内，黏度值增大，流量略有增大；当黏度超出适合的范围，会引起工作腔充液量不足而流量下降，同时，泵的振动和噪声增大。

b. 排出压力　三螺杆泵的排出压力（压力差）仅取决于其输出管路系统的特性，改变泵的螺杆直径和工作转速都不可能改变泵的排出压力（压力差）。当被送液体的黏度增大时（在与泵工作转速相适应的黏度范围内），由于螺杆和泵体孔之间的密封性有所增强，泵可能达到的排出压力（压力差）将提高，同样，缩小螺杆与泵体孔的配合间隙，并可提高螺杆每一个导程能达到的排出压力。

c. 功率　三螺杆泵的功率与流量或排出压力（压力差）呈线性关系。当被送液体黏度增大时，由于液体与泵过流零件黏性阻力及液体的自身剪切作用的功率损失增大，泵的输入

功率也随之增大。黏度越大，输入功率的增大值越大。

d. 效率　三螺杆泵在一定的流量和工作转速下，其效率随排出压力迅速提高到最高效率点，排出压力继续增高，由于内泄漏增大、容积效率降低，泵效率则逐渐降低。当被送液体的黏度增大时，因黏性损失增大，故泵的效率降低。三螺杆泵的高效区较宽，有良好的调节性能。

反映排出压力（压力差）与流量、功率和效率之间变化关系的三螺杆泵性能曲线如图4-15所示。

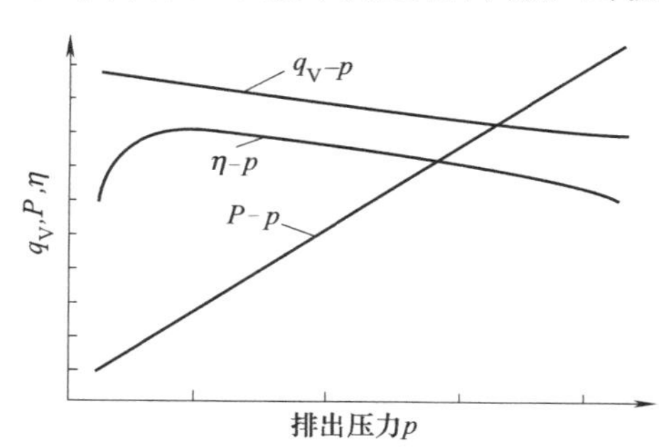

图4-15　反映排出压力（压力差）与流量、功率和效率之间变化关系的三螺杆泵性能曲线

③ 主要几何参数　三螺杆泵的螺杆型线为摆线。我国通常采用135型摆线螺杆，即从动螺杆根圆直径D_f、螺杆节圆直径D_j和主动螺杆顶圆直径D_a三者之比为：

$$D_f : D_j : D_a = 1 : 3 : 5$$

螺杆的有关几何参数与螺杆节圆直径D_j的关系（图4-16）为：

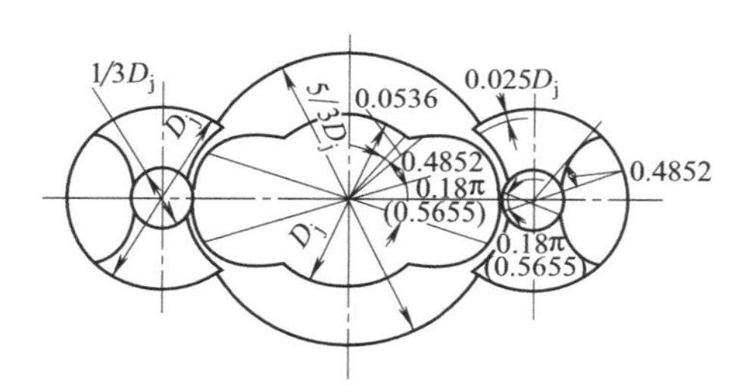

图4-16　三螺杆泵135型摆线螺杆的几何尺寸

$$D_f = \frac{1}{3}D_j \quad (\text{mm}) \tag{4-14}$$

$$D_a = \frac{5}{3}D_j \quad (\text{mm}) \tag{4-15}$$

螺杆的导程T为：

$$T = kD_j \quad (\text{mm})$$

式中　k——导程系数，通常为$\frac{4}{3}$～$\frac{10}{3}$。

主动螺杆的横截面面积：

$$A_1 = 1.26787D_j^2 \quad (\text{mm}^2)$$

从动螺杆的横截面面积：

$$A_2 = 0.42832D_j^2 \quad (\text{mm}^2)$$

泵体（套）孔的横截面面积：

$$A_3 = 3.36757D_j^2 \quad (\text{mm}^2)$$

泵的有效过流面积：

$$A = 1.24307{D_j}^2 \quad (\text{mm}^2)$$

④ 流量计算　螺杆转一转的理论排液量V_{th}为：

$$V_{th} = AT = 1.24307kD_j^3 \times 10^{-6} \quad (\text{L/r}) \tag{4-16}$$

三螺杆泵的理论流量q_{Vth}为：

$$q_{Vth} = \frac{ATn}{60} = \frac{1.24307kD_j^3 n}{60} \times 10^{-6} \quad (\text{L/s}) \tag{4-17}$$

或

$$q_{Vth} = \frac{1.24307kD_j^3 n}{10^9} \times 60 \quad (\text{m}^3/\text{h}) \tag{4-18}$$

式中　n——螺杆泵的转速，根据被送液体的黏度确定。

三螺杆泵适合输送液体的黏度为5～500mm²/s，转速多为960r/min、1450r/min和2900r/min（泵由电动机直联驱动）。

三螺杆泵的实际流量q_V：

$$q_V = q_{Vth}\eta_V \tag{4-19}$$

式中　η_V——容积效率，$\eta_V=0.75\sim0.95$。

⑤ 性能换算　当测试的液体黏度、泵的转速与规定值不同时，可参照式（4-7）和式（4-8）进行流量及输入功率的换算。

4.1.3　螺杆泵的日常运行与维护

（1）启动时的注意事项

① 螺杆泵启动之前，应将吸入和排出阀全部打开。

② 首次启动泵或再次使用长期封存的泵，应注入所输入液体，借助辅助工具转动泵轴几次，这样不会损坏定子。泵不能无液启动，无液启动会损坏定子。

③ 启动电动机片刻，检查泵的旋转方向，确认与泵壳上所标的方向一致后方可启动运行。

④ 启动泵后，观察压力表和真空表的读数是否满足要求，注意泵的声音、振动等运转情况，发现不正常应马上停车检查。

⑤ 在初始启动过程中，填料密封（特别是聚四氟乙烯）允许的起始泄漏量，在初始启动过程的15min内，应均匀地调整填料压盖螺栓。每次大约1/8转，调整到最低泄漏量。若填料函温度急剧升高，泄漏量急剧减小，应马上松开螺栓，重复以上过程。

（2）日常维护

① 定时检查泵出口压力。

② 定时检查泵轴承温度及振动情况。

③ 检查密封泄漏及螺栓紧固情况。

④ 封油压力应比密封腔压力高0.05～0.1MPa。

⑤ 泵有不正常响声或过热时，应停泵检查。

（3）常见故障及其处理方法

螺杆泵的常见故障、故障原因及处理方法见表4-2。

表4-2　螺杆泵的常见故障、故障原因及处理方法

常见故障	故障原因	处理方法
泵不吸油	①吸入管路堵塞或漏气 ②吸入高度超过允许吸入真空高度 ③电动机反转 ④介质黏度过大	①检修吸入管路 ②降低吸入高度 ③改变电动机转向 ④将介质加温
压力表指针波动大	①吸入管路漏气 ②安全阀没有调好或工作压力过大,使安全阀时开时闭	①检查吸入管路 ②调整安全阀或降低工作压力
流量下降	①吸入管路堵塞或漏气 ②螺杆与衬套内严重磨损 ③电动机转速不够 ④安全阀弹簧太松或阀瓣与阀座接触不严	①检查吸入管路 ②磨损严重时应更换零件 ③修理或更换电动机 ④调整弹簧,研磨阀瓣与座
轴功率急剧增大	①排出管路堵塞 ②螺杆与衬套内严重摩擦 ③介质黏度太大	①停泵清洗管路 ②检修或更换有关零件 ③将介质升温
泵振动大	①泵与电动机不同心 ②螺杆与衬套不同心或间隙大、偏磨 ③泵内有气 ④安装高度过大,泵内产生汽蚀	①调整同心度 ②检修调整 ③检修吸入管路,排除漏气部位 ④降低安装高度或降低转速

续表

常见故障	故障原因	处理方法
泵发热	①泵内严重摩擦 ②机械密封回油孔堵塞 油温过高	①检查调整螺杆和衬套间隙 ②疏通回油孔 适当降低油温
机械密封大量漏油	①装配位置不对 ②密封压盖未压平 ③动环和静环密封面碰伤 ④动环和静环密封圈损坏	①重新按要求安装 ②调整密封压盖 ③研磨密封面或更换新件 ④更换密封圈

4.1.4　螺杆泵的检修

(1) 检修周期与内容

① 检修周期　螺杆泵的检修周期见表4-3，根据运行状况及状态监测结果可适当调整检修周期。

表4-3　螺杆泵的检修周期　　单位：月

检修类别	小　修	大　修
检修周期	6	24

② 检修内容

a. 小修项目

(a) 检查轴封泄漏情况，调整压盖与轴的间隙，更换填料或修理机械密封。

(b) 检查轴承。

(c) 检查各部位螺栓紧固情况。

(d) 消除冷却水、封油和润滑系统在运行中出现的跑、冒、滴、漏等缺陷。

(e) 检查联轴器及对中情况。

b. 大修项目

(a) 包括小修项目内容。

(b) 解体检查各部件磨损情况，测量并调整各部件配合间隙。

(c) 检查齿轮磨损情况，调整同步齿轮间隙。

(d) 检查螺杆直线度及磨损情况。

(e) 检查泵体内表面磨损情况。

(f) 校验压力表、安全阀。

(2) 检修前准备

在检修螺杆泵前应做好以下准备工作。

① 掌握运行情况，备齐必要的图纸资料。

② 备齐检修工具、量具、配件及材料。

③ 切断电源及设备与系统联系，内部介质冷却、吹扫、置换干净，符合安全检修条件。

(3) 拆卸与检查

拆卸螺杆泵时应按以下步骤进行。

① 检查电动机电源；电源应断开，并将电源开关上锁。检查出、入口阀门关闭情况，若没有关闭，应关紧。

② 松开电动机与泵轴之间的联轴器的连接螺栓，卸下联轴器。

③ 拆卸检查同步齿轮。

对于单或三螺杆泵，拆卸泵后端盖，检查垫片、止推垫片、轴承、轴向定位塞。

对于双螺杆泵，拆卸泵后端盖，拆卸检查轴承及密封。

④ 拆卸前端盖，拆卸检查主、从动螺杆及密封。

⑤ 必要时更换端盖与泵体之间垫片。

（4）零部件质量标准及检修

① 螺杆　螺杆表面若拉毛，应该用油石打磨光滑，表面粗糙度不大于 $Ra1.6\mu m$。螺杆与外端盖接触的端面应光滑，端面上始终要保持有畅通的布油槽。

螺杆轴颈的圆柱度偏差应小于直径的 0.25‰，轴的直线度偏差不大于 0.05mm。螺杆齿顶与泵体间隙冷态为 0.11～0.48mm。螺杆啮合时齿顶与齿根间隙冷态为 0.11～0.48mm，法向间隙为 0.10～0.29mm，且处于相邻两齿中间位置。

② 泵体　泵体内表面粗糙度不大于 $Ra3.2\mu m$，泵体、端盖和轴承座的配合面及密封面应无明显伤痕，粗糙度不大于 $Ra3.2\mu m$。泵体两端与端盖相配合的止口两内孔与泵体内孔同心度允差为 0.02mm，两端面与内孔垂直度允差为 0.02mm/100mm。

③ 轴承　滚动轴承与轴的配合采用 H7/k6，与轴承箱的配合采用 H7/h6。滚动轴承外圈与轴承压盖的轴向间隙为 0.02～0.06mm。滚动轴承采用热装时，加热温度不得超过 100%，严禁用火焰直接加热，推荐采用高频感应加热。滚动轴承的滚子和内外滚道表面不得有腐蚀、坑疤、斑点等缺陷，保持架无变形、损伤。轴颈与滑动轴承配合间隙（经验值）见表 4-4。

表 4-4　轴颈与滑动轴承配合间隙

转速/(r/min)	1500 以下	1500～3000	3000 以上
间隙/mm	1.2/1000D	1.5/1000D	2/1000D

注：D 为轴颈直径，mm。

滑动轴承衬套与轴承座孔的配合为 R7/h6。

④ 密封

a. 填料密封　填料压盖与填料箱的直径间隙一般为 0.1～0.3mm。填料压盖与轴套的直径间隙为 0.75～1.0mm，周向间隙均匀，相差不大于 0.1mm。填料尺寸正确，切口平行、整齐、无松动，接口与轴心线成 45°夹角。压装填料时，填料的接头必须错开，一般接口交错 90°，填料不宜压装过紧。

安装填料密封应符合以下技术要求：液封环与填料箱的直径间隙一般为 0.15～0.20mm；液封环与轴套的直径间隙一般为 1.0～1.5mm；填料均匀压入，不宜压得过紧，压入深度一般为一圈盘根高度，但不得小于 5mm。

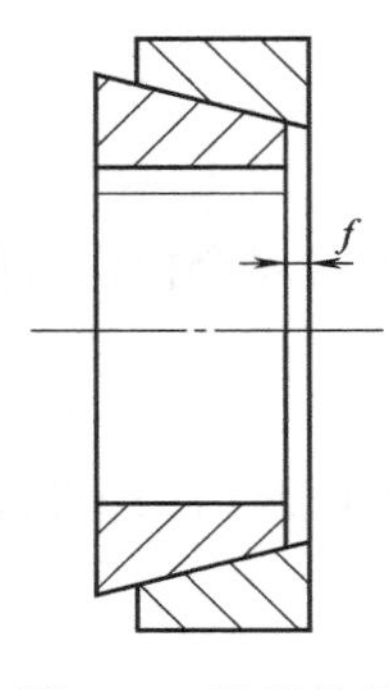

图 4-17　锥形轮毂

b. 机械密封　压盖与垫片接触面对轴中心线的垂直度为 0.02mm。安装机械密封应符合技术要求。

⑤ 联轴器　联轴器与轴的配合根据轴径不同，采用 H7/js6、H7/k6 或 H7/m6。

联轴器对中偏差和端面间隙见表 4-5。

⑥ 同步齿轮　主动齿轮与轴的配合为 H7/h6，从动齿轮与锥行轮毂的配合为 H7/h6，锥形轮毂与轴的配合为 H7/h6。

锥形轮毂质量应符合技术要求，内表面粗糙度不大于 $Ra0.8\mu m$，如有裂纹或一组锥形轮毂严重磨损，f 值小于 0.5mm 时应更换（图 4-17）。

<table>
<caption>表 4-5 联轴器对中偏差和端面间隙　　单位：mm</caption>
<tr><th rowspan="2">联轴器形式</th><th rowspan="2">联轴器外径</th><th colspan="2">对中偏差</th><th rowspan="2">端面间隙</th></tr>
<tr><th>径向位移</th><th>轴向倾斜</th></tr>
<tr><td rowspan="2">滑块联轴器</td><td>≤300</td><td><0.05</td><td><0.4/1000</td><td></td></tr>
<tr><td>300～600</td><td><0.10</td><td><0.6/1000</td><td></td></tr>
<tr><td rowspan="3">齿式联轴器</td><td>170～185</td><td><0.05</td><td rowspan="2"><0.3/1000</td><td>2.5</td></tr>
<tr><td>220～250</td><td><0.08</td><td>2.5</td></tr>
<tr><td>290～430</td><td><0.10</td><td><0.5/1000</td><td>5.0</td></tr>
<tr><td rowspan="13">弹性套柱
销联轴器</td><td>71～106</td><td><0.04</td><td rowspan="13"><0.2/1000</td><td>3</td></tr>
<tr><td>130～190</td><td><0.05</td><td>4</td></tr>
<tr><td>220～250</td><td><0.05</td><td rowspan="2">5</td></tr>
<tr><td>315～400</td><td><0.08</td></tr>
<tr><td>475</td><td><0.08</td><td rowspan="2">6</td></tr>
<tr><td>600</td><td><0.10</td></tr>
<tr><td>90～160</td><td rowspan="2"><0.05</td><td>2.5</td></tr>
<tr><td>195～220</td><td>3</td></tr>
<tr><td>280～320</td><td rowspan="2"><0.08</td><td>4</td></tr>
<tr><td>360～410</td><td>5</td></tr>
<tr><td>480</td><td rowspan="3"><0.10</td><td>6</td></tr>
<tr><td>540</td><td rowspan="2">7</td></tr>
<tr><td>630</td></tr>
</table>

齿轮不得有毛刺、裂纹、断裂等缺陷。齿轮的接触面积，沿齿高不小于40%，沿齿宽不小于55%，并均匀地分布在节圆线周围，齿轮啮合侧间隙为0.08～0.10mm。

(5) 组装及调整

螺杆端面与端盖相接触部分、螺杆与轴套间，组装时要加一点润滑油，防止组装过程中，手盘车时，这些部位干磨。

紧固外端盖、轴承盒与泵体的连接螺栓，要对称操作，用力要均匀，边紧边盘动螺杆。当紧固后盘车费劲时，要松掉螺栓重新紧固。

将联轴器重新找正。整理现场，填写检修记录，交付操作人员试车。

(6) 试车与验收

① 试车前准备

a. 检查检修记录，确认符合质量要求。

b. 轴承箱内润滑油油质及油量符合要求。

c. 封油、冷却水管不堵、不漏。

d. 检查电动机旋转方向。

e. 盘车无卡涩，无异常响声。

f. 必须向泵内注入输送液体。

g. 出入口阀门打开，至少应有30%开度。

② 试车

a. 螺杆泵不允许空负荷试车。

b. 运行良好，应符合下列机械性能及工艺指标要求。

(a) 运转平稳，无杂音。

(b) 振动烈度应符合SHS 01003—2004《石油化工旋转机械振动标准》相关规定。

(c) 冷却水和油系统工作正常，无泄漏。

(d) 流量、压力平稳。

(e) 轴承温升符合有关标准。

(f) 电流不超过额定值。

(g) 密封泄漏不超过下列要求：机械密封重质油不超过 5 滴/min，轻质油不超过 10 滴/min；填料密封重质油不超过 10 滴/min，轻质油不超过 20 滴/min。

c. 安全阀回流不超过 3min。

d. 试车 24h 合格后，按规定办理验收手续，移交生产。

e. 试车期间维修人员和检修人员加强巡检次数。

f. 停车时不得先关闭出口阀。

③ 验收

a. 检修质量符合 SHS 01001—2004《石油化工设备完好标准》项目内容的要求和规定，检修记录齐全、准确，并符合本规程要求。

b. 设备技术指标达到设计要求或能满足生产需要。

c. 设备状况达到完好标准。

4.2 齿轮泵

由两个齿轮相互啮合在一起而构成的泵称为齿轮泵。它是依靠齿轮的轮齿啮合空间的容积变化来输送液体的，它属于容积式回转泵。齿轮泵的种类较多。按啮合方式可以分为外啮合齿轮泵和内啮合齿轮泵；按轮齿的齿形可分为正齿轮泵、斜齿轮泵和人字齿轮泵等。

4.2.1 齿轮泵的工作原理及结构

外啮合齿轮泵是应用最广泛的一种齿轮泵，一般齿轮泵通常指的就是外啮合齿轮泵。它的结构如图 4-18 所示，主要由主动齿轮、从动齿轮、泵体、泵盖和安全阀等组成。泵体、泵盖和齿轮构成的密闭空间就是齿轮泵的工作室。两个齿轮的轮轴分别装在两泵盖上的轴承孔内，主动齿轮轴伸出泵体，由电动机带动旋转。外啮合齿轮泵结构简单、重量轻、造价低、工作可靠、应用范围广。

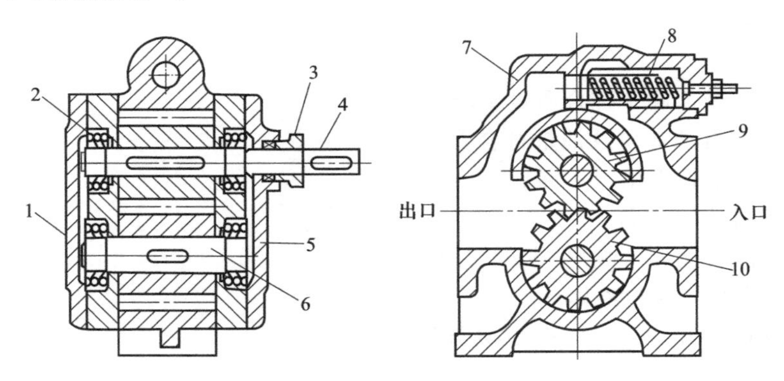

图 4-18 外啮合齿轮泵

1—后泵盖；2—轴承；3—密封压盖；4—主动轴；5—前泵盖；6—从动轴；7—泵体；8—安全阀；9—主动齿轮；10—从动齿轮

齿轮泵工作时，主动齿轮随电动机一起旋转并带动从动齿轮跟着旋转。当吸入室一侧的啮合齿逐渐分开时，吸入室容积增大，压力降低，便将吸入管中的液体吸入泵内；吸入液体分两路在齿槽内被齿轮推送到排出室。液体进入排出室后，由于两个齿轮的轮齿不断啮合，使液体受挤压而从排出室进入排出管中。主动齿轮和从动齿轮不停地旋转，泵就能连续不断地吸入和排出液体。

泵体上装有安全阀，当排出压力超过规定压力时，输送液体可以自动顶开安全阀，使高压液体返回吸入管。

如图4-19所示为内啮合齿轮泵，它由一对相互啮合的内齿轮及它们中间的月牙形件、泵壳等构成。月牙形件的作用是将吸入室和排出室隔开。当主动齿轮旋转时，在齿轮脱开啮合的地方形成局部真空，液体被吸入泵内充满吸入室各齿间，然后沿月牙形件的内外两侧分两路进入排出室。在轮齿进入啮合的地方，存在于齿间的液体被挤压而送进排出管。

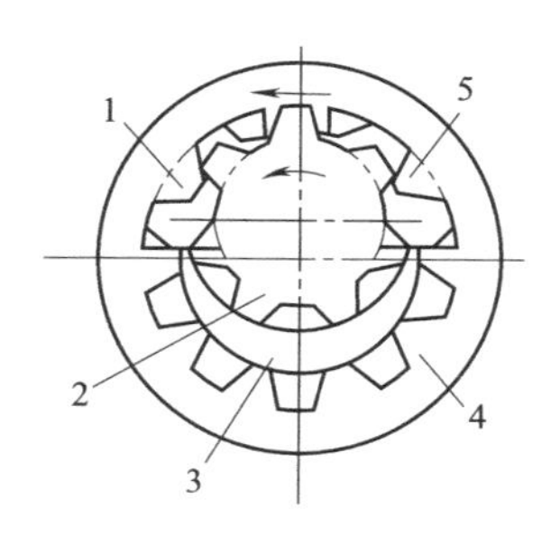

图4-19　内啮合齿轮泵
1—吸入室；2—主动齿轮；3—月牙形件；4—从动齿轮；5—排出室

齿轮泵除具有自吸能力、流量与排出压力无关等特点外，泵壳上还无吸入阀和排出阀，具有结构简单、流量均匀、工作可靠等特性，但效率低、噪声和振动大、易磨损，用来输送无腐蚀性、无固体颗粒并且具有润滑能力的各种油类，温度一般不超过70℃，例如润滑油、食用植物油等。一般流量范围为0.045～30m³/h，压力范围为0.7～20MPa，工作转速为1200～4000r/min。

4.2.2　齿轮泵的主要性能参数

(1)理论排量和流量

理论排量指泵在没有泄漏损失的情况下，每一转所排出的液体体积，当两齿轮的齿数相同时，外啮合齿轮的理论排量为：

$$V_{th}=\frac{\pi b}{2}\left(d_a^2-a^2-\frac{1}{3}t_0^2-\frac{1}{3}b^2\tan^2\beta_g\right)\times 10^{-3}\quad (cm^3/r) \tag{4-20}$$

式中　b——齿宽，mm；

d_a——齿轮顶圆直径，mm；

a——齿轮中心距，mm；

t_0——基圆节距，mm；

β_g——基圆柱面上的螺旋角。

未修正标准直齿轮的齿轮泵理论排量为：

$$V_{th}=2\pi bm^2\left(z+1-\frac{1}{12}\pi^2\cos^2 a\right)\times 10^{-3}\quad (cm^3/r) \tag{4-21}$$

式中　m——齿轮模数，mm；

z——齿轮齿数；

a——刀具压力角。

齿轮泵的理论流量为：

$$q_{Vth}=V_{th}n\times 10^{-3}\quad (L/min) \tag{4-22}$$

式中　n——泵转速，r/min。

齿轮泵实际流量为：

$$q_V=q_{Vth}\eta_V\quad (L/min) \tag{4-23}$$

式中　η_V——容积效率。

(2)瞬时流量

泵每瞬时排出的液体体积称为瞬时流量，外啮合齿轮泵的瞬时理论流量为：

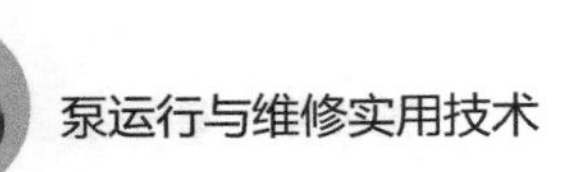

$$q'_{Vth}=\omega b(r_a^2-r'^2-l^2)\times10^{-3}\quad(cm^3/s)\tag{4-24}$$

或

$$q'_{Vth}=2\pi nb(r_a^2-r'^2-l^2)\times10^{-6}\quad(L/min)\tag{4-25}$$

式中　ω——角速度，rad/s；

r_a——齿顶圆半径，mm；

r'——齿节圆半径，mm；

l——啮合点至啮合节点的距离，mm，$l=r_g\theta$；

r_g——基圆半径，mm；

θ——旋转角，rad。

泵工作时的两齿轮啮合点沿啮合线移动，因此值 $l(\theta)$ 是变化的，即泵的瞬时流量是脉动的（图 4-20），其脉动频率为：

$$f=zn/60\ (Hz)\tag{4-26}$$

齿轮泵流量脉动（同时引起压力脉动）将使齿轮泵产生噪声和振动。流量和压力的脉动程度与齿数有关，如图 4-21 所示。

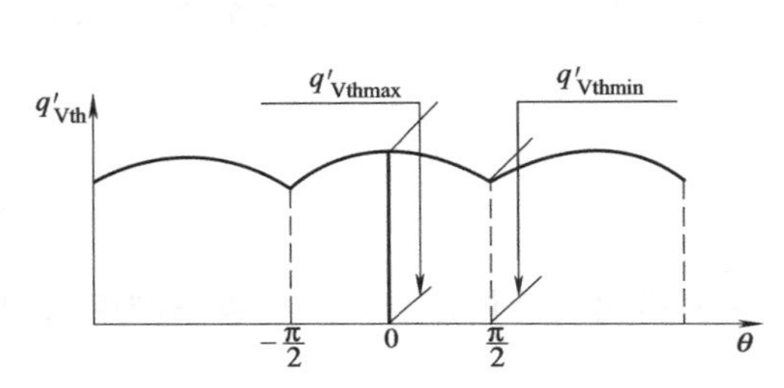

图 4-20　齿轮泵的瞬时理论流量

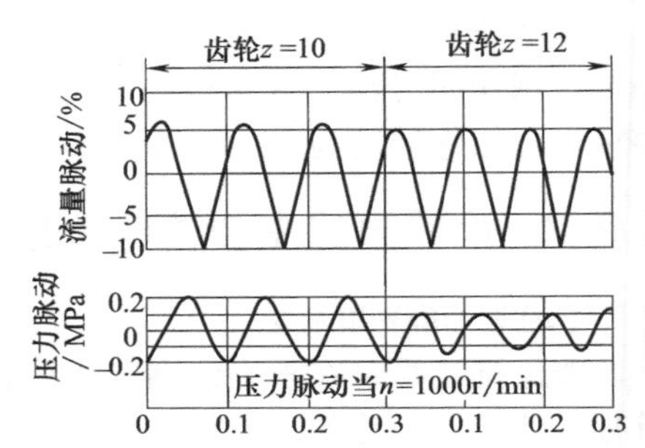

图 4-21　齿轮泵流量和压力的脉动

流量脉动大小以流量不均匀系数 δ_q 表示。

$$\delta_q=\frac{q'_{Vthmax}-q'_{Vthmin}}{q'_{Vthmax}}\tag{4-27}$$

式中　q'_{Vthmax}——最大瞬时理论流量；

q'_{Vthmin}——最小瞬时理论流量。

对齿数相等、重叠系数 $\varepsilon=1$ 的外啮合标准直齿齿轮泵（未开卸荷槽）有：

$$\delta_q=\frac{\pi^2\varepsilon^2\cos^2 a}{4(z+1)}\tag{4-28}$$

(3) 效率

齿轮泵内的能量损失主要是机械损失和容积损失，水力损失很小，可以忽略。

① 容积效率　容积损失主要是指通过齿轮端面与侧板之间的轴向间隙以及齿顶与泵体内孔之间的径向间隙和齿侧接触线的泄漏损失。其中轴向间隙泄漏的占总泄漏量的 75%～80%，一般轴向间隙为 0.03～0.04mm。容积效率 $\eta_V=q_V/q_{Vth}$，一般 $\eta_V=0.70\sim0.90$，小流量、高压泵的 η_V 低。

② 机械效率　齿轮泵的机械效率 $\eta_m=0.80\sim0.90$，大流量、高压泵的 η_m 低。

总效率为：

$$\eta=\frac{P}{P_e}=\frac{pq_V}{61.2P_e}\approx\eta_V\eta_m\tag{4-29}$$

式中　P——有效功率，kW；

P_e——轴功率，kW；

q_V——流量，L/min；

p——全压力，MPa，$p=p_2-p_1$；

p_1——吸入压力，MPa；

p_2——排出压力，MPa。

一般轴向间隙固定的齿轮泵，$\eta=0.60\sim0.80$，轴向间隙补偿泵，$\eta>0.80$。

齿宽和齿数对效率的影响如图 4-22 所示。

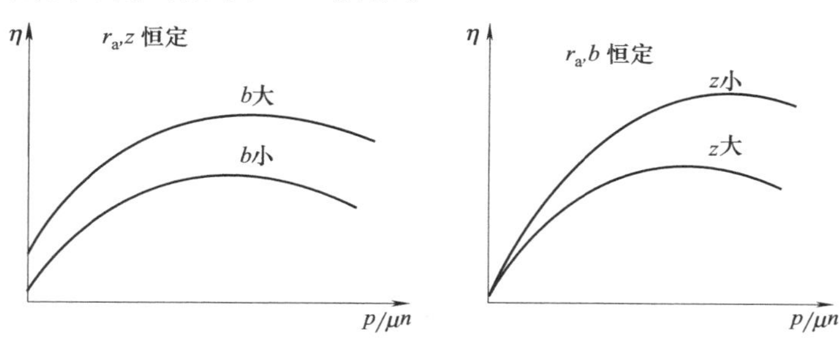

图 4-22　齿宽和齿数对效率的影响

图中横坐标 $p/\mu n$ 中 μ 为液体动力黏度 10^{-3}Pa·s

(4) 转速

齿轮泵的流量一般与转速成正比，但转速过高，由于离心力的作用，液体不能充满齿间，反而使流量减小并引起汽蚀，增大噪声和加剧磨损，尤其对高黏度液体影响更大。

齿轮泵的最高转速可由下面经验公式得出。

$$n_{max}\leqslant\frac{117}{d_a^4\sqrt{°E}}\quad(\text{r/min})\tag{4-30}$$

式中　d_a——齿顶圆直径，m；

$°E$——恩氏黏度。

n_{max}也可按表 4-6 确定。

表 4-6　n_{max}值

液体黏度/°E	2	6	10	20	40	72	104
u'_{max}/(m/s)	5	4	3.7	3	2.2	1.6	1.25

为避免容积效率过低，泵的最低转速也应限制。最小齿轮节圆圆周速度为：

$$u'_{min}\geqslant\frac{1.72p}{°E_{50}}\quad(\text{m/s})\tag{4-31}$$

式中　p——全压力，MPa。

$°E_{50}$——温度 50℃时的恩氏黏度。

4.2.3　化工齿轮泵

齿轮泵属小流量、高排压泵，其流量和压力脉动小于往复泵，而效率又高于在小流量、高排压工况下运行的叶片泵，但对被送液体的黏度和含有的颗粒物很敏感，因此，齿轮泵未能在化工生产中得到广泛应用。为使齿轮泵能在化工生产中获得广泛应用，多年来一直以适应化工生产的需要作为齿轮泵的主要发展目标之一，并开发出专用齿轮泵的新品种，称作化工齿轮泵，已用于化工生产。化工齿轮泵在设计、结构、制造和选材等方面有如下的发展。

① 外啮合齿轮泵工作齿轮只用作输送液体，其主动齿轮和从动齿轮的传动依靠另设的一对同步齿轮传动。齿轮的齿廓曲线有渐开线、圆弧等。工作齿轮和传动齿轮分开的外啮合齿轮泵在输送高黏度液体时，不会发生“挤死”现象，扩大了齿轮泵输送液体的黏度范围，

最高黏度可达1000Pa·s，但能达到的排出压力较低，最大排出压力不大于2.5MPa。

② 应用非金属材料制造齿轮，如以SiC、ZrO_2和Al_2O_3等陶瓷制造齿轮或在金属齿轮的表面搪、涂上述陶瓷材料。齿轮表面具有很高的硬度，可达维氏硬度2000。当齿轮泵的齿轮等过流零部件和轴承等均以上述陶瓷材料制成时，可用于输送细化泥浆（软、硬皆可）等浆状物料；SiC具有自润性，以其制造齿轮等过流零部件和轴承的齿轮泵输送黏度较低或润滑性较差的非润滑性液体时，不会发生齿轮的“干涉”和“咬死”等现象，适合输送低黏度（5×10^{-4}Pa·s）的液体，也适合输送高黏度液体；ZrO_2和Al_2O_3具有良好的耐腐蚀性能，可用于输送强腐蚀性液体。也有用乙烯-四氟乙烯共聚物、聚苯硫醚和聚四氟乙烯制作齿轮等过流零部件和轴承等，以扩大齿轮泵的应用范围，可用于输送涂料、漆、颜料、灰汁、抛光剂和酸类、碱液等腐蚀性溶液。

③ 提高齿轮的制造精度，将齿轮泵的工作间隙缩小到仅有3.8μm，泵的每一转的排液量达到很高的精确度和重复性，再通过高精度的转速调节系统，以改变齿轮泵的转速来调节其流量，并可自动控制。成为一种流量无脉动、调量精确度高、运行平稳、寿命长、适合定量输送黏稠和浆状液体的旋转式计量泵。

4.2.4 齿轮泵的日常运行与维护

(1) 运行中的注意事项

① 油液必须清洁，因输送液体清洁度对齿轮泵的使用寿命及正常运转有重要的影响，所以油泵入口应加装过滤器，过滤器网孔径不低于50μm。

② 电动机接线后，注意泵的旋转方向是否相符，进出口位置不得接错。

③ 泵启动前应用手盘动联轴器，检查泵内齿轮的转动是否灵活，应无摩擦及碰撞声音。

④ 首次启动应向泵内注入输送液体。启动前应全开吸入和排出管路中的阀门，严禁闭阀启动。

⑤ 要经常检查泵主动齿轮上的密封情况，若有泄漏，可将密封压盖适当压紧，为避免密封填料的迅速磨损、发热，不宜压得过紧。

⑥ 要经常检查泵各处有无泄漏及发热现象，如有泄漏、发热过高及异常声响时，应立即停泵进行检查修理。

(2) 日常维护

① 定时检查泵出口压力，不允许超压运行。

② 定时检查泵紧固螺栓有无松动，泵内无杂音。

③ 定时检查填料箱、轴承、壳体温度。

④ 定时检查轴密封泄漏情况。

⑤ 定时检查电流。

⑥ 定期清理入口过滤器。

(3) 常见故障及其处理方法

齿轮泵的常见故障、故障原因及处理方法见表4-7。

表4-7 齿轮泵的常见故障、故障原因及处理方法

常见故障	故障原因	处理方法
泵不吸油	①吸入管路堵塞或漏气 ②吸入高度超过允许吸入真空高度 ③电动机反转 ④介质黏度过大	①检修吸入管路 ②降低吸入高度 ③改变电动机转向 ④将介质加温

续表

常见故障	故障原因	处理方法
压力表指针波动大	①吸入管路漏气 ②安全阀没有调好或工作压力过大,使安全阀时开时闭	①检查吸入管路 ②调整安全阀或降低工作压力
流量下降	①吸入管路堵塞或漏气 ②齿轮与泵内严重磨损 ③电动机转速不够 ④安全阀弹簧太松或阀瓣与阀座接触不严	①检查吸入管路 ②磨损严重时应更换零件 ③修理或更换电动机 ④调整弹簧,研磨阀瓣与座
轴功率急剧增大	①排出管路堵塞 ②齿轮与泵内严重摩擦 ③介质黏度太大	①停泵清洗管路 ②检修或更换有关零件 ③将介质升温
泵振动大	①泵与电动机不同心 ②齿轮与泵不同心或间隙大 ③泵内漏入气体 ④安装高度过大,泵内产生汽蚀	①调整同心度 ②检修调整 ③检修吸入管路,排除漏气部位 ④降低安装高度或降低转速
泵发热	①泵内严重摩擦 ②机械密封回油孔堵塞 ③油温过高	①检查调整齿轮间隙 ②疏通回油孔 ③适当降低油温
机械密封大量漏油	①装配位置不对 ②密封压盖未压平 ③动环和静环密封面碰伤 ④动环和静环密封圈损坏	①重新按要求安装 ②调整密封压盖 ③研磨密封面或更换新件 ④更换密封圈

4.2.5　齿轮泵的检修

(1)检修周期与内容

① 齿轮泵的检修周期见表4-8，根据运行状况，状态监测结果适当调整检修周期。

表4-8　齿轮泵的检修周期　　单位：月

检修类别	小　修	大　修
检修周期	6	24

② 检修内容

a. 小修项目

(a) 检查轴封，必要时更换密封元件，调整压盖间隙或修理机械密封。

(b) 检查清洗入口过滤器。

(c) 校正联轴器对中情况。

b. 大修项目

(a) 包括小修项目内容。

(b) 解体检查各部零部件磨损情况。

(c) 修理或更换齿轮副、齿轮轴、端盖。

(d) 检查修理或更换轴承、联轴器、壳体和填料压盖。

(e) 校验压力表及安全阀。

(2)检修前准备

① 掌握运行情况，了解近期机械状况，做出检修内容的确定。

② 备齐必要的图纸资料、数据。

③ 备齐检修工具、量具、配件及材料。

④ 切断电源，关闭进、出口阀门，排净泵内介质，符合安全检修条件。

(3)拆卸与检查

① 拆卸联轴器。

② 拆卸后端盖检查轴承。

③ 拆卸压盖，检查填料密封或机械密封。

④ 拆卸检查齿轮、齿轮轴和轴承。

⑤ 联轴器对中。

(4)零部件质量标准及检修

原则上以设计或使用、维护说明书要求为准，无要求时参照以下标准执行。

① 油泵齿轮　齿轮啮合顶间隙应为（0.2～0.3）m（m 为模数），齿轮啮合的侧间隙应符合表 4-9 的规定。

表 4-9　齿轮啮合的侧间隙　　单位：mm

中心距	≤50	51～80	81～120	121～200
啮合侧间隙	0.085	0.105	0.13	0.17

齿轮两端面与轴孔中心线或齿轮轴齿轮两端面与轴中心线垂直度公差值为 0.02mm/100mm。两齿轮宽度应一致，单个齿轮宽度误差不得超过 0.05mm/100mm，两齿轮轴线平行度值为 0.02mm/100mm。

齿轮啮合接触斑点应均匀，其接触面积沿齿长不小于 70%，沿齿高不少于 50%。

齿轮与轴的配合为 H7/m6。

齿轮端面与端盖的轴向总间隙一般为 0.10～0.15mm。

齿顶与壳体的径向间隙为 0.15～0.25mm，但必须大于轴颈在轴瓦的径向间隙。

② 传动齿轮　侧间隙为 0.35mm，顶间隙为 1.35mm，齿轮跳动≤0.02mm，齿轮端面全跳动≤0.05mm。

③ 轴与轴承　轴颈与滑动轴承的配合间隙（经验值）值见表 4-10。轴颈圆柱度公差值为 0.01mm，表面不得有伤痕，粗糙度不大于 $Ra1.6\mu m$。轴颈最大磨损量应小于 0.01 D（D 为轴颈直径）。

表 4-10　轴颈与滑动轴承的配合间隙值

转速/(r/min)	1500 以下	1500～3000	3000 以上
间隙/mm	1.2/1000D	1.5/1000D	2/1000D

注：D 为轴颈直径，mm。

滑动轴承外圆与端盖配合为 R7/h6。滑动轴承内孔与外圆的同轴度公差值为 0.01mm。

滚动轴承内圈与轴的配合为 H7/js6。滚针轴承外圈与端盖的配合为 K7/h6。滚针轴承无内圈时，轴与滚针的配合为 H7/h6。

④ 端盖　端盖加工表面粗糙度应不大于 $Ra3.2\mu m$，两轴孔表面粗糙度应不大于 $Ra1.6\mu m$。端盖两轴孔中心线平行度公差值为 0.01mm/100mm，两轴孔中心距偏差为±0.04mm。端盖两轴孔中心线与加工端面垂直度公差值为 0.03mm/100mm。

⑤ 壳体　壳体两端面粗糙度应不大于 $Ra3.2\mu m$。两孔轴心线平行度和对两端垂直度公差值不低于 IT 6 级。壳体内孔圆柱度公差值为（0.02～0.03）mm/100mm。孔径尺寸公差和两中心距偏差不低于 IT7 级。

⑥ 轴向密封　填料压盖与填料箱的直径间隙一般为0.1～0.3mm。填料压盖与轴套的直径间隙为0.75～1.0mm，周向间隙均匀相差不大于0.1mm。填料尺寸正确，切口平行、整齐、无松动，接口与轴心线成45°夹角。压装填料时，填料的接头必须错开，一般接口交错90°，填料不宜压装过紧。

安装机械密封应符合相关技术要求。

⑦ 联轴器　联轴器与轴的配合根据轴径不同，采用H7/js6、H7/k6或H7/m6。联轴器对中偏差和端面间隙见表4-11。

表4-11　联轴器对中偏差和端面间隙　　单位：mm

<table>
<tr><th rowspan="2">联轴器形式</th><th rowspan="2">联轴器外径</th><th colspan="2">对中偏差</th><th rowspan="2">端面间隙</th></tr>
<tr><th>径向位移</th><th>轴向倾斜</th></tr>
<tr><td rowspan="2">滑块联轴器</td><td>≤300</td><td><0.05</td><td><0.4/1000</td><td></td></tr>
<tr><td>300～600</td><td><0.10</td><td><0.6/1000</td><td></td></tr>
<tr><td rowspan="3">齿式联轴器</td><td>170～185</td><td><0.05</td><td rowspan="2"><0.3/1000</td><td>2.5</td></tr>
<tr><td>220～250</td><td><0.08</td><td>2.5</td></tr>
<tr><td>290～430</td><td><0.10</td><td><0.5/1000</td><td>5.0</td></tr>
<tr><td rowspan="6">弹性套柱销联轴器</td><td>71～106</td><td><0.04</td><td rowspan="13"><0.2/1000</td><td>3</td></tr>
<tr><td>130～190</td><td><0.05</td><td>4</td></tr>
<tr><td>220～250</td><td><0.05</td><td rowspan="2">5</td></tr>
<tr><td>315～400</td><td><0.08</td></tr>
<tr><td>475</td><td><0.08</td><td rowspan="2">6</td></tr>
<tr><td>600</td><td><0.10</td></tr>
<tr><td rowspan="7">弹性柱销联轴套</td><td>90～160</td><td rowspan="2"><0.05</td><td>2.5</td></tr>
<tr><td>195～220</td><td>3</td></tr>
<tr><td>280～320</td><td rowspan="2"><0.08</td><td>4</td></tr>
<tr><td>360～410</td><td>5</td></tr>
<tr><td>480</td><td rowspan="3"><0.10</td><td>6</td></tr>
<tr><td>540</td><td rowspan="2">7</td></tr>
<tr><td>630</td></tr>
</table>

(5)试车与验收

① 试车前准备

a. 检查检修记录，确认检修数据正确。

b. 盘车无卡涩，填料压盖不歪斜。

c. 点动电动机确认旋转方向正确。

d. 检查液面，应符合泵的吸入高度要求。

e. 压力表、溢流阀应灵活好用。

f. 向泵内注入输送介质。

g. 确认出口阀门打开。

② 试车

a. 齿轮泵不允许空负荷试车。

b. 运行良好，应符合下列力学性能及工艺指标要求。

(a) 运转平稳，无杂音。

(b) 振动烈度符合SHS 01003—2004《石油化工旋转机械振动标准》相关规定。

(c) 冷却水和封油系统工作正常，无泄漏。

(d) 流量、压力平稳。

(e) 轴承温升符合标准。

(f) 电流不超过额定值。

(g) 密封泄漏不超过下列要求：机械密封重质油不超过 5 滴/min；轻质油不超过 10 滴/min；填料密封重质油不超过 10 滴/min；轻质油不超过 20 滴/min。

c. 安全阀回流不超过 3min。

d. 试车 24h 合格后，按规定办理验收手续，移交生产。

e. 试车期间维修人员和检修人员加强巡检次数。

f. 停车时不得先关闭出口阀。

③ 验收

a. 检修质量符合 SHS 01001—2004《石油化工设备完好标准》项目内容的要求和规定，检修记录齐全、准确，并符合本规程要求。

b. 设备技术指标达到设计要求或满足生产需要。

c. 设备状况达到完好标准。

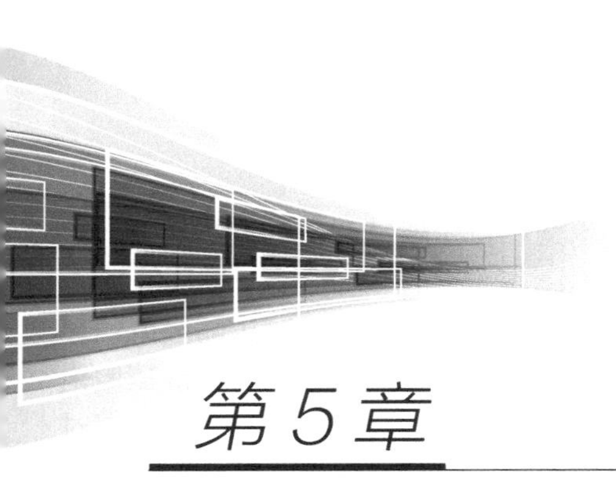

第5章 其他形式泵

5.1 隔膜泵

5.1.1 隔膜泵的工作原理及结构

隔膜泵是容积泵中较为特殊的一种形式。它是依靠一个隔膜片的来回鼓动而改变工作室容积以吸入和排出液体的。

隔膜泵主要由传动部分和隔膜缸头两大部分组成。传动部分是带动隔膜片来回鼓动的驱动机构，它的传动形式有机械传动、液压传动和气压传动等。其中应用较为广泛的是液压传动。如图5-1所示为液压传动的隔膜泵，隔膜泵的工作部分主要由曲柄连杆机构（图5-1中未画出）、柱塞、液缸、隔膜、泵体、吸入阀和排出阀等组成，其中由曲轴连杆、柱塞和液缸构成的驱动机构与往复柱塞泵十分相似。

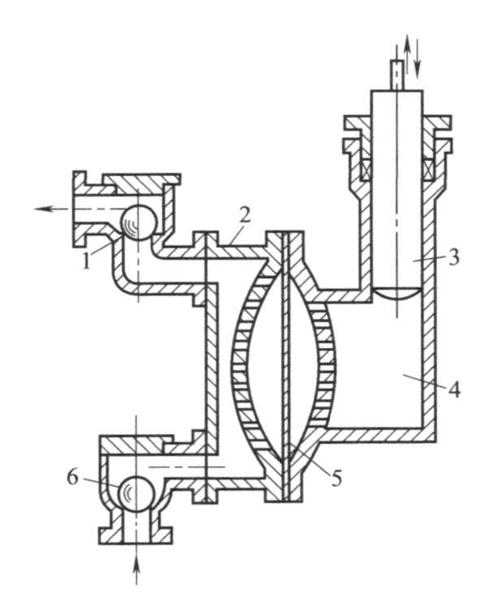

图5-1 液压传动隔膜泵
1—排出阀；2—泵体；3—柱塞；4—液缸；5—隔膜；6—吸入阀

隔膜泵工作时，曲柄连杆机构在电动机的驱动下，带动柱塞做往复运动，柱塞的运动通过液缸内的工作液体（一般为油）而传到隔膜，使隔膜来回鼓动。

隔膜泵缸头部分主要由隔膜片将被输送的液体和工作液体分开，当隔膜片向传动机构一边运动时，泵缸内工作室为负压而吸入液体；当隔膜片向另一边运动时，则排出液体。被输送的液体在泵缸内被膜片与工作液体隔开，只与泵缸、吸入阀、排出阀及隔膜片的泵内一侧接触，而不接触柱塞以及密封装置，这就使柱塞等重要零件完全在油介质中工作，处于良好的工作状态。

隔膜片不仅要有良好的柔韧性，还要有较好的耐腐蚀性能，通常用聚四氟乙烯、橡胶等材料制成。

隔膜片两侧带有网孔的锅底状零件是为了防止膜片局部产生过大的变形而设置的，一般称为膜片限制器。

隔膜泵的密封性能较好，能够较为容易地达到无泄漏运行，可用于输送酸、碱、盐等腐蚀性液体及高黏度液体。

5.1.2 隔膜泵的分类与特点

隔膜泵根据其隔膜的形式可以分为单隔膜泵、双隔膜泵、管式隔膜泵和机械隔膜泵。单隔膜泵如图5-2所示，双隔膜泵如图5-3所示。

根据隔膜泵液力端的结构形式分为液压隔膜泵和机械隔膜泵两种。其中液压隔膜泵的柱塞与隔膜不接触，将液力端分隔成输液腔和液压腔。输液腔连接泵吸入、排出阀，液压腔内充满液压油（轻质油）并与泵体上端的液压油箱（补油箱）相通。当柱塞前后移动时，通过液压油将压力传递给隔膜并使其前后挠曲变形引起容积的变化，起到输送液体的作用，并满足精确计量的要求。机械隔膜泵的隔膜是与柱塞机构连接，无液压油系统，柱塞的前后移动直接带动隔膜前、后挠曲变形，从而起到输送液体的作用。机械隔膜泵和液压隔膜泵的区别与特点见表5-1。

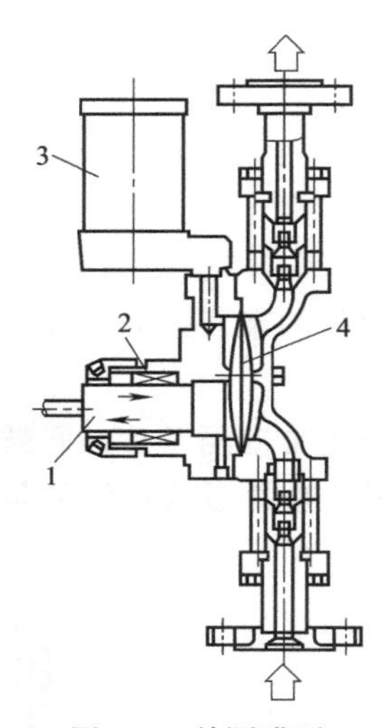

图5-2 单隔膜泵
1—柱塞；2—填料；3—补油箱；4—隔膜

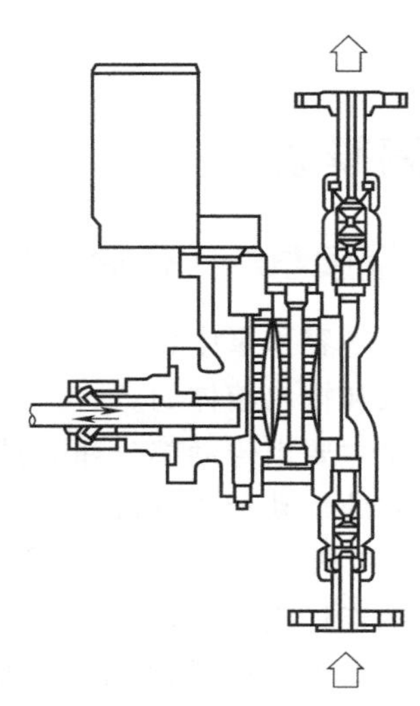
图5-3 双隔膜泵

表5-1 机械隔膜泵和液压隔膜泵的区别与特点

类型	特点
机械隔膜泵	①价格较低 ②无动密封、无泄漏 ③能输送高黏度介质、磨损性浆料和危险性化学品 ④隔膜承受高压力，隔膜寿命较短 ⑤出口压力在2MPa以下，流量适用范围较小；计量精度为±5%；压力从最小到最大时，流量变化可以达10% ⑥无安全泄放装置
液压隔膜泵	①无动密封、无泄漏，有安全泄放装置，维护简单 ②压力可达35MPa；流量在额定流量的10%～100%范围内，计量精度可达±1%；压力每升高6.9MPa，流量下降5%～10% ③价格较高 ④用于中等黏度的介质

5.1.3 计量精度、流量调节与控制

(1) 计量精度

计量精度是稳定性精度E_S、复现性精度E_{ra}和线性度E_L的总称，是衡量计量泵准确性优劣的重要依据。

稳定性精度 E_S 是指在某一相对行程位置连续测得的流量与最大流量的相对极限误差。

$$E_S=\frac{q_{Vsmax}-q_{Vsmin}}{2q_{Vmax}}\times 100\% \tag{5-1}$$

式中 q_{Vsmax}——组流量的最大测量值，L/h；

q_{Vsmin}——组流量的最大测量值，L/h；

q_{Vmax}——最大流量或额定流量（在最大相对行程长度 100%处测得的单个流量测量值的算术平均值），L/h。

复现性精度 E_{ra} 是指间断测得的一组流量测量值对最大流量的相对极限误差。

$$E_{ra}=\frac{q_{VRmax}-q_{VRmin}}{2q_{Vmax}}\times 100\% \tag{5-2}$$

式中 q_{VRmax}——同一行程位置间断测得的一组单个流量的最大值，L/h。

q_{VRmin}——同一行程位置间断测得的一组单个流量的最小值，L/h

线性度 E_L 是指在任一相对行程长度测得的单个流量测量值和对应的标定流量之差相对的最大流量之比。

$$E_L=\frac{q_{Vi}-q_{Vc}}{2q_{Vmax}}\times 100\% \tag{5-3}$$

式中 q_{Vi}——稳定性精度试验在某一行程处测得的一组单个流量的任一测量值，L/h；

q_{Vc}——流量标定曲线上同一行程处的流量，L/h。

API675《计量泵》标准规定，隔膜泵在 0～100%额定流量范围内可以调节，且在 10%～100%额定流量下，稳定性精度不超过±1%，复现性精度和线性度不超过±3%。

隔膜泵在 10%额定流量下操作时，计量精度下降较大，故一般不宜在 10%额定流量下操作，选型时最好考虑泵的操作点在 30%额定流量以上。

(2)流量调节与控制

隔膜泵常用的调节方式有调节柱塞（或活塞）行程，调节柱塞往复次数，或兼有以上两种方式三种方法。其中以调节行程的方式应用最广，该方法简单、可靠，在小流量时仍能维持较高的计量精度。行程调节的方式有以下三种。

① 停车手动调节　在停车时手动调节计量泵的行程。

② 运转中手动调节　在泵运转中改变轴向位移，以间接改变曲柄半径，达到调节行程长度的目的。常用的方式有 N 形曲柄调节、L 形曲柄调节和偏心凸轮调节等。N 形曲柄调节是靠旋转调节转盘，带动小螺旋齿轮、大螺旋齿轮、调节螺杆转动，拖动调节螺母和 N 轴上下移动，改变偏心距，从而达到调节流量的目的。N 轴与偏心块形成的最大偏心量为该泵行程的一半。当 N 轴靠近最上位置时，偏心块与 N 轴的总偏心量为最大行程的一半，即相对行程为 100%；当 N 轴靠近最下位置时，因偏心块与 N 轴配合部分的偏心量相抵消为零，偏心块与 N 轴的回转中心一致，此时行程为零，即相对行程为零。

③ 运转中自动调节　常见有气动控制和电动控制两种。气动控制是通过改变气源压力信号达到自动调节行程的目的。电动控制是通过改变电信号达到自动调节行程的目的。

计量泵的流量控制系统如图 5-4 所示，系统的控制信号源见表 5-2。

表 5-2　流量控制系统的控制信号源

型　式	输入信号	型　式	输入信号
气动	0.02～0.1MPa(3～15lb/in)(G) 0.02～0.13MPa(3～19lb/in)(G) 0.02～0.19MPa(3～27lb/in)(G)	电动(线性)	1～5mA 4～20 mA 10～50mA 0～1000Ω 0～10V(DC)
电动(数字式)	二进制 二进制编码的十进制		

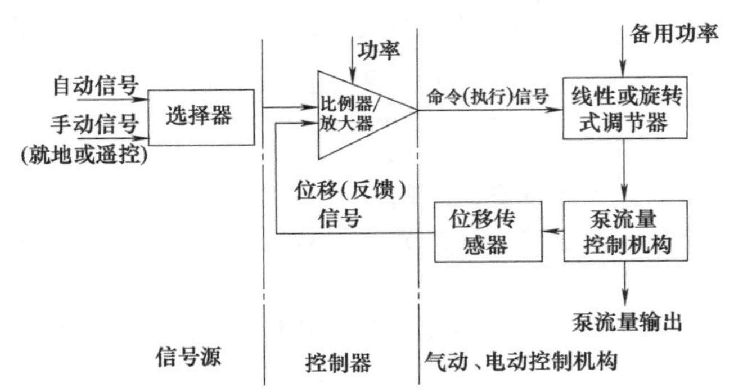

图 5-4　计量泵的流量控制系统

5.1.4　隔膜泵的运行与维护

(1)隔膜泵的运转及其准备工作

① 泵在运转前的准备工作

a. 检查各连接处的螺栓连接是否拧紧，不允许有任何松动。

b. 新泵在加油前应洗净泵内防腐油脂或泵上的污垢，洗时应用煤油擦洗，不可以用刀刮。

c. 传动箱内根据环境温度的高低，注入适量的合成润滑油至油标的油位线。

d. 隔膜泵缸体油腔内必须注满变压器油，应将油腔内的气排尽，可适量加入消泡剂。安全自动补油阀应注入适量变压器油至距溢处面约 10mm，无论是哪种液压隔膜泵，都应在泵头与传动箱之间的托架内加注变压器油，油位至淹过柱塞填料即可，柱塞泵在此处不加油。

e. 盘动联轴器，使柱塞前后移动数次，应运转灵活，不得有任何卡涩的现象。若有异常现象应及时排除故障后，才能开车。

f. 检查电源电压情况和电动机线路，应使泵按照规定的旋转方向旋转。

g. 启动电动机，泵在空载下投入运行，然后将泵的行程零位与调量表零位相对应，以消除运输过程中调量表指针因惯性自行转动产生的漂移。

h. 输送易凝固介质的高温柱塞计量隔膜泵，应先通保温介质 1～2h，使泵头温度达到操作要求后再投料运行。

② 带负荷运行

a. 依据工艺流程的需要，参考合格证中提供的流量标定曲线或查对实际工况复式流量标定曲线，得出相对应的行程百分数值，把调量表指针转到指定刻度。旋转调量表时，应注意不得过快和过猛，应按照从小流量往大流量方向的调节，若需从大流量向小流量调节时，应把调量表旋过数格，再向大流量方向旋转至所需要的刻度。调节完毕后必须将调节转盘锁紧，以防松动。

泵的行程调节可以在停车或运转中进行。行程调节后，泵的流量需 1～2min 才稳定，行程长度变化越大，流量稳定所需的时间越长，尤其是隔膜泵更明显。

b. 检查柱塞填料密封处的泄漏损失和运动副温升。

当泄漏损失量每分钟超过 15 滴时，应适量旋紧填料压盖螺栓。

当温度迅速升高时应紧急停车，并松开填料压盖，检查原因，是否是填料压得过紧或是柱塞表面与金属件产生擦伤所造成的，消除后再投入运行中。

c. 泵开车以后，运行应该平稳，不得有异常的噪声，否则，应该停车检查原因；并消除产生噪声的根源后，再投入运行。

③ 停车

a. 切断电源，电动机停止转动。

b. 关闭进口管道阀门，但开车前注意打开。

（2）隔膜泵的膜腔注油操作

① 自动补油阀的操作　隔膜泵的缸体油腔内，在出厂试验时均已注满变压器油，用户无需拆卸和重新注油。但是缸体内无油时请按以下方法进行。

a. 先打开安全补油阀储存盖，用手推压补油阀杆往膜腔里充油，同时盘动联轴器使隔膜鼓动排出膜腔内的气体，直到气泡不再往上冒为止。

b. 开车时，可将安全阀调节螺钉逐步松动，使安全阀在泵排出运动中，将膜腔内的气体排出，应启跳数次，再拧紧调节螺钉至原来的位置，并使安全阀的启跳压力为管道的1.1倍左右。在安全阀启跳排气的同时，柱塞在吸入过程中，用手轻压阀杆，作短时人工补油。若油量补充过多，将会产生振动和冲击，可在柱塞做排出冲程时，轻压补油阀杆排出多余的油，直至泵运行平稳为止。

② 限位补油阀的操作　将液缸体上部的安全阀整体卸下，从孔向缸内注入变压器油，同时盘动联轴器使隔膜鼓动排出膜腔内的气体，直到气泡不再往上冒为止，再按相反的顺序装回安全阀。开车时，可将安全阀调节螺钉逐步松动，使安全阀在泵的排出运动中，将膜腔内的气体排出，直到油嘴向外排油数次，再拧紧调节螺钉至原来的位置，并使安全阀启跳压力为管道压力的1.1倍左右。

（3）关于隔膜泵小流量的调整方式

隔膜泵按照国家标准GB/T 7782—2008《计量泵》，对于计量精度的考核规定为："泵在额定条件下和最大相对行程长度的流量计精度应不低于±1%。"当用户的工艺流程要求泵在额定流量20%以下使用时，必须配用交流变调速器降低电动机转速，采取行程和泵速双调功能来达到使用要求。通过试验表明，经双调后，泵的相对行程 S_{re} 为

$$S_{re}=\frac{1}{50}SF \quad (\%) \tag{5-4}$$

式中　S——泵的行程长度；

　　F——变频调速显示的频率，Hz。

此外，使用时泵的相对行程值限定在 $S\geqslant25\%$，频率值限定在 $F\geqslant15\text{Hz}$。在选配变频调速器时其容量不得低于电动机容量。因计量泵为单脉动负荷，最好比电动机容量选大一挡为宜。

（4）隔膜泵的日常维护

① 传动箱、隔膜缸体油腔和泵的托架处油池及安全阀组内，应定期观察指定的油位量，不得过多或过少，润滑油应干净无杂质，并注意适时换油，换油的期限可以参考表5-3。

表5-3　润滑油换油的期限

使用限期	换油条件
开始1个月内	更换1次
6个月以后	6～10个月更换1次

② 填料密封处的泄漏量每分钟不超过8～15滴，若泄漏量超过时，应适当旋紧填料压盖螺栓，但是不得使填料处温度升得过高，从而造成抱轴或烧坏柱塞和密封填料。

自制填料时，应按如图5-5所示模具在压力机上进行压制后再使用。总压力的选择按下

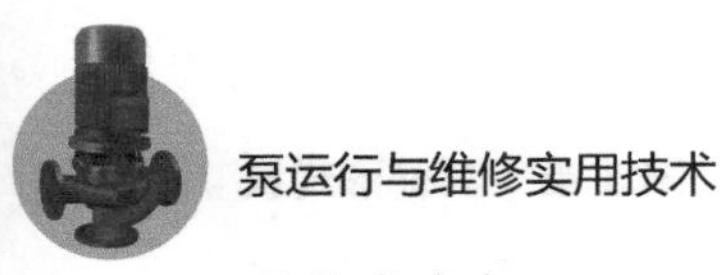

面公式确定。

$$P=Ap \quad (\mathrm{N}) \tag{5-5}$$

式中 p——压制填料压强，一般取 $p=20\sim25\mathrm{MPa}$；

A——填料轴向面积，m^2，$A=\frac{\pi}{4}(B^2-C^2)$；

B——柱塞直径，m；

C——填料箱内径，m。

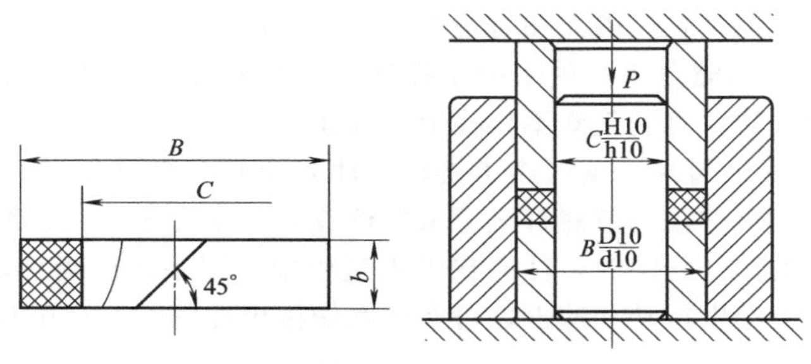

图 5-5 填料模具在压力机上进行压制

泵在运行中主要部位温度规定如下：电动机允许最高温度为 70℃，传动箱内润滑油温不得超过 65℃，填料箱温度不得超过 70℃。

③ 新泵运转 5000h 以后，应拆机检查和清洗内部零件，对连杆套等易磨件视其磨损情况进行更换，以消除间隙过大产生的撞击声。

④ 泵若长期停用时，应将泵缸内介质排放干净，并把内表面清洗干净，最好将柱塞从填料箱内取出，以免表面局部被腐蚀。外露的加工表面涂防锈油，存放期内泵应置于通风干燥处，并加罩遮盖。

(5) 隔膜泵的常见故障及其处理方法

隔膜泵的常见故障、故障原因及处理方法见表 5-4。

表 5-4 隔膜泵的常见故障、故障原因及处理方法

常见故障	故障原因	处理方法
电动机不能启动	①电源没有电 ②电源一相或两相断电	①检查电源供电情况 ②检查保险丝接触点是否良好
不排液或排液不足	①吸入管堵塞或吸入管路阀门未打开 ②吸入管路太长，急转弯太多 ③吸入管路漏气 ④吸入阀或排出阀密封面损坏 ⑤隔膜内有残存的空气 ⑥补油阀组或隔膜腔等处漏气、漏油 ⑦安全阀、补偿阀动作不正常 ⑧柱塞填料处泄漏严重 ⑨电动机转速不够或不稳定 ⑩吸入液面太低	①检查吸入管和过滤器，打开阀门 ②加粗吸入管，减少急转弯 ③将漏气部位封严 ④检查阀的密封性，必要时更换阀门 ⑤重新灌油，排出空气 ⑥找出泄漏部位并消除 ⑦重新调节 ⑧调节填料压盖或更新填料 ⑨稳定电动机的转速 ⑩调整吸入液面高度
泵的压力达不到性能参数	①吸入、排出阀损坏 ②柱塞填料处泄漏严重 ③隔膜处或排出管接头密封不严	①更新阀门 ②调节填料压盖或更换新填料 ③找出漏气部位并消除
计量的精度降低	①与“不排液或排液不足”中④～⑩条相同 ②柱塞零点偏移	①与“不排液或排液不足”中④～⑩相同 ②重新调整柱塞零点

续表

常见故障	故障原因	处理方法
零件过热	①传动机构油箱的油量过多或不足,油内有杂质 ②各运动副润滑情况不佳 ③填料压得过紧	①更换新油,并使油量适量 ②检查清洗各油孔 ③调整填料压盖
泵内有冲击声	①各运动副的磨损严重 ②阀升程太高	①调节或更换零件 ②调节升程高度,避免阀的滞后

5.1.5 隔膜泵的检修

（1）拆卸与装配

① 隔膜计量泵液缸部件的拆卸　把柱塞移向中间行程位置，将柱塞从十字头旋出。在拆下吸排管法兰和泵托架与液缸部件连接的螺母后，将隔膜液缸部件从机座上拆下来，然后按以下顺序全部拆下泵内的各个零件。

a. 拆下安全补油阀部件或安全阀，拉出柱塞，拧下填料压盖螺栓，拆下填料压盖，取出密封填料，柱塞套。

b. 拆下吸排管压板，依次取下阀套、限位片、阀球或弹簧及阀。

c. 拆下缸盖，依次取出隔膜、压环、定位销等。

② 传动箱的拆卸

a. 由后部和侧部螺塞处放尽传动箱内的润滑油，拆下箱体后端的盖板。

b. 拆下电动机，取出联轴器，拧下蜗杆轴承盖压紧螺母，将轴承盖、轴承、蜗杆和抽油器从传动箱内取出。

c. 打开调节箱盖，拆下调节箱的压紧螺母，逆时针旋转调节转盘，使调节丝杆从调节螺母中退出来，取下调节箱，再将调节丝杆部件从上套筒拿下，然后把上套筒从传动箱体上拆下。

d. 拆下泵托架压紧螺母，将泵托架从传动箱体内取出，打开传动箱上盖，从箱体内取出十字头销。

e. 将N轴和套在N轴上的偏心块、连杆、偏心块上环等一并从传动箱里拿出，基本部件的拆卸顺序如下：拆下调节螺母，即可从N轴上拆出偏心块上环、轴承和垫圈；拉出套在偏心块上的偏心块套，取出滚针和偏心块；将传动箱体翻转，拆下传动箱体下轴承盖，把蜗轮、下套筒、轴承等同时从传动箱体内取出，即可一一取出下套筒等。

③ 装配顺序　传动箱装配前清洗和检查所有零件，对已磨损而不能修复者应更换新件。按拆卸顺序，逆时针装复传动箱部分，应注意以下几点。

a. 重装或更换新蜗杆、蜗轮时，注意重新调整蜗轮与蜗杆的啮合位置（图5-6）。调节方法是将蜗轮工作齿面薄薄地涂上一层红丹，用手旋转蜗杆数转，观察起啮合点的位置，通过增减垫片的数量，使啮合点达到正确的位置。

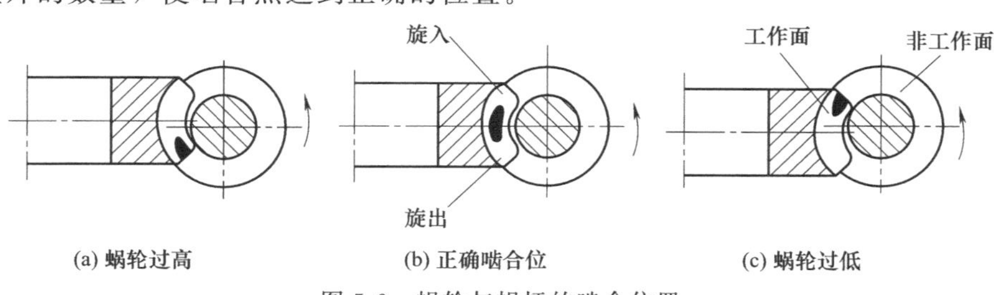

图5-6　蜗轮与蜗杆的啮合位置

b. 回装蜗杆和柱塞油封时，在轴颈处应无划痕、碰伤的现象。并在密封表面上涂一层硅润滑脂，可用0.3～0.5mm绝缘纸卷在轴颈上导向，将油封推入后抽出绝缘纸即可，不得用带尖角的金属块撬，以免损伤油封唇口，影响油封的效果。

c. 蜗杆与蜗轮之间间隙大小的调整可以通过加减垫片数量来适当调节，若间隙太大，泵运行有冲击噪声；而间隙太小时，运行时转动调节手轮则较为困难。

d. 传动箱按逆时针的顺序装复，再盘动联轴器进行检查，应转动自如，不得有任何卡阻的现象。转动调节转盘和盘动电动机联轴器，将行程调到零位置，装上指向零位置的调量表；转动调节转盘，把行程调到规定的最大行程，并把十字头移向前死点位置。

e. 因计量泵是单脉动负载，载荷对蜗轮的磨损是排液冲程大于吸液冲程。因此，泵运行6000h后，根据蜗轮磨损情况，可将蜗轮相对原装配的位置，绕轴线旋180°后装回，这样可以延长蜗轮工作的寿命。

f. 按柱塞液缸部件拆卸程序，逆时针装复于传动箱上，并调节好填料压盖螺栓的松紧，转动联轴器试转，应转动自如，不得有卡涩的现象。

g. 多联泵在回转对中联轴器时，注意各泵柱塞相位角均匀分布，特别是相同机座代号同一传动比，柱塞相位角必须均匀错开，以免因负荷过于集中对首级蜗杆和电动机运行不利。

（2）零部件质量标准及检修

① 进排料阀　阀座与阀头应有良好的吻合线，吻合线的宽度为0.25～2.00mm，并且上面不能有锈蚀、麻点等缺陷。若达不到要求，可采用机加工与定心敲击法相结合修复。锈蚀严重时，应更换阀座。

② 膜片　膜片应光滑，无划痕，弹性符合要求。

③ 控制阀　调节压力阀阀芯与阀座吻合严密，煤油渗漏试验5min，渗漏不超过一滴。根据损坏情况，可相应采取机加工、定心敲击法或研磨法修复。无法修复则更换。

补油阀质量标准、检修方法与压力阀相同。

④ 泵体部件　柱塞与导向管配合尺寸公差为H8/g8，圆度为0.02mm，直线度为0.02mm，表面粗糙度不大于$Ra0.8\mu m$，表面硬度为45～55HRC。

配合轴径与定位轴径同轴度为0.02mm。柱塞的最大修磨量为$0.01D$（D为直径）。

⑤ 导向套　内径与外径的同轴度为0.02mm。与柱塞配合尺寸公差面为H8/g8。密封圈应有良好弹性，无老化、裂纹现象，与柱塞配合面无划痕损伤。

⑥ 曲轴　主轴颈、曲柄颈与轴瓦配合公差为G7/h6，圆度为0.02mm，直线度为0.02mm，表面粗糙度不大于$Ra0.8\mu m$。主轴颈与曲柄最大修磨量为直径的0.04倍。

⑦ 曲轴轴瓦壳　与轴瓦配合表面无拉伤起毛现象，表面粗糙度不大于$Ra0.8\mu m$。与轴瓦配合表面的导向孔垂直度为0.02mm。

两轴瓦壳组合后，其两端导向孔同轴度0.02mm。

⑧ 曲轴瓦　与轴瓦壳配合尺寸公差为H7/g6，与曲柄颈配合尺寸公差为H7/g6，配合表面粗糙度不大于$Ra1.6\mu m$。轴瓦键槽与定位键配合尺寸公差为H7/g7。

⑨ 曲轴套　与主轴颈配合尺寸公差为H7/g6，表面粗糙度不大于$Ra1.6\mu m$。内径与外径同轴度为0.02mm。

⑩ 中轴　与轴套配合尺寸公差为H7/g6。圆度为0.02mm，直线度为0.02mm，表面粗糙度不大于$Ra0.8\mu m$，调质处理。配合轴颈与定位轴颈同轴度为0.01mm。最大修磨量为直径的0.04倍。

⑪ 中轴套　表面粗糙度不大于$Ra1.6\mu m$。内径与外径同轴度0.02mm。

5.2 旋涡泵

5.2.1 旋涡泵的工作原理与分类

(1)工作原理

如图 5-7 所示，旋涡泵由叶轮、泵壳和轴封等组成。旋涡泵工作时，被送液体一般由径向进入泵内，并充满泵壳的环形流道，旋转的叶轮将原动机的能量传递给被送液体，压力增高后再由径向排出管排至泵的输出管路。在吸入管和排出管之间有隔壁，隔板与叶轮的间隙很小，以阻止被送液体由排出（高压）区回流到吸入（低压）区。如图 5-8 所示，被送液体在旋涡泵中通过两个环流获得能量，当叶轮内与叶轮一起旋转的液体的圆周线速度大于叶轮两侧流道内随叶轮旋转的液体的圆周线速度时，在这两部分液体之间离心力差的作用下产生纵向环流；同时，叶轮旋转时，叶轮叶片的工作面和背面的压力差又产生另一方向的环流。这两种环流的合成使被送液体在从吸入口进入泵后，随叶轮转动到排出口的过程中，多次进入和流出叶轮，每进、出一次叶轮便获得一次能量，液体最终获得的能量为多次得到能量的叠加。因此，旋涡泵有较高的扬程。

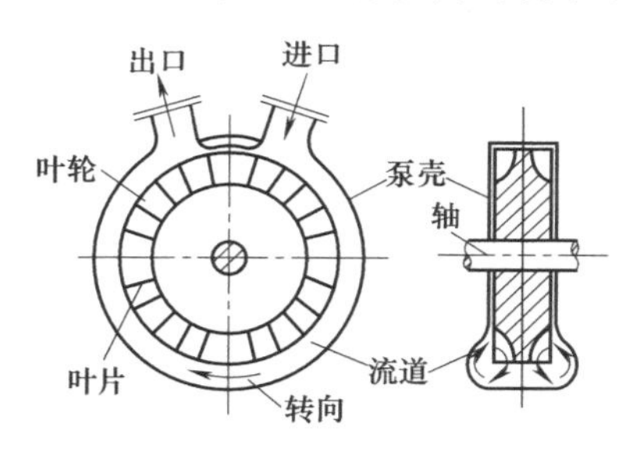

图 5-7 旋涡泵结构示意

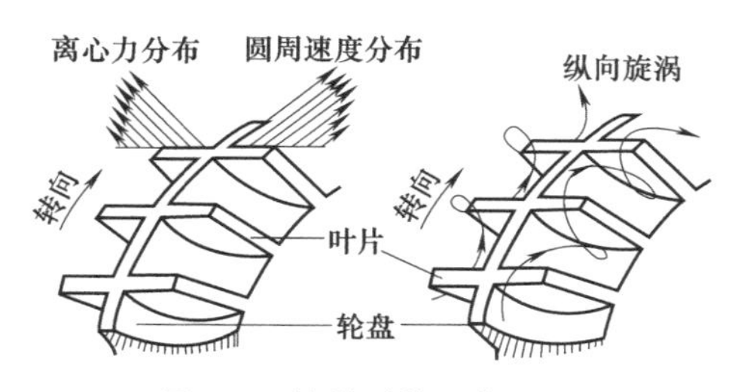

图 5-8 旋涡泵的工作原理

当泵的流量较小时，流道内的流体流速较低，被送液体从吸入到排出泵内存留的时间较长，进、出叶轮的次数较多，泵的扬程较高；当泵的流量较大时情况相反，泵的扬程较低。

旋涡泵为叶片泵的一种，适用于小流量、高扬程工况。在叶轮直径和转速相同时，单级扬程可达 250m，比离心泵高 2～4 倍，流量 q_V=0.18～45m^3/h，比转速 n_s=6～50。泵运行时，被送液体进出叶轮进行混合和能量交换时产生的液体撞击损失较大，故旋涡泵的效率较低，η=0.25～0.5。旋涡泵的功率不宜太大，一般驱动功率在 40kW 以下，常用为 20kW 以下。因此也限制了旋涡泵的流量和扬程范围。实际应用时 n_s=10～40 范围内适于应用旋涡泵。其流量为 0.5～25m^3/h，单级扬程为 15～150m。

旋涡泵适用于输送黏度较低（≤0.115Pa·s）和不含颗粒的清洁液体。在化工生产中，适用于中小型化工生产装置及配套用于罐车输送酸、碱等腐蚀性介质和油品、酒精等易挥发的液体。

(2)分类与结构形式

目前国内外生产的旋涡泵品种很多，其分类如下。

① 按叶轮的类型分类

a. 闭式叶轮　如图 5-9 所示，液体由叶轮的外缘（大直径处）进入叶轮。具有这种结构形式的旋涡泵其扬程曲线较陡，在相同叶轮圆周速度下扬程为开式泵的 1.5～3 倍，效率为 0.3～0.5，体积较小。但汽蚀性能偏低，在没有附加气水分离装置之前没有自吸能力，不能气液混输。

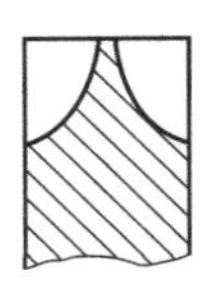
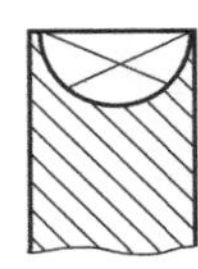

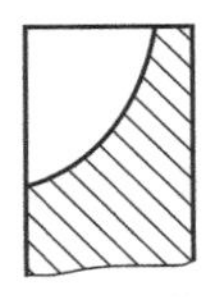

图 5-9 闭式叶轮的几种常见形式

b. 开式叶轮 图 5-10 所示为开式叶轮示意，液体自叶轮侧面（小直径处）进入叶片间，叶片中心线处没有隔板。具有这种形式叶轮的旋涡泵汽蚀性能较高，可以做成自吸泵和气液混输泵，但体积较大，效率低，为 0.2～0.4。其典型结构如图 5-11 所示。

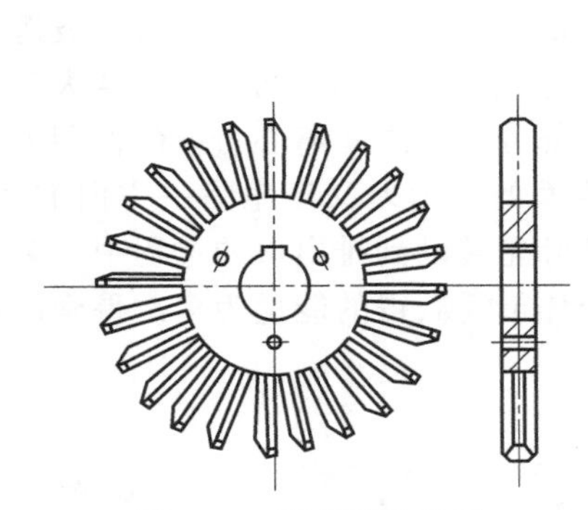

图 5-10 开式叶轮示意

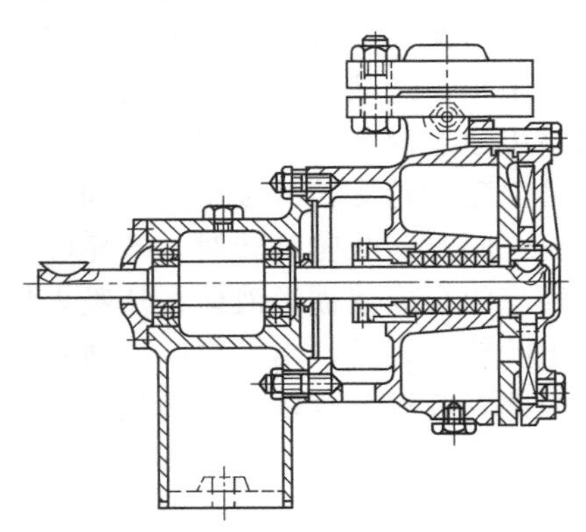

图 5-11 BU 型开式叶轮旋涡泵

② 按流道和排出口的相对位置分类

a. 开流道旋涡泵 如图 5-12（a）所示，开流道形式一般与闭式叶轮配合使用，在没有装附加装置之前没有自吸能力，不能进行气液混输，但效率高，结构简单。其典型结构如图 5-13 所示。

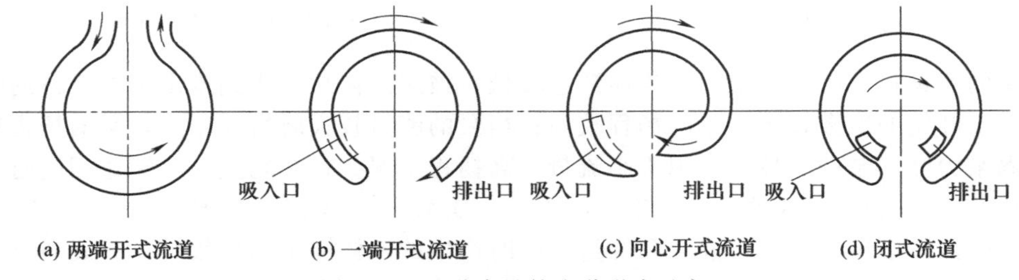

图 5-12 几种常见的流道形式示意

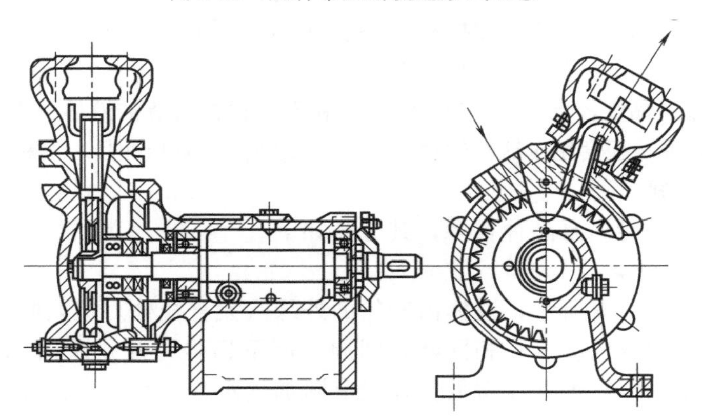

图 5-13 WZ 型带气体分离罩的开流道旋涡泵

b. 排出口为开流道的旋涡泵　如图 5-12（b）所示，一般与开式叶轮配合使用，本身不具有自吸能力，加上辅助闭流道或串联辅助叶轮后可以自吸和气液混输，这种旋涡使用较少。

c. 向心流道旋涡泵　如图 5-12（c）所示，本身具有自吸和气液混输性能，效率较闭流道旋涡泵稍高，但制造比较困难，其典型结构如图 5-14 所示。

d. 闭式流道旋涡泵　如图 5-12（d）所示，一般与开式叶轮配合使用。本身具有自吸和气液混输的性能，但效率较低，其典型结构如图 5-15 所示。

③ 按流道与叶轮的相对位置分类　按流道与叶轮的相对位置可分为如图 5-16 所示的外围流道式、外围双侧边流道式、外围单侧边流道式、双侧边流道式和单侧边流道式。

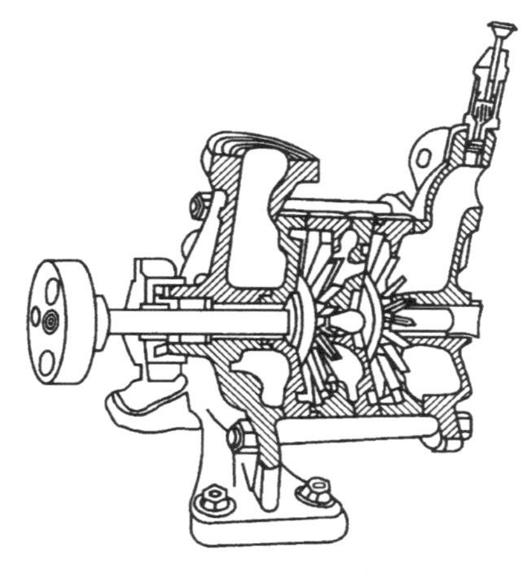

图 5-14　D 型向心流道旋涡泵

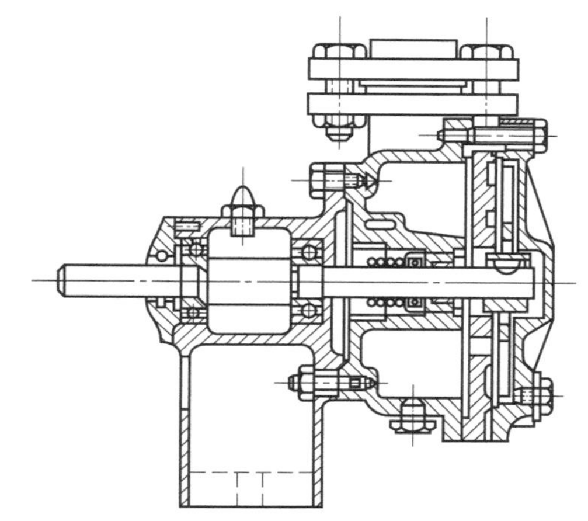

图 5-15　B 型闭式流道旋涡泵

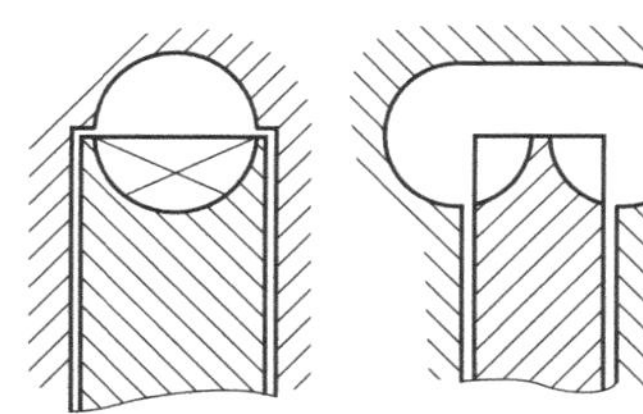
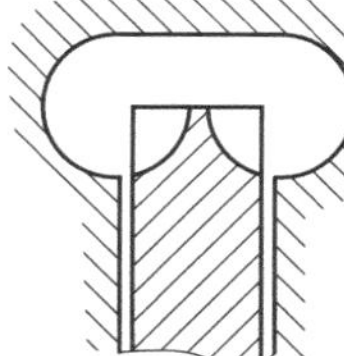
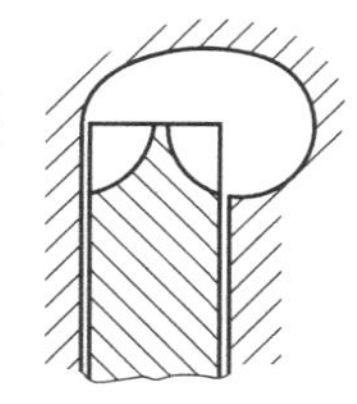
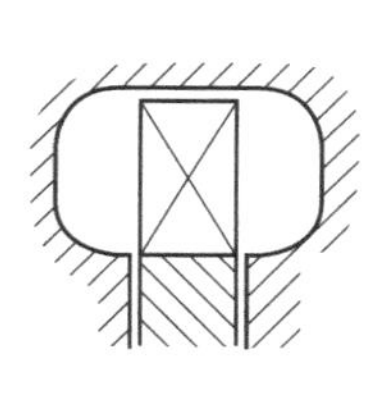
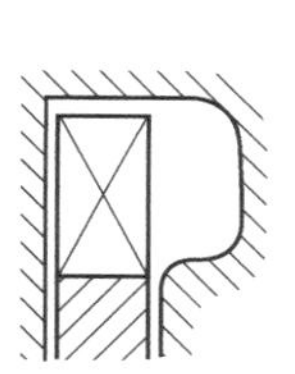

(a) 外围流道　(b) 外围双侧边流道　(c) 外围单侧边流道　(d) 双侧边流道　(e) 单侧边流道

图 5-16　按流道与叶轮相对位置分类示意

除以上分类外，还可以按安装位置分为立式和卧式。按级数分为单级和多级等形式。

④ 几种特殊用途的化工旋涡泵

a. 保温旋涡泵　某些化学工业用泵，对输送液体要求保持一定的温度。否则液体可能挥发、结晶、凝结或产生化学变化。因此，通常是在泵过流部件的外围加保温罩，在其间通过具有一定温度的液体，以达到保温的目的。如图 5-17 所示为带保温罩旋涡泵的结构。

b. 耐酸碱旋涡泵　采用耐酸铸铁、耐酸不锈钢、搪瓷、塑料、尼龙等材料制作叶轮和泵体等过流部件以增加泵的抗腐蚀性能。随着化学工业的发展，这种泵的需要量正逐年增加。

c. 自吸和气液混输旋涡泵　某些旋涡泵具有自吸或抽送气体和液体混合物的能力。以汽油泵为例，这种泵经常处于停止运转的情况下，而需要时，又要求立刻启动，且要求工作可靠，当管路中有空气或汽油的挥发时，也不影响泵的工作，如图 5-18～图 5-20 所示为不同形式的自吸泵。

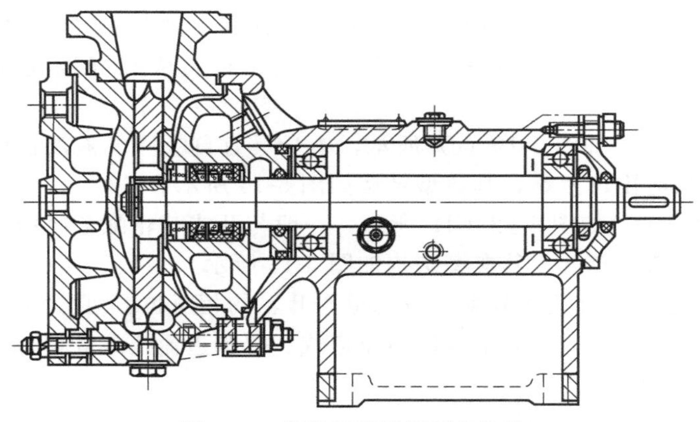

图 5-17　带保温罩旋涡泵的结构

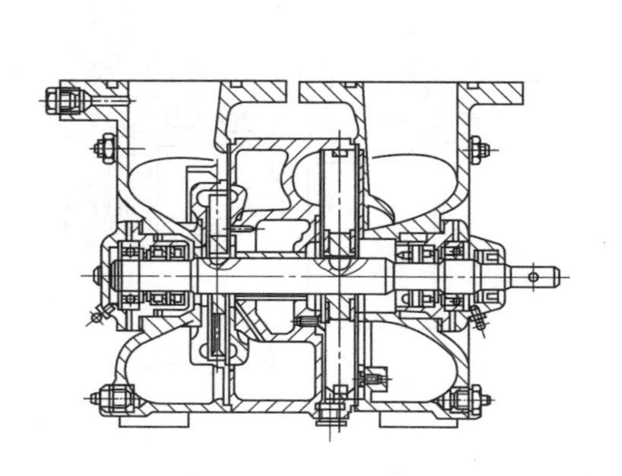

图 5-18　具有单、双侧流道带自吸的旋涡泵

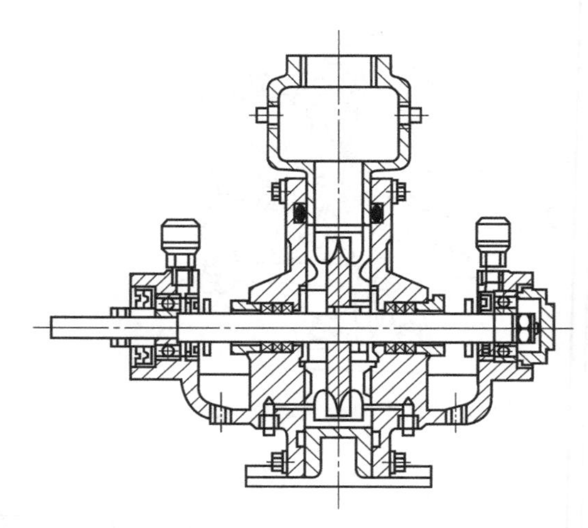

图 5-19　排出口突然放大的旋涡泵

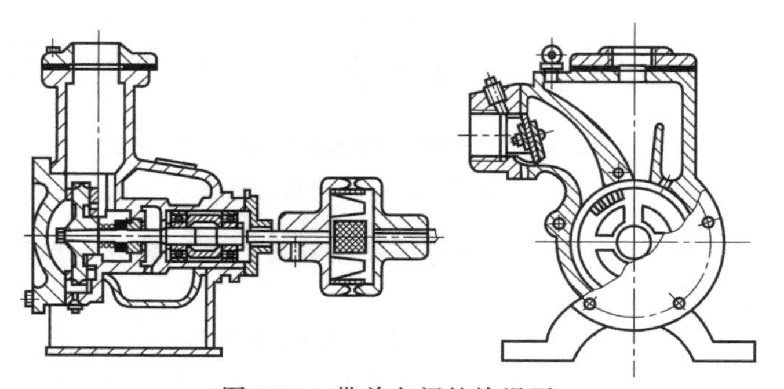

图 5-20　带单向阀的旋涡泵

5.2.2 旋涡泵的运行特性

(1) 特性曲线

旋涡泵的特性曲线如图 5-21 所示。图中，q_V-H 曲线为稍向内凹的陡降曲线，表示旋涡泵的流量变化时扬程变化很大，当流量为零时可能出现很高的排出压力，因此，在使用中应力求保持流量稳定，避免泵的压力波动，并应配置安全阀等压力保护措施。

旋涡泵的 q_V-P 曲线表明旋涡泵流量越小，功率越大，当流量接近零时功率最大，故旋

涡泵不能在远低于额定流量的工况下运行，并应在排出阀全开的状态下启动，以避免电动机过载（离心泵与其相反，操作时应特别注意）。

（2）吸入性能

闭式旋涡泵的叶轮为径向叶片，入口处液体的流动方向不能与其适应，液体流经泵入口后的动压降较大，故泵吸入性能较差。为改善旋涡泵的吸入性能，又能保持其扬程较高的特点，可应用离心旋涡泵，如图 5-22 所示。液体由轴向进入离心叶轮，减小了吸入压力损失。一般在扬程超过 100m 时应采用离心旋涡泵，以避免汽蚀。离心旋涡泵中，离心泵的扬程一般为离心旋涡泵总扬程的 1/5。

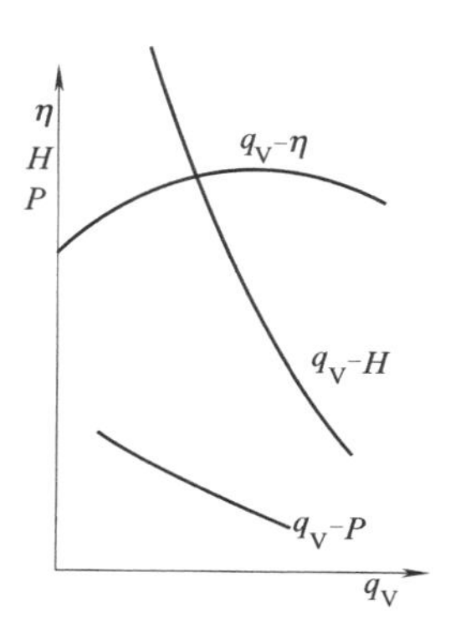

图 5-21　旋涡泵的特性曲线

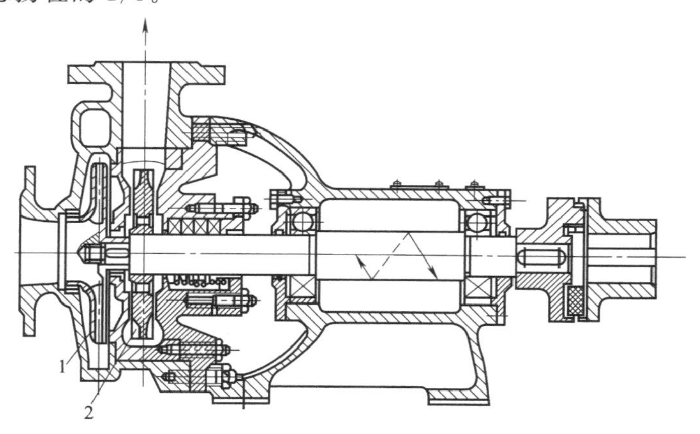

图 5-22　离心旋涡泵结构

1—离心式叶轮；2—旋涡式叶轮

（3）调节性能

旋涡泵的调节性能较差，在操作中由于 q_V-H 曲线陡降又内凹，不宜应用改变排出管路的特性进行调节，故只能应用旁路调节。在改变泵本身参数的调节方法中，旋涡泵只能应用改变转速调节性能，但旋涡泵的功率都不大（一般小于等于 20kW），应用可调原动机将增加泵装置及泵操作的复杂性，并增大投资，故也很少应用。实际生产中一般只应用旁路调节。

（4）相似性能

旋涡泵属叶片式泵，在比转速相同的条件下，同样存在着相似关系。也可通过相似换算进行泵的设计计算，且同样是最实用、可靠的设计计算方法，但对旋涡泵只能用于设计新泵。

5.2.3　旋涡泵的日常运行与维护

旋涡泵的日常运行及维护与离心泵类同，但由于它的流量减少时消耗的功率增加很快，所以不能像离心泵那样在出口管路上直接安装阀门来调节流量，而必须在泵出口管路上安装一个旁路阀，利用旁路阀的开度来控制流量。

5.3　真空泵

把气体从设备内抽吸出来，从而使设备内的压力低于一个大气压的机器叫真空泵。实际上，真空泵是一种气体输送机械，它把气体从低于一个大气压的环境中输送到大气中或与大气压力相同的环境中。

化工生产中，常常使用真空泵来造成某种程度的真空，来实现工艺操作过程。例如，在真空泵的抽吸作用下，溶液的过滤速度加快；分离液体混合物时，可使蒸馏温度下降，避免高温蒸馏中可能出现的焦化及分解现象；干燥固体物料的温度降低，速度加快；热管式换热器的热管抽成真空后注入蒸馏水，使传热速率大大加快等。电子工业和国防工业往往需要更高的真空。

5.3.1 真空泵的分类与基本性能参数

（1）分类

由于真空技术所涉及的压力范围非常宽，是任何一种真空泵都不能单独实现的，因此必须利用各种抽气原理，使用不同结构，不同抽气速率的真空泵来实现。

根据工作原理不同，真空泵可作如图 5-23 所示的示分类。

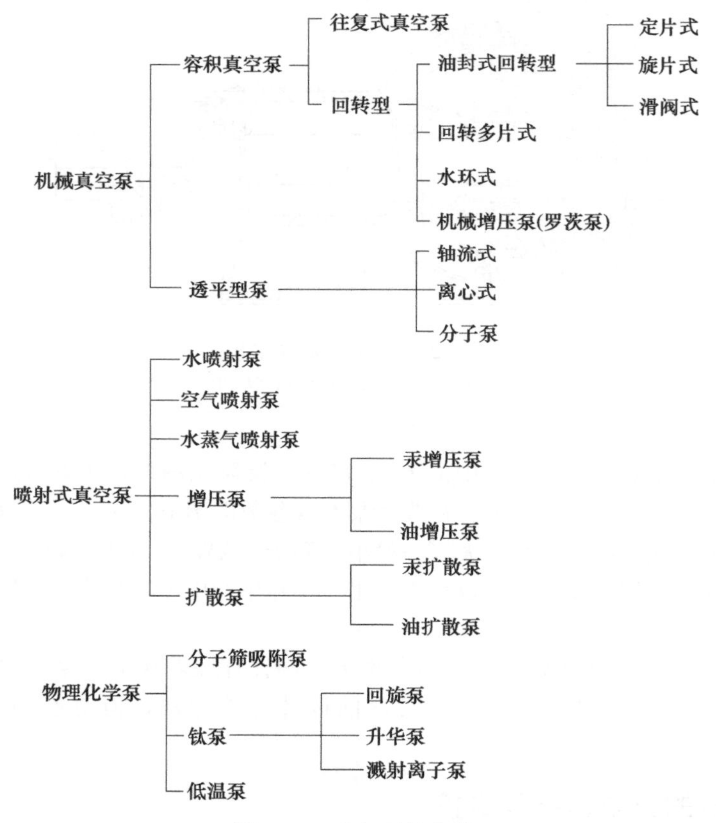

图 5-23　真空泵的分类

（2）基本性能参数

① 真空区域的划分　随着真空技术的不断发展，人们所能获得的真空范围越来越广，从绝对压力 1.0133×10^{5} Pa 到 1.333×10^{-13} Pa。因此，将真空区域划分如下。

粗真空：压力范围为 $1.013\times10^{5}\sim1.333\times10^{3}$ Pa。

低真空：压力范围为 $1.333\times10^{3}\sim1.333\times10^{-1}$ Pa。

高真空：压力范围为 $1.333\times10^{-1}\sim1.333\times10^{-5}$ Pa。

超高真空：$1.333\times10^{-5}\sim1.333\times10^{-9}$Pa。

极高真空：压力范围低于1.333×10^{-9}Pa。

化工生产中，一般在粗、低真空区域内操作即能达到生产要求。

② 真空泵的主要性能指标

a. 抽气速率　单位时间内抽吸气体的体积叫抽气速率，用符号S表示，单位为m^3/h或m^3/s，它表明真空泵的抽气能力。

b. 极限真空　极限真空又称残余压力，指真空泵所能达到的最低绝对压力值，用符号$p_{极}$表示，单位为Pa。

c. 真空度和真空度百分数　真空度是大气压力和真空系统中绝对压力的差值，用符号p_v表示，单位为Pa，即：

$$p_v=101.3\times10^3-p\quad(\text{Pa})\tag{5-6}$$

式中　p——真空系统中的绝对压力，Pa。

真空度百分数是真空度与大气压力的比值，即：

$$p_v=\frac{p_v}{101.3\times10^3}\times100\%\tag{5-7}$$

真空泵工作时，不断地抽出容器内的气体，使容器内的气体减少，压力逐渐降低，当容器内的气体压力低于某一最低值时，往往会出现下列情况：容器中的液体发生汽化；泵高压侧漏回的气量与真空泵的抽气量相同；真空泵的压力比过高，使抽吸过程终止。此时，容器内的压力便不会再降低，所以不能无限地将压力降低到绝对真空。

5.3.2　常用真空泵的工作原理、结构及特点

(1)往复式真空泵

通过泵腔内活塞的往复运动，将气体压缩并排出的变容积真空泵即为往复式真空泵。往复式真空泵是获得粗真空的主要设备。极限真空度：单级可达400～1333Pa，双级可达1.333Pa，抽气速率为45～20000m^3/h。

往复式真空泵的工作原理与往复泵类似，但由于它的工作介质是气体，在活塞运行到外止点时，应尽量将气缸内的气体排净，以免剩余气体过多而造成活塞向内运动吸气时这部分气体膨胀而减少吸气量。同时，它的进气阀和排气阀的结构与往复泵进液阀和排液阀的结构也不同。如图5-24所示为具有平面滑阀配气机构的往复式真空泵。套在主轴上的偏心轮2旋转时，带动操纵杆3做往复运动，从而带动滑阀配气机构1中的平面滑阀，使其做往复运动。偏心轮主轴的偏角为90°。

往复式真空泵的结构特点是具有平面滑阀配气机构，此机构能起到压力平衡作用。排气压力与进气压力的比值称为压力比。如果要得到95%的真空度（绝对压力为5.066kPa），排气压力为111.99kPa。此时压力比高达$\varepsilon=\frac{111.99}{5.006}=22$，在这样高的压力比的情况下，其容积系数便会降得很低，以致使抽气速率降到接近于零。因此，必须在结构上采取提高容积系数的措施。这个措施一般是采用压力平衡的方法。

如图5-25所示为往复式真空泵滑阀配气机构。可使运转中的真空泵能同时起压力平衡作用。阀室的上部为吸气接管，与阀座上的吸气口连通，阀室下部为排气口。平面滑阀借助于操纵杆做往复运动。当滑阀向左移动时，气缸的左腔依靠滑阀平面上的凹坑与吸气口连通吸气。气缸右腔内的气体便通过装设在滑阀上面右边的排气阀而进入阀室的排气口中排出。当滑阀返行时，左腔内的气体则通过滑阀上面左边的排气阀而排出。在滑阀上还开有一倒

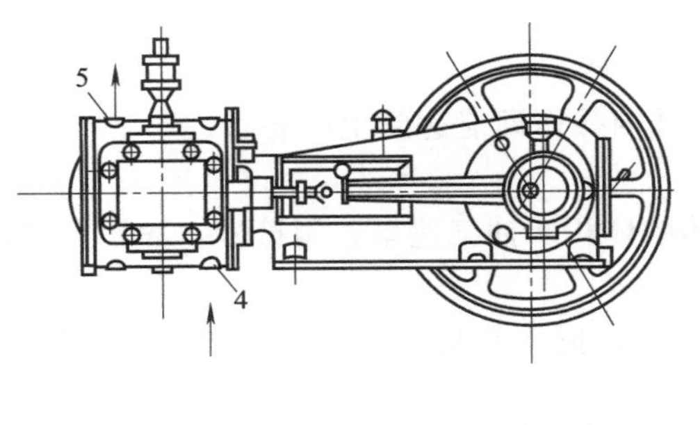

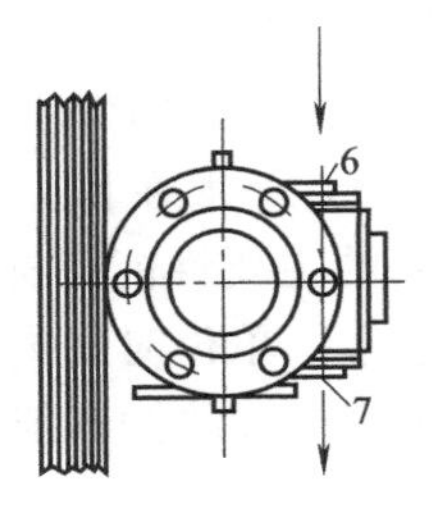

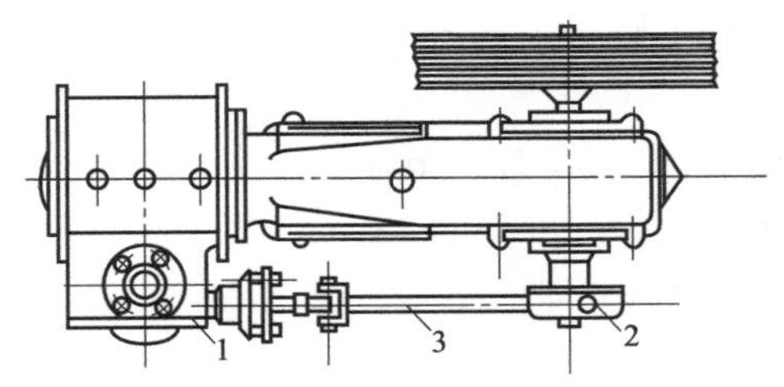

图 5-24　具有平面滑阀配气机构的往复式真空泵

1—滑阀配气机构；2—偏心轮；3—操纵杆；4—冷却水入口；5—冷却水出口；6—吸气口；7—排气口

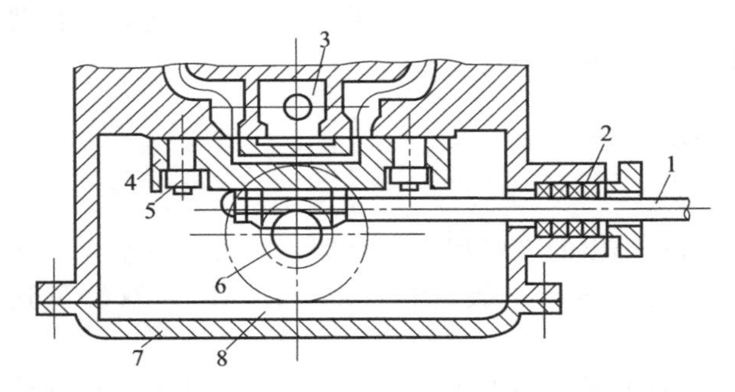

图 5-25　往复式真空泵滑阀配气机构

1—操纵杆；2—填料函；3—吸气口；4—平面滑阀；5—排气阀；6—排气口；7—阀室盖；8—阀室

“Π”形气道，它是用来平衡余隙空间内的压力的。由于偏心轮与主轴的偏角为90°，即当活塞移至止点时，平面滑阀正位于中间位置。余隙空间内的气体便通过此“Π”形气道而流入活塞另一侧的工作室内，从而平衡活塞止点两侧的压力，提高了泵的容积系数。

往复式真空泵是干式真空泵，适用于抽吸不含固体颗粒的、无腐蚀性的气体，但结构复杂，维修量大。近年来有的厂家已对其有所改进，把图 5-25 中的平面滑阀改为像压缩机中的自动弹簧进排气阀。这样，就可简化结构，并可提高转速，使机器体积减小。

(2) 水环式真空泵

水环泵是液环泵的一种。所谓液环泵，是在工作时，液体在泵内形成液环，即与泵体同心的圆环，并通过此液环完成能量的转换以形成真空或产生压力的泵。在一般情况下，能量转换的介质是水，所以称为水环泵。如图 5-26 所示为水环泵的工作原理图，叶轮 2 偏心地装在圆形的泵壳 1 中，当叶轮旋转时，将事先灌入泵中的水抛到泵壳周围，形成一个水环。叶轮叶片与水环之间的小室容积，由于偏心的作用，随叶片位置而变，自 1′至 4′不断增大；而自 5′至 8′则不断缩小。在扩大过程中，小室中形成一定的真空，于是将气体从吸气孔 4 吸入；而在小室容积缩小的过程中，其中的气体受到压缩，在小室与排气孔 5 连通时，就将压缩后的气体排出。

综上所述，水环泵中液体随叶轮而旋转，小室容积做周期性变化，水环泵就是靠这种容积的变化来吸气和排气的，故水环泵也是容积型泵。水环泵具有以下特点。

① 工作时要不断地向泵内供水。因为水环泵在排气时，不可避免地有部分液体随之排

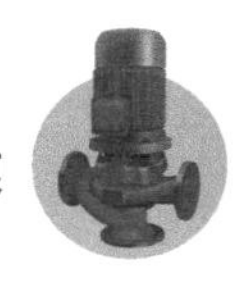

走，为了保持恒定的水环，必须向泵内连续不断地供水。另外，水环泵在压缩气体时所产生的压缩热，叶片搅动水环所产生的摩擦热，都会使水温上升，导致泵的真空度和气量下降。为了排除这些热量，也必须不断地向泵内供水，以作冷却之用。向水环泵补充冷却水，可由自来水通过填料函送入或通过冷却器的气水分离器由泵体下面送入泵内，如图 5-27 所示。

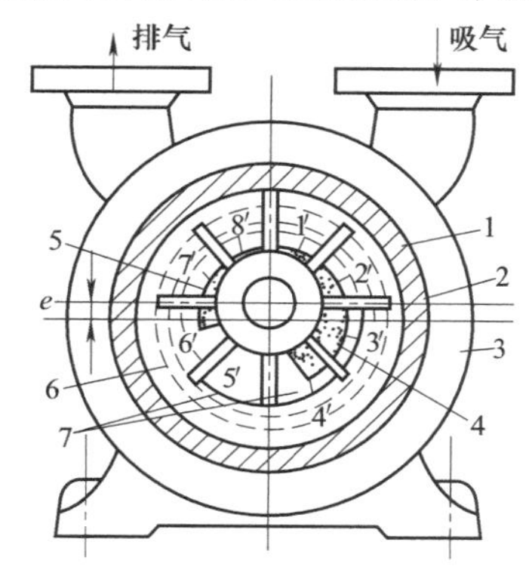

图 5-26 水环泵工作原理图

1—泵壳；2—叶轮；3—端盖；4—吸气孔；5—排气孔；6—液环；7—工作室

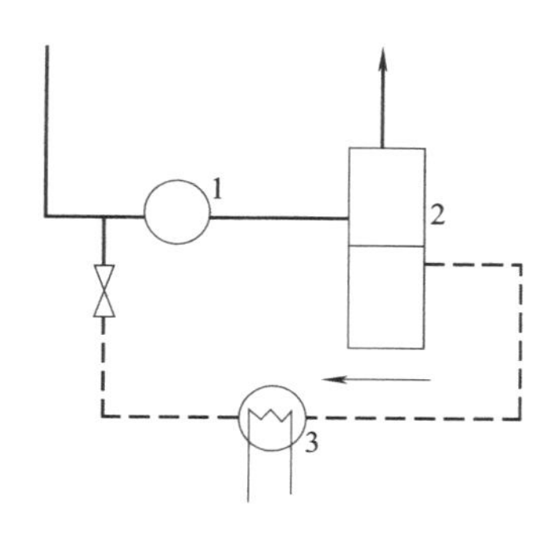

图 5-27 水环泵-气水分离工作系统

1—泵盖；2—泵体；3—叶轮

补充水的温度越低越好，这样有利于降低水环温度，减少水的汽化，从而有利于提高排气量和真空度。

② 气体在水环内从吸入到排出是等温过程。也就是说，在这一过程中，气体的温度不发生变化。这是由于不断向泵内加水，水又不断地从排出管排出，故能及时带走泵在压缩气体时所产生的压缩热。

③ 因泵内无金属摩擦部位，故不需要润滑。

④ 结构简单、紧凑、无阀门、易损件少，故经久耐用。

⑤ 压缩比小，产生的最大真空度百分数为 85%，最大排气压力很低；效率不高，一般为 30%～45%。

基于上述特点，水环泵在低真空度和低排气压力范围内得到广泛应用。作压缩机用时，排气压力为 0.1～0.12MPa，尤其适用于输送易燃、易爆气体；作真空泵用时，极限真空为 $73.326\times10^{2}\sim162.65\times10^{2}$Pa，适宜于抽吸带液体的气体。

如图 5-28 所示为 SZB 型水环泵剖视图。它主要由铸铁的泵盖 1、铸铁的泵体 2、青铜的叶轮 3、泵轴 4 及托架等部分组成。泵盖 1 与泵体 2 用螺栓紧固形成泵室，在泵室中安装具有 12 个径向叶片的叶轮 3，叶轮 3 悬臂安装在泵轴 4 上，用键 5 连接。叶轮上开有 6 个平衡孔 13，用来平衡轴向推力。叶轮的旋转方向是不应改变的，所以泵盖外面有一个箭头指明。泵体上部有进（排）气口 12。轴向密封部分由密封圈 8、填料环 7 及铸铁的压盖 6 组成。

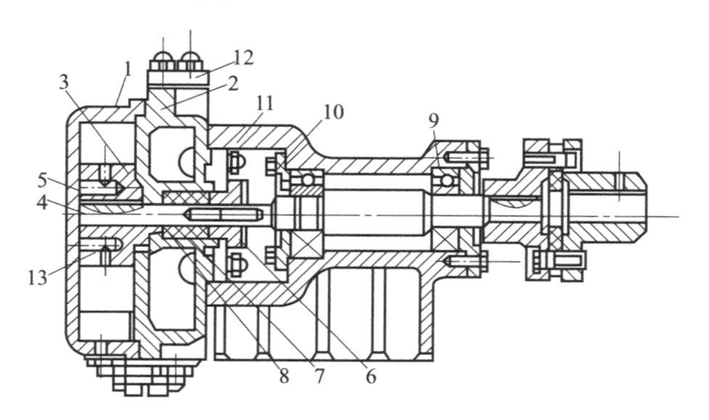

图 5-28 SZB 型水环泵剖视图

1—泵盖；2—泵体；3—叶轮；4—泵轴；5—键；6—压盖；7—填料环；8—密封圈；9—滚珠轴承；10—压环；11—轴承架；12—进（排）气口；13—平衡孔

为了使泵内的水温不超过 40～

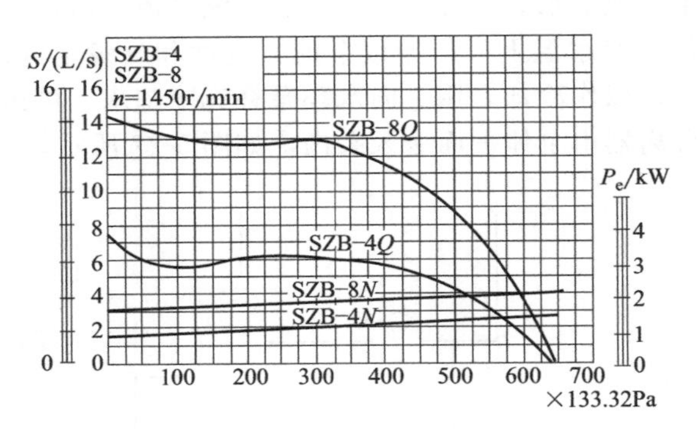

图 5-29 SZB-4 及 SZB-8 型水环式真空泵性能曲线

50℃，并节约用水，在泵体上附有气水分离器，使水可循环使用。并且在吸气管线上装有滤清器，以防杂物进入泵内。

如图 5-29 所示为 SZB-4 及 SZB-8 型水环式真空泵性能曲线。其中左侧纵坐标 S 表示抽气速率（L/s），右侧纵坐标 P_e 表示轴功率（kW），横坐标为真空度，其单位是 Pa。根据此图，在选用这种类型的真空泵时，可以很方便地确定抽气速率 S、轴功率 P_e 以及真空度之间的关系。

在化工生产中普遍使用纳氏泵，它是单级双作用水环泵的一种，即指一个叶轮在旋转一周中，吸气、排气各两次。纳氏泵主要由泵体、叶轮、大盖、小盖、轴和轴承等零件组成，如图 5-30 所示为纳氏泵结构示意图。泵体 1 为椭圆形，两侧有吸入口和排出口。叶轮 2 对上半椭圆和下半椭圆泵体均偏心，故称双偏心，其叶片很长，几乎等于直径。叶轮上开有平衡孔。大盖 3 上有许多矩形气道。小盖 4 是圆锥体，上开有进气孔和排气孔。密封用的填料一般用铅丝编成的单股细绳，为了增加其润滑性，在外表面涂上一层润滑脂。为了增加填料的密封性，可在铅填料的中间等距离地添加耐酸橡皮圈 2～3 个。

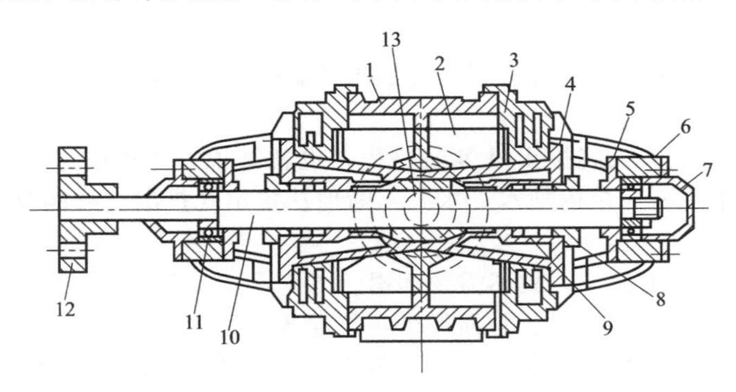

图 5-30 纳氏泵结构示意图

1—泵体；2—叶轮；3—大盖；4—小盖；5—轴承挡盘；6—轴承架；
7—轴承端盖；8—填料压盖；9—填料函；10—轴；11—轴承；
12—联轴器；13—进排气口

（3）蒸汽喷射真空泵

① 单级蒸汽喷射泵如图 5-31 所示，它由喷嘴、混合室、扩大室和压出口等组成。

在工作过程中，水蒸气以高速（1200～1500m/s）自喷嘴入混合室，这时在喷嘴处产生一定的负压，于是被抽气体由气体入口入混合室，与水蒸气混合，并且从水蒸气中得到部分能量。

当混合气体流进入扩压室后，速度沿轴线流向逐渐减低，而压力则沿轴线流向经逐渐升高，至大于外界大气压时排出去。由于连续不断地工

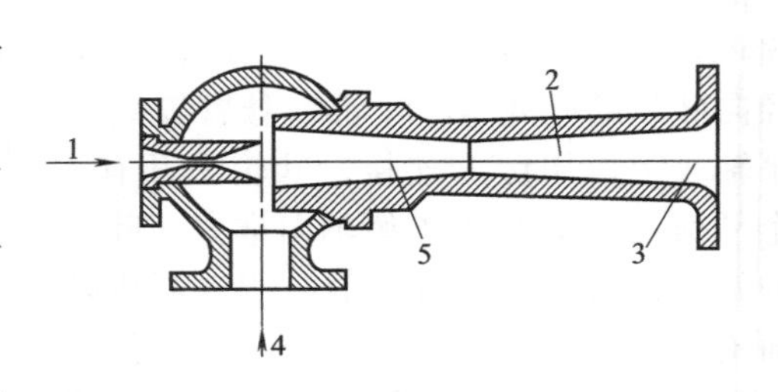

图 5-31 单级蒸汽喷射泵

1—蒸汽；2—扩大室；3—压出室；
4—气体入口；5—混合室

作，设备中的气体不断地被抽出，所以就给设备内造成一种真空（负压）状态。

② 特点　蒸汽喷射真空泵是以水蒸气的高速度把被抽气体夹带出来的，所以它有抽气量大、真空度高、制造简单、安装和维修都比较方便等特点，目前炼油厂的减压蒸馏装置所使用的真空泵多为蒸汽喷射真空泵。

（4）多级喷射真空泵

单级喷射真空泵只能产生绝对压强比较高的压力（约100mmHg，1mmHg＝133.32Pa），为了满足工艺要求，若想得到更高的真空度，往往需要把几台单级蒸汽喷射泵串联起来，组成一个多级蒸汽喷射泵，如图5-32所示，这样就可以在设备内产生更高的真空度。如果混合气流与冷却介质不直接接触，则这些冷却介质（新鲜水）经冷却后可循环使用。若有接触，则含油污水很难处理，也污染环境。

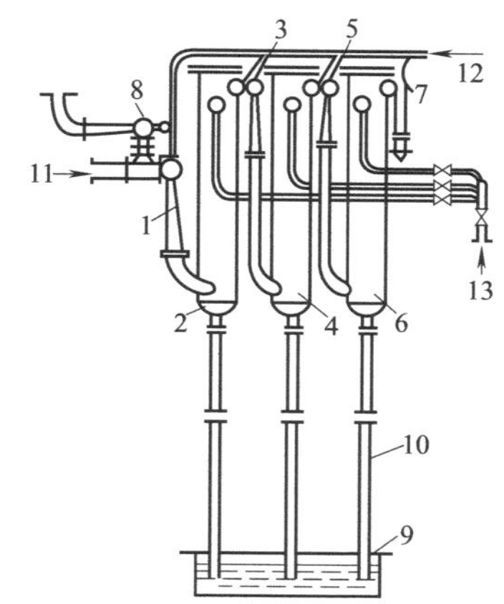

图5-32　三级蒸汽喷射泵

1—第一级喷射泵；2,4,6—冷凝器；3—第二级喷射泵；5—第三级喷射泵；7—真空泵；8—辅助喷射泵；9—水池；10—气压管；11—气体入口；12—蒸汽；13—水

5.3.3　真空泵的维护与检修

（1）往复式真空泵

① 零部件质量标准及检修

a. 气缸　气缸内表面应无裂纹、砂眼、伤痕、沟槽等缺陷，表面粗糙度值不大于 $Ra1.6\mu m$。测量气缸的圆度、圆柱度偏差，根据其磨损程度确定镗缸或更换。正常情况下，气缸的圆度和圆柱度偏差应符合表5-5的规定。

表5-5　往复式真空泵气缸的允许最大磨损及镗缸允许偏差　　单位：mm

气缸直径	最大磨损		镗缸允许偏差	气缸直径	最大磨损		镗缸允许偏差
	圆度偏差	圆柱度偏差			圆度偏差	圆柱度偏差	
200～250	0.40	0.25	±0.04	350～400	0.55	0.40	±0.06
250～300	0.45	0.30	±0.05	400～450	0.60	0.45	±0.06
300～350	0.50	0.35	±0.05	450～500	0.65	0.50	±0.07

镗缸后，气缸直径增大不得超过原来尺寸的2%，缸壁减薄量不得超过原壁厚的1/12。

b. 曲轴、连杆和轴瓦　对曲轴进行无损探伤或放大镜检查，发现有裂纹时，则应更换曲轴。曲轴主轴颈和曲柄颈的擦伤、凹痕面积不得大于轴颈面积的2%，沟槽深度不得超过0.10mm，否则，均应进行磨削修复。曲轴轴颈磨削后，最大缩小量不得超过原直径的3%。曲轴主轴颈与曲柄颈的磨损程度，应不超过表5-6规定的数值，若磨损较为均匀，可用金属喷涂的方法修复。

可用连杆校正器进行检查或校正连杆的弯曲或扭转变形，经校正仍然达不到质量标准的即应更换。连杆大头和小头销孔中心线对端面的垂直度应不超过0.05mm。

表5-6　往复式真空泵曲轴最大磨损允许值　　单位：mm

轴颈直径	最大磨损允许值			
	主轴颈		曲柄颈	
	圆度偏差	圆柱度偏差	圆度偏差	圆柱度偏差
≤80	0.05	0.04	0.05	0.04
81～180	0.06	0.05	0.06	0.05
181～270	0.08	0.08	0.08	0.08

轴瓦上的轴承合金应与瓦壳贴合良好、牢固，不得有裂纹、气孔、分层等缺陷。轴瓦瓦

背与轴承座的接触面积不得少于40%～50%，两者之间不得放置垫片。轴瓦与轴颈应呈点状均匀接触，其接触角应为60°～90°，接触点每平方厘米不少于2～3个。轴瓦与轴颈的径向间隙为1‰～2‰D（D为轴颈直径）。

c. 活塞、活塞环　活塞和活塞环表面应光滑，无裂纹、砂眼、伤痕等缺陷。活塞与气缸的安装间隙及相对允许磨损值见表5-7规定。

表5-7　活塞与气缸的安装间隙及相对允许磨损值　单位：mm

气缸直径	初次安装间隙	最大磨损允许值			气缸直径	初次安装间隙	最大磨损允许值		
		间隙	圆度	圆柱度			间隙	圆度	圆柱度
200～250	0.23	2.00	0.50	0.50	350～400	0.38	3.4	0.70	0.70
250～300	0.27	2.40	0.60	0.60	400～450	0.43	3.90	0.70	0.70
300～350	0.33	2.80	0.60	0.60	450～500	0.48	4.50	0.80	0.80

活塞环应有足够的弹力，与缸壁接触面的长度不少于周长的60%。活塞环在环槽内安装时，其开口应彼此错开120°～180°。活塞环在气缸直径、安装间隙及允许最大磨损见表5-8。

表5-8　气缸直径、安装间隙及允许最大磨损　单位：mm

气缸直径	安装间隙		允许最大磨损		气缸直径	安装间隙		允许最大磨损	
	开口	侧隙	开口	侧隙		开口	侧隙	开口	侧隙
200～250	1.00	0.05～0.07	4.00	0.20	351～400	1.60	0.07～0.10	5.50	0.20
251～300	1.20	0.06～0.09	4.50	0.20	401～450	1.80	0.07～0.10	6.00	0.20
301～350	1.40	0.06～0.09	5.00	0.20	451～500	2.00	0.09～0.12	6.50	0.20

d. 活塞杆　活塞杆的直线度为0.10mm。活塞杆的最大磨损值不得超过（0.05～0.07）D（D为活塞杆直径）。

e. 阀片与阀座　阀片与阀座结合面不允许有点蚀、划痕等缺陷。阀片与阀座应接触严密，用煤油试验5min内不得有连续渗漏。弹簧应有足够的弹力，同一阀片弹簧的自由高度应一致。

f. 十字头与导轨　十字头应无裂纹等缺陷，十字头与销轴最大磨损应在0.50mm以内，十字头销轴与衬套的间隙为0.03～0.06mm。用涂色法检查十字头与导轨的接触情况，其接触面积应不少于60%，接触点均匀分布，当达不到要求时应进行研磨。用塞尺检查十字头与导轨之间的间隙，其值应符合表5-9规定。

表5-9　十字头与导轨的安装间隙　单位：mm

十字头直径	安装间隙
80～120	0.20～0.24
121～180	0.24～0.29
181～260	0.29～0.34

② 调整　调整时，应使活塞在前后死点与气缸盖的余隙为1.50～2.00mm。气阀的调整方法为：a. 使曲轴的曲柄刚刚超过前死点；b. 偏心轮的位置处于铅垂线上的最高点；c. 把气阀放置在气缸阀座的中心位置上；d. 将整个气阀的传动机构在上述位置上固定。

③ 试车与验收

a. 试车前的准备工作

（a）各润滑点及曲轴箱内按规定加入润滑油、脂。

（b）检查各辅助设备、管线阀门及仪表安装是否良好。

（c）检查各部紧固件是否紧固，安全防护装置是否牢固可靠。

（d）检查冷却水路是否畅通。

（e）盘车无异常现象。

（f）开启放空阀门和排气阀门，关闭吸气阀门。

b. 试车步骤

（a）瞬时启动电动机，查看运转方向，确认无误后再重新启动。

（b）关闭放空阀门，倾听气缸及曲轴箱内有无冲击等不正常声响，查看电流表、真空表指示是否正常。

（c）查看冷却和润滑系统工作是否正常。

（d）查看真空度是否达到生产要求。

（e）检查各部温度：冷却水出口温度不超过35℃；偏心轮温度不超过50℃；气阀温度不超过90℃；滚动轴承和滑动轴承温度分别不超过75℃和65℃。

检修质量符合要求，检修记录齐全准确，负荷运转2～4h之后，经检查各部运转正常，技术性能良好，达到铭牌额定生产能力或查定能力，可按规定办理验收手续，移交生产。

④ 常见故障及排除　往复式真空泵的常见故障、故障原因及处理方法见表5-10。

表5-10　往复式真空泵的常见故障、原因及处理方法

常见故障	故障原因	处理方法
真空度过低	①吸入气体温度太高 ②气阀片与阀座接触不良 ③气阀片破裂，弹簧损坏 ④缸与活塞环间隙过大 ⑤端盖与活塞余隙过大	①加冷却装置 ②刮研 ③更换 ④更换活塞环 ⑤调整余隙
电动机过载	①偏心圈间隙过小 ②连杆瓦烧毁 ③排气不畅	①调整间隙 ②修复或更换 ③检查或疏通
运转中有冲击声	①活塞杆螺母松动 ②连杆轴衬和十字头销磨损 ③连杆轴瓦间隙过大 ④偏心圈磨损 ⑤气缸内有杂物	①紧固 ②修理更换 ③重新研合或更换 ④垫片调整 ⑤清理缸内杂物

遇有下列情况之一者应立即停车。

a. 出现异常的振动和声响。

b. 电流表的电流超过额定值，持续不降。

c. 有液体物料进入泵体或有进入泵体危险时。

d. 冷却水断流。

（2）水环式真空泵

① 维护

a. 经常观察各种检测仪表的读数是否正常，特别是转速和轴功率是否稳定。

b. 定期压紧填料。如填料磨损不能保证密封时应及时更换，填料不宜压得过紧，正常情况下应是从填料函中漏出来的水呈细水柱状或呈滴状，注入填料函中的水应充分，供水压力为（0.5～1）$\times 10^5$Pa。

c. 轴泵温度不得比周围温度高30℃，而且温度绝对值不高于60℃。滚动轴泵室内压XZG-4号钙基润滑脂，以充满轴泵室内空间的2/3为宜。正常工作的轴泵应每年装油3～4次，一年内至少清洗轴泵一次，更换全部的润滑油脂。

d. 新泵启动前应检查油箱油量是否足够，润滑系统是否可靠，冷却水是否畅通。并检查电动机旋转方向是否正确，用手盘动泵，查看泵有无故障（大泵可用间断启动电动机的方法）。还应把泵内的存油排至油箱，以免突然加速，因阻力过大而损坏电动机及泵。冬季如

室温过低，应把泵加温后再启动泵，因低温时油黏度大，如突然启动，会使电动机过负荷和损坏泵的零件。

e. 停车时先关闭通往真空系统的阀门，然后关闭电动机并打开放气阀，把空气放入泵内，以避免泵油反流入管道和真空室内，最后才停止冷却水。

f. 注意水环补充水的供给情况，从泵内流出的水的温度不应超过 40℃。

g. 冬季使用时，应注意在停泵后将泵及水箱内的水放尽，以免冻裂设备。

h. 一般情况下，在泵运转一年后应全部拆开，检查零件的磨损腐蚀情况，但检修期的长短也可视具体情况酌定。

② 检修

a. 检修内容

(a) 小修

ⓐ 检查、紧固各部连接螺栓。

ⓑ 检查密封装置、更换填料。

ⓒ 检查联轴器，更换弹性橡胶圈，校核联轴器的同轴度。

ⓓ 检查轴泵、更换润滑油（脂）。

ⓔ 清洗、检查循环水泵。

(b) 中修和大修

ⓐ 包括小修内容。

ⓑ 解体检查各部零件的磨损、腐蚀程度，检查或更换各部零件。

ⓒ 检查或校正轴的直线度。

ⓓ 检查转子的晃动情况，检验转子的静平衡。

ⓔ 更换滚动轴泵润滑油。

ⓕ 检查并调整叶轮两端与前后盖的间隙。

ⓖ 更换叶轮、轴套。

ⓗ 调整泵体水平度。

ⓘ 检验真空表。

ⓙ 机体喷漆。

b. 检修质量要求

(a) 壳体和泵盖　壳体和泵盖之间不得有裂纹或大面积砂眼等缺陷。

(b) 主轴和叶轮

ⓐ 主轴不应有裂纹等缺陷。

ⓑ 轴与滚动轴泵的配合采用 H7/js6 或 H7/k6。

ⓒ 主轴与叶轮的配合采用 H7/m6。

ⓓ 叶轮两端与前后盖的间隙符合表 5-11 的规定。

ⓔ 主轴的直线度应不大于 0.2～0.4mm/m。

ⓕ 叶轮的叶片不应有毛刺和裂纹。

ⓖ 叶轮应进行平衡试验，其要求符合有关技术要求。

ⓗ 叶轮与轴装配后，其端面跳动应不大于 0.1mm。

表 5-11　叶轮两端与前后盖的间隙　　单位：mm

型　号	叶轮两端与前后盖的间隙总和		
	安装间隙	检修间隙	更换间隙
SZ-2	0.4	0.5	1
SZ-3	0.5	0.6	1
SZ-4	0.5	0.6	1

（c）填料密封

ⓐ 填料压盖端面与填料箱端面应平行，紧固螺栓松紧程度均匀一致，避免压偏。

ⓑ 压盖压入填料箱的深度一般为一圈填料的高度，但最小不能少于5mm。

ⓒ 填料的切口应平行、整齐，不松散，切口成30°角，装填料时接口应错开120℃。

ⓓ 填料密封允许漏损为10～20滴/min。

（d）滚动轴承

ⓐ 滚动轴承的滚子与滑道表面应无坑疤、斑点，接触面平滑，转动无杂音。

ⓑ 安装轴承时，后轴承应固定，前轴承（靠电动机一边）应有0.2～0.3mm的轴向间隙。

（e）弹性联轴器

ⓐ 两半联轴器的径向跳动、端面跳动不大于表5-12的规定。

ⓑ 联轴器安装时的同轴度与轴向间隙应符合表5-13的规定。

ⓒ 弹性圈与柱销间应是过盈配合，其外圆与柱销孔的间隙符合表5-14的规定。

表5-12 两半联轴器的径向跳动、端面跳动 单位：mm

联轴器的最大外圆直径	外圆对轴心线的径向跳动	端面跳动
105～170	0.07	0.16
190～260	0.08	0.18
290～350	0.09	0.20

表5-13 联轴器的同轴度与轴向间隙 单位：mm

联轴器的最大外圆直径	105～170	190～260	290～350
不同轴度轴	≤0.14	≤0.16	≤0.18
轴向间隙	2～4	2～4	4～6

表5-14 弹性圈外圆与柱销孔的间隙 单位：mm

圆柱销柱部分公称直径	10	14	18	24	30	38	46
销柱孔公称直径	20	28	36	46	58	72	88
弹性圈内径	$10^{+0.25}_{0}$	$14^{+0.25}_{0}$	$18^{+0.25}_{0}$	$24^{+0.30}_{0}$	$30^{+0.30}_{0}$	$38^{+0.40}_{0}$	$46^{+0.40}_{0}$
弹性圈外径	$10^{+0.25}_{0}$	$27^{+0.30}_{0}$	$35^{+0.40}_{0}$	$45^{+0.40}_{0}$	$56.5^{+0.50}_{0}$	$70.5^{+0.70}_{0}$	$86.5^{+0.70}_{0}$

③ 拆卸

a. SZB型真空泵 SZB型真空泵的拆卸分为部分拆卸和完全拆卸。若仅仅检查叶轮的工作情况或清洗泵室时，只需拧下泵体与泵盖之间的连接螺栓，取下泵盖即可，称为部分拆卸。若因泵轴、轴承或其他零件损坏需要修理和更换时，则需完全拆卸。拆卸顺序如下。

（a）拆下供水管、吸气管和排气管。

（b）卸下泵盖，取出叶轮和键。

（c）卸下填料压盖，取出填料和填料环。

（d）松开泵体与托架连接螺栓，卸下泵体。

（e）泵轴与轴承一般不需要拆卸，若需要拆卸时，先放出轴承室内润滑油，拆下轴承盖和联轴器，从泵体方向卸下泵轴。

b. SZ型真空泵（图5-33） SZ型泵一般从排出端开始拆卸，顺序如下（以SZ-2型为例）。

（a）排净泵内存水，卸下供水管、吸气管、排气管和水封管，松开底角螺栓和联轴器螺栓。

(b) 拆下轴承盖后，拧紧轴承，锁紧螺母。松开后轴承架与排出盖连接螺栓，取下轴承架（连同轴承一起取出）。卸下填料压盖，取出填料。

(c) 松开联轴器锁紧螺母，取下联轴器、键和轴承挡套。

(d) 卸下前轴承盖后，松开前轴承架与吸入盖连接螺栓，取下前轴承架，卸下填料压盖，取出填料。

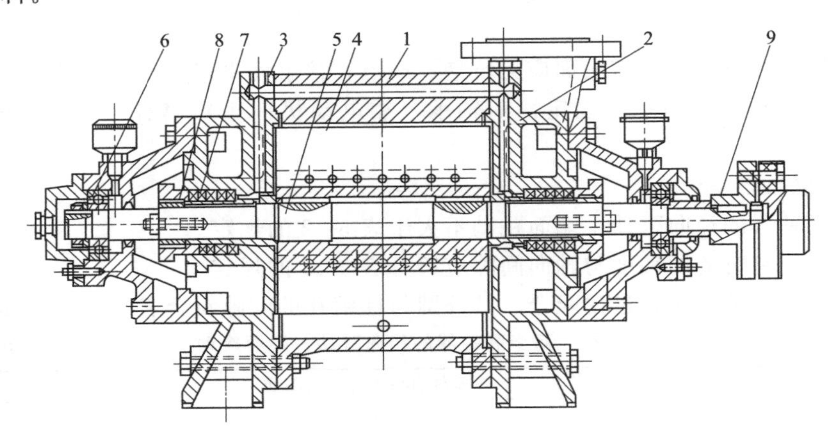

图 5-33 SZ-1 和 SZ-2 型真空泵构造

1—泵体；2—吸入盖；3—排出盖；4—叶轮；5—泵轴；
6—球轴承；7—填料；8—轴套；9—弹性联轴器

(e) 松开泵体与吸入盖和排出盖连接螺栓，将泵体与吸入盖和排出盖分解后，即可取出泵轴和叶轮。

(f) 叶轮若损坏需要更换时，可将叶轮两侧轴套分开，沿轴向将叶轮与泵轴分解，一般情况下叶轮与泵轴是紧配合的，不需要分解。

④ 边端间隙的检查调整 真空泵的泵轴、轴承、叶轮、填料筒及其他零件的检查要求和方法与离心泵一样，所不同的是边端间隙的检查和调整。真空泵能不能抽到一定的真空度并保持一定的抽气量，除了吸入系统是否严密，供水量及冷却程度是否恰当，转速是否足够外，主要取决于叶轮边端间隙的大小。在使用的过程中，由于磨损以致间隙过大，就会引起真空度和抽气量下降，严重时会失去抽气能力。但是，装配间隙过小，不但会引起电动机过负荷，甚至会卡住。

a. SZB 型真空泵其叶轮在轴上能沿轴向滑动，运行中自动调整两侧的边端间隙。所以在检查和调整时，只要把叶轮推到靠紧联轴器方向的侧壁，即可在泵盖和叶轮边端之间用压铅丝法测量边端间隙。如果超过规定，在一般情况下，可改变泵盖和泵体之间纸垫的厚度进行调整，直至合格为止。当叶轮边端或侧壁磨损较严重时，只用纸垫调整就不行了，需要车削修正或更换叶轮，也可车削泵盖。

b. SZ 型真空泵其构造特点是叶轮固定装配在轴上，泵工作时叶轮不能沿轴向滑动。检查时，一般是检查叶轮两边的总间隙。在检查总间隙时，应将叶轮的端面紧靠在排出盖上，然后在叶轮与吸入盖之间压铅丝，检查间隙。为保证总间隙测得准确，压铅丝时，应将前后轴泵都装好。由于拆装轴承比较麻烦，有时在只装后轴承不装前轴承的情况下压铅丝检查，这时叶轮端面容易偏斜，需要在叶轮端面上、下、左、右四个方向上放铅丝，然后测得各点间隙的基础上算出平均总间隙。SZ 型真空泵的两侧边端总间隙，是在泵体与前后盖之间用纸垫厚薄调整的。间隙过大时，必须更换或修正叶轮。

⑤ 装配顺序和调整　SZB 型真空泵在边端间隙调整合格后，即可按与拆卸相反的顺序装配。

SZB 型真空泵在装配过程中需要调整叶轮两侧的间隙一致，比较麻烦。现介绍 SZ 型真空泵的装配顺序和调整方法。SZ-1 和 SZ-2 型泵的装配调整顺序如下。

a. 将泵体和排出盖连接，送进叶轮和泵轴后再装上吸入盖。

b. 装上前后轴承架与轴承。在排出端装上轴承锁紧螺母，在吸入端装上轴承挡套、轴承盖、键、联轴器后，装上联轴器锁紧螺母（不要拧紧）。

c. 用后轴承锁紧螺母和联轴器锁紧螺母调整叶轮两侧间隙一致。调整时，首先拧紧后轴承锁紧螺母，在后轴承外座圈紧靠轴承架的情况下，叶轮紧贴排出盖，然后稍松动后轴承锁紧螺母，拧紧联轴器锁紧螺母，使叶轮向前方移动总间隙的一半左右。调整过程中，边调整前后两锁紧螺母，边转动泵轴，没有碰擦声并转动灵活时，即为调整合适，因为总边端间隙本来就不大，只要没有碰擦声，说明前后间隙基本相等，就是相差点也不大，不会影响泵的工作。这种调整方法，间隙前端一般比后端大，运行中尚有好处。如松动后轴承锁紧螺母，仍不能把轴拉动时，可能是前轴承内座圈已与轴肩顶紧，而外座圈内没有靠在轴承架上。这时，可在前轴泵外圈与轴承架之间加垫圈后重新调整。

d. 装上轴承盖（必须压紧后轴承外座圈）。两边球轴承中均应装润滑脂，装满程度以充满轴承室空间 2/3 为宜。

e. 装上两边填料和填料压盖。

⑥ 试车与验收

a. 试车前的准备工作

(a) 检查各部螺栓有无松动，零部件、仪表、辅助设备是否完整。

(b) 检查轴承的润滑是否良好，循环水系统是否畅通。

(c) 盘车应无卡阻或轻重不均的现象。

b. 试车

试车 2h 应符合下列要求：

(a) 运转平稳无杂音；

(b) 轴封漏损符合要求，附属管路应无跑、冒、滴、漏现象；

(c) 轴承温度不高于 75℃；

(d) 轴承振幅应符合要求；

(e) 真空度达铭牌值；

(f) 电流稳定，且不超过额定值。

c. 验收　检修质量符合规程要求，检修记录齐全、准确，试车正常，可按规定办理验收手续，交付生产使用。

⑦ 常见故障及处理方法　水环式真空泵的常见故障、故障原因及处理方法见表 5-15。

表 5-15　水环式真空泵的常见故障、故障原因及处理方法

常见故障	故障原因	处理方法
真空度低	①管道密封不严 ②密封填料磨损 ③叶轮或端盖间隙大 ④水环温度一般为 40℃	①把紧螺栓，更换垫片 ②更换填料，加强泵的维护，运转泵更换 1～2 次/月 ③拆开调整间隙，中小型泵间隙 0.15mm，大型泵 0.2mm ④增加水量，降低进水温度

续表

常见故障	故障原因	处理方法
排气量不足	①泵转速低	①若是电动机问题则更换电动机,若电压低则提高电压
	②叶轮或端盖间隙大	②去掉端盖和泵体的衬垫,消除间隙
	③填料密封漏气	③更换填料
	④吸入管漏气	④把紧法兰,更换垫片
	⑤供水量不足,形成水环	⑤增加供水
	⑥水环温度过高	⑥增加供水量,降低水温
零件发生高热	①个别零件精度不够	①更换不合格零件
	②零件装配不对	②重新校正
	③润滑油不足或质量不好	③增加润滑油,更换合格的油
	④密封冷却水或水环量不足	④增加水量
	⑤轴密封填料过紧	⑤适当调整
	⑥转子不正	⑥校对
	⑦轴弯曲	⑦校对调直或更换

如遇下列情况之一者，应紧急停车处理。

a. 泵内突然声音异常。

b. 循环水突然中断。

c. 泵体突发性严重振动。

d. 操作规程规定的其他紧急停车。

5.4 无泄漏泵

5.4.1 屏蔽泵

(1)屏蔽泵的工作原理及结构

屏蔽泵又名无填料泵，从工作原理及结构上看，它仍属于离心泵的一个类型。如图5-34所示，它的特点是泵的叶轮2和电动机转子11连成一体，并且一同装在一个密封的壳体中，这样就不需要任何动密封装置，而从根本上消除了泄漏的可能性，故适用于输送易燃、易爆、有毒、有放射性和贵重的料液。

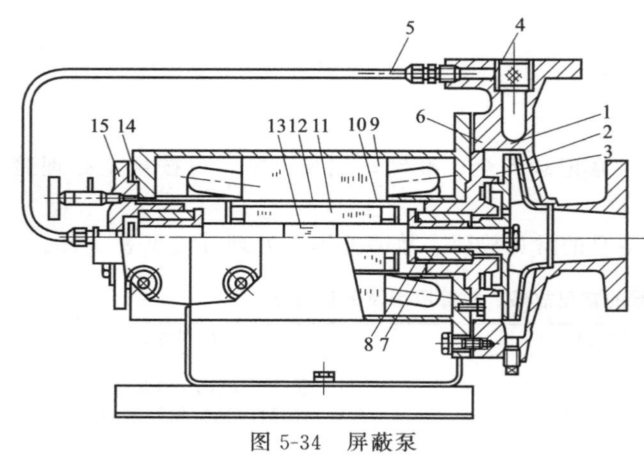

图5-34　屏蔽泵

1—泵体；2—叶轮；3—前轴承室；4—过滤器；5—循环管路；6—垫片；7—轴承；8—轴套；9—定子；10—定子屏蔽套；11—转子；12—转子屏蔽套；13—轴；14—垫片；15—后轴承室

屏蔽泵中电动机的转子和定子之间用一个称为屏蔽套的薄壁圆筒封闭起来，使电动机绕组不与被输送的液体接触。从压出口引出一个循环支路来冷却电动机和润滑轴承。

屏蔽泵还具有结构简单紧凑、零件少、占地小、操作可靠、长期不需要检修等优点。缺点是效率低，比一般离心泵低26%～50%。

(2)屏蔽泵的日常维护与故障处理

屏蔽泵日常维护内容主要包括以下几方面。

① 压力表的显示是否稳定、正常。

② 电流值是否稳定或偏高。

③ 泵运转中是否有异常声音和异常振动，发现有异常声音和异常 振动应及时处理。

④ 检查轴承监测器指示是否在安全区域内工作。

⑤ 检查泵的各部分温度，应特别注意循环液进、出的温度变化情况。

⑥ 冷却水系统的流量和温度是否正常。

⑦ 带机械密封的泵应检查循环液的量是否足够，一般泄漏量小于 3mL/h 时为正常。

屏蔽泵的常见故障、故障原因及处理方法见表 5-16。

表 5-16　屏蔽泵的常见故障、故障原因及处理方法

常见故障	故障原因	处理方法
泵无法启动	①电源缺相 ②绝缘不良 ③转子卡住	①检查接线 ②检查绝缘电阻值并干燥电动机 ③拆卸检查轴承是否烧坏和转子组件有无触碰
达不到规定流量值	①叶轮腐蚀或磨损 ②异物混入 ③旋转方向不正确 ④产生汽蚀引起 ⑤叶轮被堵塞 ⑥排出管道阻力损失过大 ⑦吸入侧有空气混入	①检查或更换叶轮 ②检查管道系统及粗滤器清除堵塞 ③变更电源接线确认转向 ④重新排气、消除起因 ⑤清扫、排出堵塞 ⑥检查排出侧管道系统是否正常 ⑦消除起因
扬程达不到规定值	①叶轮损坏 ②流量过大 ③异物混入 ④旋转方向不正确 ⑤管道阻力损失过大 ⑥汽蚀 ⑦叶轮被堵塞 ⑧吸入侧有空气混入	①检修或更换叶轮 ②调整排出阀开度使流量达到规定值 ③检查管道系统及粗滤器，清除堵塞 ④变更电源接线，并确认转向 ⑤消除起因 ⑥消除汽蚀起因 ⑦清扫、排除堵塞 ⑧消除起因
电动机电流过载	①绝缘不良 ②叶轮和壳体接触 ③转子卡住 ④轴向推力平衡不良 ⑤异物混入 ⑥工艺技术指标不符	①检查绝缘电阻值，并干燥电动机内部 ②检查各有关部件，清除起因 ③检查轴承是否烧坏或各部件的配合是否正常 ④消除起因 ⑤检查管道系统及过滤器清除堵塞 ⑥重新调整
泵过热	①绝缘不良 ②叶轮与壳体或转子与定子接触 ③轴向推力平衡不良 ④旋转方向不正确 ⑤工艺技术指标不符 ⑥循环冷却、润滑系统阻塞 ⑦断流运转或流量过少 ⑧夹套热交换器的冷却水不足 ⑨汽蚀	①检查绝缘电阻值并干燥电动机内部 ②重新检修，消除起因 ③消除不平衡因素 ④变更电源接线，确认转向 ⑤重新调整 ⑥检查清扫过滤器及管路 ⑦重新调整流量，消除起因 ⑧清扫除垢或调整水流量 ⑨清除汽蚀原因
异常振动或噪声	①轴承磨损 ②轴套腐蚀或磨损 ③叶轮与壳体触碰 ④轴向推力平衡不良 ⑤轴弯曲 ⑥管道系统的振动冲击 ⑦汽蚀 ⑧异物混入 ⑨吸入侧有空气混入	①更换轴承 ②更换轴套 ③重新调整装配 ④消除不平衡因素 ⑤校正或更换 ⑥检查管道系统，消除起因 ⑦消除汽蚀原因 ⑧检查管道系统及粗滤器清除堵塞 ⑨消除起因

续表

常见故障	故障原因	处理方法
轴承损坏	①轴套腐蚀或磨损 ②轴弯曲变形 ③轴承磨损 ④断流运转或流量过少 ⑤冷却水流量及润滑液流量不足	①更换轴套、轴承 ②校正更新 ③更换轴承 ④调整流量并更换轴承 ⑤消除异常因素，更换轴承
热动开关动作	①热动开关不良 ②绝缘不良 ③断流运转或流量过少 ④夹套热交换器的冷却水不足 ⑤吸入侧有空气混入，润滑液不足	①检查热动开关并调整处理 ②检查绝缘状态并干燥电动机内部 ③调整流量 ④清扫除垢或调整水流量 ⑤消漏和补充润滑液
轴承监测器失常	①轴承磨损 ②轴套腐蚀或磨损，叶轮腐蚀或磨损，屏蔽套损坏 ③工艺技术指标不符	①更换轴承 ②更换轴套 ③修理或更换叶轮，修理或更换转子或定子的组件，修复屏蔽套，调整到规定指标

(3)屏蔽泵的检修

① 检修周期与内容

a. 检修周期　屏蔽泵的检修周期见表5-17。

表5-17　屏蔽泵的检修周期　　单位：月

检修类别	小　修	大　修
检修周期	6～12	24

b. 检修内容

(a) 小修

ⓐ 检查各部位连接螺栓紧固情况，并消除泄漏点。

ⓑ 检查与清扫冷却水系统，保证畅通。

ⓒ 检查、清理系统中的过滤网。

ⓓ 检查循环系统中针形阀的密封状态和调节是否灵活。

ⓔ 检查记录叶轮的轴向窜动量。

ⓕ 清洁和疏通叶轮和蜗壳流道。

(b) 大修

ⓐ 包括小修内容。

ⓑ 清洗叶轮和泵壳内腔，检查叶轮、辅助叶轮的磨损和腐蚀情况，测量口环间隙。

ⓒ 检查轴承、轴套和推力盘的磨损情况。

ⓓ 检查定子、转子、壳体和轴的磨损及腐蚀情况，必要时对转子和定子做无损检测。

ⓔ 全面检查电气接点和泵的绝缘情况，检查定子与转子的电气性能。

ⓕ 测量转子的径向圆跳动值，必要时对转子部件做动平衡校验。

ⓖ 清洗、检查冷却器及夹套，涂防锈漆和更换密封圈。

ⓗ 若为带机械密封的屏蔽泵，应检修或更换机械密封。

ⓘ 检查其他各零部件的磨损和腐蚀情况。

② 拆卸前的准备

a. 根据检修前设备运行技术状况和监测记录，分析故障的原因和部位，制定详尽的检修技术方案。

b. 熟悉设备技术资料。

c. 备齐检修所需的工、量、卡具。

d. 检修所需更换的部件，符合设计要求。

e. 按规定具备检修条件。

f. 各项准备工作应符合安全、环保、质量等方面的要求，如按照Q/SHS 0001.3—2001《炼油化工企业安全、环境与健康（HSE）管理规范》（试行）中的规定，对检修过程进行危害识别及风险评估、环境因素识别和影响评价，并办理相关票证。

③ 拆卸与检查

a. 卸下辅助配管和冷却器等附属部分，检查有无堵塞和腐蚀。

b. 卸下中间连接体，检查连接螺栓的损坏情况及连接体的磨损情况。

c. 测量间隙 g 值，g 的含义如图5-27所示。

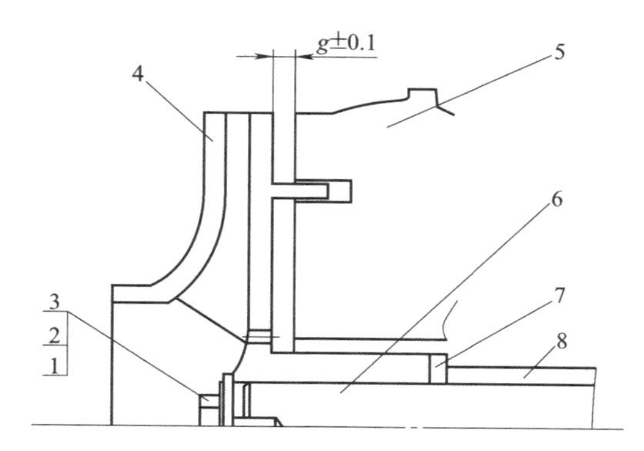

图5-35 测量间隙示意图

1—固定螺栓；2—放松垫片；3—垫片；4—叶轮；5—下部端盖或热屏；6—轴；7—调节垫片；8—轴套

d. 卸下叶轮与辅助叶轮，检查其磨损和磨蚀情况，并测量记录口环间隙。

e. 卸下轴承监测器，检查其完好情况。

f. 检测轴的轴向窜动值。

g. 卸下前、后石墨轴承与轴承座，检查石墨轴承表面有无磨痕和损伤，并测量其内径和长度值，做好记录。

h. 若为带机械密封的泵，机械密封的拆卸与检查参照SHS 03059—2004《化工设备通用部件检修及质量标准》的有关规定。

i. 卸下转子，不许擦伤屏蔽套表面；检查定子和转子屏蔽套表面的磨痕和腐蚀情况；校核转子部件的跳动值，必要时对定子和转子做无损检测。

j. 卸下轴套和推力盘，检查它们的表面磨损和腐蚀情况，测量轴套外径值。

k. 检查叶轮与轴、键与轴、轴套与轴的配合尺寸。

④ 检修的质量标准

a. 屏蔽泵各部螺栓紧固力矩值见表5-18。

表5-18 屏蔽泵各部螺栓紧固力矩值 单位：N·m

螺栓规格	碳 钢	不锈钢
M6	15	10
M8	35	25
M10	65	40
M12	75	50
M16	150	150

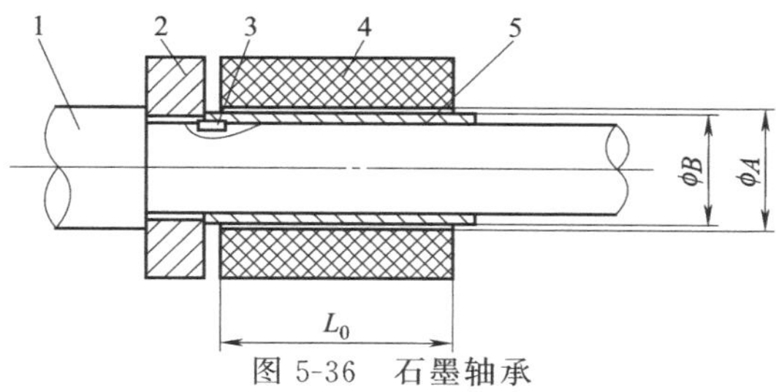

图5-36 石墨轴承

1—轴；2—推力盘；3—键；4—石墨轴承；5—轴套

ϕA—石墨轴承内径；ϕB—轴套外径

b. 石墨轴承装入轴承座应保证周向能微移10°左右。石墨轴承磨损极限和其他主要参数如图5-28和表5-19所示。泵的功率范围与电动机座号的对照见表5-20。

表5-19　石墨轴承磨损极限和其他主要参数　单位：mm

电动机座号	ϕA标准值	标准长度	长度磨损极限	ϕA～ϕB
110	$\phi24^{+0.021}_{0}$	45	0.8	0.3
210	$\phi28^{+0.021}_{0}$	50	0.8	0.4
220 310	$\phi32^{+0.025}_{0}$	60	0.8	0.4
410 320	$\phi38^{+0.025}_{0}$	70	0.8	0.4
510 420	$\phi46^{+0.025}_{0}$	79	0.8	0.5
610 520	$\phi58^{+0.025}_{0}$	114	1.0	0.5
710 620	$\phi80^{+0.10}_{0}$	120	1.0	0.5
720 730	—	140	1.5	0.6

表5-20　泵的功率范围与电动机座号的对照　单位：kW

泵的额定功率	电动机座号	泵的额定功率	电动机座号
≤1.5	110		
0.75～3	210	≤1.5	220
3.7～6.2	310	1.5～4.2	320
7.0～15.0	410	5.5～7.5	420
15～25	510	11～15	520
30～45	610	18.5～22	620
55～110	710	30～55	720
110～135	730		

c. 泵轴的轴向窜动量见表5-21。

表5-21　泵轴的轴向窜动量　单位：mm

类别	电动机座号	标准值	极限值
不带机械密封	110	0.7～0.9	3.0
	210	0.7～2.1	3.2
	310 220	0.7～2.1	3.2
	410 320	0.9～2.5	3.6
	510 420	1.1～2.9	4.0
	610 520	1.2～3.0	4.1
	710,620,730	1.4～3.4	4.5
带机械密封	—	0.4～0.6	1.00

d. 叶轮分类号与直径大小相互对照见表5-22。g 的标准值见表5-23。

表5-22 叶轮分类号与直径大小相互对照　单位：mm

叶轮代号	叶轮直径	叶轮代号	叶轮直径
J	ϕ80	Zc	ϕ210
Ja	ϕ100	Ze	ϕ220
R	ϕ125	Zd	ϕ235
Za	ϕ150	U	ϕ250
S	ϕ160	P	ϕ280
Zb	ϕ185	V	ϕ315
T	ϕ200	W	ϕ350

表5-23 g的标准值 单位：mm

电动机座号	叶轮代号	g标准值
110	R	4
210	R,S,Ja,Za,J T,Zb	4 4.2
310 220	R,S,Ja,Za,J T,Zb U,Zc,Zd,Ze	4 4.2 4.7
410 320	R,S,Ja,Za,J T,Zb U,Zc,Zd,Ze V,P	4.2 4.5 5 6
510 420	S T,Zb V,Zc,Zd,Ze V,P	4.4 4.6 5 6
610 520	S T,Zb U,Zc,Zd,Ze V,P	4.4 4.6 5 6
710 620 730	T,Zb U,P V,W	4.8 5.4 6.4

e. 叶轮口环与蜗壳的配合间隙见表5-24。

表5-24 叶轮口环与蜗壳的配合间隙 单位：mm

叶轮口环直径	间隙值	极限值
＞100	0.4～0.6	1.3
≤100	0.6～1.00	1.5

f. 轴套、推力盘的表面磨损伤痕深度若超过0.20mm时应换新。

g. 叶轮与轴采用H7/js6配合。

h. 轴套与轴，一般选用H7/k6配合。

i. 过盈量见表5-25。

表5-25 过盈量 单位：mm

轴径	40～70	70～110	110～230
过盈量	0.009～0.012	0.011～0.015	0.012～0.017

j. 叶轮、转子的动平衡试验，精度必须达到G6.3；叶轮的平衡重允许值见表5-26。

表5-26 叶轮的平衡重允许值

叶轮外径/mm	200	201～300	301～400	401～500
不平衡重/g	2	3	6	8

k. 叶轮口环与轴套的径向跳动值允许范围见表5-27。

表 5-27　叶轮口环与轴套的径向跳动值允许范围　　单位：mm

叶轮直径	叶轮口环跳动	轴套跳动值
≤50	≤0.05	≤0.04
50～120	0.05～0.07	0.04～0.05
120～260	0.06～0.08	0.05～0.06
260～500	0.07～0.09	0.06～0.07
500～800	0.09～0.13	—

l. 泵体振动值应小于 30μm。普通型泵的轴承部位表面温度不得大于 80℃。

⑤ 试车与验收

a. 试车前的准备工作

(a) 确认各项检修工作已完成，检修记录齐全，检修质量符合的规定。

(b) 仪表及联锁装置齐全、准确、灵敏、可靠。

(c) 打开循环冷却水系统。

(d) 关闭排出阀，打开吸入阀，然后打开排气阀充分排气。

(e) 非自身润滑的泵，润滑系统加好相应润滑液。

(f) 点动泵确认转子转向。

(g) 各项工艺准备完成，具备试车条件。

b. 试车

(a) 空负载试车　预防轴承烧损，本类型泵不允许空负载运转。

(b) 负载试车

ⓐ 检查泵的流量、扬程，应达到额定值的 90%以上。

ⓑ 检查电流值，不超过电流设定值，设定值一般为工作电流值的 1.1～1.25 倍。

ⓒ 检查有无噪声和异常振动，振动值应符合 3.3 规定，噪声不得大于 80dB。

ⓓ 检查轴承监测器是否处在安全区域内。

ⓔ 出、入口压力是否稳定正常。

c. 验收　检修质量符合本规定标准，检修资料齐全准确，经试车合格后按规定办理验收手续，交付生产使用。

5.4.2　磁力泵

(1) 磁力泵的工作原理、结构及特点

① 工作原理与结构　磁力传动泵，简称磁力泵。与屏蔽泵一样，结构上只有静密封，没有动密封。所以可以在输送液体时无泄漏。用在石化系统中输送易燃、易爆、易挥发、有毒、有腐蚀及贵重液体等。

磁力泵主体结构还是离心泵，但驱动则采用磁传动原理，其结构示意图如图 5-37 所示。

电动机通过联轴器和外磁钢连在一起。叶轮则与内磁钢连在一起。在内外磁钢之间设有全密封的隔离套，将内外磁钢完全分隔开，使内磁钢处于介质之中。而电动机的轴通过磁钢间的磁极的相吸直接带动叶轮同步转动。

如图 5-38 所示的磁力泵为标准型结构，由泵体、叶轮、内磁钢、外磁钢、隔离套、泵内轴、泵外轴、滑动轴承、滚动轴承、联轴器、电动机、底座等组成（有些小型的磁力泵，将外磁钢与电动机轴直接连在一起，省去泵外轴、滚动轴承和联轴器等部件）。

a. 泵体、叶轮　与有密封泵相似。

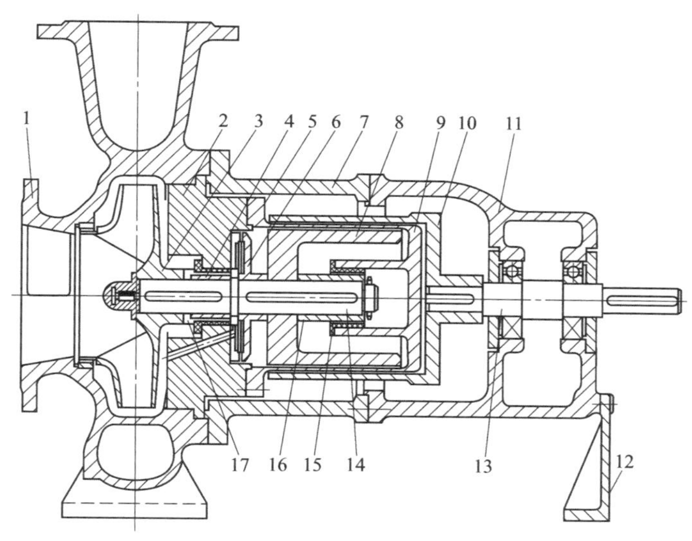

图 5-37　磁力泵结构示意图

1—泵体；2—泵盖；3—叶轮；4—前轴套；5—前轴承；6—平衡盘；7—中间支架；8—内磁钢；9—隔离套；10—外磁钢；11—轴承悬架部件；12—悬架支架；13—悬架轴；14—轴；15—后轴承；16—后轴套；17—止推环

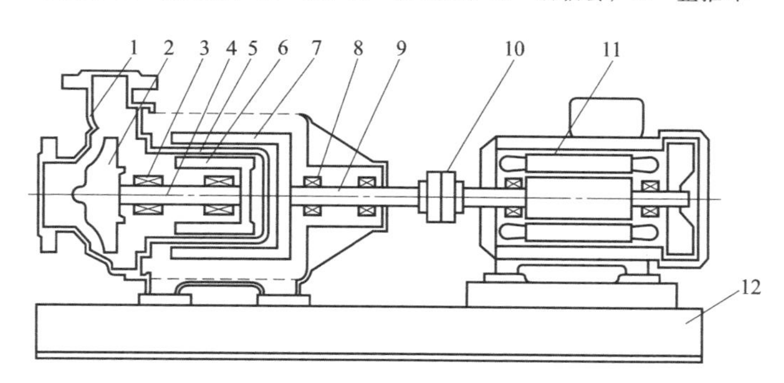

图 5-38　磁力泵结构示意

1—泵体；2—叶轮；3—滑动轴承；4—泵内轴；5—隔离套；6—内磁钢；7—外磁钢；8—滚动轴承；9—泵外轴；10—联轴器；11—电动机；12—底座

b. 磁性联轴器　磁性联轴器由内磁钢（含导环和包套）、外磁钢（含导环）及隔离套组成，如图 5-39 所示，是磁力泵的核心部件。磁性联轴器的结构、磁路设计及其各零部件的材料关系到磁力泵的可靠性、磁传动效率及寿命。

（a）内磁钢　与导环采用胶黏剂粘接。为将内磁钢与介质隔离，内磁钢外表需覆以包套。包套有金属和塑料两种，金属包套采用焊接，塑料包套采用注塑。

（b）外磁钢　与导环采用胶黏剂粘接。

（c）隔离套　也称密封套，位于内、外磁钢之间，将内、外磁钢完全隔开，介质封

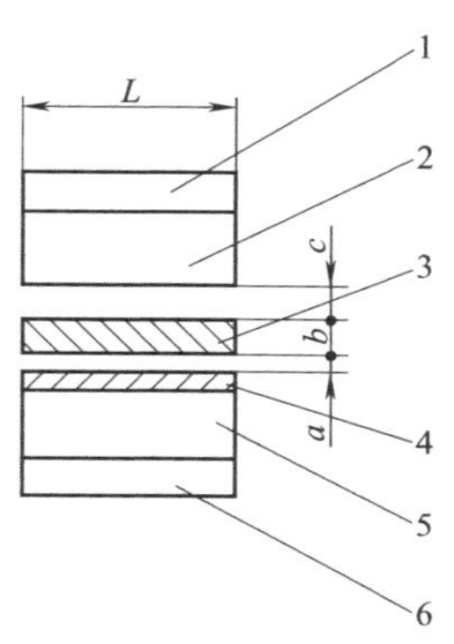

图 5-39　磁性联轴器结构示意

1—外导环；2—外磁钢；3—隔离套；4—内磁钢包套；5—内磁钢；6—内导环；L—磁钢长度；a—液层厚度；b—隔离套厚度；c—空气间隙

闭在隔离套内。隔离套的厚度与工作压力和使用温度有关，太厚增加内、外磁钢的间隙尺寸，从而影响磁传动效率；太薄则影响强度。隔离套有金属和非金属两种，金属隔离套有涡流损失，非金属隔离套无涡流损失。

(d) 滑动轴承　磁力泵的泵内轴由滑动轴承支撑。由于滑动轴承是靠润滑性很差的输送介质来润滑，因此滑动轴承应采用耐磨性和自润滑性良好的材料制作。常用的轴承材料有碳化硅陶瓷、石墨、填充聚四氟乙烯等。

(e) 联轴器　联轴器与有密封泵一样，采用挠性联轴器。

(f) 电动机　电动机与有密封泵一样，采用标准电动机，如国内的 Y 系列三相异步电动机、YB 系列隔爆电动机等。

② 特点

a. 优点

(a) 由于传动轴不需穿入泵壳，而是利用磁场透过空气隙和隔离套薄壁传动扭矩，带动内转子，因此从根本上消除了轴封的泄漏通道，实现了完全密封。

(b) 传递动力时有过载保护作用。

(c) 除磁性材料与磁路设计有较高要求外，其余部分技术要求不高。

(d) 磁力泵的维护和检修工作量小。

b. 缺点

(a) 磁力泵的效率比普通离心泵低。

(b) 对防单面泄漏的隔离套的材料及制造要求较高。如材料选择不当或制造质量差时，隔离套经不起内外磁钢的摩擦，很容易磨损，而一旦破裂，输送的介质就会外溢。

(c) 由于磁力泵受到材料及磁性传动的限制，因此国内一般只用于输送 100℃以下、1.6MPa 以下的介质。

(d) 由于隔离套材料的耐磨性一般较差，因此磁力泵一般输送不含固体颗粒的介质。

(e) 联轴器对中要求高，当对中不当时，会导致进口处轴承的损坏和防单面泄漏隔离套的磨损。

(2) 磁力泵的主要零部件材料

磁力泵的磁钢、隔离套和滑动轴承是磁力泵的主要零部件，选用的材料对泵的价格、结构、可靠性、效率和寿命有较大的影响。

① 内、外磁钢的材料

a. 铁氧体　价格低廉，使用温度低于 85℃，磁能积低（10～30kJ/m^3），磁传动损失大，当泵的转子部分发生滑移、过载或堵转时，会发生推磁现象。铁氧体磁性材料是早期的磁力驱动泵磁钢材料。目前国外已很少采用。

b. 稀土钴　是一种较新型的永久磁钢。品种有钐钴、铝镍钴、镨钴、混合稀土钴和稀钴铜等。其磁传动效率和磁能积高（磁能积为 80～240kJ/m^3），并具有极强的抗推磁能力，其矫顽力 HCT 为 360～1200kA/m。钐钴联轴器只需铁氧体联轴器质量的 6%，就可传递相当的扭矩，其使用温度可达 300℃。

c. 钕铁硼　钕铁硼属稀土类永久磁铁，1983 年由国外新开发的价格适宜的产品。钕铁硼属第三代新型磁性材料，基本性能同钐钴，但磁能积高于钐钴，缺点是使用温度仅为 120℃，且磁稳定性相对较差。稀土钴（如钐钴）和钕铁硼等稀土永久磁铁均非常适合于制作泵用的磁钢。缺点是性脆易碎，且价格大大高于铁氧体。

美国标准磁力泵公司生产的无泄漏磁力驱动离心泵 KF 系列的选用材质见表 5-28，其结构如图 5-40 所示。

表 5-28　美国标准磁力泵公司生产的无泄漏磁力驱动离心泵 KF 系列的选用材质

零件名称	材　料	零件名称	材　料
壳体	用 ETFE 衬里的球墨铸铁	O 形圈壳体用	用 Viton、EPDM 或 Gore-Tex
叶轮	充填碳纤维的 EFFE	主轴承	碳化硅及充填碳纤维的 ETFE 外套
后盖隔离罩	充填碳纤维的 EFFE 及复合材料	轴承-止推环	ETFE 及碳化硅
内磁体组件	充填碳纤维的 EFFE 及稀土材料	后盖隔离罩座	球墨铸铁
口环(垫块)	碳化硅	托架	球墨铸铁
泵轴	碳化硅	外磁体组件	稀土铸铁

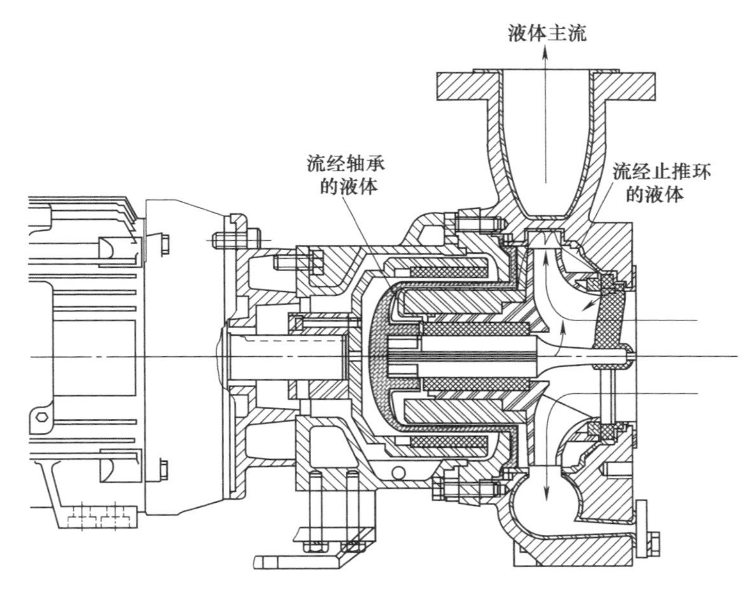

图 5-40　美国标准磁力泵结构

② 滑动轴承材料

a. 碳化硅陶瓷　碳化硅陶瓷是一种优异的滑动轴承材料，其承载能力高，且具有极强的耐冲蚀、耐化学腐蚀、耐磨损和良好的耐热性，使用温度可达 500℃以上，缺点是价格较贵，且不能承受短时间的干运行。

b. 石墨　石墨也是一种较理想的滑动轴承材料，且具有较好的自润滑性能，可经受短时间的干运行，使用温度可达 450℃，但不能在易发生电解破坏的介质中使用。

c. 填充聚四氟乙烯　聚四氟乙烯充填碳、玻璃纤维等制成的滑动轴承，使用温度低于或等于 120℃，耐腐蚀性能极好。

(3) 磁力泵的日常维护与故障处理

① 日常维护内容

a. 压力表的显示是否稳定正常。

b. 输送介质流量和电流值是否稳定。

c. 泵运转中是否有异常声音和异常振动，发现有异常声音和异常振动应及时处理。

d. 若泵备有保护系统，其各监测指示是否处于安全区域内工作。

e. 运行中严禁用任何物体触碰外磁转子，密封罩根部工作温度是否符合表 5-31 的要求。

② 常见故障与处理　磁力泵的常见故障、故障原因及处理方法见表 5-29。

表 5-29 磁力泵的常见故障、故原屏因及处理方法

常见故障	故障原因	处理方法
泵不能开动	①泵内有异物 ②泵轴承内杂质聚集被卡住 ③内外磁转子与密封罩摩擦 ④电气故障	①清除异物 ②解体清洗 ③解体检查 ④检查电气元件
流量不足或输出压力太低	①吸入压头过低 ②口环间隙过大 ③泵内有气体 ④磁性体退磁	①清洗吸入处过滤器,增高液面 ②更换口环 ③排气 ④更换
振动和杂音	①联轴器不对中 ②轴承磨损或损坏 ③泵内有异物 ④外磁转子没正确固定于驱动轴 ⑤地脚螺栓松动 ⑥汽蚀	①重新校正 ②更换轴承 ③清除异物 ④重新装配外磁转子 ⑤紧固地脚螺栓 ⑥进行工艺调整
泄漏	①密封螺栓松动 ②密封罩损坏 ③垫片失效损坏	①紧固松动的螺栓 ②更换密封罩 ③检查更换
电流偏大	①泵内进入杂物 ②物料黏度偏高 ③轴承损坏	①清除杂物 ②测量黏度应符合要求 ③更换轴承
电流偏小	系统管路堵	应及时清堵
密封罩工作温度过高	①磁性体失磁 ②内外磁转子与密封罩摩擦 ③汽蚀 ④内部回流通道不畅	①检查更换 ②校正对中 ③调整运行工况并消除 ④解体疏通

(4)磁力泵的检修

① 检修周期与内容

a. 检修周期　磁力泵的检修周期见表 5-30。

表 5-30 磁力泵的检修周期　　单位：月

检修类别	小　修	大　修
检修周期	3～6	24～36

注：根据状态监测及实际运行情况，可适当调整大修周期。

b. 检修内容

(a) 小修

ⓐ 检查各部位的连接螺栓紧固情况，并消除泄漏点。

ⓑ 检查轴承监测仪是否完好。

ⓒ 检查清洗系统中的过滤网。

(b) 大修

ⓐ 包括小修内容。

ⓑ 清洗叶轮和泵壳内腔，检查叶轮的磨损和腐蚀情况，测量前后口环间隙。

ⓒ 检查碳化硅推力盘、轴承、轴套的磨损情况。

ⓓ 检查密封罩的腐蚀和磨损情况。

ⓔ 检查零部件的配合尺寸。

ⓕ 检查外磁钢对电动机或轴承箱的同心度和垂直度。

⑧ 检查外磁转子与内磁转子表面磁感应强度有无变化。

② 拆卸前的准备

a. 根据检修前设备运行技术状况和状态监测（振动、温度）记录，分析故障的原因和部位，制定详尽的检修技术方案。

b. 熟悉设备技术资料。

c. 备齐检修所需的工、量、卡具。

d. 按规定具备检修条件。

e. 各项准备工作应符合安全、环保、质量等方面的要求，如按照 Q/SHS 0001.3—2001《炼油化工企业安全、环境与健康（HSE）管理规范》（试行）中的规定，对检修过程进行必要的危害识别、风险评价、风险控制及环境因素及环境影响分析。

③ 拆卸与检查

a. 拆去附属探头。

b. 依次拆下泵壳，拉出内部旋转组件（为克服内外磁转子吸引力作用，需要用力）。

c. 将内磁转子从旋转组件中拆下。

d. 将轴组件从轴承架内抽出并解体，检查碳化硅轴承、密封罩等磨损和腐蚀情况，并测量记录口环间隙。间隙超差则更换新备件。

e. 轴套、轴承不得有磨损伤痕。

f. 如果轴承和推力盘已损坏或超出允许的磨损极限则应拆卸轴承及推力盘。

④ 检修质量标准

a. 轴承间隙应按制造厂提供的数据严格控制。一般长径比在 0.8～1.2 之间的轴承安装间隙应控制在 0.1～0.15mm 之间，大于 0.5mm 必须更改。

b. 外磁转子与电动机连接后其径向与轴向跳动应小于 0.01mm。外磁转子与密封罩体的最大端面跳动为 0.25mm，最大径向跳动为 0.50mm。

c. 用高斯计测量磁性体表面感应强度不得小于初始值的 70%。无初始值的可按 450mT 计算。

⑤ 试车与验收

a. 试车前的准备

(a) 确认各项检修工作已完成，检修记录齐全，检修质量符合“④检修质量标注”的规定。

(b) 设备零部件完整无缺，地脚螺栓等紧固无缺。

(c) 附带仪表应灵敏、指示准确、可靠。

(d) 若有滚动轴承箱的磁力泵，润滑系统应按设备技术资料中规定加注润滑油。

(e) 盘车自如。

(f) 泵吸入口的过滤器清洁，各项工艺准备完毕，具备试车条件。

(g) 关闭排出阀，打开吸入阀后打开排气阀充分排气。

(h) 点动泵确认泵的转向。

b. 试车　磁力泵空负荷运行将导致轴承磁性体失磁，故本类泵严禁空负荷运行。磁力泵负载试车的步骤如下。

(a) 开启泵前应全开吸入阀，泵内灌满液体，出口管线的排出阀打开约 1/4，泵启动后待转速达到额定转速即应全开排出阀。

(b) 检查电流值，是否超出设定值。

(c) 检查有无杂音和振动，振动值符合 SHS 01003—2004《石油化工旋转机械振动标

准》的规定。

（d）检查流量、扬程，应不低于铭牌值的90%；密封罩根部工作温度在磁转子材料允许范围以内。无规定的可按表5-31的要求。

表5-31　磁转子材料允许温度范围　　单位：℃

磁转子材质	工作温度	极限温度
钕铁硼	<80	100
钐钴	<220	240

c. 验收　试车合格，达到完好标准，办理验收手续。验收技术资料如下。

（a）检修质量及缺陷记录。

（b）主要零、部件检修记录。

（c）更换零、部件清单。

（d）结构、尺寸、材质变更审批单。

（e）试车记录。

参考文献

[1] 高慎琴主编．化工机器．北京：化学工业出版社，1992.

[2] 张涵，程学珍，魏龙编．化工机器．北京：化学工业出版社，2001.

[3] 余国琮主编．化工机械工程手册（中卷）．北京：化学工业出版社，2002.

[4] 全国化工设备设计技术中心站机泵技术委员会．工业泵选用手册．第2版．北京：化学工业出版社，2011.

[5] 王国轩，陈静编．石化装置用泵选用手册．北京：机械工业出版社，2005.

[6] 张鹏高主编．泵与风机．北京：化学工业出版社，2013.

[7] American Petroleum Institute. API Standard 610 Centrifugal Pump for Petroleum，Petrochemical and Natural Gas Industries. Eleventh Edition. Washington：API，2010.

[8] 中华人民共和国国家质量监督检验检疫总局，中国国家标准化管理委员会．GB/T 3215—2007 石油、重化学和天然气工业用离心泵．北京：中国标准出版社，2008.

[9] 任晓善主编．化工机械维修手册：中卷．北京：化学工业出版社，2004.

[10] 薛敦松等编著．石油化工厂设备检修手册——泵．第2版．北京：中国石化出版社，2007.

[11] 《化工厂机械手册》编委会．化工厂机械手册．北京：化学工业出版社，1989.

[12] 穆运庆主编．化工机械维修（化工用泵分册）．北京：化学工业出版社，1999.

[13] 厚学礼主编．化工机械维修管钳工艺．北京：化学工业出版社，2006.

[14] 张麦秋主编．化工机械安装修理．北京：化学工业出版社，2004.

[15] 楼宇新编．化工机械安装修理．北京：化学工业出版社，2000.

[16] 胡安定主编．石油化工厂设备常见故障处理手册．北京：中国石化出版社，2005.

[17] 李善春，李宝彦，沈殿成等编著．石油化工机器维护和检修技术．北京：石油工业出版社，2000.

[18] 中国石油化工集团公司，中国石油化工股份有限公司．石油化工设备维护检修规程 第三册 化工设备（修订）．北京：中国石化出版社，2004.

[19] 魏龙，冯秀编著．化工密封实用技术．北京：化学工业出版社，2011.

[20] 蔡仁良，顾伯勤，宋鹏云编著．过程装备密封技术．第2版．北京：化学工业出版社，2006.

[21] 魏龙．软填料密封存在的问题与改进．通用机械，2005（2）：50-54.

[22] 郝木明，顾永泉．密封填料的粘弹性及其对密封性能的影响．化工机械，1995，22（5）：29-34.

[23] 杨书益，汪卫国．组合式密封填料性能研究及应用．流体工程．1989，17（10）：4-9.

[24] 陈太根，高忠百．密封填料的性能研究及应用．流体工程，1991，19（11）：7-11.

[25] 吴海亭．CMS2000层状剪切式迷宫密封系统及其在离心泵上的应用．电站辅机，2002（1）：27-31.

[26] 赵喜俊．SR900填料在离心水泵密封改造中的应用．河南化工．2006，23（7）：38-40.

[27] 李多民．集装式填料密封结构与特性分析．润滑与密封．2001，27（2）：60-61.

[28] 刘兴旺，刘振全，王君等．自动补偿径向压紧软填料密封结构设计．石油化工设备，2003，32（4）：36-38.

[29] 顾永泉著．机械密封实用技术．北京：机械工业出版社，2001.

[30] 萨默-史密斯J D编．沈锡华，白杰如，邹凯，等译．实用机械密封．北京：机械工业出版社，1998.

参考文献